老虎工作室
宋一兵　马振　编著

人民邮电出版社
北京

图书在版编目（CIP）数据

Flash CC中文版基础培训教程 / 宋一兵，马振编著
. -- 北京 ： 人民邮电出版社，2017.2（2019.1 重印）
（从零开始）
ISBN 978-7-115-43967-3

Ⅰ. ①F… Ⅱ. ①宋… ②马… Ⅲ. ①动画制作软件—
教材 Ⅳ. ①TP391.414

中国版本图书馆CIP数据核字(2016)第264951号

内容提要

Flash 是目前深受欢迎的矢量动画制作软件，其设计思想先进、功能强大，在网页制作和多媒体、影视制作等领域都有着广泛应用。

本书系统地介绍了 Flash CC 2015 的功能和用法，以实例为引导，循序渐进地讲解了如何在 Flash CC 2015 中创建基本动画元素、引入素材、建立和使用元件；如何制作补间动画、特殊动画、图层动画等；说明了绘图工具、3D 工具、骨骼工具的基本用法；分析了 ActionScript 3.0 的基本概念和语法规则；通过实例说明了如何设计脚本动画和交互式动画；最后还详细介绍了组件、音视频等在动画中的具体应用。每章后面都配有针对性的习题，可以加深读者对学习内容的理解和掌握。

本书内容图文并茂，讲解活泼生动，并且配备了多媒体教学光盘，适合作为 Flash 动画制作的基础培训教程，也可以作为广大个人用户、高等院校相关专业学生的自学教材和参考书。

◆ 编　　著　老虎工作室　宋一兵　马　振
　责任编辑　李永涛
　责任印制　杨林杰
◆ 人民邮电出版社出版发行　　北京市丰台区成寿寺路 11 号
　邮编　100164　　电子邮件　315@ptpress.com.cn
　网址　http://www.ptpress.com.cn
　北京中石油彩色印刷有限责任公司印刷
◆ 开本：787×1092　1/16
　印张：16.25
　字数：406 千字　　　　2017 年 2 月第 1 版
　印数：2 501 – 2 800 册　　　　2019 年 1 月北京第 2 次印刷

定价：39.00 元（附光盘）

读者服务热线：(010)81055410　印装质量热线：(010)81055316
反盗版热线：(010)81055315
广告经营许可证：京东工商广登字 20170147 号

关于本书

Flash 是 Adobe 公司出品的交互式动画制作软件，其设计思想先进、功能强大，在全世界受到了广泛欢迎。利用它制作的矢量动画，文件数据量小，图形可以任意缩放，并可以“流”的形式在网上传输，这对于动画作品的网络应用是十分有利的。

内容和特点

本书面向初级用户，深入浅出地讲述了 Flash CC 2015 的主要功能和用法。按照初学者一般性的认知规律，从基础入手，循序渐进地讲解了如何在 Flash CC 2015 中创建基本动画元素、引入素材、建立和使用元件；如何制作补间动画、特殊动画、图层动画等；说明了绘图工具、3D 工具、骨骼工具的基本用法；分析了面向对象设计的编程思想、ActionScript 3.0 的基本概念和语法规则；通过实例说明了如何设计脚本动画和交互式动画；最后还详细介绍了组件、音视频等在动画中的具体应用。掌握了这些知识，读者就能够对 Flash CC 2015 有一个完整、清晰的认识，能够基本掌握常用动画作品的设计方法。

为了使读者能够迅速掌握 Flash CC 2015，书中对于每个知识点都通过实例来解析，用详细的操作步骤引导读者跟随练习，进而熟悉软件中各个绘图和编辑工具的使用方法，掌握各种类型动画的设计方法，并理解动作脚本在复杂动画和交互式动画设计中的重要作用。每章后面都配有针对性的习题，可以加深读者对学习内容的理解和掌握。

本书根据作者多年使用 Flash 进行动画制作的实践经验，按照案例式教学的模式写作，内容深入浅出、图文并茂，全面剖析了 Flash CC 2015 的基本功能及其典型应用。

读者对象

本书以介绍 Flash CC 2015 的基本操作、基础知识为主，主要面向 Flash CC 2015 的初学者及在 Flash CC 2015 应用方面有一定基础并渴望提高的人士，包括学习和创作网页动画、多媒体动画的初级创作人员。

同时，本书也是一本内容全面、操作性强、实例典型的入门教材，特别适合作为各类讲授“Flash 动画制作”课程的培训班的基础教程，也可以作为广大家庭用户、中小学教师、高等院校相关专业学生的自学教材和参考书。

附盘内容及用法

本书所附光盘内容分为以下几部分。

一、素材文件

本书所有案例和习题用到的源文件（.fla）、动画文件（.swf）及素材都收录在附盘的

“\素材文件\第×章”文件夹下，读者可以调用和参考这些文件。

注意：光盘上的文件都是“只读”的，读者可以先将这些文件复制到硬盘上，去掉文件的“只读”属性，然后再使用。

二、动画文件

本书部分实训和综合案例的绘制过程录制成了“.avi”动画文件，并收录在附盘的“\动画文件\第×章”文件夹下。

注意：播放文件前要安装光盘根目录下的“tscc.exe”插件。

三、PPT 文件

本书提供了 PPT 文件，以供教师上课使用。

四、习题答案

光盘中提供了书中习题的答案，便于读者检查自己的操作是否正确。

感谢您选择了本书，也欢迎您把对本书的意见和建议告诉我们。

老虎工作室网站 http://www.ttketang.com，电子邮件 ttketang@163.com。

老虎工作室

2016 年 11 月

目　录

第 10 章 脚本动画设计基础 139

第 11 章 交互式动画 170

第1章 Flash 概述

【学习目标】

- 掌握动画及图形图像的基本知识。
- 认识 Flash CC 2015 的操作界面。
- 了解 Flash 的基本操作。
- 掌握作品测试的方法。
- 掌握 Flash 作品导出与发布的方法。

Flash 是一款交互式动画设计软件，其生成的作品通称为 Flash 动画，是一种矢量格式的动画，具有文件数据量小、图像质量高、支持音乐、能够交互操作、使用流媒体播放等诸多优点，是当今主流的 Web 页面动画。目前，世界上几乎所有的网站都使用 Flash 动画来表现内容，使其成为网络动画行业事实上的工业标准。

除了制作网页动画之外，Flash 还被广泛应用于交互式软件的开发、多媒体展示和教学等领域；Flash 在影视制作中也同样能够一展身手。

1.1 动画设计基础

虽然许多人是看着动画片长大的，但是对于“什么是动画”这一问题，能够回答正确的人不多。动画究竟是什么呢？简单地说，动画是在某种介质上记录一系列静态画面，然后通过一定的速率回放画面而产生运动视觉的技术。

1.1.1 动画的基本知识

一、 动画的原理

一般我们看到的电影，主要包括两种类型：一种是用摄像机拍摄的真实景物，称为视频影片；另一种是依靠人工或计算机绘制的虚拟景物，称为动画影片。虽然两者表现的内容、对象有所区别，但它们的基本原理是一致的。

19 世纪 20 年代，英国科学家发现了人体视觉器官的“视觉暂留”现象。根据研究，人眼在看到的物象消失后，仍可暂时保留视觉上的印象，持续时间为 0.1~0.4 秒。如果两个视觉印象之间的时间间隔不超过 0.1 秒，那么前一个视觉印象尚未消失，而后一个视觉印象已经产生，并与前一个视觉印象融合在一起，就会形成一种连续的视觉效果。电影就是利用人们眼睛的这个特点，将画面内容以一定的速度连续播放，从而造成景物活动的感觉。

二、 帧频

在计算机动画制作中，构成动画的一系列画面叫做帧（frame），它是动画的最小时间单位。Flash 动画是以时间轴为基础的帧动画，每一个 Flash 动画作品都以时间为顺序，由先

后排列的一系列帧组成。

帧频（frame rate）是指每秒钟放映或显示的帧或图像的数量。一般来讲，电影的帧频为 24 fps（帧/秒），电视的帧频分为 25fps（PAL 制）或 30fps（NSTC 制）。以低于帧频的速度拍摄，再以正常速度放映会得到“快动作”的效果；而以高于帧频的速度拍摄，再以正常速度放映会得到“慢动作”的效果。

在 Flash CC 中，帧频被称为帧速率，其默认值为 24，这意味着动画的每一秒要显示 24 帧画面。如果以较低的帧速率制作和播放，就会出现卡顿现象。网络动画发展的早期，由于网络传输速度的限制，特别是拨号上网速度的限制，网络动画的帧速率一般都设置得比较低，因此会经常看到画面的卡顿。

制作动画的重点在于研究物体怎样运动，其意义远大于单帧画面的绘制。所以相对每一帧画面，制作者更应该关心前后两帧画面之间的变化，以及由此产生的运动效果。

1.1.2　图形图像的基本知识

一、　图形与图像

计算机屏幕上显示出来的画面与文字通常有两种描述方法：一种称为矢量图形或几何图形，简称图形（Graphics）；另一种称为点阵图像或位图图像，简称图像（Image）。

矢量图形是用一个指令集合来描述的。这些指令描述构成一幅图形的所有图元（直线、圆形、矩形、曲线等）的属性（位置、大小、形状、颜色）。显示时，需要相应的软件读取这些指令，并将其转变为计算机屏幕上所能够显示的形状和颜色。矢量图形的优点是可以方便地实现图形的移动、缩放和旋转等变换。绝大多数 CAD 软件和动画软件都是使用矢量图形作为基本图形存储格式的。

位图图像是由描述图像中各个像素点的亮度与颜色的数值集合组成的。它适合表现比较细致、层次和色彩比较丰富，包含大量细节的图像。因为位图必须指明屏幕上显示的每个像素点的信息，所以所需的存储空间较大。显示一幅图像所需的 CPU 计算量要远小于显示一幅图形的 CPU 计算量，这是因为显示图像一般只需把图像写入显示缓冲区中，而显示一幅图形则需要 CPU 计算组成每个图元（如点、线等）的像素点的位置与颜色，这需要较强的 CPU 计算能力。

二、　亮度、色调和饱和度

只要是色彩都可用亮度、色调和饱和度来描述，人眼中看到的任一色彩都是这 3 个特征的综合效果。那么亮度、色调和饱和度分别指的是什么呢？

- 亮度：是光作用于人眼时所引起的明亮程度的感觉，它与被观察物体的发光强度有关。
- 色调：是当人眼看到一种或多种波长的光时所产生的彩色感觉，它反映颜色的种类，是决定颜色的基本特性，如红色、棕色就是指色调。
- 饱和度：指的是颜色的纯度，即掺入白光的程度，或者说是指颜色的深浅程度，对于同一色调的彩色光，饱和度越深，颜色越鲜明或说越纯。

通常把色调和饱和度统称为色度。一般说来，亮度是用来表示某彩色光的明亮程度，而色度则表示颜色的类别与深浅程度。除此之外，自然界常见的各种颜色光，都可由红（R）、绿（G）、蓝（B）3 种颜色光按不同比例相配而成；同样，绝大多数颜色光也可以分解成红、绿、蓝 3 种色光，这就形成了色度学中最基本的原理——三原色原理（RGB）。

三、 分辨率

分辨率是影响位图质量的重要因素，一般常用的有屏幕分辨率、图像分辨率和物理分辨率。在处理图像时要理解这 3 者之间的区别。

- 屏幕分辨率：指在某一种显示方式下，以水平像素点数和垂直像素点数来表示计算机屏幕上最大的显示区域。例如，VGA 方式的屏幕分辨率为 640 × 480，SVGA 方式为 1024 × 768，现在的大屏幕显示器的屏幕分辨率往往为 1920 × 1080。
- 图像分辨率：指数字化图像的大小，以水平和垂直的像素点表示。当图像分辨率大于屏幕分辨率时，屏幕上只能显示图像的一部分或缩小显示。
- 物理分辨率：指显示屏显示的图像原始分辨率，也叫标准分辨率或真实分辨率。物理分辨率在 LED 液晶板上通过网格来划分液晶体，一个液晶体为一个像素点，像素点之间的距离称为点距。同样的屏幕尺寸，点距越小，可显示的像素点就越多，其物理分辨率就越高。通常用物理分辨率来评价显示屏的性能。

四、 图像色彩深度

图像色彩深度是指图像中可能出现的不同颜色的最大数目，它取决于组成该图像的所有像素的位数之和，即位图中每个像素所占的位数。例如，图像深度为 24，则位图中每个像素有 24 个颜色值，可以包含 2^{24}，即 16777216 种不同的颜色，称为真彩色。

生成一幅图像的位图时要对图像中的色调进行采样，调色板随之产生。调色板是包含不同颜色的颜色表，其颜色数依图像深度而定。

五、 图像文件的大小

图像文件的大小是指在磁盘上存储整幅图像所占的字节数，可按下面的公式进行计算。

文件字节数＝图像分辨率（高×宽）×图像深度÷8

例如，一幅 1024×768 的真彩色图片的文件大小为：

1024×768×24÷8＝2359296Byte＝2304KB

显然，图像的分辨率越大，其文件所需的存储空间也就越大。因此，计算机中存储图像时一般都会采用相应的压缩技术。

六、 图像类型

数字图像最常见的有 3 种：图形、静态图像和动态图像。

- 图形：一般是指利用绘图软件绘制的简单几何图案的组合，如直线、椭圆、矩形、曲线或折线等。
- 静态图像：一般是指利用图像输入设备得到的真实场景的反映，如照片、印刷图像等。
- 动态图像：是由一系列静止画面按一定的顺序排列而成的，这些静止画面被称为动态图像的“帧”。每一帧与其相邻帧的内容略有不同，当帧画面以一定的速度连续播放时，由于视觉的暂留现象而形成了连续的动态效果。动态图像一般包括视频和动画两种类型：对现实场景的记录被称为视频，利用动画软件制作的二维或三维动态画面被称为动画。

七、 常见图像格式

(1) 静态图像存储格式主要有以下几种。

- 位图文件。

  Adobe Photoshop（.psd）、OS/2 位图（.bmp）、Windows 位图（.bmp）、CALS 光栅（.cal）、光标（.cur、.dll）、图形交换格式（.gif）、图标（.ico、.dll、.exe）、MACintosh 绘画（.mac）、kodak Photo CD（.pcd）、TarGA（.tga）、标签图像文件格式（.tif）。
- 图示文件。

  Harvard 图形 2.0（.flw）、Lotus Freelance（.flw）、PDF。
- 矢量文件。

  Adobe Illustrator（.ai）、AutoCAD（.dxf）、HGL、IBM PIF（.pif）、MAC QuickDraw（.pct）、MicroGrafx Draw（.drw）。
- 图元文件。

  计算机图形元文件夹（.cgm）、NAPLAS 图形元文件（.nap）、OS/2 PM 元文件（.met）、Windows 元文件（.wmf）、Wordperfect 图形（.wpg）。

(2) 常用的视频文件格式主要有以下几种。

- 微软视频：WMV、ASF、ASX。
- Real Player：RM、RMVB。
- MPEG 视频：MPG、MPEG、MPE。
- 手机视频：3GP。
- Apple 视频：MOV。
- Sony 视频：MP4、M4V。
- 其他常见视频：AVI、DAT、MKV、FLV、VOB。

1.1.3 认识 Flash

1996 年 8 月，Future Wave 软件公司的乔纳森·盖伊（Jonathan Gay）和他的 6 人小组研制开发了图像软件 Future Splash Animator，这是世界上第一款商用的二维矢量动画软件，能够在较小的网络带宽下实现较好的动画和互动效果。1996 年 11 月，Macromedia 公司收购了 Future Splash Animator，并将该软件更名为 Macromedia Flash 1.0。2005 年，Adobe 公司收购 Macromedia 公司后，Flash 也从一款专业的动画创作工具发展成为一种功能强大的网络多媒体创作工具，能够设计包含交互式动画、视频、网站和复杂演示文稿在内的各种网络作品。随着互联网的发展，Flash 日益受到重视，在网站设计、电视、音乐、电影、广告、手机、多媒体教学及网络贺卡等各个领域得到了广泛应用。

一、 Flash 动画的特点

Flash 动画是当今最流行的网络动画格式，简单说来，它具有以下特点。

(1) 文件的数据量小。

Flash 特别适用于创建通过 Internet 提供的内容，因为它的文件非常小。与位图图形相比，矢量图形需要的内存和存储空间小很多，因为它们是以数学公式而不是大型数据集来表示的。位图图形之所以需要的内存和存储空间更大，是因为图像中的每个像素都需要一组单独的数据来表示。

(2) 图像质量高。

矢量图像可以做到真正的无级放大，因此图像不仅始终可以完全显示，而且不会降低图像质量。而一般的位图，当用户放大它们时，就会看到一个个锯齿状的色块。

(3) 交互式动画。

一般的动画制作软件，如 3ds Max 等，只能制作标准的顺序动画，即动画只能连续播放。借助 ActionScript 的强大功能，Flash 不仅可以制作出各种精彩眩目的顺序动画，也能制作出复杂的交互式动画，使用户可以对动画进行控制。这是 Flash 一个非常重要的特点，它有效地扩展了动画的应用领域。

(4) 流媒体播放。

Flash 动画采用了边下载边播放的“流式（Streaming）”技术，在用户观看动画时，不是等到动画文件全部下载到本地后才能观看，而是“即时”观看。虽然后面的内容还没有完全下载，但是前面的内容同样可以播放。这实现了动画的快速显示，减少了用户的等待时间。

(5) 丰富的视觉效果。

Flash 动画有崭新的视觉效果，比传统的动画更加新颖与灵巧，更加炫目精彩。不可否认，它已经成为一种新时代的艺术表现形式。

(6) 成本低廉。

Flash 动画制作的成本非常低，使用 Flash 制作的动画能够大大地减少人力、物力资源的消耗。同时，在制作时间上也会大大减少。

(7) 自我保护。

Flash 动画在制作完成后，可以把生成的文件设置成带保护的格式，这样维护了设计者的版权利益。

正是由于 Flash 动画具有这些突出的优点，使它除了制作网页动画之外，还被应用于交互式软件的开发、展示和教学方面。由于 Flash 软件可以制作出高质量的二维动画，而且可以任意缩放，因此在多媒体、影视制作等领域都得到了广泛应用，并取得了很好的效果。

二、 Flash 动画制作与传统动画制作

在传统动画制作过程中，往往每幅画都要人工绘制，工作量大、技巧度高、效率低。而计算机动画软件的使用，大大改变了这一切，它方便快捷，简化了工作程序，提高了工作效率，并且还能够实现过去无法实现的效果，强化了视觉冲击力。通过对 Flash 的学习，读者会深刻感受到这一点。

(1) 简化工序，缩短周期。

Flash 动画比传统动画在工序流程有一定简化和较多的削减，制作周期大为缩短。传统动画片虽然有一整套制作体系保障它的制作，但还是有难以克服的缺点。一部 10 分钟的普通动画片，要画几千张画面。像大家熟悉的《大闹天宫》，120 分钟的片长需要画 10 万多张画面。如此繁重而复杂的绘制任务，需要几十位动画作者，花费 3 年多时间才能最终完成。传统动画片在分工上非常复杂，要经过导演、美术设计师、原画、动画、绘景、描线、上色、校对、摄影、剪辑、作曲、对白配音、音乐录音、混合录音及洗印等十几道工序，才可以顺利完成。Flash 动画的创作，笔者从接到任务到最后分布完成，差不多都是一个人。虽然 Flash 动画相较于传统动画来说，在画面动作衔接上不太流畅，略显粗糙，但是有自己特

有的视觉效果。比如，画面往往更夸张起伏，以达到在最短时间内传达最深感受的效果，适应现代观众的审美需要。在制作周期上，半小时的节目若用 Flash 技术制作，3~4 个月就可完成，若用其他技术通常需用 10~14 个月。

(2) 成本低廉。

传统动画片制作成本最低也要 10000 元/分钟，一部动画短片的制作成本至少需要几十万，还不包括广告费、播出费等。再加上市场运作与相关产品开发等，制作成本大大高于收入，也因此制约了传统动画片的发展。而 Flash 动画制作成本非常低廉，只需一台电脑，一套软件，设计者就可以制作出绘声绘色的 Flash 动画，大大减少人力、物力资源及时间上的消耗。

近两年，许多优秀的 Flash 动画片也开始在电视上播出，如《喜羊羊和灰太狼》等，都受到了业内人士及大众的一致好评。可见，电视观众完全能够接受 Flash 动画这种新的艺术表现形式。

1.2 功能讲解

作为一款优秀的网络动画制作工具，Flash 功能已经由最初的动画制作拓展到网站制作、数据库应用、游戏开发等各个领域，使用也越来越复杂。目前最新版本是 Flash CC 2015，这是一款只能运行于 64 位操作系统下的软件，无法在 32 位操作系统下运行。因为 32 位操作系统只能管理不到 3GB 的内存，而 64 位操作系统不受这个限制，所以 Flash CC 2015 能够有效利用系统内存资源。

下面简单介绍一下 Flash CC 2015 的基本功能。

1.2.1 Flash CC 2015 的界面

运行 Flash CC 2015 软件，会出现一个酷炫的启动界面，如图 1-1 所示。

图1-1　Flash CC 的启动界面

稍后，会自动出现 Flash CC 的初始用户界面。这是一个创建文件、辅助学习的选择面板，如图 1-2 所示。

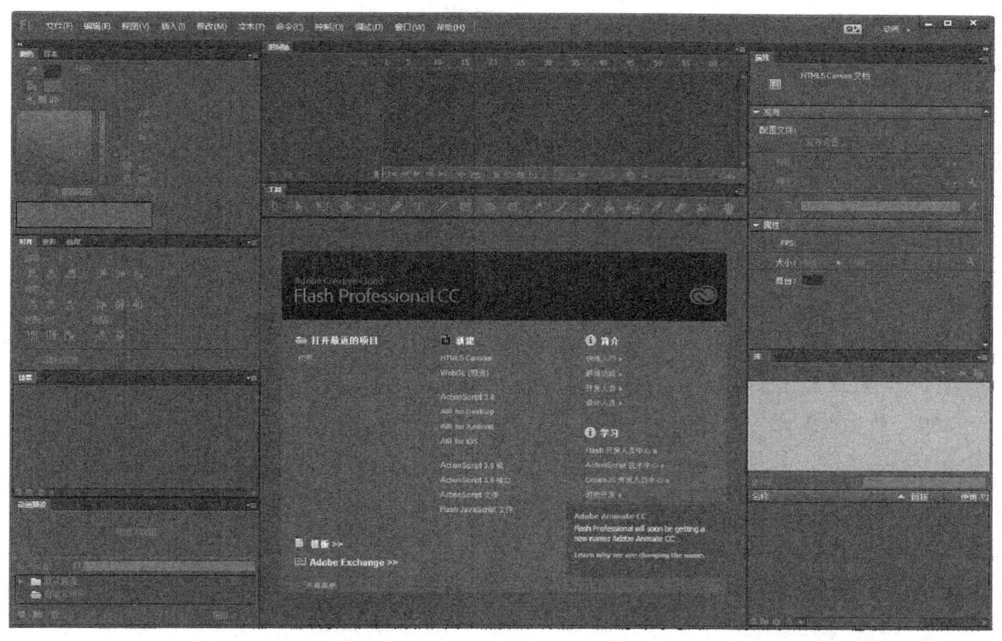

图1-2　Flash CC 的初始用户界面

如果不喜欢这种深灰的色调，可以修改一下。选择菜单命令【编辑】/【首选参数】，打开【首选参数】面板，在【常规】选项卡中修改【用户界面】为【浅】，如图 1-3 左图所示，则界面变化为一种浅灰的颜色，如图 1-3 右图所示。

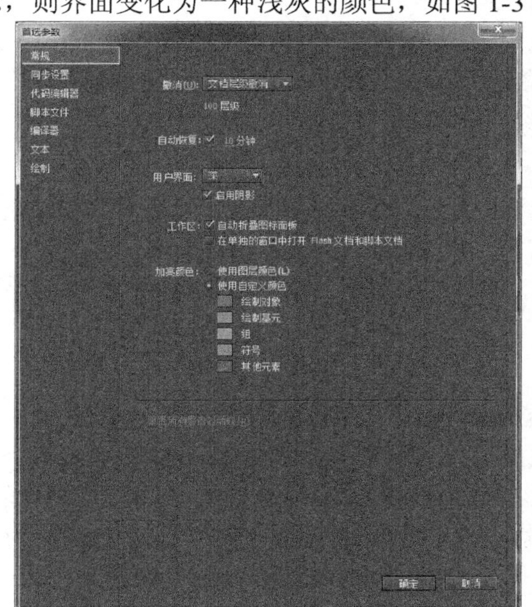

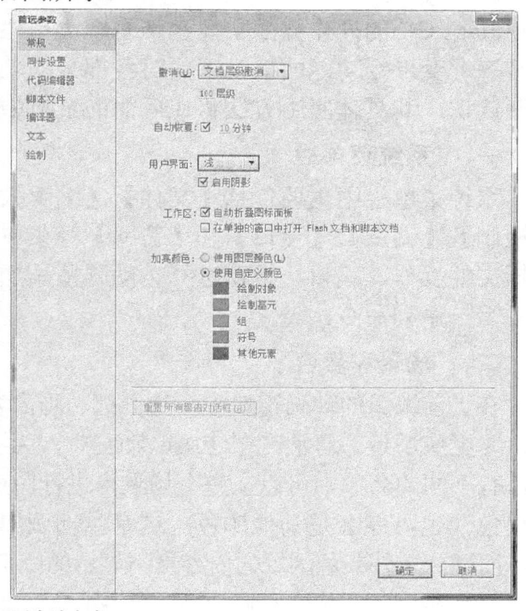

图1-3　修改界面为浅灰色

一般情况下，当用户需要创建一个新的 Flash 动画时，可以选择【ActionScript 3.0】选项，就直接进入 Flash CC 的操作界面，如图 1-4 所示。界面采用了一系列浮动的可组合面板，用户可以按照自己的需要来调整其状态，使其使用更加简便。

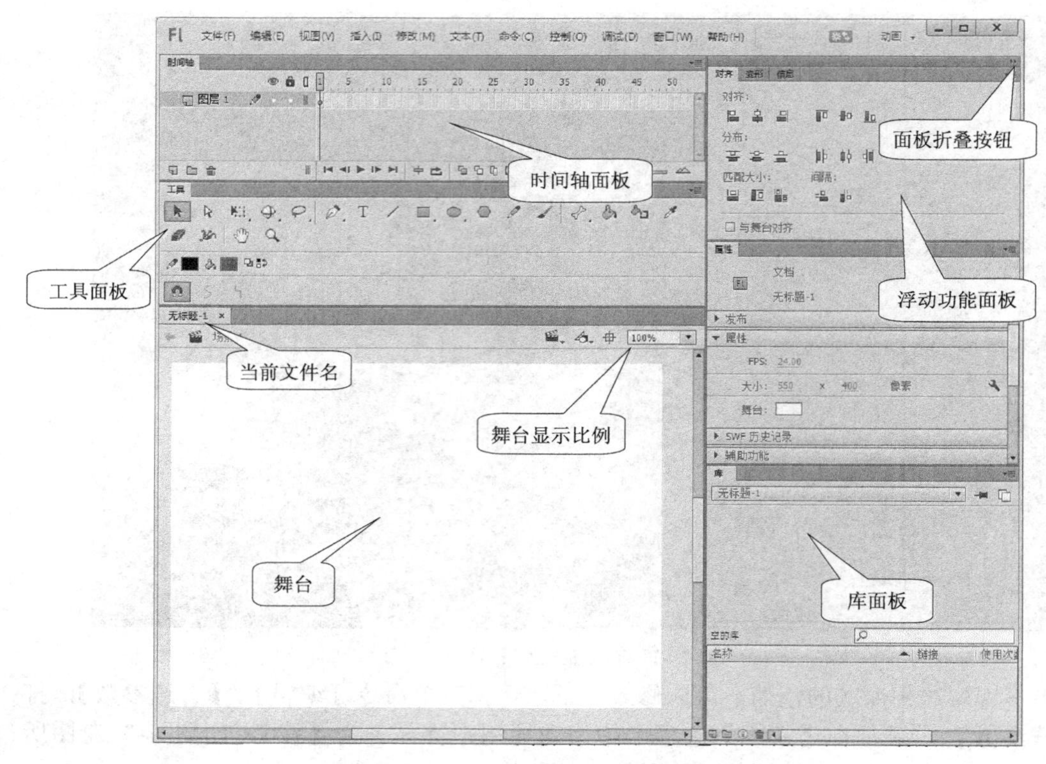

图1-4　Flash CC 的操作界面

Flash CC 的操作界面主要包括系统菜单栏、场景与舞台、时间轴、工具、属性面板、库及对齐、变形等功能面板。下面对各部分的功能进行简要介绍，让读者对它们有一个整体的感性认识。其具体应用方法将在后面的章节中结合实例详细介绍。

一、　系统菜单栏

系统菜单栏中主要包括【文件】、【编辑】、【视图】、【插入】、【修改】、【文本】、【命令】、【控制】、【调试】、【窗口】和【帮助】等菜单，每个菜单又包含了若干菜单项，它们提供了包括文件操作、编辑、视窗选择、动画帧添加、动画调整、字体设置、动画调试和打开浮动面板等一系列命令。

二、　场景和舞台

在当前编辑的动画窗口中，我们把动画内容编辑的整个区域叫做场景。在电影或话剧中，经常要更换场景。通常，在 Flash 动画中，为了设计的需要，也可以更换不同的场景，每个场景都有不同的名称。可以在整个场景内进行图形的绘制和编辑工作，但是最终动画仅显示场景中白色（也可能会是其他颜色，这是由动画属性设置的）区域内的内容，把这个区域称为舞台。而舞台之外灰色区域的内容是不显示的，把这个区域称为后台区，如图 1-5 所示。

舞台是绘制和编辑动画内容的矩形区域，动画内容包括矢量图形、文本框、按钮、导入的位图图像或视频等。动画在播放时仅显示舞台上的内容，对于舞台之外的内容是不显示的。

在设计动画时往往要利用后台区做一些辅助性的工作，但主要的内容都要在舞台中实现。这就如同演出一样，在舞台之外（后台）可能要做许多准备工作，但真正呈现给观众的就只是舞台上的表演。

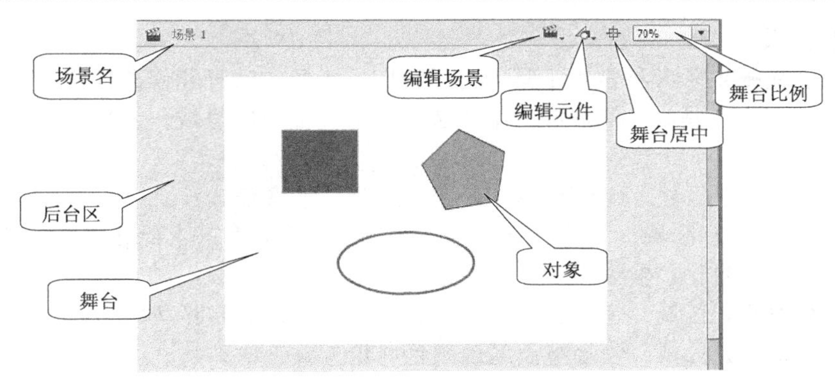

图1-5 场景与舞台

三、 时间轴与图层

时间轴用于组织和控制文档内容在一定时间内播放的层数和帧数，就像剧本决定了各个场景的切换及演员的出场、表演的时间顺序一样。

【时间轴】面板有时又被称为【时间轴】窗口，其主要组件是层、帧和播放头，还包括一些信息指示器，如图 1-6 所示。【时间轴】窗口可以伸缩，一般位于动画文档窗口内，可以通过鼠标拖动使它独立出来。按其功能来看，【时间轴】窗口可以分为左右两个部分：层控制区和帧控制区。时间轴显示文档中哪些地方有动画，包括逐帧动画、补间动画和运动路径，可以在时间轴中插入、删除、选择和移动帧，也可以将帧拖到同一层中的不同位置，或是拖到不同的层中。

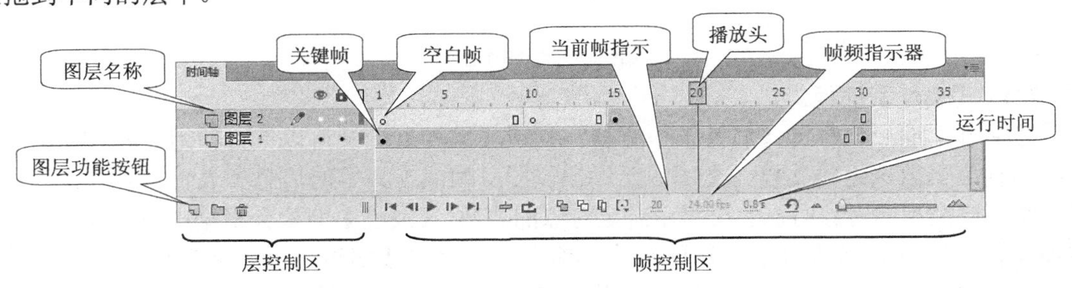

图1-6 【时间轴】窗口

帧是进行动画创作的基本时间单元，关键帧是对内容进行了编辑的帧，或包含修改文档的“帧动作”的帧。Flash 可以在关键帧之间补间或填充帧，从而生成流畅的动画。

层就像透明的投影片一样，一层层地向上叠加。用户可以利用层组织文档中的插图，也可以在层上绘制和编辑对象，而不会影响其他层上的对象。如果一个层上没有内容，那么就可以透过它看到下面的层。当创建了一个新的 Flash 文档之后，它就包含一个层。用户可以添加更多的层，以便在文档中组织插图、动画和其他元素。可以创建的层数只受计算机内存的限制，而且层不会增加发布后的 SWF 文件的文件大小。

四、 浮动功能面板

Flash CC 中有许多功能面板，这些面板都可以通过【窗口】菜单中的子菜单来打开和关闭。面板可以根据用户的需要进行拖动和组合，一般拖动到另一个面板的临近位置，它们就会自动停靠在一起；若拖动到靠近右侧边界，面板就会折叠为相应的图标。

下面介绍几个常用的功能面板。

(1)　工具面板。

【工具】面板提供了各种常用工具，可以绘图、上色、选择和修改插图，并可以更改舞台的视图。选择某一工具时，其对应的附加选项也会在面板中呈现。面板分为以下几部分，如图 1-7 所示。

- 【选择调整】区域：包含选择、变形、旋转、套索等工具。
- 【绘画编辑】区域：包含钢笔、文本、线条形状等基本绘图工具，以及骨骼、颜料、滴管、擦除等编辑工具。
- 【移动缩放】区域：包含在应用程序窗口内进行缩放和移动的工具。
- 【颜色填充】区域：包含用于笔触颜色和填充颜色的工具。
- 【工具选项】区域：显示当前所选工具的功能和属性。

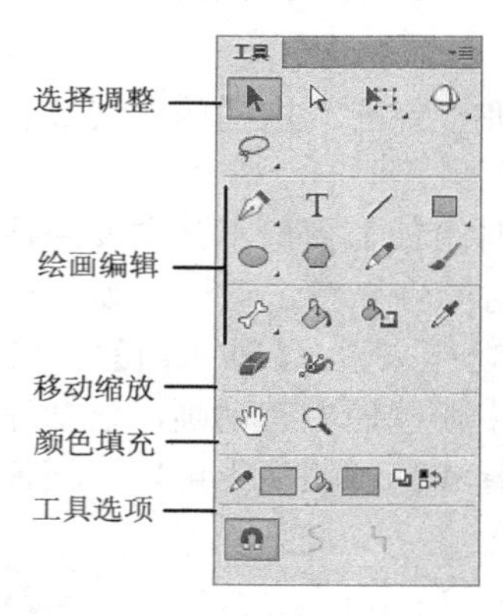

图1-7　【工具】面板

(2)　【属性】面板。

【属性】面板也称为【属性】检查器。使用【属性】面板可以很方便地查看或修改舞台及时间轴上当前选定的文档、文本、元件、位图、帧或工具等的信息和设置。当选定了两个或多个不同类型的对象时，它会显示选定对象的总数。【属性】面板会根据用户选择对象的不同而变化，以反映当前对象的各种属性。单击面板上的【编辑文档属性】按钮，会出现【文档设置】对话框，如图 1-8 所示。利用此对话框可以对文档的若干基本属性进行设置。

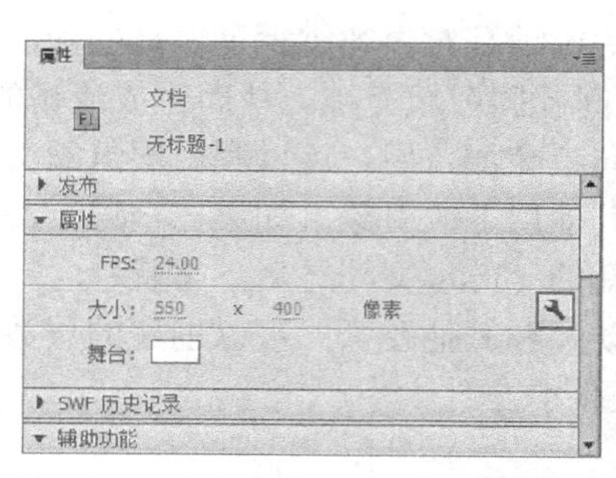

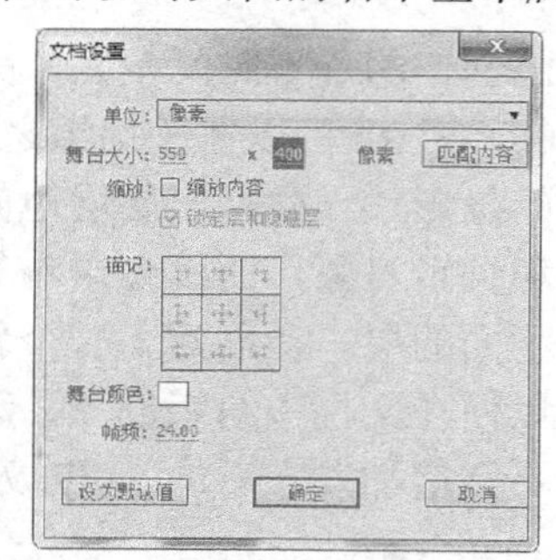

图1-8　【属性】面板

(3)　【库】面板。

【库】面板用于存储和组织在 Flash 中创建的各种元件及导入的文件，包括位图图像、声音文件和视频剪辑等。【库】面板可以组织文件夹中的库项目，查看项目在文档中使用的频率，并按类型对项目排序，如图 1-9 所示。

此外，还有动作、历史记录、对齐、信息、变形、颜色、样本等各种辅助面板，其功能都比较明确，这里不一一介绍。后面在具体的动画设计中会用到。

五、 工作区布局

工作区是指整个用户界面，包括界面的大小、各个面板的位置形式等。用户可以自定义工作区：首先按照自己的使用需要和个人爱好对界面进行调整，然后选择菜单命令【窗口】/【工作区】/【新建工作区】，就可以将当前的工作区风格保存下来。

Flash 系统提供了几种典型的工作区布局。从系统菜单栏中选择【窗口】项，在其下拉菜单中展开【工作区】子菜单，可以看到其中列出的几种布局形式，如图 1-10 所示。选择不同的类型，Flash 用户界面上各个功能面板的位置就会发生变化。作为初学者，一般可以选择【动画】类型的工作区布局。

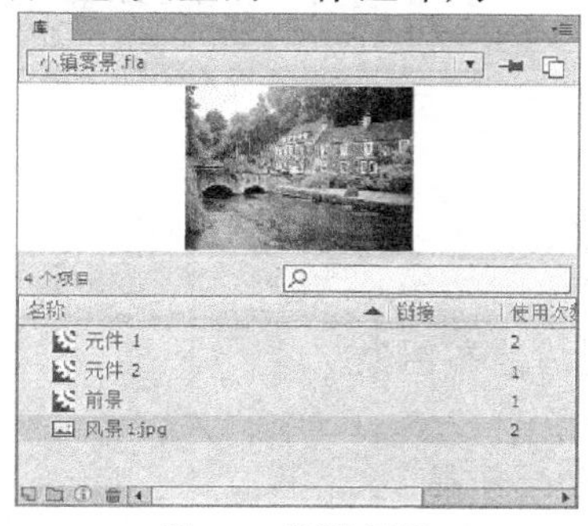

图1-9 【库】面板

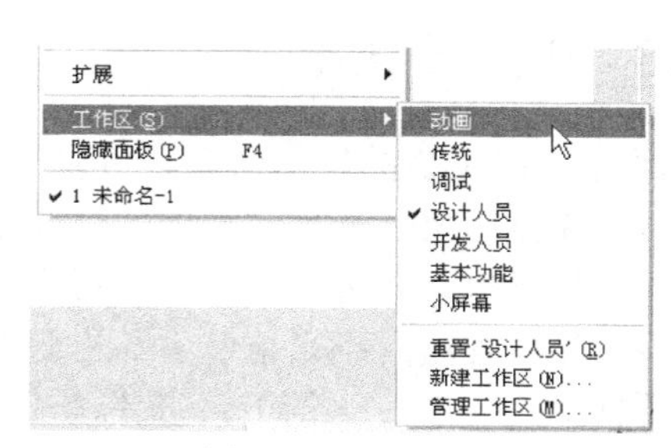

图1-10 工作区布局

1.2.2 动画的测试

最简单的动画测试方法是直接使用时间轴上的播放控制器，如图 1-11 所示，其中的按钮可以实现动画的播放、暂停、逐帧前进或倒退等操作。

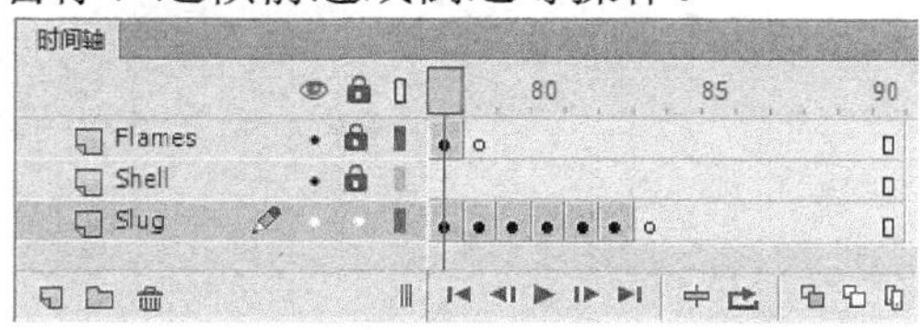

图1-11 时间轴上的播放控制器

对于简单的动画（如补间动画、逐帧动画等）来说，都可以利用时间轴播放控制器进行测试。当作品中含有影片剪辑元件实例、多个场景或动作脚本时，直接使用编辑界面内的播放控制按钮就不能完全正常地显示动画效果了，这时就需要利用【测试影片】命令对动画进行专门的测试。

1. 选择菜单命令【文件】/【打开】，弹出【打开】对话框，选择需要打开的文件夹，如图 1-12 所示，其中罗列了当前文件夹下的文件。
2. 选择“蜗牛火箭.fla”文件，然后单击 打开(O) 按钮，则该文件被调入 Flash CC 中并打开，能够对其进行编辑。
3. 选择菜单命令【控制】/【测试】，则作品被首先生成为一个 SWF 格式的动画文件，然后利用其内置播放器播放，如图 1-13 所示。

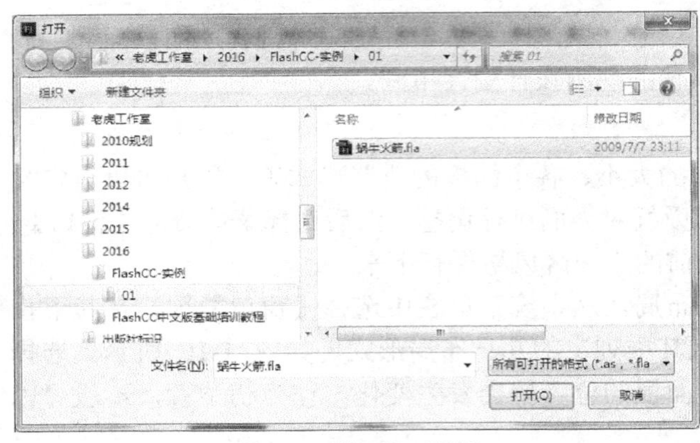

图1-12　【打开】对话框

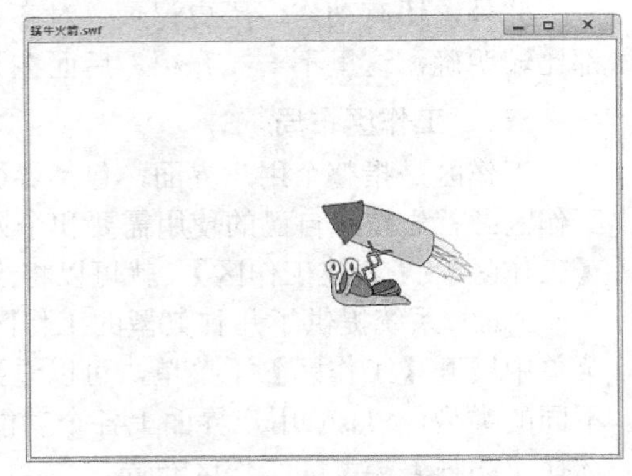

图1-13　动画测试环境

1.2.3　作品的导出

利用 Flash CC 的导出命令，可以实现以下 3 种功能。

- 导出图像：将当前帧的图像导出为一幅静态图像。
- 导出影片：将当前动画的所有帧导出为成序列的静态图像。
- 导出视频：将当前动画导出为 MOV 格式的视频。

下面利用“蜗牛火箭.fla”文件举例说明如何导出动画作品。

1. 打开附盘文件“素材文件\01\蜗牛火箭.fla”。
2. 在时间轴窗口选择第 10 帧，然后选择菜单命令【文件】/【导出】/【导出图像】，弹出【导出图像】对话框，要求用户选择导出文件的名称、类型及保存位置。从【保存类型】中可以看到多种不同的类型，如图 1-14 所示。

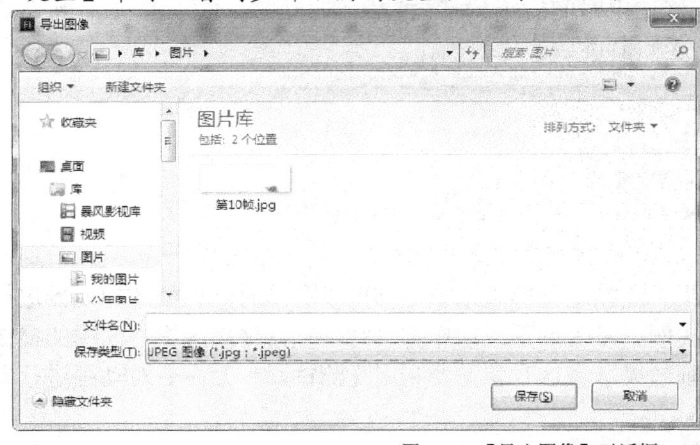

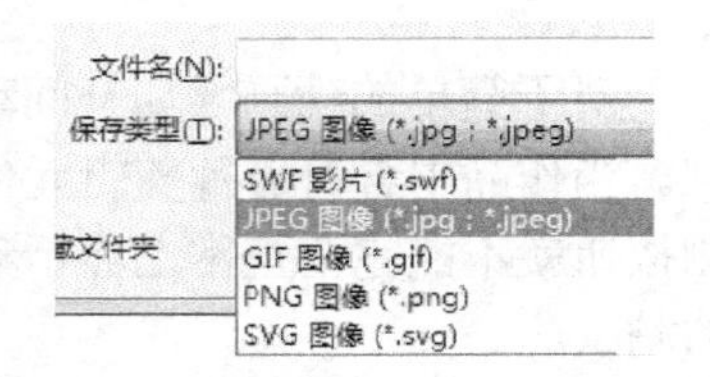

图1-14　【导出图像】对话框

3. 选择一种保存类型，再输入一个文件名。单击 保存(S) 按钮，出现导出设置对话框，再单击 确定 按钮，则当前帧被导出为一个独立的图像文件。选择不同的帧，就能够导出不同帧的图像，如图 1-15 所示。

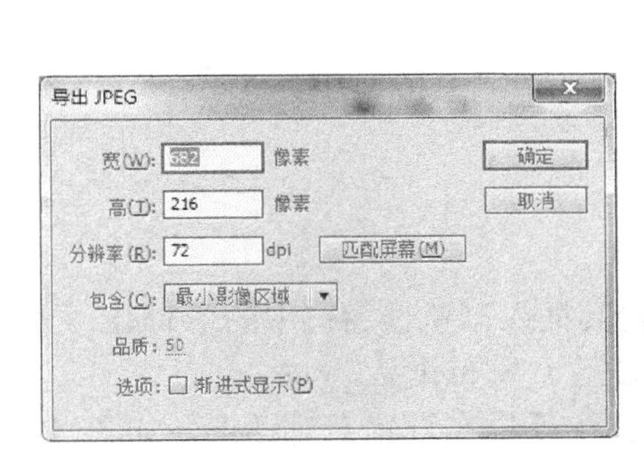

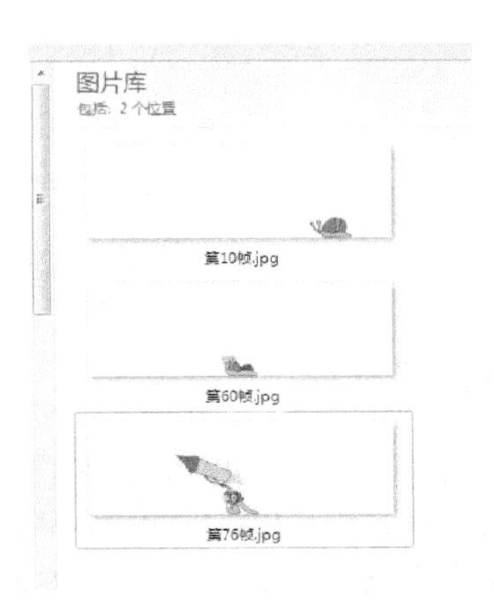

图1-15　导出不同帧的图像

4. 同样，使用【导出影片】命令可以将当前动画的所有帧导出为成序列的静态图像，如图 1-16 所示。

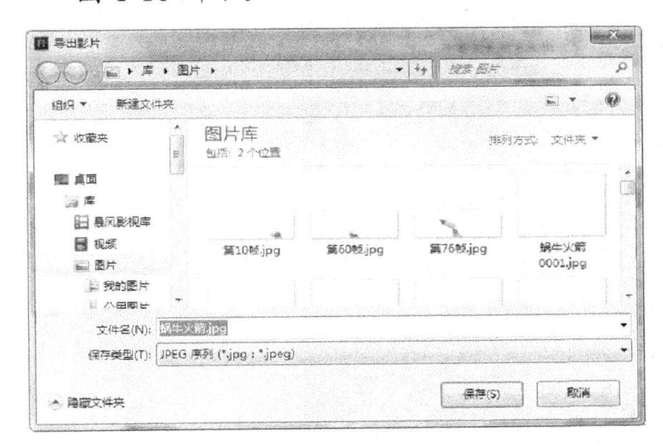

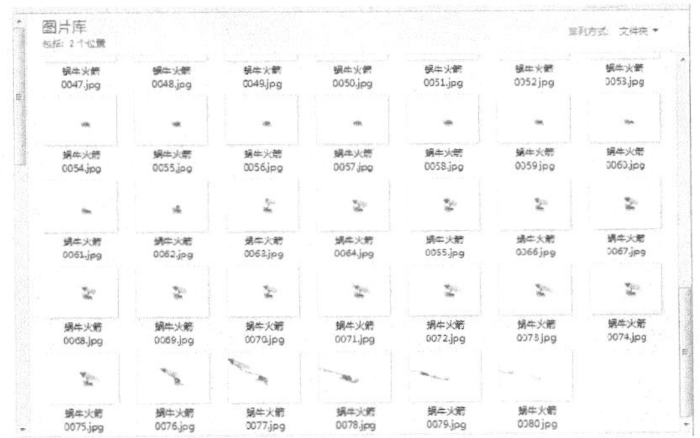

图1-16　将当前动画的所有帧导出为成序列的静态图像

5. 使用【导出视频】命令可以将当前动画导出为 MOV 格式的视频，如图 1-17 所示。

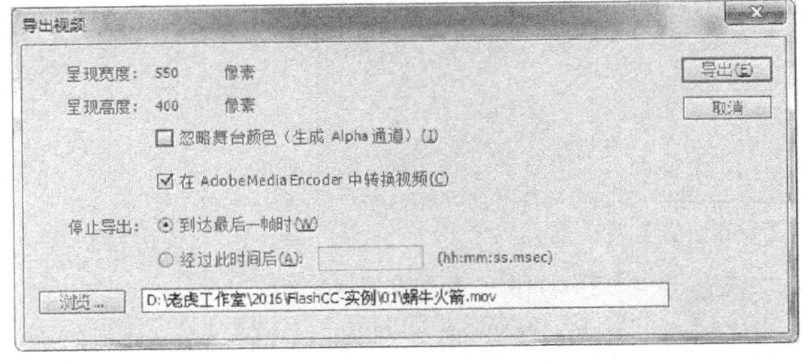

图1-17　将当前动画导出为 MOV 格式的视频

要点提示　Flash CC 默认的 SWF 播放器为 Flash Player 16/17，如图 1-18 所示。若读者的 SWF 文件无法使用其播放，请手工将 SWF 文件关联到该播放器。Flash Player 文件一般位于软件安装目录下的“Players”文件夹中。

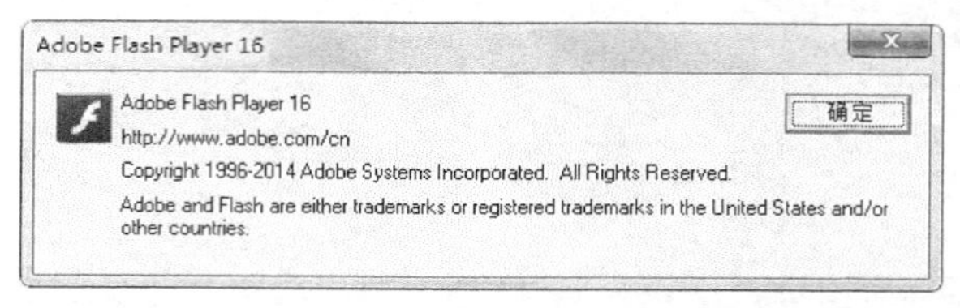

图1-18　Flash Player 16

1.2.4　作品的发布

【发布】命令可以创建 SWF 文件，并将其插入浏览器窗口中的 HTML 文档，也可以以其他文件格式（如 GIF、JPEG、PNG 和 SVG 等）发布作品。

选择菜单命令【文件】/【发布设置】，弹出【发布设置】对话框，如图 1-19 所示，在对话框中选择发布文件的名称及类型。

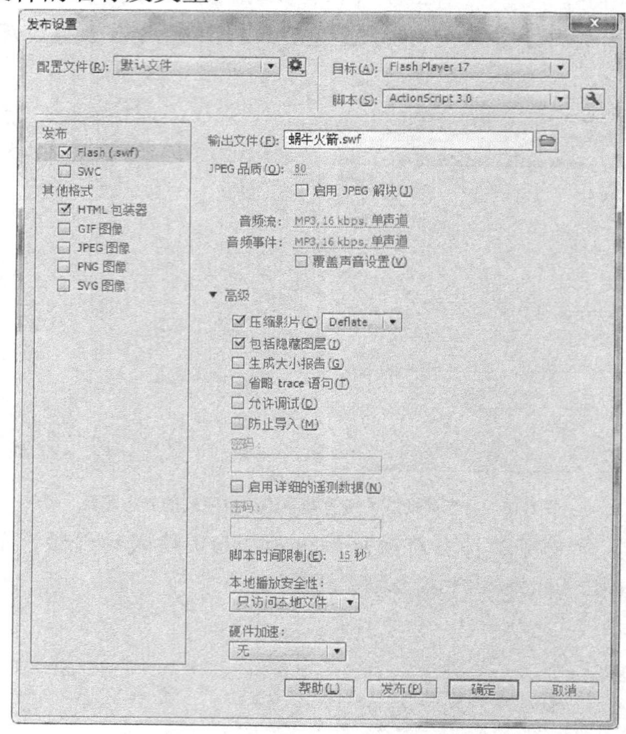

图1-19　【发布设置】对话框

在左侧的【发布】类型栏中，可以根据需要选择其中的一种或几种格式。

输出文件的默认目录是当前文件所在的目录，也可以选择其他的目录。单击按钮，即可选择不同的目录和名称，当然也可以直接在文本框中输入目录和名称。

设置完毕后，如果单击确定按钮，则保存设置，关闭【发布设置】对话框，但并不发布文件。只有单击发布按钮，Flash CC 才按照设定的文件类型发布作品。

Flash CC 能够发布 8 种格式的文件。当选择某个发布类型后，相应类型文件的参数就会在窗口的右侧显示出来，如图 1-19 和图 1-20 所示。这些参数都比较容易理解，请读者自行体会。

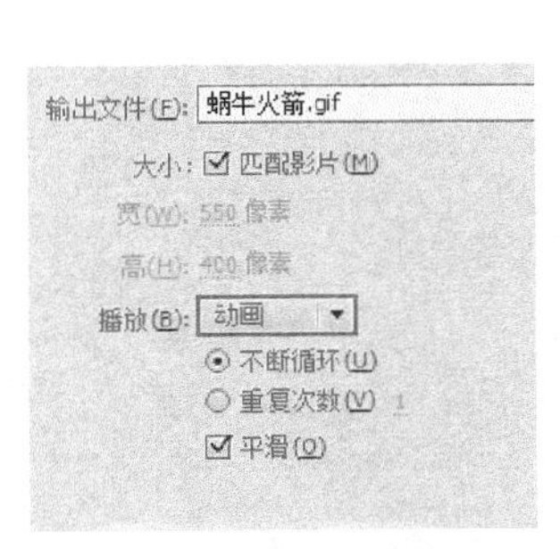

GIF 格式文件的参数

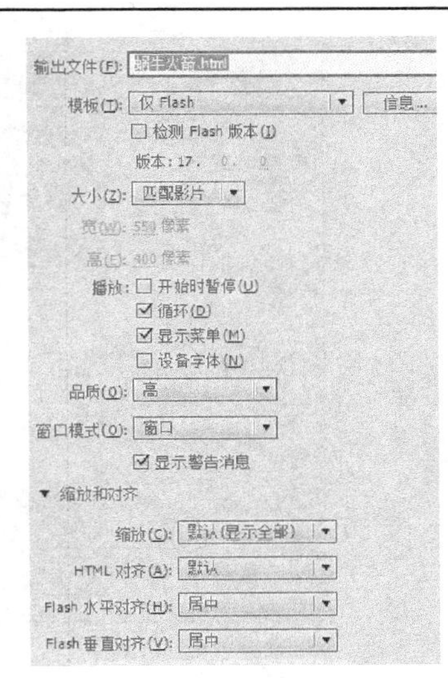

HTML 格式文件的参数

图1-20　文件的参数

1.3　范例解析

下面通过入门动画作品来说明 Flash CC 基本的文件操作，使大家对 Flash CC 软件有一个感性的认识。

1.3.1　跳动的小球

下面来制作一个简单的 Flash 动画，动画的效果是一个小球跳动着，从画面的左侧移动到右侧，最后又回到原始位置。动画效果如图 1-21 所示。

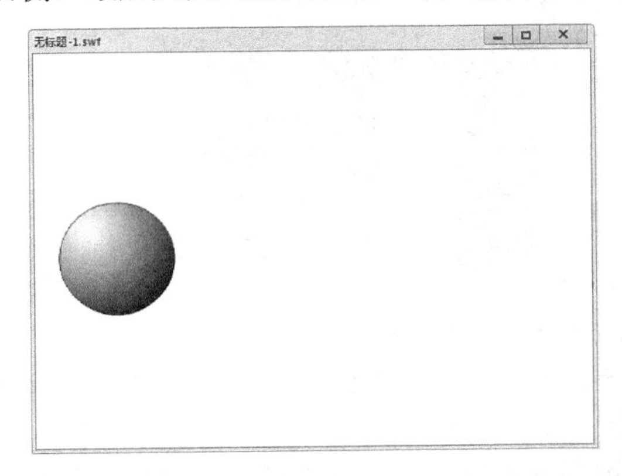

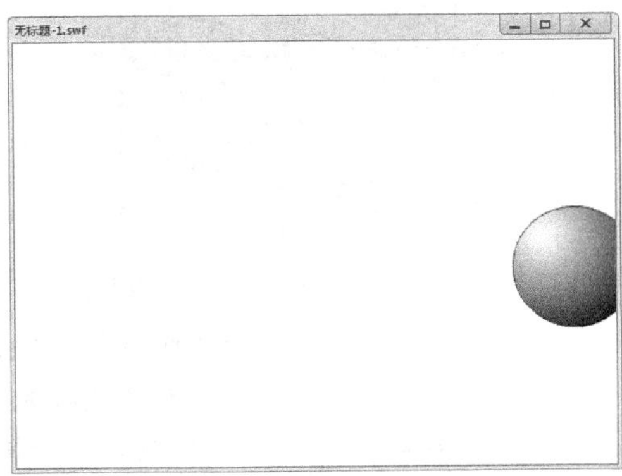

图1-21　跳动的小球

【操作提示】

1. 选择菜单命令【文件】/【新建】，弹出【新建文档】对话框，从【类型】列表框中选择“ActionScript 3.0”，调整宽为“300”像素，高为“200”像素，如图 1-22 所示。
2. 单击 确定 按钮，进入文档编辑界面，也就是前面介绍的 Flash CC 操作界面。

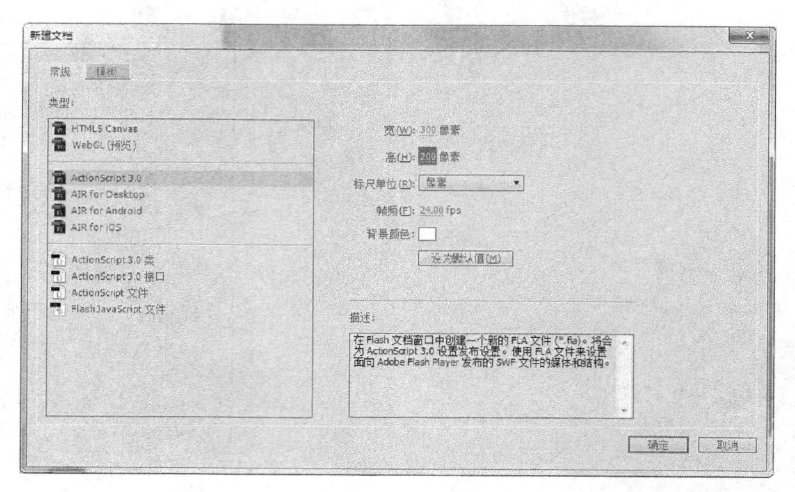

图1-22　新建文档

要点提示 在 Flash CC 软件启动时，也会自动创建一个新的 Flash 文档，其默认的文件名为“未命名-1”。此后创建新文档时，系统将会自动顺序定义默认文件名为“未命名-2”和“未命名-3”等。

3. 在【工具】面板中选择 工具，并在其【属性】面板中单击填充颜色区域，会出现一个色板窗口，如图 1-23 所示。选择最下方第 2 个色卡，为椭圆工具设定填充颜色为放射状的黑白渐变。

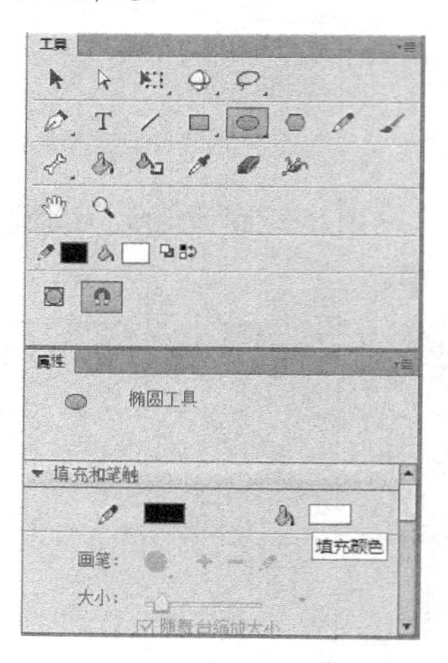

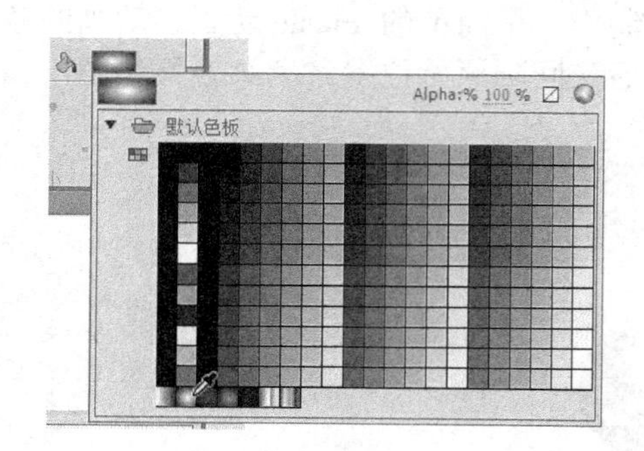

图1-23　选择椭圆形工具并设置其填充颜色为放射状的黑白渐变

4. 将鼠标光标移动到舞台上，此时鼠标光标变为“+”状态；按下鼠标左键，然后拖动鼠标光标，在舞台左侧位置绘制出一个圆形。
5. 从【工具】面板中选择 工具，然后在圆形左上方单击鼠标左键，则圆形被填充以高光的模样，具有圆球的形态了，如图 1-24 所示。
6. 选择【工具】面板左上角的 工具，在舞台上拖出一个选择框，将圆形全部选中（包括边框和中间的填充颜色），如图 1-25 所示，然后将其移动到舞台靠左侧的位置。

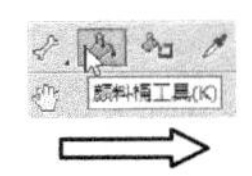

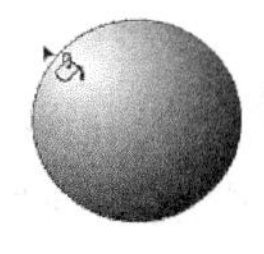

图1-24　绘制具有高光效果的圆形

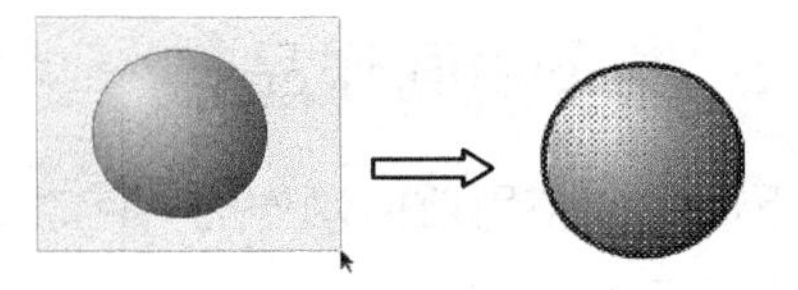

图1-25　将圆形全部选中

要点提示 Flash 将图形（包括圆形等）分割为边框和填充颜色，这样能够方便线条、色彩的编辑处理。如果只在圆形中单击一下鼠标左键，一般只能选中圆形的填充颜色。

7. 在【动画预设】面板中展开“默认预设”文件夹，选择其中的【波形】效果，如图 1-26 所示。这时，面板中的预览窗口能够显示这种预设动画的效果。
8. 单击 应用 按钮，会弹出一个提示对话框，如图 1-27 所示，说明要将图形转换为元件并创建一个补间动画。

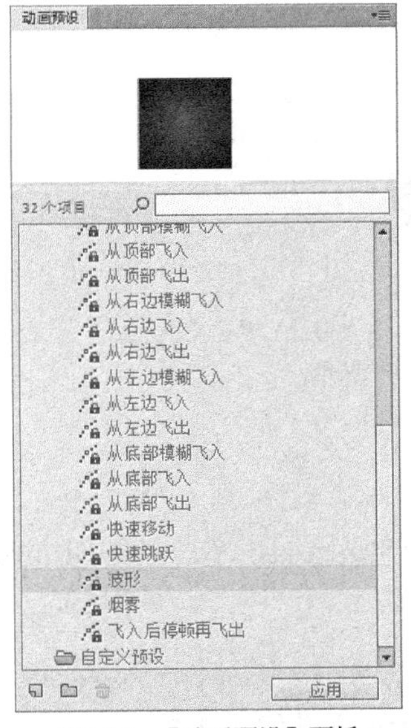

图1-26　【动画预设】面板

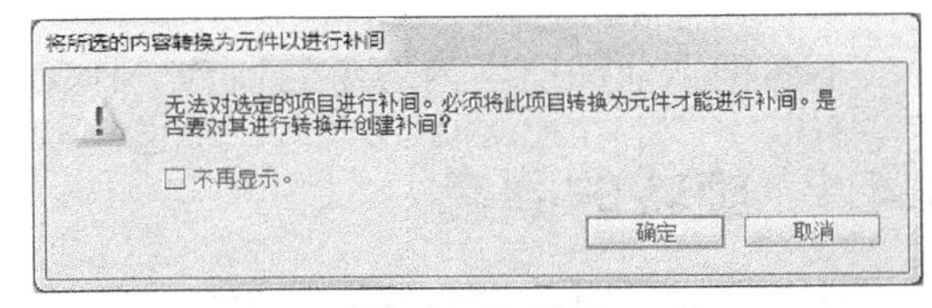

图1-27　提示信息

9. 单击 确定 按钮，则当前选中的动画效果被加载到舞台对象上，如图 1-28 所示。其中蓝色的小点就是小球在每一帧的位置，它们连续起来就是一个波动的轨迹。

图1-28　动画效果被加载到舞台对象上

10. 选择菜单命令【控制】/【测试】，可以看到在动画测试窗口，小球会不停地从窗口左侧跳动到右侧，然后又跳回到左侧。
11. 保存文档为“跳动的小球.fla”。

1.3.2　发布动画作品

下面继续使用前面制作的“跳动的小球”来说明如何发布一个文档。

【操作提示】

1. 选择菜单命令【文件】/【发布】，弹出【正在发布】的进度条。很快，完成文件发布。
2. 打开“跳动的小球.fla”所在的文件夹，可以看到发布的动画和网页文件。
3. 双击“跳动的小球.html”文件，就可以利用浏览器观看已发布的包含 Flash 动画的网页了，如图 1-29 所示。

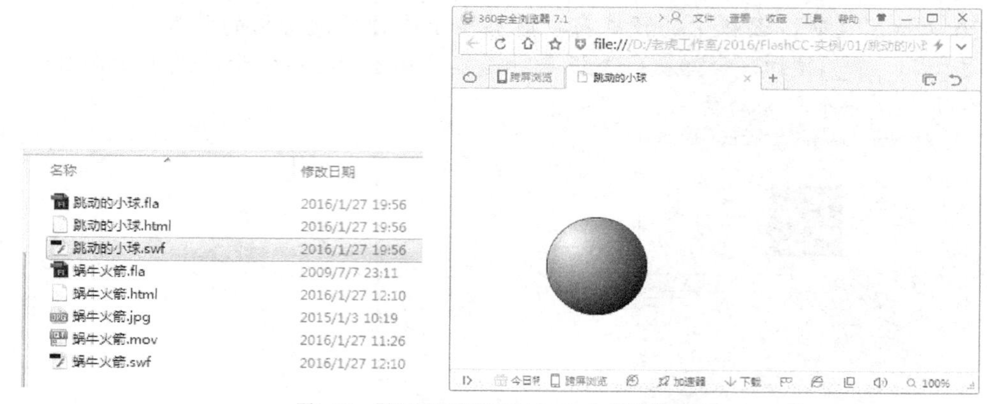

图1-29　利用浏览器观看包含 Flash 动画的网页

1.4　实训

下面根据前面所学内容练习制作一个简单的动画，以便对 Flash 有一个初步的认识。

1.4.1　旋转的圆盘

利用系统提供的预设动画，设计一个旋转的圆盘，动画效果如图 1-30 所示。

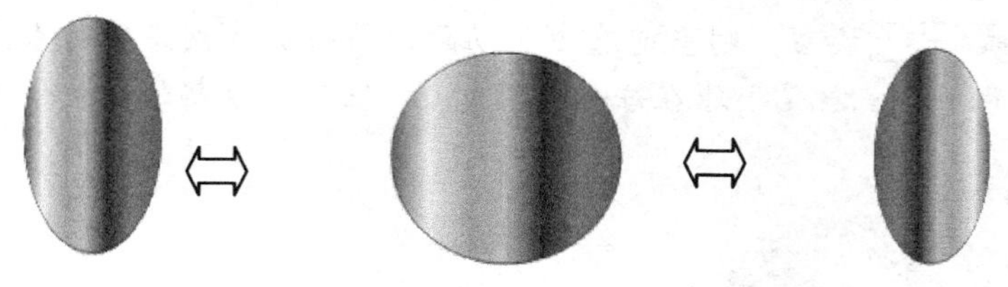

图1-30　旋转的圆盘

图 1-31 所示说明了动画的操作要点。

【操作提示】

- 选择椭圆形工具，然后设置其填充颜色为水平排列的色带。
- 在舞台上绘制圆形。
- 对圆形运用预设动画效果“3D 螺旋”。

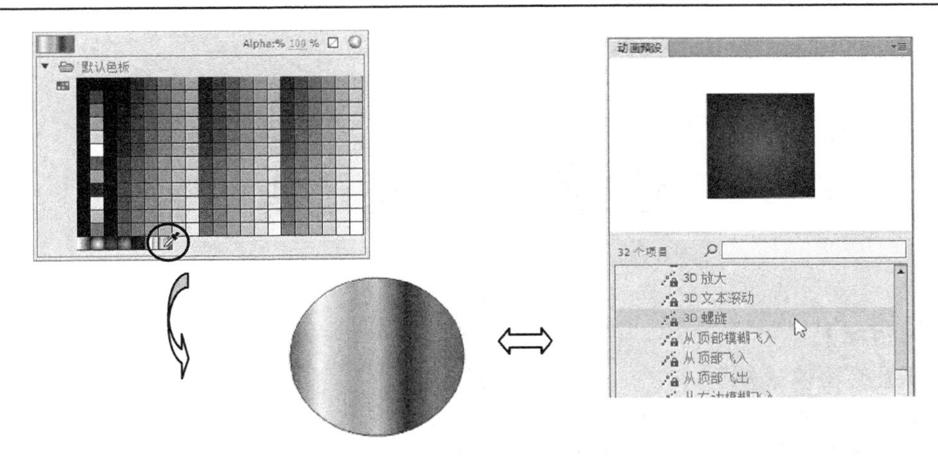

图1-31　操作思路分析

1.4.2 发布动画为 GIF 文件

将上面设计的动画发布成一个 GIF 格式的可执行文件，图 1-32 所示说明了操作要点。

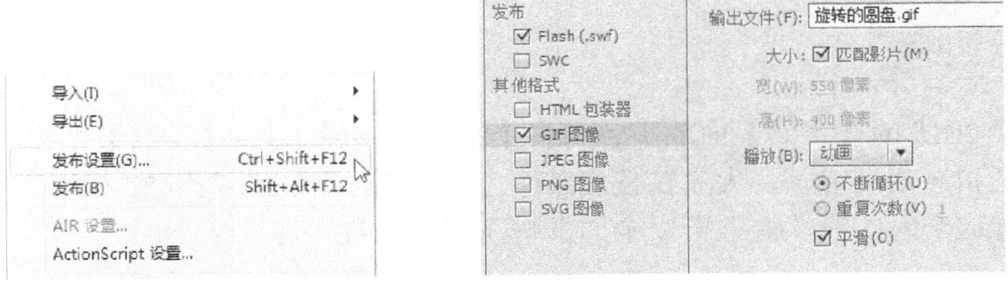

图1-32　操作思路分析

要点提示　在 Adobe 公司的官方网站和联机帮助系统中，对于 Flash 作品大都使用“影片”这个名称。考虑到 Flash 作品的特点与传统意义上的“动画”具有同样的概念，因此，本书倾向于使用“Flash 动画”这样的名称，而且在使用时对这两者不加区别。

1.5 习题

1. 打开附盘文件“素材文件\01\蜗牛火箭.fla”，将其另存为“蜗牛的理想.fla”文件。
2. 对“蜗牛的理想.fla”文件进行测试、发布，观察各种格式的区别。
3. 绘制一个多边形，用水平色带填充，效果如图 1-33 所示。
4. 设计一个圆球，并应用预设动画“脉搏”效果，如图 1-34 所示。

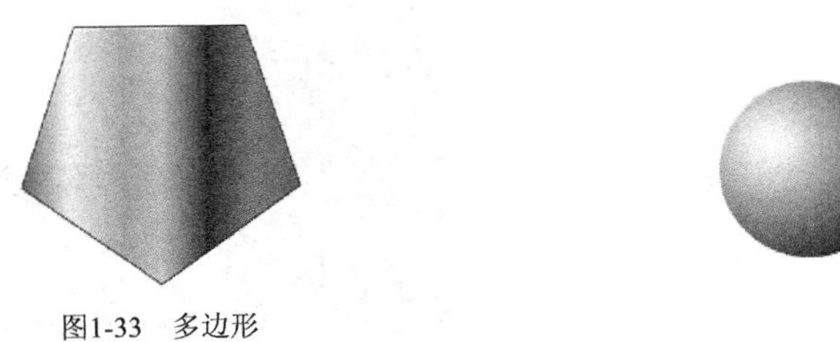

图1-33　多边形

图1-34　“脉搏”圆球

第2章　绘画工具

【学习目标】

- 掌握绘图基础知识。
- 掌握矢量图形和位图图像。
- 掌握【工具】面板基本绘图工具的使用技巧。

Flash CC 2015 提供了丰富的绘制图形工具，工具的使用也很简便，便于初学者理解和应用。通过对绘制工具的学习，掌握绘制矢量图形的方法是设计者进行动画设计的基础，也是原创 Flash 动画必须要掌握的“武器”。Flash 动画允许发布矢量图形作品，其优势就是对其缩放不产生失真变形，而且使文件的容量比较小。

2.1　功能讲解

Flash CC 2015 的【工具】面板中包含多个绘图及编辑工具。【工具】面板一般可以划分为工具选择区和选项设置区，大家在使用某个工具时需要注意选项设置区相应工具功能选项的变化，通过这个区的属性调整可以全面发挥工具的效能。

2.1.1　【铅笔】工具

在绘画和设计中，线条作为重要的视觉元素一直发挥着举足轻重的作用。弧线、曲线和不规则线条能传达轻盈、生动的情感；直线、粗线和紧密排列的线条能传达刚毅、果敢的情感。在 Flash CC 2015 中，【铅笔】工具增加了【宽度】设置项，只要有效利用工具属性，充分发挥线条优势，就可以创作出充满生命力的作品，利用【铅笔】工具可以轻松绘制兰草，效果如图 2-1 所示。

应用【铅笔】工具的关键是选择铅笔的模式，不同模式的选择直接影响创建线条的效果。根据作品的整体创作趋向选择对应的铅笔模式，才能创建出理想的作品。在【工具】面板中选择工具，将鼠标光标移至【工具】面板下方的【选项】区，单击按钮会弹出【铅笔】工具的 3 个属性设置选项，如图 2-2 所示。

图2-1　绘制图案

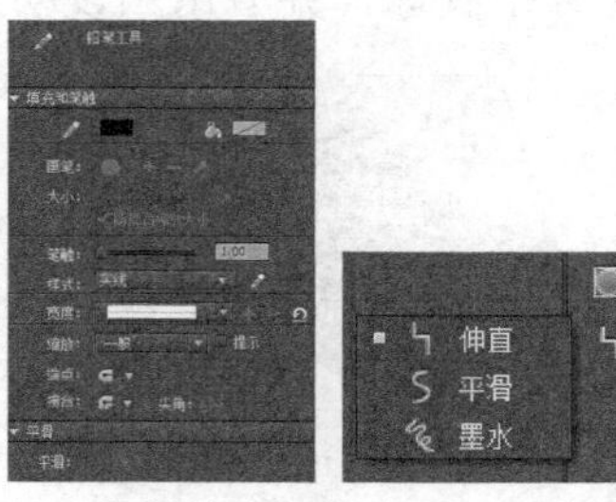

图2-2　属性设置选项和铅笔工具属性设置

在使用【铅笔】工具时，预先选择任何一种属性，都会对最终的结果产生直接的影响。这 3 种铅笔工具的属性具体区别如下。

- 【伸直】选项：选择该属性后，可以使绘制的矢量线自行趋向于规整的形态，如直线、方形、圆形和三角形等。在使用过程中，大家要有意识地将线条绘制成接近预想效果的形态，只有这样，【铅笔】工具才能使绘制的图形更加接近于预想的效果，如图 2-3 所示。
- 【平滑】选项：选择该属性后，所绘制的线条将趋向于更加流畅平滑的形态。在画卡通图形时，用户可以很好地利用这个选项。如图 2-4 所示，图中的作品就是直接利用铅笔工具绘制出来的。
- 【墨水】选项：选择该属性后，用户可以绘出接近手写体效果的线条。图 2-5 所示的藏书签名就是利用这一属性创建的钢笔书法效果。

图2-3　选择【伸直】选项

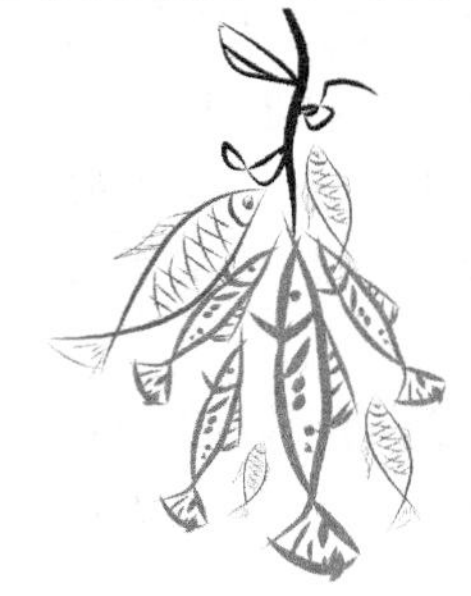

图2-4　选择【平滑】选项

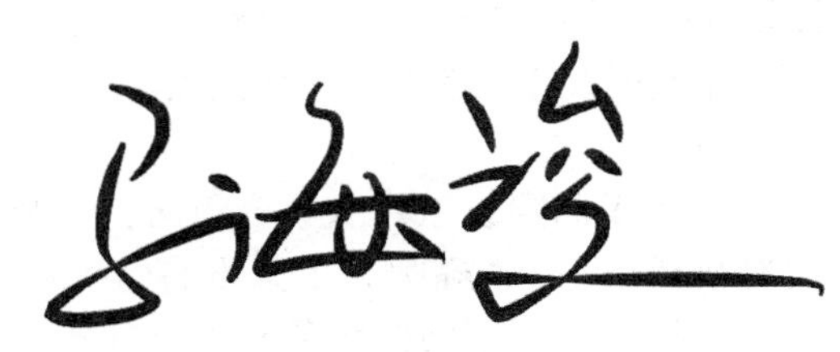

图2-5　选择【墨水】选项

在使用【铅笔】工具时，可以通过【样式】下拉列表选择不同的线型，包括【极细线】、【实线】、【虚线】、【点状线】、【锯齿线】、【点刻线】、【斑马线】，如图 2-6 所示。用户根据绘制需求选择不同的线型进行绘制，如图 2-7 所示。通过单击【编辑笔触样式】按钮，弹出对话框，如图 2-8 所示，利用该对话框设置更为丰富的线型。

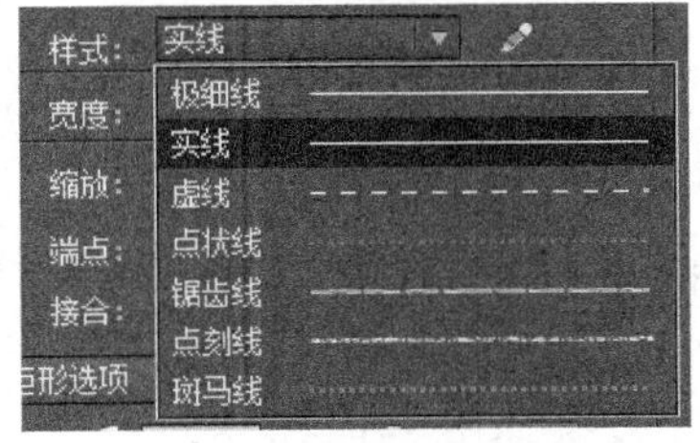

图2-6　【样式】下拉列表

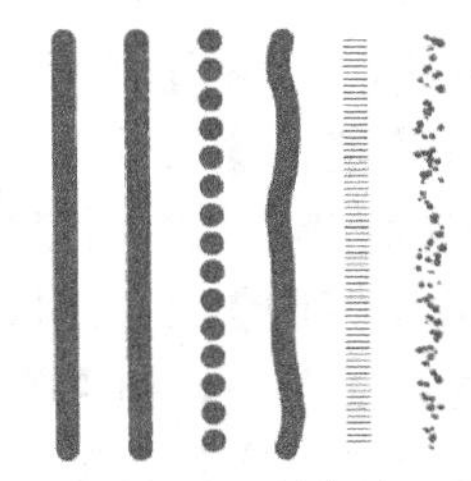

图2-7　不同的线型

用户也可以结合【宽度】选项设置丰富的线条样式，结合后面学习的【宽度】工具，可以更加灵活地自定义线条样式，如图 2-9 所示。

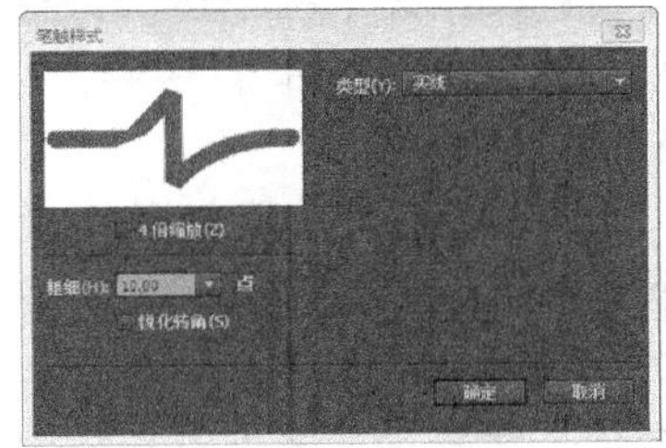

图2-8　笔触样式

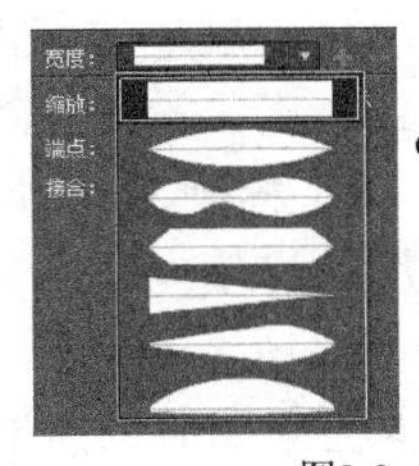

图2-9　【宽度】选项及应用效果

2.1.2 【线条】工具

【线条】工具的使用相对其他工具来说是比较简单的，但会用并不等同于用好，如果想利用【线条】工具制作出好的作品，就需要简要学习一下平面构成方面的知识，如图 2-10 所示。【线条】工具的使用方法就是在舞台中确认一个起点后按下鼠标左键，然后拖动鼠标光标到结束点松开鼠标左键就可以了。

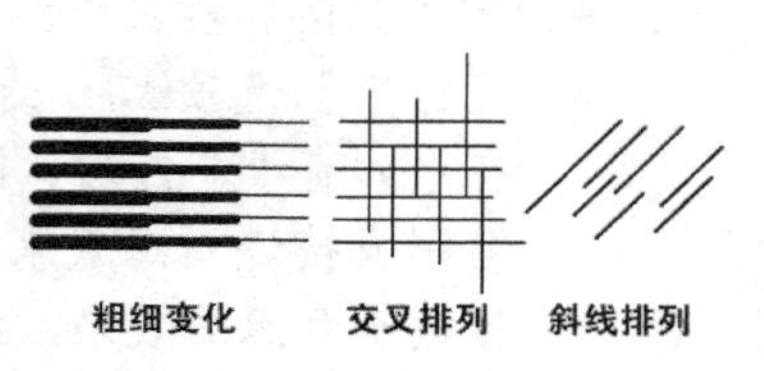

图2-10　直线的排列组合效果

2.1.3 【椭圆】工具

【椭圆】工具分为对象绘制模式和图元绘制模式两种。对象绘制模式是非参数化绘制方式，该模式对应【椭圆】工具 。图元绘制模式是参数化绘制方式，该模式对应【基本椭圆】工具 ，【属性】面板如图 2-11 所示，两个工具的基本属性一致。

使用【椭圆】工具从一个角向另一个对角拖动可以绘制光滑精确的椭圆。【椭圆】工具没有特殊的选项，但可以在【属性】面板中设置不同的线条和填充样式。

选择【椭圆】工具 和【基本椭圆】工具 ，在【工具】面板的【颜色】区会出现矢量边线和内部填充色的属性。

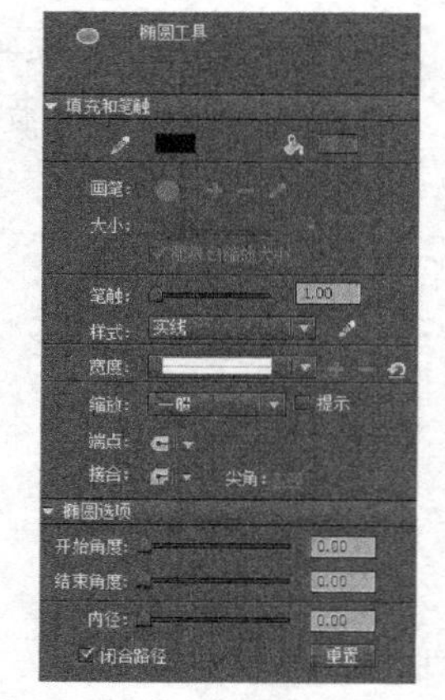

图2-11　【基本椭圆】工具设置区

如果要绘制无外框线的椭圆，可以选择笔画色彩按钮 ，在【颜色选择器】面板中单击 按钮，取消外部矢量线色彩。

如果只想得到椭圆线框的效果，可以选择填充色彩按钮 ，在【颜色选择器】面板中单击 按钮，取消内部色彩填充。

设置好【椭圆】工具的色彩属性后，移动鼠标光标到舞台中，鼠标光标变为“+”形状，按住鼠标左键不放，拖动鼠标光标，就可以绘制出所需要的椭圆。

在使用【椭圆】工具时，在【属性】面板的【椭圆选项】栏中可以设置【开始角度】、【结束角度】、【内径】和【闭合路径】等属性，具体作用如下。

- 【开始角度】选项：椭圆的起始点角度，设置效果如图 2-12 所示。
- 【结束角度】选项：椭圆的结束点角度。可以将椭圆和圆形的形状修改为扇形、半圆形及其他有创意的形状，设置效果如图 2-13 所示。
- 【内径】选项：椭圆的内径（即内侧椭圆）。用户可以在文本框中输入内径的比例数值，或者单击滑块相应地调整内径的大小。输入的数值介于 0 和 99 之间，以表示内外径的百分比，设置效果如图 2-14 所示。
- 【闭合路径】选项：确定椭圆的路径是否闭合。如果指定了一条开放路径，但未对生成的形状应用任何填充，则仅绘制笔触，默认情况下选择闭合路径，设置效果如图 2-15 所示。
- 重置 按钮：重置基本椭圆工具的所有设置，并将在舞台上绘制的基本椭圆形状恢复为原始大小和形状。

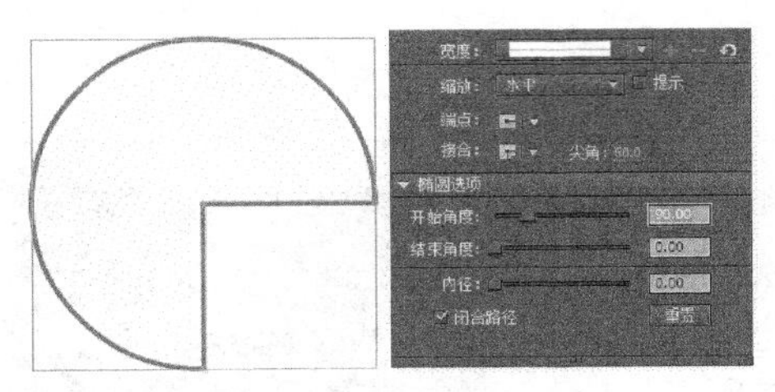

图2-12 【开始角度】选项

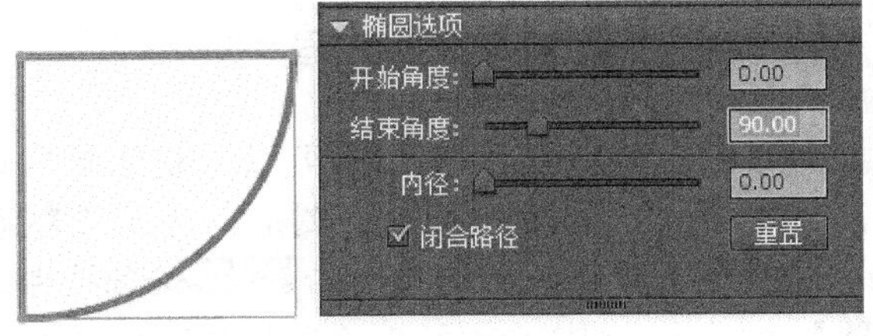

图2-13 【结束角度】选项

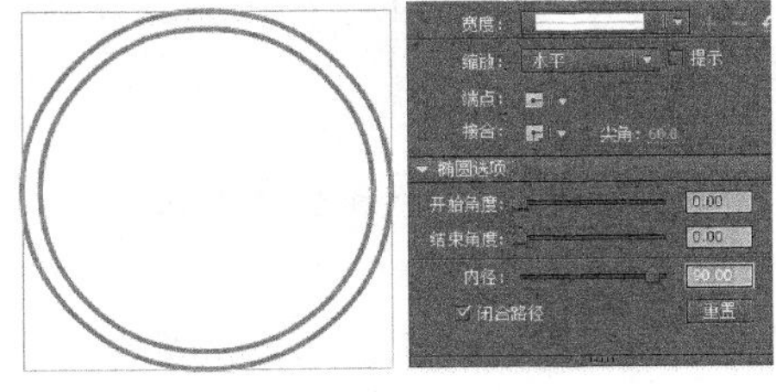

图2-14 【内径】选项

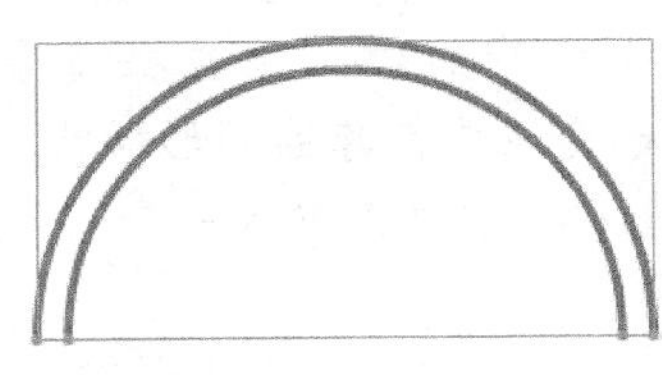

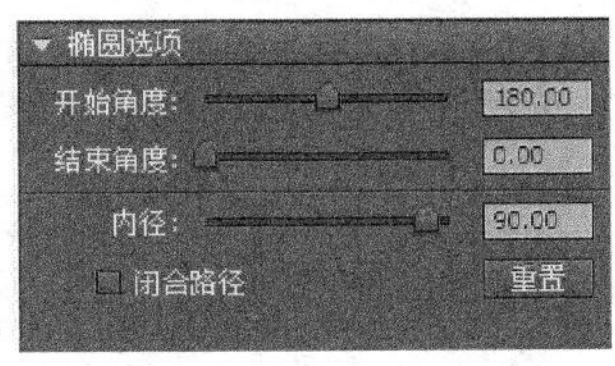

图2-15 【闭合路径】选项

2.1.4 【矩形】工具

【矩形】工具分为对象绘制模式和图元绘制模式两种。对象绘制模式是非参数化绘制方式，该模式对应【矩形】工具。图元绘制模式是参数化绘制方式，该模式对应【基本矩形】工具，两种模式的基本属性一致，用户可以随时使用【属性】面板中的【矩形边角半径】参数项。

使用【矩形】工具和【基本矩形】工具，选择不同类型的边线（实线、虚线、点画线等）和填充色（单色、渐变色、半透明色），可以在舞台中绘制不同的矩形。按住 Shift 键可以绘制正方形。

使用【基本矩形】工具，在【属性】面板中的【矩形边角半径】区可以设置矩形圆角，默认状态下调整一组参数，其余 3 组参数一起发生变化。如果取消中间的锁定按钮，就可以分别调整 4 组参数。

其中，在【矩形选项】栏中定义了矩形圆角的程度，可以在－100～100 的范围内设置，数值越大，圆角就越明显，当参数值为“－100”时矩形趋向于四角星形，当参数值为“100”时可以使矩形趋向于圆形，调整效果如图 2-16 所示。

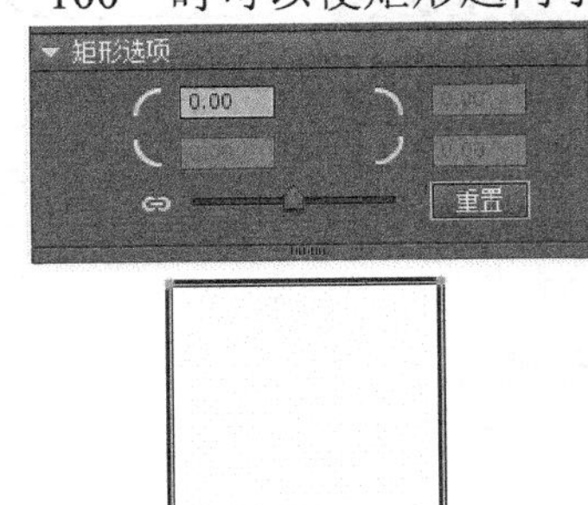

矩形初始状态

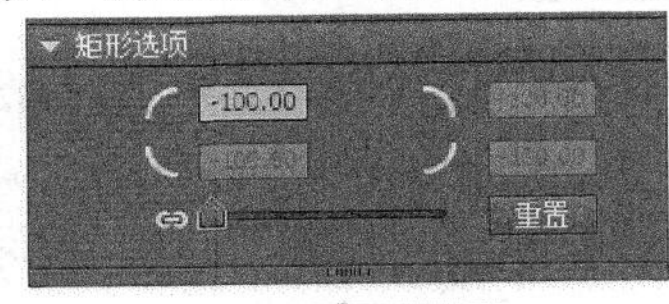

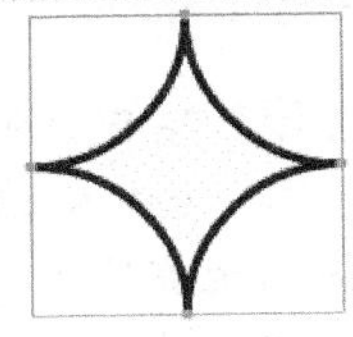

参数调整为“－100”

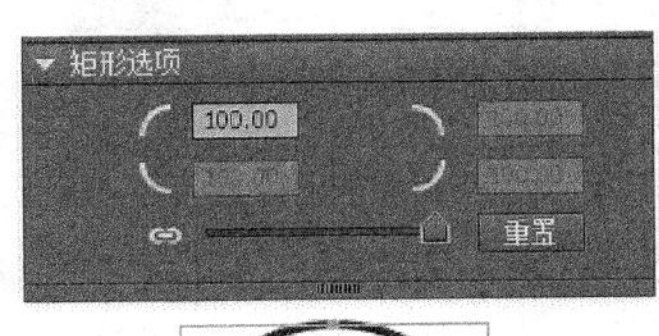

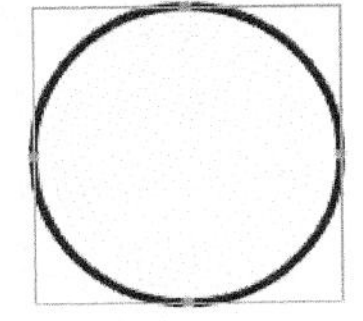

参数调整为“100”

图2-16 设置不同【矩形选项】的效果

2.1.5　【多角星形】工具

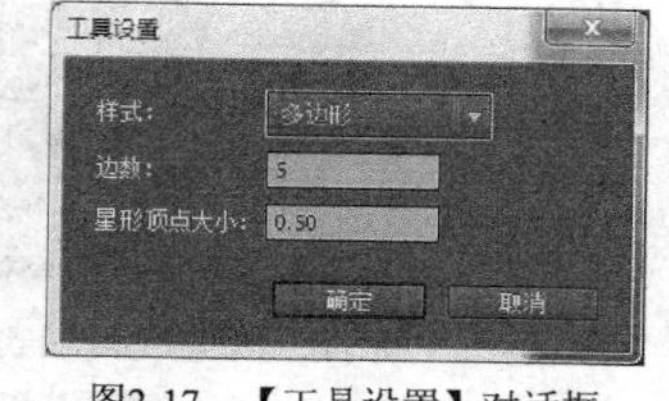

图2-17　【工具设置】对话框

利用【多角星形】工具可以绘制任意多边形和星形图形，方便用户创建较为复杂的图形。为了更精确地绘制多边形，需要在【属性】面板中单击 选项... 按钮，弹出【工具设置】对话框，利用该对话框设置相关参数，如图 2-17 所示。

【工具设置】对话框中各参数选项的作用如下。

- 【样式】：在该下拉列表中可以选择【多边形】或【星形】选项，确定将要创建的图形形状。
- 【边数】：在该文本框中可以输入一个 3~32 之间的数值，确定将要绘制的图形的边数。
- 【星形顶点大小】：在该文本框中可以输入一个 0~1 之间的数值，以指定星形顶点的深度。此数字越接近 0，创建的顶点就越深（如针）。如果是绘制多边形，应保持此设置不变（它不会影响多边形的形状）。

2.1.6　【刷子】工具

传统手工绘画中，画笔作为基本的创作工具，相当于美画师手掌的延伸。Flash CC 2015 提供的【刷子】工具和现实生活中的画笔起到异曲同工的作用，相对而言，【刷子】工具更为灵活和随意。要创作优秀的绘画作品，首先要选择符合创作需求的色彩，并选择理想的画笔模式，再结合手控鼠标的能力，这样才能使创作变得得心应手。

【刷子】工具可以创建多种特殊的填充图形，同时要注意与【铅笔】工具的区别。【铅笔】工具无论绘制何种图形都是线条，【刷子】工具无论绘制何种图形都是填充图形。

【刷子】工具面板下方的【选项】区有【对象绘制】、【刷子模式】、【刷子大小】、【刷子形状】和【锁定填充】5 个功能选项，如图 2-18 所示。

单击【刷子模式】按钮，在弹出的菜单中将显示出 5 种刷子模式，如图 2-19 所示。

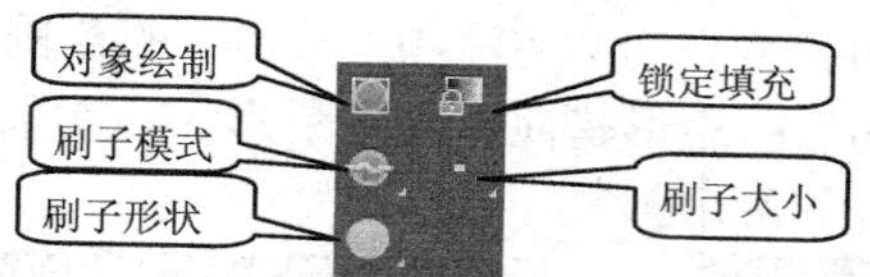

图2-18　【刷子】工具功能选项

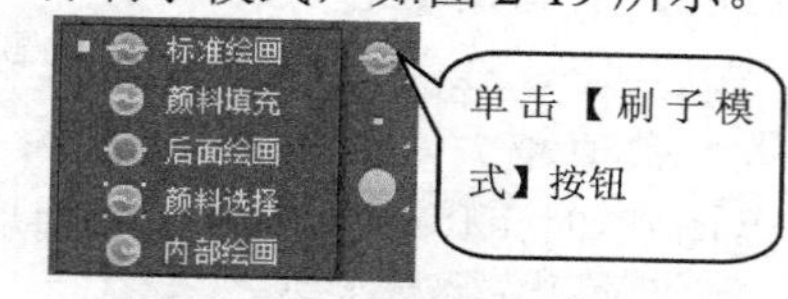

图2-19　【刷子模式】选择菜单

【刷子模式】选择菜单中各选项的作用介绍如下。

- 【标准绘画】模式：在同一图层上绘图时，所绘制的图形会遮挡并覆盖舞台中原有的图形或线条。
- 【颜料填充】模式：对填充区域和空白区域涂色，不影响线条。
- 【后面绘画】模式：在舞台上同一层的空白区域涂色，不影响线条和填充。
- 【颜料选择】模式：可以将新的填充应用到选区中。
- 【内部绘画】模式：仅对刷子起始处的区域进行涂色。这种模式将舞台上的图形对象看作一个个分散的实体，如同一层层的彩纸一样（虽然各对象仍然处于一个图层中）；当刷子从哪个彩纸上开始，就只能在这个彩纸上涂色，而不会影响其他彩纸。

2.2 范例解析

用户在学习图形、图像处理软件时，首要的任务就是掌握绘图和编辑工具的使用。绘图和编辑工具是创建复杂作品的基础，只有打好这个基础才能随心所欲地应用 Flash CC 2015，下面将通过范例学习相关工具的使用方法。

2.2.1 咖啡杯

创建图 2-20 所示的蓝色咖啡杯，实现这一效果，主要利用【基本矩形】、【基本椭圆】工具和相关参数设置来完成图形的创建。

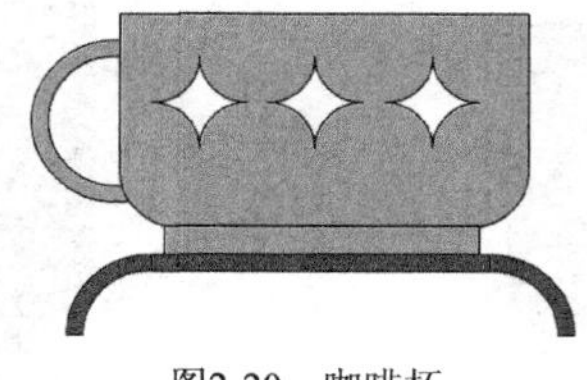

图2-20 咖啡杯

【操作提示】

1. 新建一个 Flash 文档，选择【基本椭圆】工具，在【椭圆工具】面板的【颜色】区修改边线和填充图形的颜色。
2. 移动鼠标光标到舞台中，鼠标光标变为“+”形状时，按住 Shift 键，在舞台中拖曳出蓝色黑边圆形。
3. 在【属性】面板设置【内径】为“80”，图形改变为圆环，如图 2-21 所示。

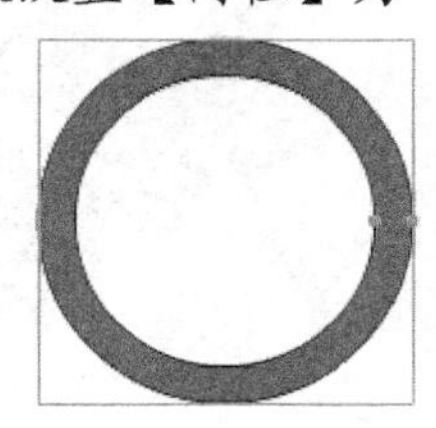

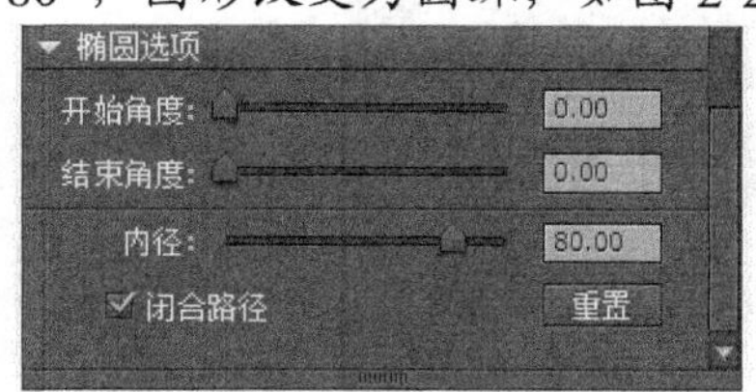

图2-21 绘制圆环

4. 选择【基本矩形】工具，在圆环右侧绘制蓝色黑边矩形，如图 2-22 所示。

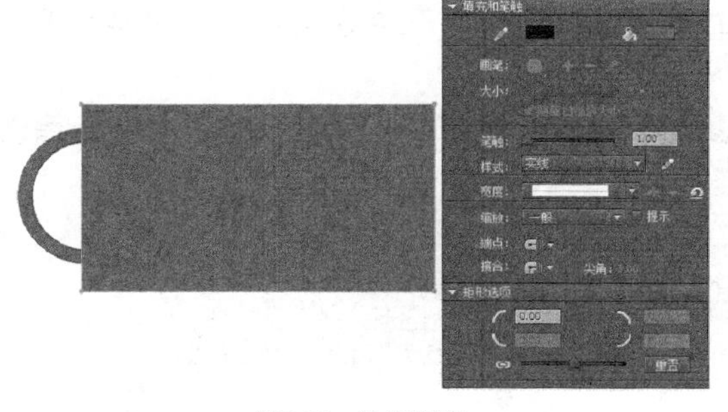

图2-22 绘制矩形

5. 在【属性】面板的【矩形选项】区单击锁定按钮，取消参数设置关联。

6. 设置左下角和右下角的【矩形边角半径】参数为“50”，矩形下部变为倒角，如图 2-23 所示。

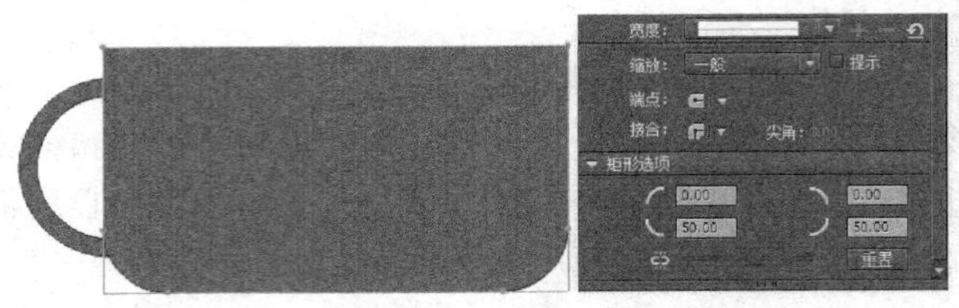

图2-23　设置【矩形边角半径】

7. 选择【基本矩形】工具，在倒角矩形下方绘制蓝色黑边矩形，如图 2-24 所示。
8. 选择【基本矩形】工具，按住 Shift 键，在倒角矩形上面绘制白色黑边正方形，设置【矩形边角半径】为“－100”，调整为白色菱形，结果如图 2-25 所示。

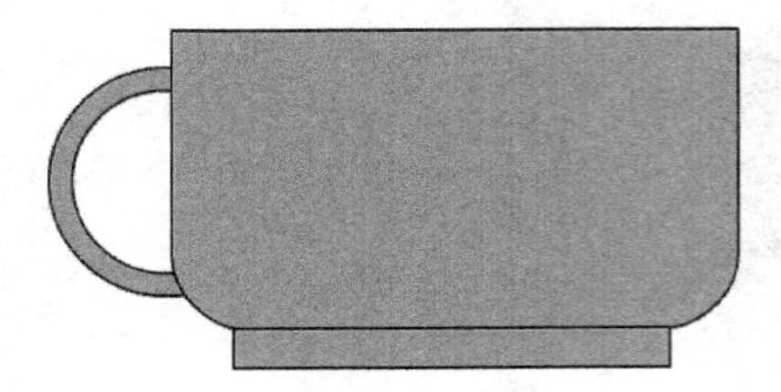

图2-24　绘制矩形

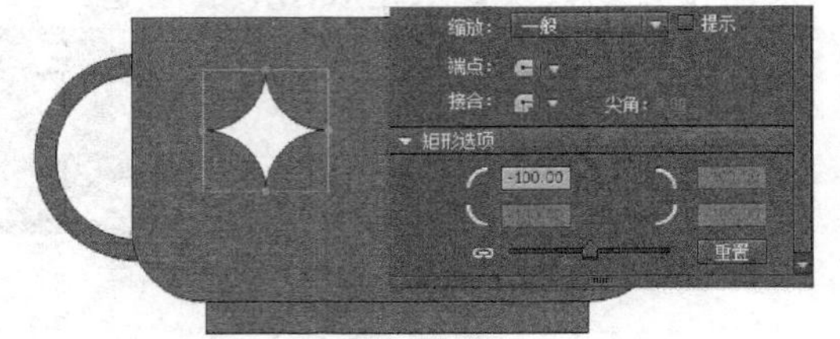

图2-25　调整菱形

9. 按住 Alt 键，选择并拖曳白色菱形，向右侧复制出两个新图形，结果如图 2-26 所示。
10. 选择蓝色黑边圆环，按住 Alt 键，向下复制出 1 个新图形。
11. 设置【基本椭圆】工具【属性】面板中的【开始角度】为“180”，【结束角度】为“270”，调整图形为半圆弧形，结果如图 2-27 所示。

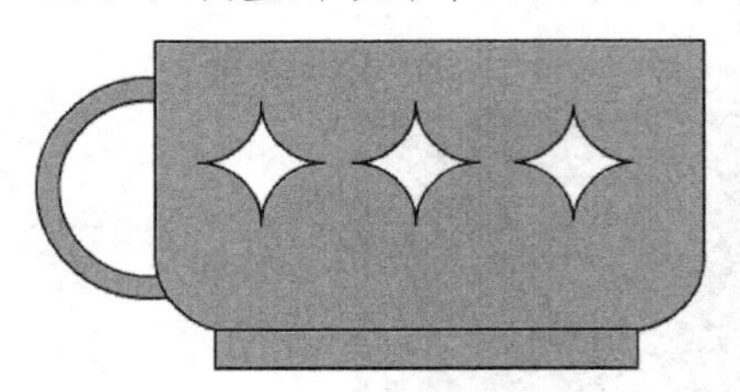

图2-26　拖曳复制图形

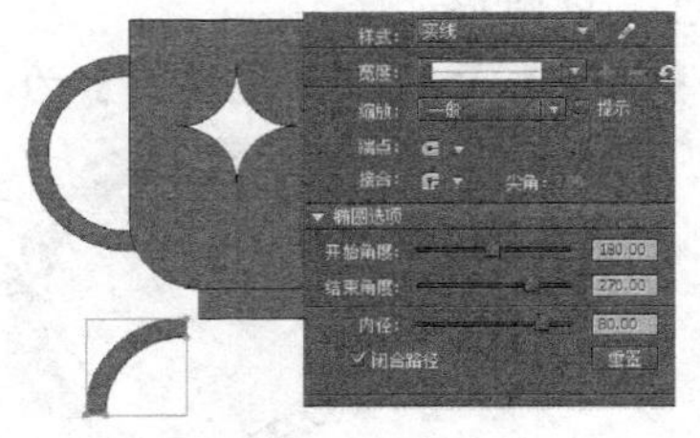

图2-27　设置图形参数

12. 选择半圆弧形，按住 Alt 键，向右侧复制出 1 个新图形。
13. 选择菜单命令【修改】/【变形】/【水平翻转】，翻转图形，结果如图 2-28 所示。
14. 选择【基本矩形】工具，在倒角矩形下方绘制蓝色黑边矩形，连接两个半圆弧形，如图 2-29 所示。
15. 单击填充颜色按钮，在弹出的【颜色样本】面板中选择棕色，结果如图 2-30 所示。

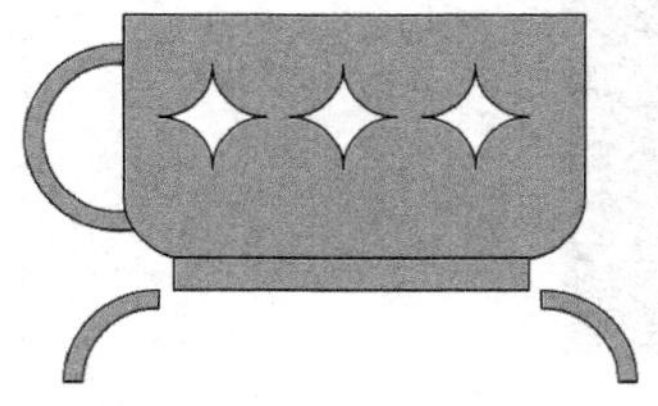

图2-28　翻转图形

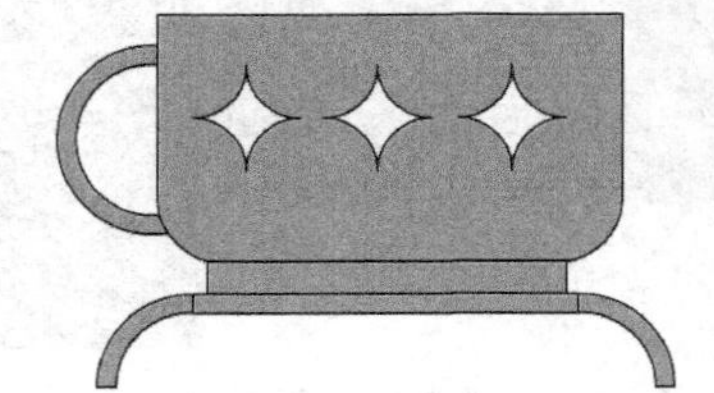

图2-29　绘制矩形

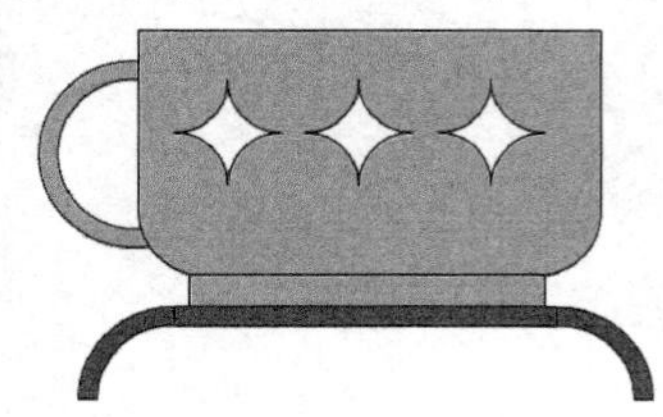

图2-30　调整颜色

2.2.2 彩色联通管

创建图 2-31 所示的彩色联通管效果。联通管由 3 段独立的圆环组成，每段圆环的色彩和角度各不相同。

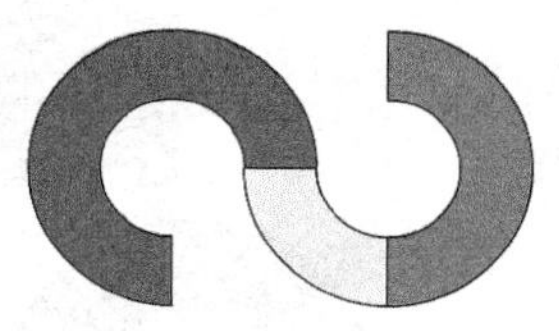

图2-31 彩色联通管

实现这一效果，主要利用【基本椭圆】工具和相关参数设置来完成不同形态联通管的创建。

【操作提示】

1. 新建一个 Flash 文档。
2. 选择【基本椭圆】工具，在【椭圆工具】面板的【颜色】区修改边线和填充图形的颜色。
3. 移动鼠标光标到舞台中，光标变为“+”形状时，按住 Shift 键的同时按住鼠标左键，拖动鼠标光标，在舞台中拖曳出黑边红色的圆形，如图 2-32 所示。
4. 设置基本椭圆工具【属性】面板中的【开始角度】为“90”，图形改变为缺角圆形，如图 2-33 所示。

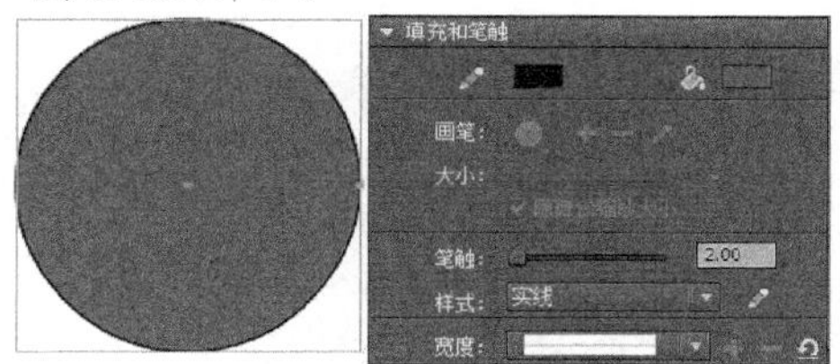

图2-32 绘制圆形

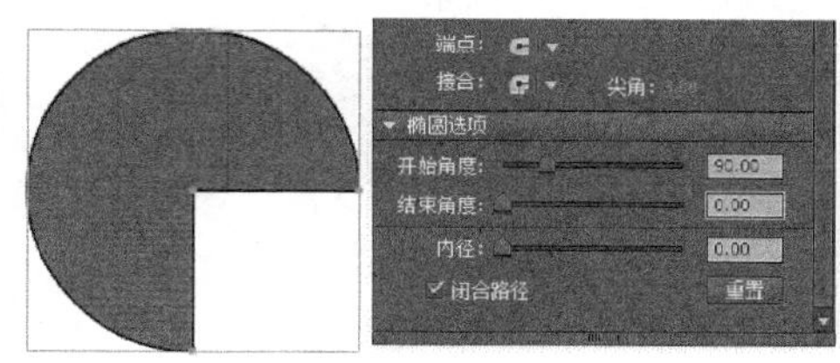

图2-33 设置【开始角度】

5. 设置【内径】为“50”，图形改变为缺角圆环，如图 2-34 所示。
6. 按住 Alt 键，选择拖曳图形，复制出一个新图形，如图 2-35 所示。

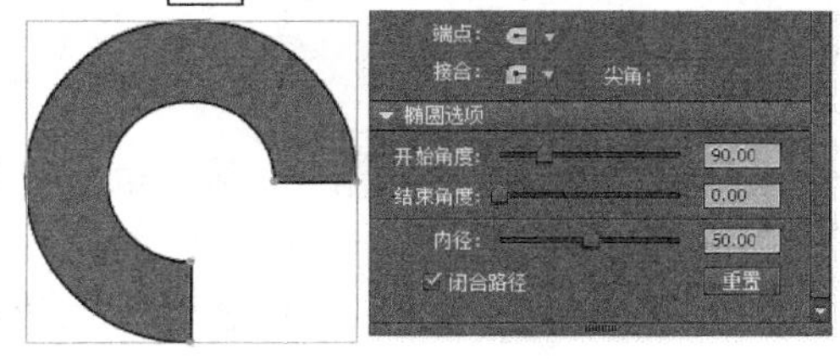

图2-34 设置【内径】

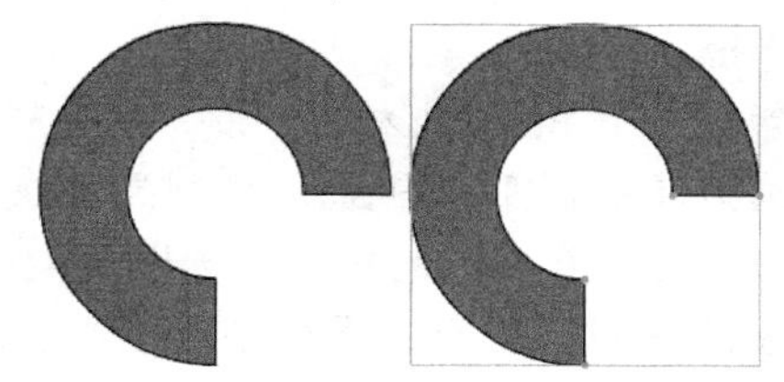

图2-35 拖曳复制图形（1）

7. 单击填充颜色按钮，在弹出的【颜色样本】面板中选择黄色，设置基本椭圆工具【属性】面板中的【结束角度】为“180”，如图 2-36 所示。
8. 按住 Alt 键，选择黄色环形并拖曳图形，复制出一个新图形，如图 2-37 所示。

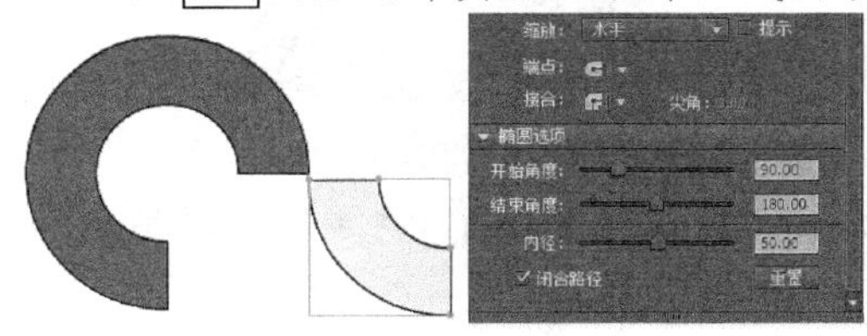

图2-36 设置【结束角度】

图2-37 拖曳复制图形（2）

9. 单击填充颜色按钮，在弹出的【颜色样本】面板中选择蓝色，设置【开始角度】为“270”，【结束角度】为“90”，如图 2-38 所示。

10. 移动 3 个图形，使其互相衔接，最终图形效果如图 2-39 所示。

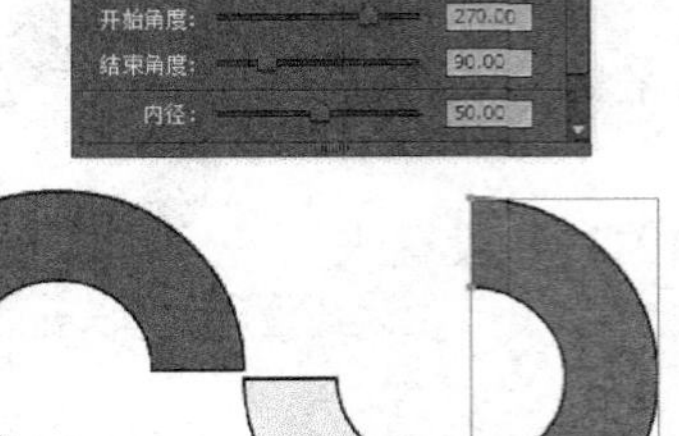

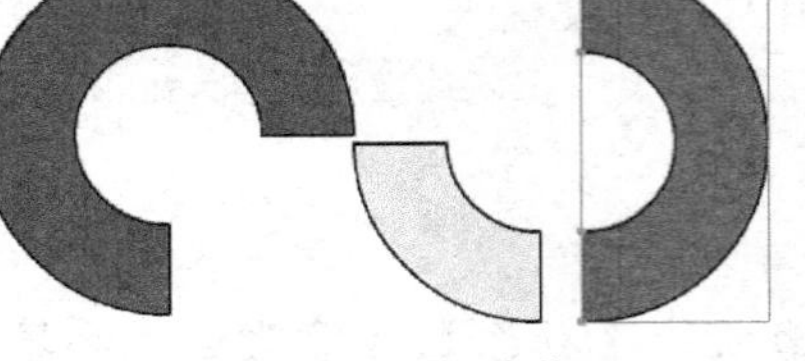

图2-38　设置图形参数

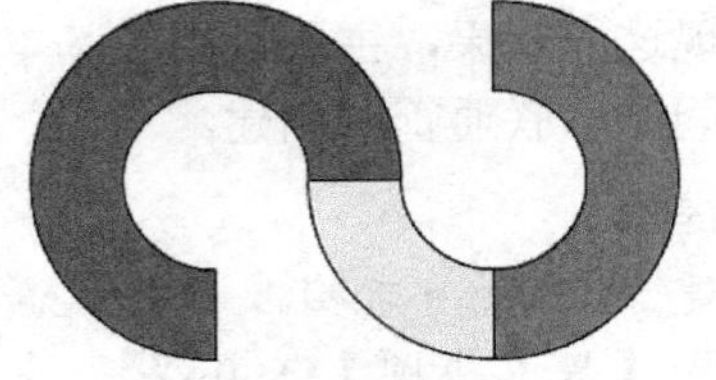

图2-39　调整图形位置

2.2.3 金属螺丝

创建图 2-40 所示的金属螺丝效果，螺丝由半圆、矩形和倒角矩形共同组合而成，应用渐变色彩产生立体效果。

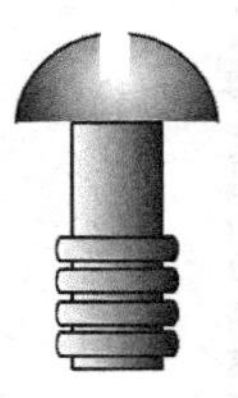

图2-40　金属螺丝

实现这一效果，主要利用【椭圆】工具和【矩形】工具绘制基本形态，再利用【合并对象】命令修剪图形。

【操作提示】

1. 新建一个 Flash 文档。
2. 选择【椭圆】工具，绘制黑边灰色的圆形。选择【矩形】工具，绘制黑边灰色矩形，遮挡在圆形的下方，如图 2-41 所示。
3. 选择并删除矩形，得到半圆图形。选择图形，设置【填充色】为白色到黑色的放射状渐变，如图 2-42 所示。

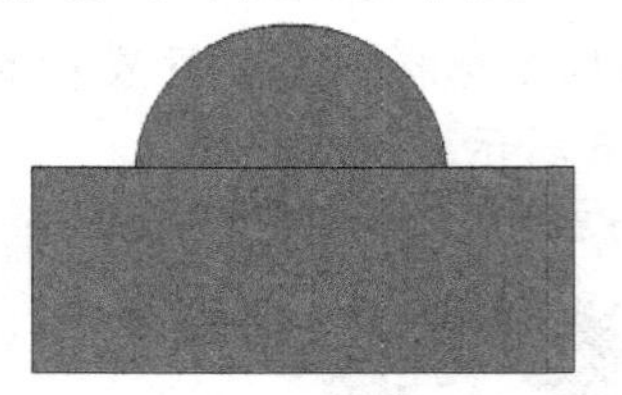

图2-41　绘制遮挡矩形

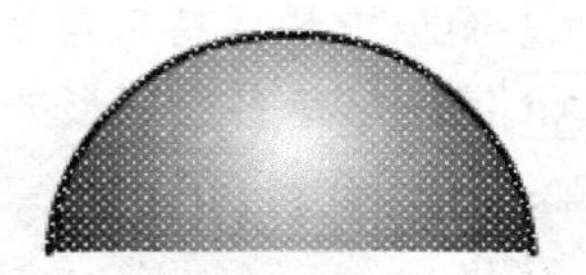

图2-42　改变填充色

4. 选择图形，然后选择菜单命令【修改】/【合并对象】/【联合】，将半圆形的边线和填充色联合在一起，如图 2-43 所示。
5. 选择【矩形】工具，在【属性】面板中确认【对象绘制】按钮为按下状态，绘制黑边灰色矩形，遮挡在半圆形的上方，如图 2-44 所示。

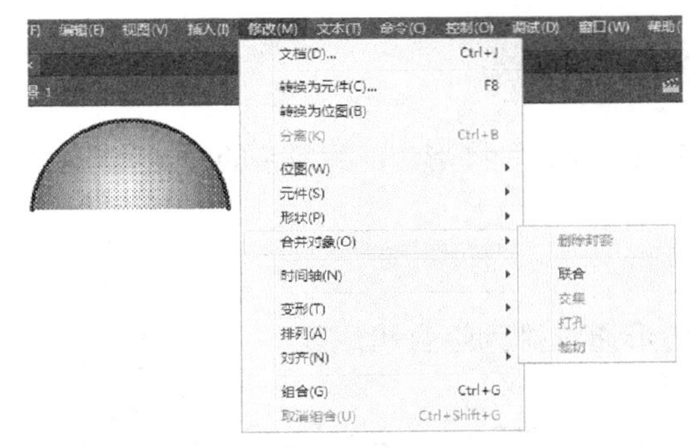

图2-43 联合图形

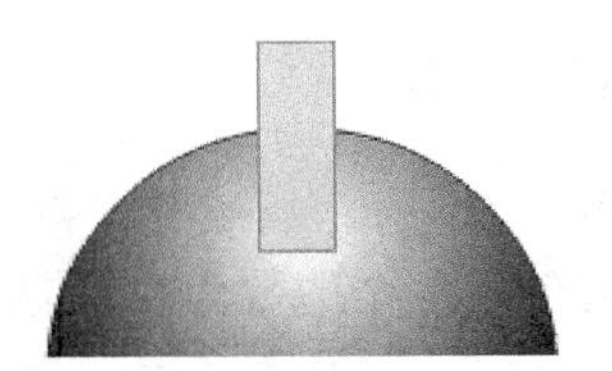

图2-44 绘制遮挡矩形

6. 同时选择两个图形，然后选择菜单命令【修改】/【合并对象】/【打孔】，使下面图形与上面图形重合的区域被裁剪掉，如图 2-45 所示。
7. 选择【矩形】工具，设置【笔触颜色】为黑色，设置【填充色】为白色到黑色的线性渐变，在半圆形的下方绘制矩形，如图 2-46 所示。

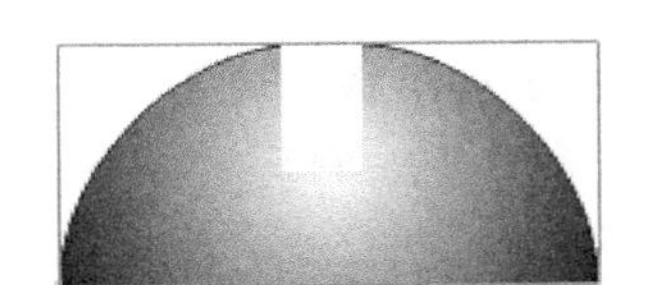

图2-45 裁切图形

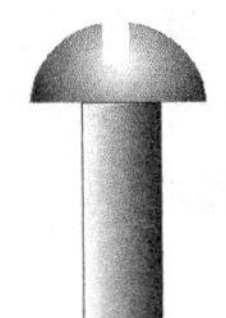

图2-46 绘制矩形

8. 选择【椭圆】工具，绘制黑边灰色椭圆形。
9. 选择【矩形】工具，绘制黑边灰色矩形，遮挡在椭圆形的中部，如图 2-47 所示。
10. 同时选择新绘制的两个图形，然后选择菜单命令【修改】/【合并对象】/【交集】，两个图形的重叠部分保留下来（保留的是上面图形的部分），其余部分被裁剪掉，得到螺纹图形。
11. 选择螺纹图形，设置【填充色】为白色到黑色的线性渐变，如图 2-48 所示。

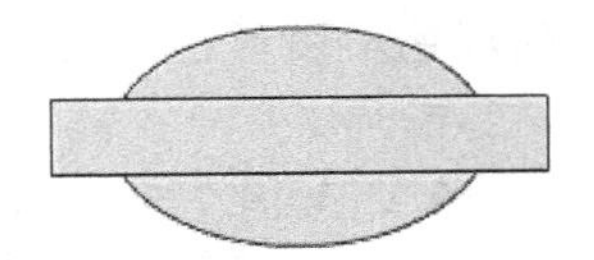

图2-47 绘制遮挡矩形

图2-48 改变填充色

12. 移动螺纹图形到螺丝上面，按住 Alt+Shift 组合键在垂直方向上拖曳复制 3 个螺纹图形，如图 2-49 所示。
13. 选择所有图形，调整【笔触高度】为“3”，此时螺丝图形如图 2-50 所示。

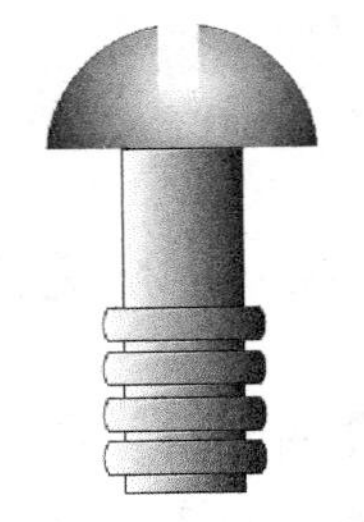

图2-49 移动复制图形

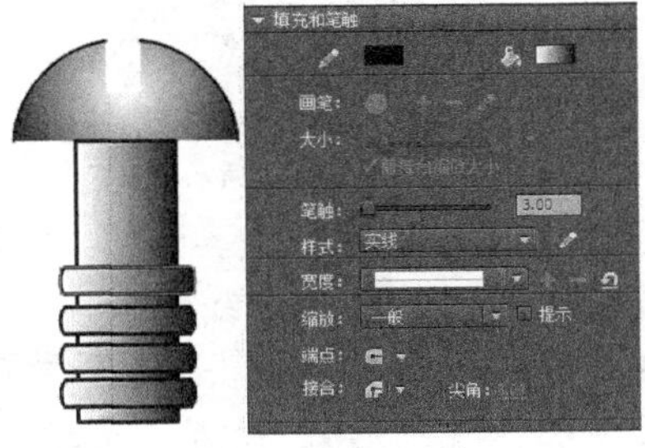

图2-50 调整【笔触高度】

2.3 实训

本节通过两个例子的制作，讲述灵活运用绘图工具绘制各种图形，产生复杂的视觉效果。

2.3.1 搭积木

创建图 2-51 所示的效果，将 6 个简单的六边形通过排列组合组成积木效果，再创建一个边数为 32 的星形代表太阳图案。

在选择【多角星形】工具绘制图形时，设置【工具设置】面板中的相关参数和选项，制作六边形和多边形。

图2-51　搭积木

【操作提示】

1. 新建一个 Flash 文档。
2. 选择【多角星形】工具，选择【对象绘制】按钮，在【属性】面板中设置【笔触颜色】为黑色，【填充颜色】为红色。
3. 在【属性】面板中单击 选项... 按钮，弹出【工具设置】对话框，设置【边数】选项为“6”，单击 确定 按钮关闭【工具设置】对话框。在舞台中绘制正六边形，如图 2-52 所示。
4. 选择六边形，按住 Alt 键拖曳复制出一个六边形，修改【填充色】为绿色，如图 2-53 所示。

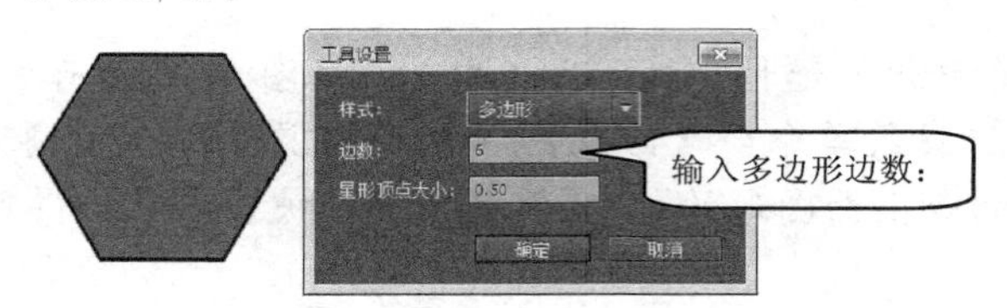

图2-52　绘制六边形

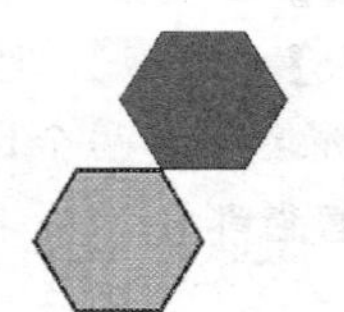

图2-53　复制新六边形

5. 按照相同的方法，再复制 4 个六边形，分别填充不同的颜色，图形排列效果如图 2-54 所示。
6. 选择所有图形，在【属性】面板中修改【笔触高度】为“10”，如图 2-55 所示。

图2-54　复制 4 个新六边形

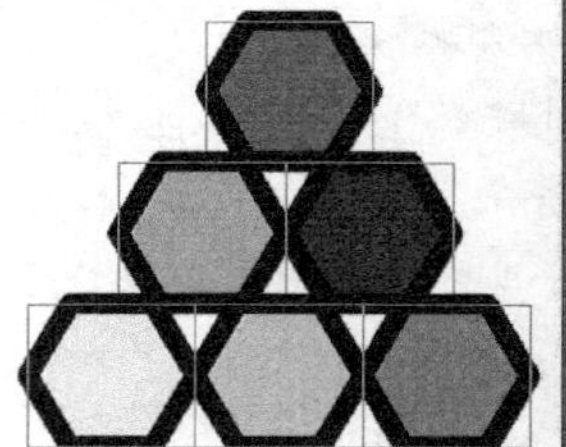

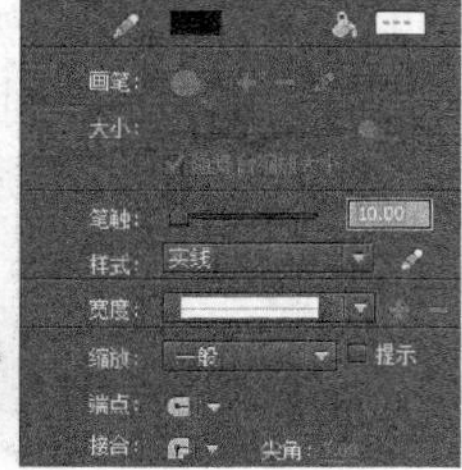

图2-55　修改【笔触高度】

7. 选择【多角星形】工具，在【属性】面板中设置【笔触颜色】为黑色，设置【填充颜色】为红色。
8. 在【属性】面板中单击 选项... 按钮，弹出【工具设置】对话框，在【样式】下拉列表中选择【星形】，设置【边数】为“32”，单击 确定 按钮，关闭【工具设置】对话框，在舞台中绘制图 2-56 所示的星形效果。

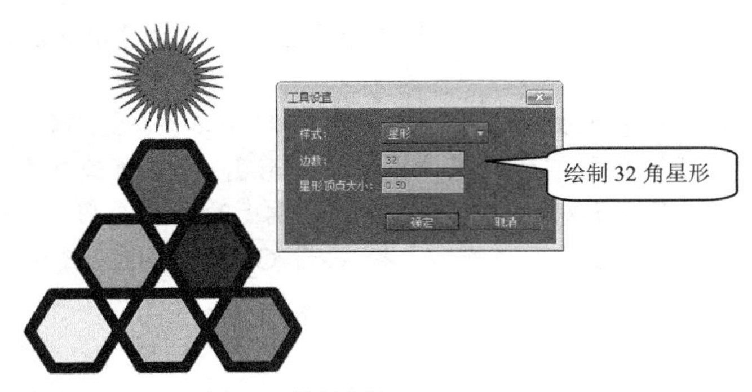

图2-56　绘制太阳

在这个实例中，通过简单图形的变化排列组成复杂有趣的图形，结合后面章节学习的动画效果，能够实现丰富的教学演示效果。

2.3.2　闪闪的红星

创建图 2-57 所示的效果，一个富有立体感的红色五角星，散发出金色的光芒。

图2-57　闪闪的红星

主要利用【多角星形】工具完成本例，在选择【多角星形】工具绘制图形时，只要设置【工具设置】对话框中的相关参数和选项，就可以制作不同形态的图形。再结合不同的排列组合形式，使图形产生丰富的变化。

【操作提示】

1. 新建一个 Flash 文档。
2. 在【矩形】工具上按住鼠标左键，从弹出的菜单中选择【多角星形】工具，在【属性】面板中设置【笔触颜色】为黑色，【填充颜色】为红色。
3. 在【属性】面板中单击 选项... 按钮，弹出【工具设置】对话框，设置【边数】选项为“5”，单击 确定 按钮，关闭【工具设置】对话框。在舞台中绘制五角星形，如图 2-58 所示。
4. 选择【线条】工具，连接五角星对应的角点，如图 2-59 所示。

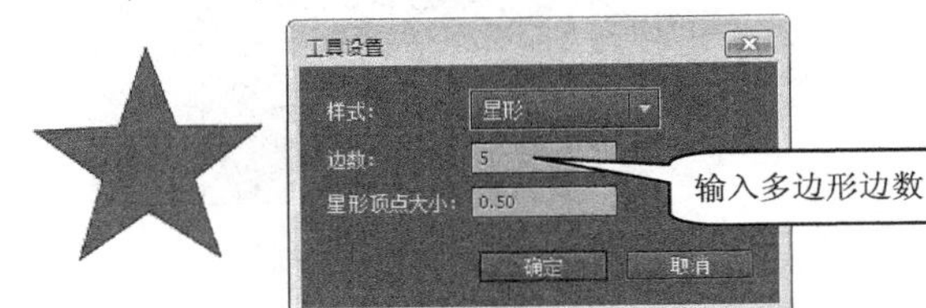

图2-58　绘制五角星

图2-59　连接五角星对应的角点

5. 按住 Ctrl 键，间隔选择五角星红色填充区域，修改【填充颜色】为深红色，如图 2-60 所示。
6. 选择【多角星形】工具，在【属性】面板中单击选项...按钮，弹出【工具设置】对话框，在【样式】下拉列表中选择【星形】，设置【边数】为“32”，单击确定按钮关闭【工具设置】对话框，在舞台中绘制无边黄色星形，如图 2-61 所示。
7. 分别选择五角星和 32 角星图形，按 Ctrl+G 组合键组合图形，排列图形效果如图 2-62 所示。

图2-60　填充颜色

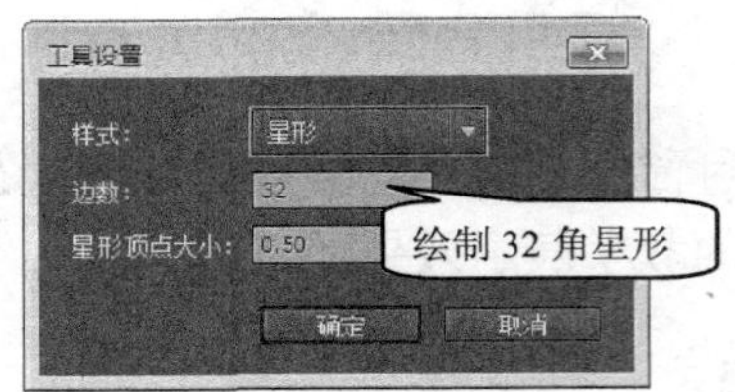

图2-61　绘制多角星

图2-62　排列图形效果

在这个实例中，通过精心构思和创意将简单的图形变化组合成复杂图形，在实际应用时可以组成多种有趣的图形。五星红旗图形也可以通过这个实例的方法排列出来。

2.3.3　化学实验室

利用【基本矩形】工具、【基本椭圆】工具、【线条】工具绘制试管和分子球，创建图 2-63 所示的效果。

使用【基本矩形】工具时，可以细化参数调整，产生更为丰富的图形效果。

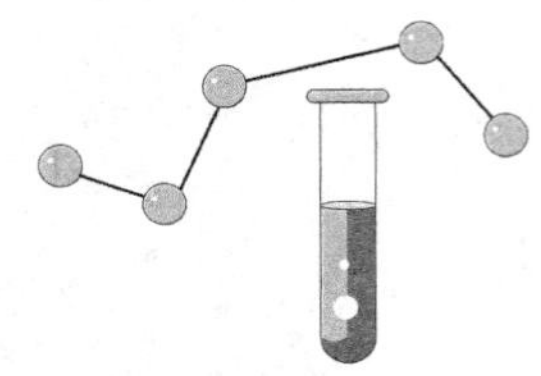

图2-63　化学实验室

【操作提示】

1. 新建一个 Flash 文档。
2. 选择【基本矩形】工具，绘制蓝色黑边矩形，作为试管基本图形。
3. 在【属性】面板的【矩形选项】区设置【矩形边角半径】为“100”，如图 2-64 所示。
4. 单击锁定按钮，取消参数设置关联。
5. 设置左上角和右上角的【矩形边角半径】为“0”，矩形上部变成直角，如图 2-65 所示。

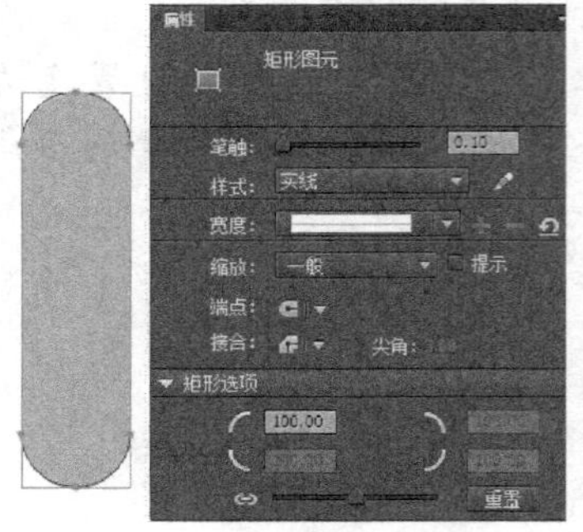

图2-64　设置倒角矩形的属性

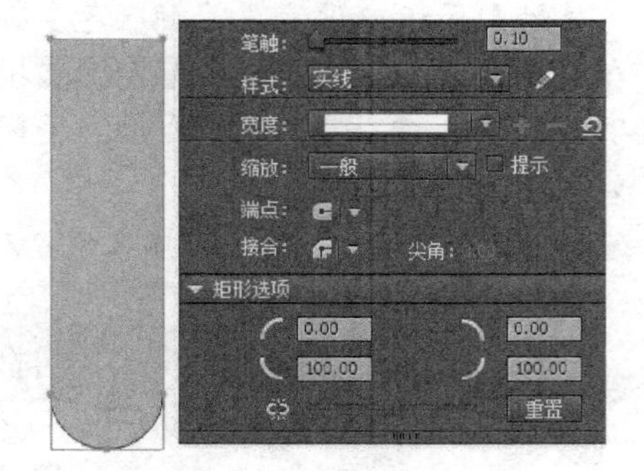

图2-65　断开参数关联

6. 选择【基本矩形】工具，设置【矩形边角半径】为“100”，绘制倒角矩形作为试管的管口，如图 2-66 所示。

7. 选择【基本椭圆】工具，绘制浅蓝黑边椭圆，作为试管液体平面。选择所有图形，按Ctrl+B组合键打散图形。
8. 选择【线条】工具，绘制一条水平和垂直交叉线，作为液体的明暗交界线，如图 2-67 所示。
9. 选择【颜料桶】工具，选择深蓝色填充液体阴影区。选择并删除明暗交界线和液体平面上部的色块，如图 2-68 所示。

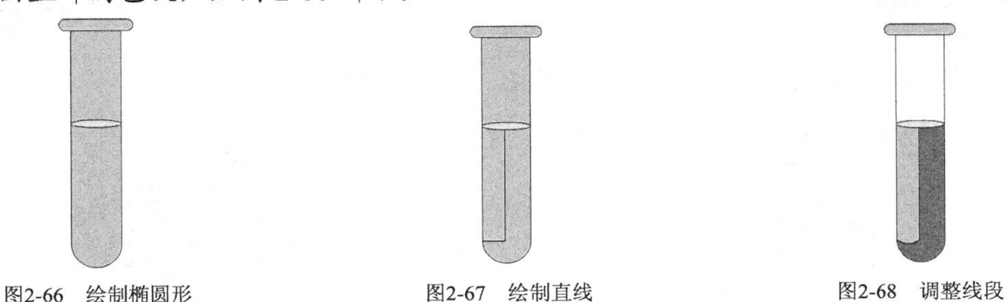

图2-66 绘制椭圆形　　图2-67 绘制直线　　图2-68 调整线段

10. 选择【基本椭圆】工具，按住Shift键，绘制 3 个白色无边圆形，作为液体的气泡，如图 2-69 所示。
11. 选择工具，绘制浅蓝黑边圆形，作为分子球基本图形。再绘制白色无边圆形，作为分子球高光图形，如图 2-70 所示。
12. 选择分子球图形，按Alt键拖曳复制 4 个图形，并放置在不同的位置，如图 2-71 所示。
13. 选择【线条】工具，设置【笔触大小】为“6”，连接分子球，最终效果如图 2-63 所示。

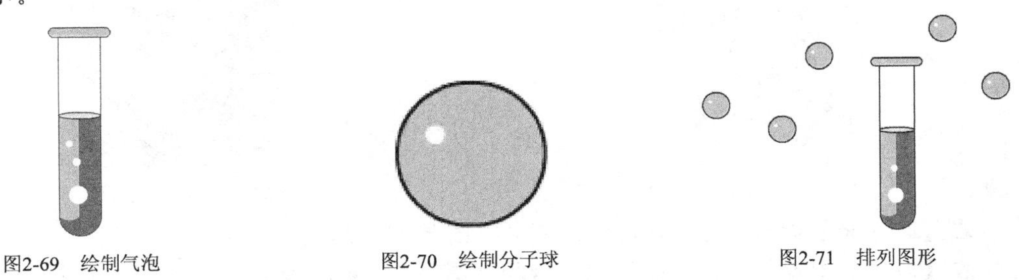

图2-69 绘制气泡　　图2-70 绘制分子球　　图2-71 排列图形

2.4 综合案例——圣诞小屋

创建图 2-72 所示的效果，浅蓝色的背景，一组形态可爱的卡通小房子，房子前还有一堆厚厚的积雪。

图2-72 圣诞小屋

利用 Flash CC 2015 制作雪后风景效果，如果在此基础上继续丰富，比如添加雪花效果、音乐和祝福语就是一件很好的圣诞节贺卡作品。主要绘制几组色彩形态不同的房子效果，要求色彩鲜明、布局生动。

【操作提示】

1. 选择菜单命令【文件】/【新建】，创建一个新文档，设置背景颜色为蓝色。
2. 选择和工具，选择黑色实线绘制房子的外形，选择工具调整线条的弧度，如图 2-73 所示。
3. 选择工具，选择深蓝色填充房子的暗面，如图 2-74 所示。

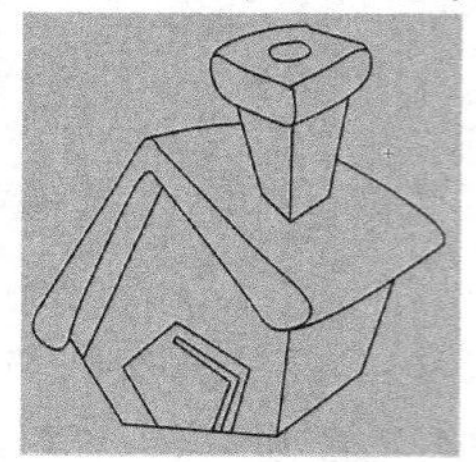

图2-73　绘制房子边线

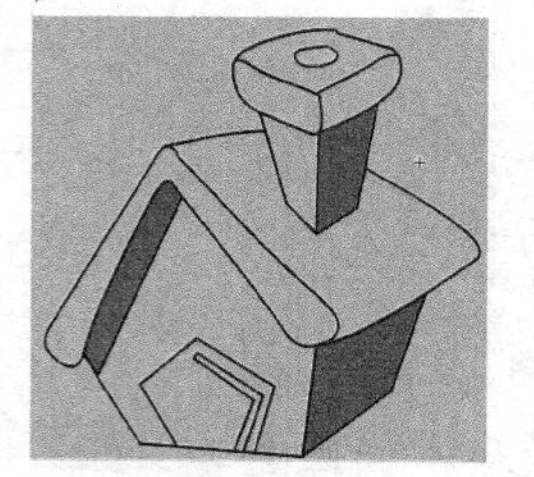

图2-74　填充房子的暗面

4. 选择工具，选择浅蓝色和白色填充房子的亮面，如图 2-75 所示。
5. 选择工具，选择两种不同的黄色填充房门的两个面，如图 2-76 所示。
6. 选择工具，选择并删除图形的边缘线。选择“图层 1”的第 1 帧，单击鼠标右键，选择【复制帧】命令。

图2-75　填充房子的亮面

图2-76　填充房门的两个面

7. 在【时间轴】面板中单击按钮，锁定“图层 1”层，如图 2-77 所示。
8. 在【时间轴】面板中单击按钮，增加“图层 2”层，如图 2-78 所示，选择第 1 帧，单击鼠标右键，选择【粘贴帧】命令。

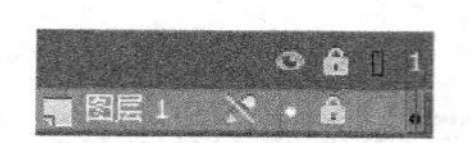

图2-77　锁定“图层 1”层

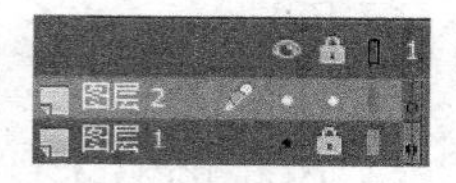

图2-78　创建新图层

9. 选择工具，调整新图形的形状，使其变得瘦长一些。选择工具，选择两种不同的红色填充墙面的颜色，如图 2-79 所示。
10. 选择“图层 1”的第 1 帧，单击鼠标右键，选择【复制帧】命令，并锁定“图层 2”。
11. 在【时间轴】面板中增加一个新层“图层 3”，单击鼠标右键，选择【粘贴帧】命令。
12. 选择工具，适当调整新图形的形状。选择工具，选择两种不同的浅蓝色填充墙面的颜色，如图 2-80 所示。
13. 在【时间轴】面板中增加一个新层“图层 4”，选择工具，选择白色绘制房前积雪图形，如图 2-81 所示。

图2-79　调整房子的色彩

图2-80　调整房子的形态

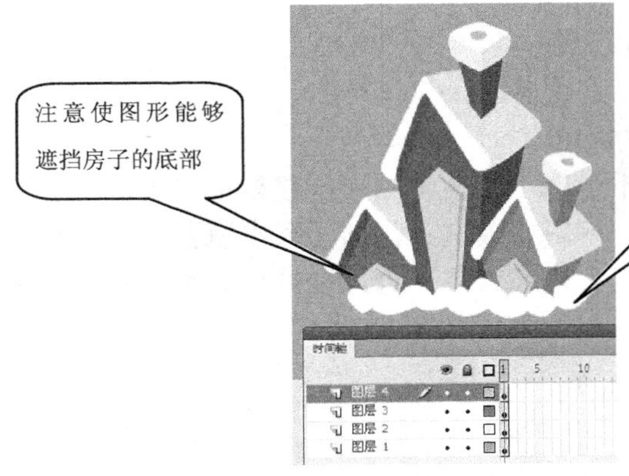

图2-81　绘制房屋积雪效果

2.5 习题

1. 在同一层中绘制两个叠加在一起的图形，然后移动处于上面的图形，会出现图 2-82 所示的效果。为什么图形会粘在一起？
2. 如何绘制图 2-83 所示的五角星形？

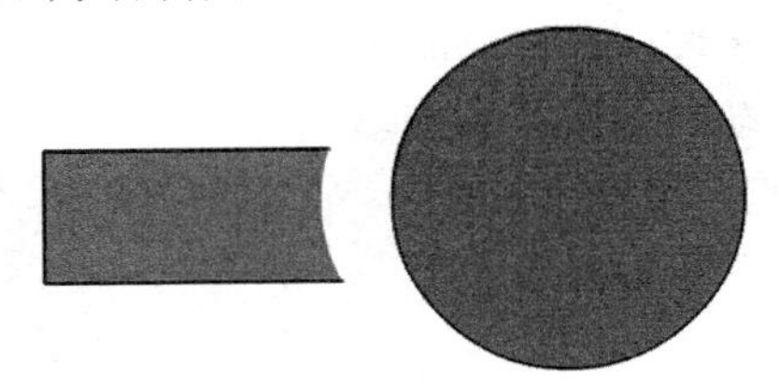

图2-82　移动处于上面的图形

图2-83　绘制五角星形

第3章　编辑修改工具

【学习目标】

- 掌握编辑修改图形的基本方法。
- 掌握宽度、滴管和套索工具的使用。
- 掌握创建自由形态图形的技巧。

在作品创作过程中，设计者不可能一次性将图形创建得很完美，一般都需要进一步编辑调整才能达到理想效果。经常用到编辑修改工具包括【墨水瓶】、【颜料桶】、【橡皮擦】等。用户可以对笔触、填充色等元素进行修改，也可以结合此类工具的使用技巧使制作过程更加简化。

3.1　功能讲解

下面就一些常用的编辑修改工具进行讲解，让读者熟悉这些工具的基本设置方法，为以后在作品中灵活应用做好铺垫。

3.1.1　【墨水瓶】和【颜料桶】工具

要更改线条或形状轮廓的笔触颜色、宽度和样式，可以使用【墨水瓶】工具。对直线或形状轮廓可以应用纯色、渐变或位图填充。

【颜料桶】工具可以用颜色填充封闭或半封闭区域。该工具既可以填充空的区域，也可以更改已涂色区域的颜色。填充的类型包括纯色、渐变填充及位图填充。

选择【颜料桶】工具，【工具】面板的【选项】区包括【空隙大小】、【锁定填充】两个按钮。【空隙大小】按钮下面包含4种属性设置，如图3-1所示。

图3-1　【空隙大小】设置栏

3.1.2　【滴管】工具

【滴管】工具具有吸取画面中的矢量线、矢量色块及位图等相关属性，并直接将其应用于其他矢量对象的功能，帮用户简化了许多重复的属性选择步骤，且可以直接利用已编辑好的效果。【滴管】工具主要能够提取4种对象属性。

- 提取线条属性：吸取源矢量线的笔触颜色、笔触高度和笔触样式等属性，并将其应用到目标矢量线上，使后者具有前者的线条属性。
- 提取色彩属性：吸取填充颜色的相关属性，不论是单色还是复杂的渐变色，都可以被复制下来，转移给目标矢量色块。
- 提取位图属性：吸取外部引入的位图样式作为填充图案，使填充的图形像编织的花布一样，重复排列吸取的位图图案。

- 提取文字属性：吸取文字的字体、文本颜色及字体大小等属性，但不能吸取文本内容。

3.1.3 【橡皮擦】工具

使用【橡皮擦】工具进行擦除可删除笔触和填充。利用该工具可以快速擦除舞台上的任何内容。【橡皮擦】工具的形状可以设置为圆形或方形，同时还可以设置 5 种橡皮擦尺寸。

在【橡皮擦】工具下方的【选项】区包含【橡皮擦模式】、【水龙头】、【橡皮擦形状】3 个属性设置选项，如图 3-2 所示。

通过设置【橡皮擦】工具的擦除模式可以只擦除笔触、只擦除数个填充区域或单个填充区域。单击【橡皮擦模式】按钮，弹出的菜单如图 3-3 所示。

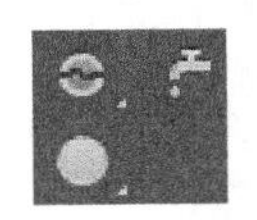
图3-2 【选项】区

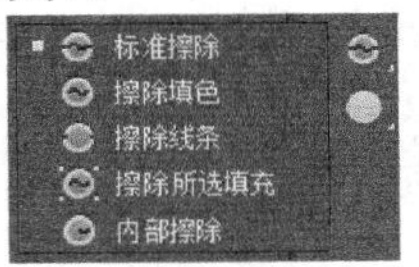

图3-3 【橡皮擦模式】弹出菜单

- 【标准擦除】：擦除同一层上的笔触和填充。
- 【擦除填色】：只擦除填充，不影响笔触。
- 【擦除线条】：只擦除笔触，不影响填充。
- 【擦除所选填充】：只擦除当前选定的填充，不影响笔触（不论笔触是否被选中）。
- 【内部擦除】：只擦除橡皮擦笔触开始处的填充。如果从空白点开始擦除，则不会擦除任何内容。

文字和位图是作品创作中经常用到的元素，如果要擦除这两种元素对象，必须先将其分离，然后再用【橡皮擦】工具进行擦除。

3.1.4 【选择】工具

【选择】工具在创作中较为常用，利用它可以进行选择、移动、复制、调整矢量线或矢量色块形状等操作。

【选择】工具的编辑修改功能主要体现在对矢量线和矢量色块的调整上。一般是将原始的线条和色块变得更加平滑，使图形外形线更加饱满流畅。当然也可以调整线条的节点位置。

单击【选择】工具，查看【工具】面板下方【选项】区的变化，包括【贴紧至对象】、【平滑】和【伸直】3 个功能按钮。各按钮的作用介绍如下。

- 【贴紧至对象】：用于完成吸附功能的选项，在以后利用链接引导层制作动画时，必须使其处于激活状态。拖动运动物体到运动路径的起始点和终结点，才能使运动物体主动吸附到路径上，从而顺利完成物体沿路径的运动。这是制作此类动画时特别要注意的一点。
- 【平滑】：使线条或填充图形的边缘更加平滑。
- 【伸直】：使线条或填充图形的边缘趋向于直线或折线效果。

3.1.5 【套索】工具

【套索】工具用于选择画面中的图形，也包括被分离的位图。分离位图会将图像中的像素分到离散的区域中，用户可以分别选中这些区域并进行修改。当位图分离时，可以使用 Flash 绘画或修改位图。

选择【套索】工具，其【选项】区包括【套索】工具、【多边形】工具和【魔术棒】工具3 个功能按钮。

通过【魔术棒】工具，可以选择已经分离的位图区域。选择【魔术棒】工具，在【属性】面板设置栏有两个选项，其作用介绍如下。

- 【阈值】：此选项可以在 0 ~ 200 范围内进行调节，值越大，容差范围就越大。
- 【平滑】：此选项是对阈值的进一步补充，包括【像素】、【粗略】、【一般】、【平滑】4 个选项，读者可以在实践过程中对比其效果。

3.1.6 【宽度】工具

【宽度】工具可以通过变化粗细度来修饰笔触。还可将调整后的笔触样式另存为宽度配置文件，以便应用到其他笔触上，如图 3-4 所示。

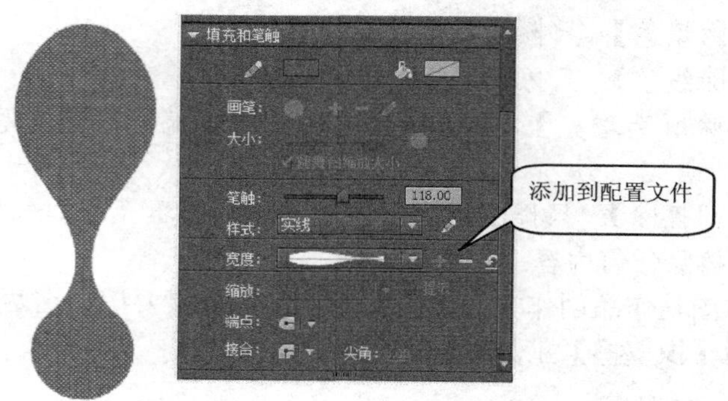

图3-4　在【宽度】工具中设置宽度样式

【宽度】工具选定后，当鼠标光标悬停在一个笔触上时，会显示带有手柄（宽度手柄）的宽度指示器，如图 3-5 所示。利用它可以调整笔触的宽度和形状。修改笔触的宽度时，宽度信息会显示在信息面板中，如图 3-6 所示。

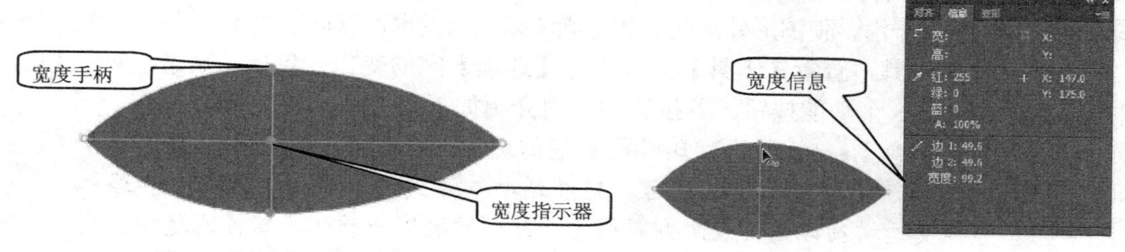

图3-5　【宽度】工具调整选项

图3-6　信息面板

- 按住 Ctrl 键，移动鼠标光标到笔触中间位置，会出现图标，此时可以调整线的弧度。

- 按住Ctrl键，移动鼠标光标到笔触端点位置，会出现图标，此时可以移动端点位置。
- 按住Shift键，可以选定多个宽度指示器，然后执行移动、复制或删除命令。
- 按住Alt键，调整宽度手柄位置，可以实现调整单侧宽度效果。
- 按住Alt键，拖动宽度指示器，可以复制其宽度样式，并在新的位置点创建同样的宽度样式。

3.1.7 创建自由形态图形

通过前面的介绍，读者已经掌握了图形创建工具的用法，但要创建一些比较随意的图形，这些知识还远远不够。为了能够创建更加灵活多样的自由形态，Flash CC 2015 为用户提供了强大的创建和编辑工具。其中，【任意变形】工具是用于把规则的图形调整为自由的形态。【钢笔】工具可以独立创建矢量线和矢量图形，也可以编辑修改已经创建的矢量对象。【部分选取】工具可以对已经绘制出来的矢量线或矢量图形进行再次编辑。用好这些工具对创建自由形态的不规则图形大有帮助。

使用【任意变形】工具或菜单命令【修改】/【变形】中的选项，可以将图形对象、组、文本块和实例进行变形。根据所选的元素类型，可以任意变形、旋转、倾斜、缩放或扭曲该元素。在变形操作期间，可以更改或添加选择内容。

要绘制精确的路径，如直线或者平滑流畅的曲线，可以使用【钢笔】工具。先创建直线或曲线，然后调整直线的角度和长度及曲线的斜率。

【钢笔】工具包含 4 个用于添加、删除、调整锚点的工具：【钢笔】工具、【添加锚点】工具、【删除锚点】工具和【转换锚点】工具。

钢笔工具显示的不同指针反映其当前的绘制状态，以下为指针指示的各种绘制状态。

- 初始锚点指针：选中【钢笔】工具后看到的第一个指针。指示下一次在舞台上单击鼠标时将创建初始锚点，是新路径的开始。
- 连续锚点指针：指示下一次单击鼠标时将创建一个锚点，并用一条直线与前一个锚点相连接。
- 添加锚点指针：指示下一次单击鼠标时将向现有路径添加一个锚点。若要添加锚点，必须选择路径，并且钢笔工具不能位于现有锚点的上方。根据其他锚点，重绘现有路径。一次只能添加一个锚点。
- 删除锚点指针：指示下一次在现有路径上单击鼠标时将删除一个锚点。若要删除锚点，必须用【选取】工具选择路径，并且指针必须位于现有锚点的上方。根据删除的锚点，重绘现有路径。一次只能删除一个锚点。
- 连续路径指针：从现有锚点扩展新路径。若要激活此指针，鼠标光标必须位于路径上现有锚点的上方。仅在当前未绘制路径时，此指针才可用。锚点未必是路径的终端锚点，任何锚点都可以是连续路径的位置。
- 闭合路径指针：在正绘制的路径的起始点处闭合路径。用户只能闭合当前正在绘制的路径，并且现有锚点必须是同一个路径的起始锚点。生成的路径没有将任何指定的填充颜色应用于封闭形状，单独应用填充颜色。
- 连接路径指针：除了鼠标光标不能位于同一个路径的初始锚点上方外，与闭

合路径指针的用法基本相同。该指针必须位于唯一路径的任一端点上方。可能选中路径段，也可能不选中路径段。

- 回缩贝塞尔手柄指针：当鼠标光标位于显示其贝塞尔手柄的锚点上方时显示。单击鼠标将回缩贝塞尔手柄，并使得穿过锚点的弯曲路径恢复为线段。
- 转换锚点指针：将不带方向线的转角点转换为带有独立方向线的转角点。

3.2 范例解析

矢量图形的编辑和调整，主要是围绕矢量线和矢量色块来进行的，如改变线条的样式，改变填充色块的色彩及填充类型等。下面将结合具体范例体会调整工具的应用技巧。

3.2.1 深秋的果树

通过绘制并调整果树，熟悉软件对线条功能的增强效果，了解线条工具不仅可以绘制单薄的线条，结合【宽度】工具的调整还可以绘制丰富的图形效果。本例绘制的果树图案就具有装饰画的韵味，效果如图 3-7 所示。

图3-7 深秋的果树

实现这一效果，主要利用【线条】工具、【铅笔】工具和【宽度】工具进行处理。

1. 新建一个 Flash 文档，选择【线条】工具，在【属性】面板的【宽度】下拉列表中选择【宽度配置文件 4】,【笔触】参数设置为“21”，笔触颜色设置为“墨绿色”,【端点】设置为【圆角】。确定工具栏下方的【对象绘制】按钮处于按下状态，从下向上绘制直线，如图 3-8 所示。
2. 【笔触】参数设置为“7”，绘制 4 根树杈，如图 3-9 所示。
3. 选择【线条】工具，在【属性】面板的【宽度】下拉列表中选择【宽度配置文件 1】,【笔触】参数设置为“6”，笔触颜色设置为“嫩绿色”，在 4 根树杈上绘制树叶，如图 3-10 所示。

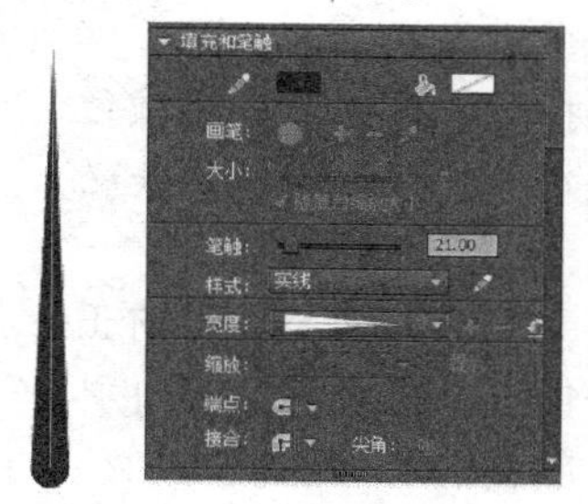

图3-8 绘制果树基本图形

图3-9 调整矢量线

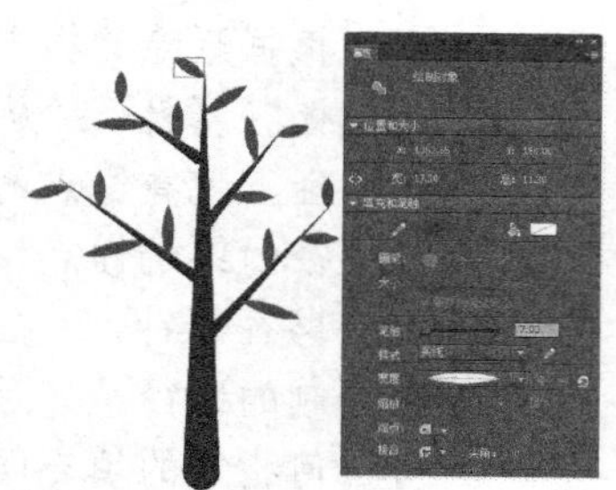

图3-10 绘制树叶

4. 选择【铅笔】工具，笔触颜色设置为“棕黄色”，绘制弯曲变形的深秋黄叶，如图 3-11 所示。
5. 选择【椭圆】工具，【笔触】参数设置为“7”，取消填充颜色，笔触颜色设置为“黑色”，绘制围栏，如图 3-12 所示。

图3-11　绘制深秋黄叶

图3-12　绘制围栏

6. 选择【线条】工具，在【属性】面板的【宽度】下拉列表中选择【宽度配置文件 2】，【笔触】参数设置为“10”，笔触颜色设置为“黑色”，绘制围栏内的图形，如图 3-13 所示。
7. 选择【椭圆】工具，在【属性】面板的【宽度】下拉列表中选择【宽度配置文件 5】，【笔触】参数设置为“10”，取消填充颜色，笔触颜色设置为“橘色”，绘制果实，如图 3-14 所示。
8. 选择【线条】工具，在【属性】面板的【宽度】下拉列表中选择【宽度配置文件 4】，【笔触】参数设置为“20”，笔触颜色设置为“深褐色”，【端点】设置为“圆角”，绘制果实柄，如图 3-14 所示。

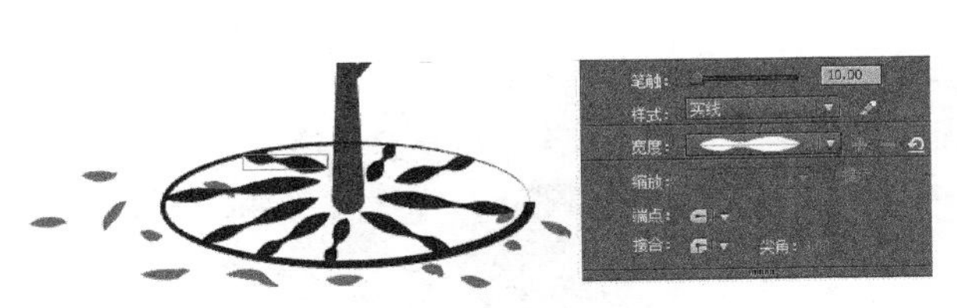

图3-13　绘制围栏内图形

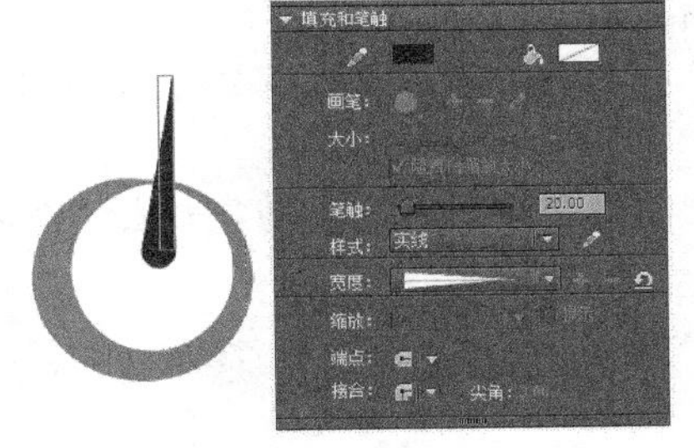

图3-14　绘制果实和果实柄

9. 调整果实比例，并复制多组，结果如图 3-15 所示。
10. 利用【宽度】工具调整树叶的宽度，如图 3-16 所示，使树叶富有变化，最终结果如图 3-7 所示。

图3-15　调整果实比例、位置

图3-16　调整树叶宽度

3.2.2　红苹果

绘制并调整苹果，使苹果轮廓更加平滑顺畅，创建图 3-17 所示的效果。

图3-17　红苹果

要实现这一效果，主要利用选择工具和相关选项进行处理。

1. 新建 Flash 文档，选择【线条】工具，在画面中绘制一个苹果图形，如图 3-18 所示。
2. 选择【选择】工具，将鼠标光标移到要调整的线条上，拖曳图形边线直至得到合适弧度，如图 3-19 所示，此时的图形会比先前更理想。
3. 将鼠标光标移动到图形的节点位置，当出现方形标识时就可以对矢量图形的节点位置进行调整了，如图 3-20 所示。

图3-18　绘制一个苹果基本图形

图3-19　调整矢量线

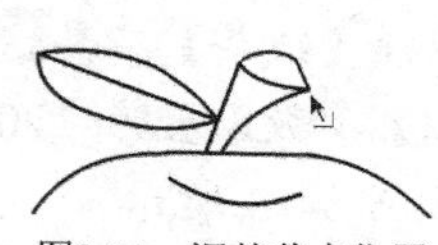

图3-20　调整节点位置

4. 选择【颜料桶】工具，为圆形填充橘红色，叶柄填充褐色和棕色，叶子填充绿色，如图 3-21 所示。
5. 选择整个图形，移动复制出 1 个副本，如图 3-22 所示。

图3-21　填充颜色

图3-22　移动复制图形

6. 选择左侧的图形，单击【选项】区中的【平滑】按钮多次后，减少矢量色块边缘的棱角，使之更加平滑，但是形态上有些变形，如图 3-23 所示。
7. 选择右侧的图形，单击【伸直】按钮多次后，使矢量色块的边缘趋向于直线，如图 3-24 所示。

图3-23　平滑线条

图3-24　伸直线条

3.2.3 绿树葱葱

绘制并调整树木，包括绿色的树冠、褐色的树干和树枝，如图 3-25 所示。实现这一效果，主要利用选择工具和相关选项进行处理。

图3-25 绿树葱葱

【操作提示】

1. 新建一个 Flash 文档，选择【线条】工具，绘制一个三角形作为树干图形，如图 3-26 左图所示。
2. 选择【选择】工具，将鼠标光标移到要调整的线条上，拖曳图形边线直至得到合适弧度，如图 3-26 右图所示。
3. 选择【线条】工具，绘制 3 个三角形作为树枝图形，如图 3-27 所示。
4. 选择【选择】工具，拖曳树枝图形边线弧度，如图 3-28 所示。

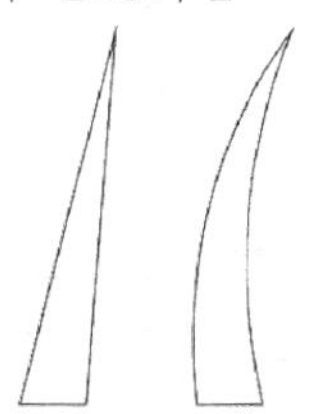

图3-26 绘制调整树干基本图形

图3-27 绘制树枝干基本图形

图3-28 调整树枝曲线

5. 选择并删除树干和树枝图形连接的线段，如图 3-29 所示。
6. 选择【线条】工具，绘制 4 个菱形作为树冠图形，如图 3-30 所示。
7. 选择【选择】工具，拖曳树冠图形边线弧度和节点位置，如图 3-31 所示。

图3-29 删除线段

图3-30 绘制树冠基本图形

图3-31 调整树冠曲线

8. 选择图形，单击【选项】区中的【平滑】按钮几次后，减少矢量色块边缘的棱角，使之更加平滑，如图 3-32 所示。
9. 选择【颜料桶】工具，填充树干和树枝图形为棕色，填充树冠为绿色，最终效果如图 3-33 所示。

图3-32　平滑线条

图3-33　填充颜色

3.2.4　律动五线谱

绘制并调整波浪状的 5 条曲线，在线上增加乐符曲线，如图 3-34 所示。要实现这一效果，主要利用【任意变形】工具变形图形，再利用引入乐符图像。

图3-34　律动五线谱

【操作提示】

1. 新建一个 Flash 文档，选择【线条】工具，绘制 5 条水平直线。
2. 选择 5 条直线，在【属性】面板设置【笔触】为 “4”，如图 3-35 所示。
3. 选择【任意变形】工具，单击【选项】区中的【封套】按钮，在封套外框出现 8 个方形手柄，如图 3-36 所示。

图3-35　绘制 5 条水平直线

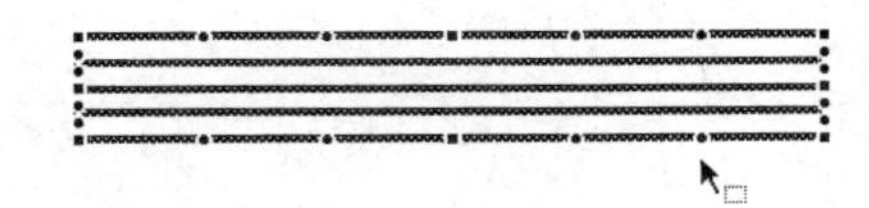

图3-36　封套外框

4. 选择圆形调整手柄，拖曳调节杆的位置和方向，如图 3-37 所示。
5. 单击【选项】区中的【扭曲】按钮，调整外框右上角的手柄位置，直至出现图 3-38 所示的效果。

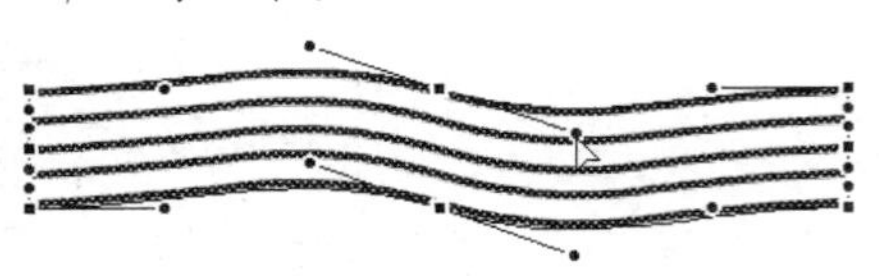

图3-37　拖曳调节杆

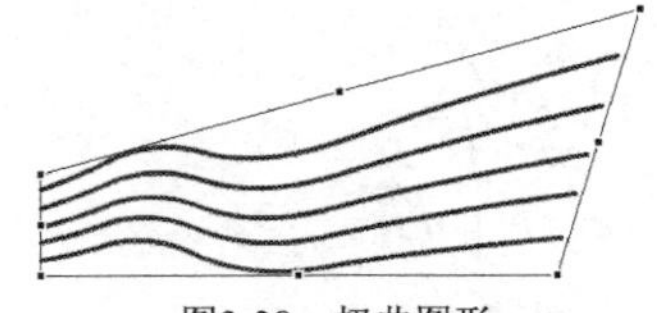

图3-38　扭曲图形

6. 单击【选项】区中的【旋转与倾斜】按钮，向右侧倾斜一定角度，如图 3-39 所示。
7. 选择菜单命令【文件】/【导入】/【导入到舞台】，导入附盘文件 “素材文件\03\乐符.png”，如图 3-40 所示。

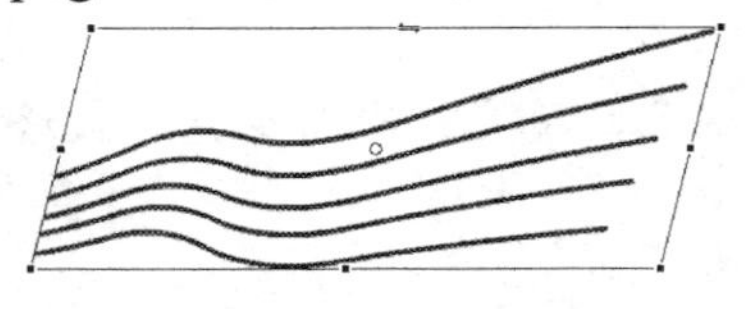

图3-39　倾斜线条

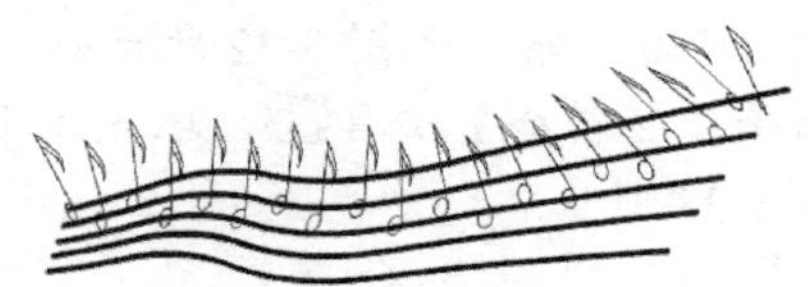

图3-40　引入乐符图像

3.3 实训

本节通过两个实例讲述图形的调整变化方法，简单图形经过精心调整也可以创作出精致的图形。

3.3.1 动感星形图标

图3-41 动感五角星

创建图 3-41 所示的效果，绘制并调整出动感的星形。

在调整星形效果时，应注意图形动态的把握，赋予图形人性化，使其最终效果像一个飞跃的小人形态，操作方法如下。

【操作提示】

1. 新建一个 Flash 文档，将鼠标光标放到【矩形】工具上，按住鼠标左键，从弹出的菜单中选择【多角星形】工具，在【属性】面板中设置笔触为黑色，【笔触高度】设置为“2”，设置【填充颜色】为黄色。
2. 在【属性】面板中单击 选项... 按钮，弹出【工具设置】对话框，在【样式】下拉列表中选择【星形】，设置【边数】为“5”，单击 确定 按钮关闭【工具设置】对话框，在舞台中绘制图 3-42 所示的五角星。
3. 选择【部分选取】工具，选择五角星左下角的控制点向左下角拖曳，如图 3-43 所示。

图3-42 绘制五角星

图3-43 调整控制点

4. 分别选择并拖曳五角星左右两侧的控制点，效果如图 3-44 所示。
5. 按住 Alt 键，选择并拖曳五角星中间的控制点，产生两个控制柄，调整中心点为曲线点，效果如图 3-45 所示。

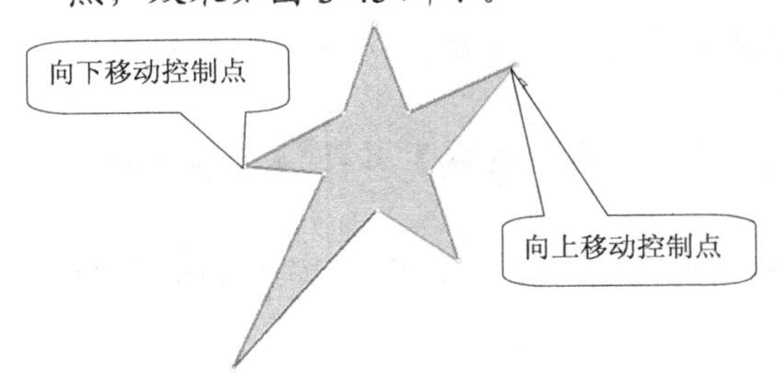

图3-44 分别调整控制点

图3-45 调整曲线控制点

这个实例的调整过程比较简单，主要在于事先构思。受这一点启发，在调整图形时最好先精心构思布局，必要时可以先绘制草图，这样在具体调整时就不会盲目进行。

3.3.2　积雨云

创建图 3-46 所示的效果，绘制并调整乌云和雨滴图形。

图3-46　积雨云

在调整图形时，应注意积雨云外形圆润形态的把握及水滴图形边线的流畅度。

【操作提示】

1. 新建一个 Flash 文档。
2. 选择【椭圆】工具，绘制多个深灰色无边椭圆，组成乌云基本图形，如图 3-47 所示。
3. 选择【线条】工具，绘制两条连接的直线，作为云尾图形。选择【颜料桶】工具，填充深灰色，如图 3-48 所示。

图3-47　绘制乌云基本图形

图3-48　云尾图形

4. 选择工具，调整云尾图形弧度。选择【墨水瓶】工具，设置【笔触大小】为 “1”，为图形填充黑色边线，如图 3-49 所示。
5. 选择【钢笔】工具，绘制乌云图形的明暗交界线曲线，如图 3-50 所示。

图3-49　调整线段弧度

图3-50　绘制曲线

6. 选择【颜料桶】工具，选择浅灰色填充乌云图形亮部色块，选择并删除明暗交界线曲线，如图 3-51 所示。
7. 选择【钢笔】工具，绘制水滴闭合曲线。选择【部分选取】工具，调整曲线控制点，使弧度更加平滑，如图 3-52 所示。
8. 选择【颜料桶】工具，为水滴图形填充蓝色。选择水滴图形，按住 Alt 键拖曳图形，复制两个图形，结果如图 3-53 所示。

图3-51　填充颜色

图3-52　绘制水滴闭合曲线

图3-53　拖曳复制图形

3.3.3 艺术标识字

创建图 3-54 所示的效果，通过调整字体形态，使字型更符合设计要求。

图3-54　艺术标识字

标识字设计是企业形象设计的一个重要组成部分，Flash CC 2015 中将普通文本转换为图形后就可以进行进一步的调整，根据创意的需要对文字进行艺术化处理。这个例子就是采用这个思路。

【操作提示】

1. 新建一个 Flash 文档，选择【文本】工具，在舞台中输入“庆华门诊”4 个蓝色字符，设置字体为“方正综艺简体”（也可根据用户现有字体库自行设置字体样式），如图 3-55 所示。
2. 选择文字，连续选择菜单命令【修改】/【分离】，把文字彻底分离。
3. 选择【橡皮擦】工具，擦除“门诊”二字的“、”图形，如图 3-56 所示。

图3-55　输入文字

图3-56　擦除点

4. 选择【部分选取】工具，选择“诊”字“讠”左侧的控制点，向左移动字符的控制点，如图 3-57 所示。
5. 选择【椭圆】工具，在“门诊”二字上方绘制 2 个无边蓝色圆形，替换原有的“、”图形，如图 3-58 所示。

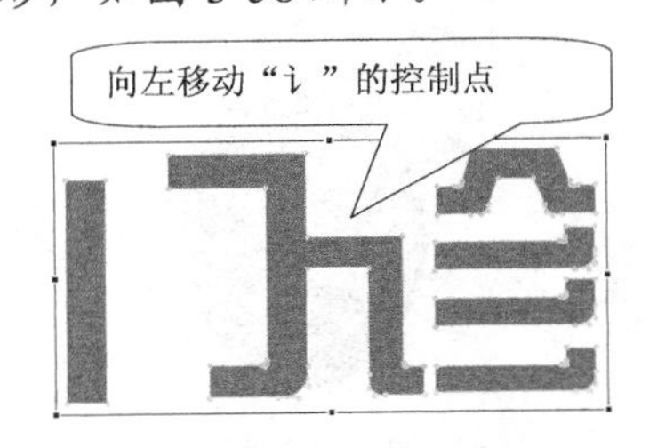

图3-57　连接两个文字

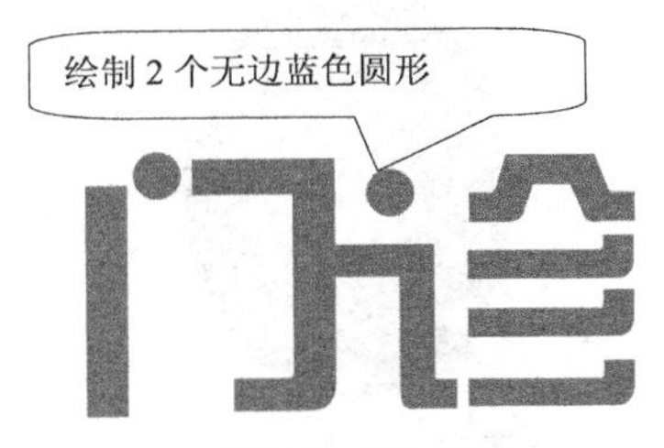

图3-58　绘制图形

6. 选择工具，选择“庆”字中“大”右侧笔画的控制点，向右移动字符的控制点，如图 3-59 所示。
7. 选择全部图形，选择【任意变形】工具，调整控制点，效果如图 3-60 所示。

图3-59　连接两个文字

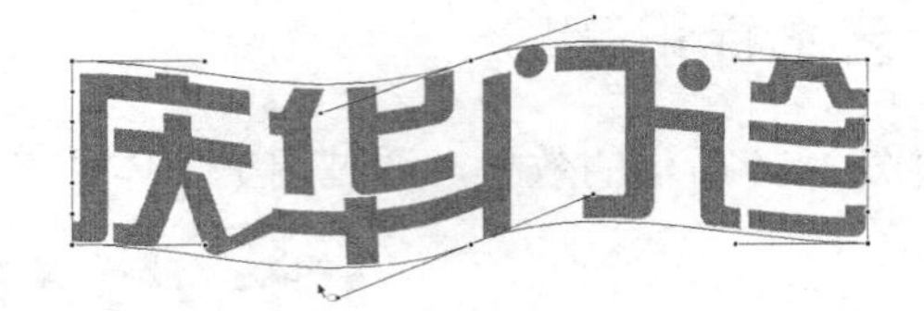

图3-60　调整图形弧度

在这个实例中，只要将文字分离，就可以通过绘制新的图形，使两个文字连贯成一个图形。在文字变形的过程中尽量保留文字的主体部分，否则不便于识别，在变形部分可以根据创意需要来绘制更加复杂的图形替代偏旁部首，如祥云、浪花等图形都可以丰富文字的内涵。

3.4 综合案例——破碎的蛋壳

创建图 3-61 所示的效果，精心调整一个简单椭圆形，使其呈现破碎的蛋壳效果。

图3-61　破碎的蛋壳

绘制过程中要注意辐射状渐变的调整，按照蛋壳的光影效果均匀分布高光和阴影。蛋壳上还要注意通过较粗的线条表现蛋壳厚度，这样图形才能比较真实自然。

【操作提示】

1. 新建一个 Flash 文档。
2. 选择【椭圆】工具，设置填充色为由白到黑的放射状渐变色，设置笔触颜色为由白到黑的线性渐变色，设置【笔触高度】为“2”，在舞台中绘制一个椭圆形，如图 3-62 所示。
3. 选择填充色，选择【渐变变形】工具，向左上角移动中心点手柄位置，如图 3-63 所示。

图3-62　绘制椭圆形

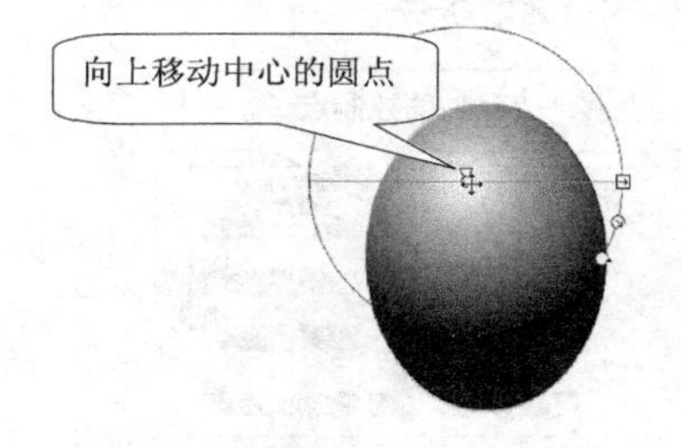

图3-63　移动中心点手柄位置

4. 向左拖曳移动宽度手柄的位置，压缩渐变色横向比例，使渐变色的渐变形状和椭圆形基本一致，如图 3-64 所示。
5. 向右下角拖曳移动大小手柄的位置，放大渐变色区域，使图形内部的渐变色变浅，如图 3-65 所示。

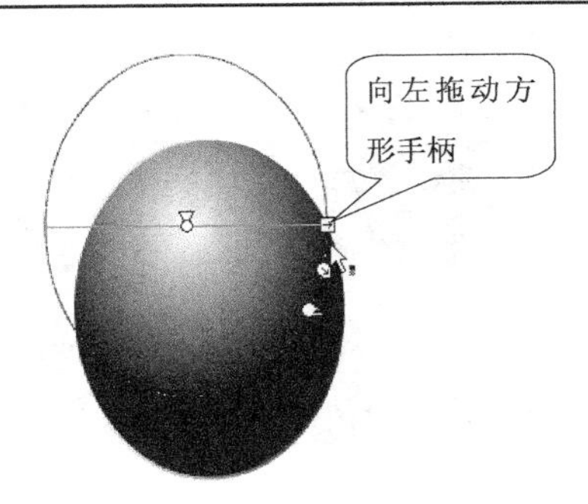

图3-64　压缩渐变色横向比例

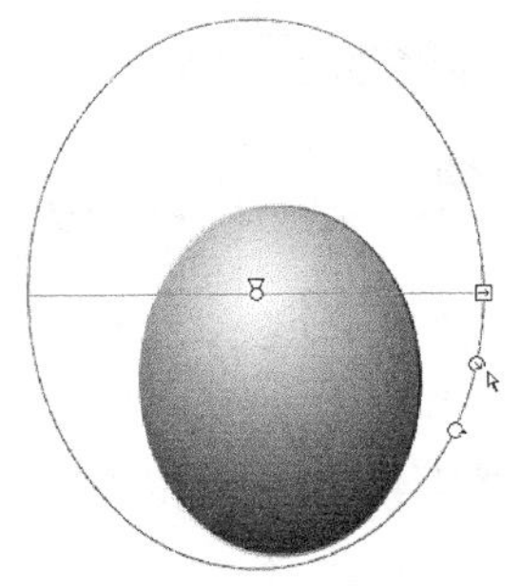

图3-65　放大渐变色区域

6. 选择【线条】工具，设置笔触颜色为黑色，在椭圆形上绘制裂纹线条，如图 3-66 所示。
7. 选择裂纹线条中间的填充色，修改填充色为黑色。选择【选择】工具，向图形内部调整裂纹外边线，如图 3-67 所示。

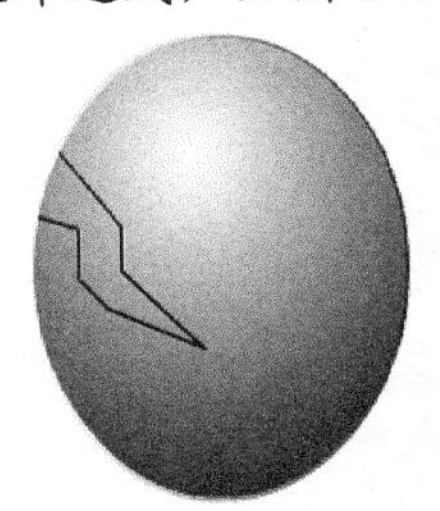

图3-66　绘制裂纹线条

图3-67　调整裂纹外边线

8. 选择裂纹下边线，修改笔触颜色为白色，设置【笔触高度】为“4”，如图 3-68 所示。
9. 选择椭圆形的边缘线，选择【渐变变形】工具，顺时针拖曳线性渐变旋转手柄，调整图形边线的渐变角度，如图 3-69 所示。
10. 选择【椭圆】工具，设置填充色为无色，在舞台中绘制一个无边线的椭圆形作为蛋壳的投影，如图 3-70 所示。

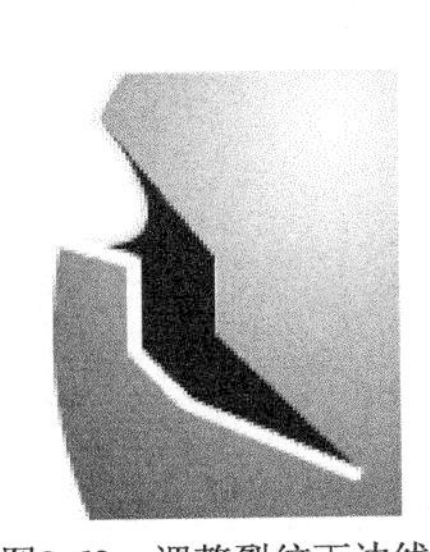

图3-68　调整裂纹下边线

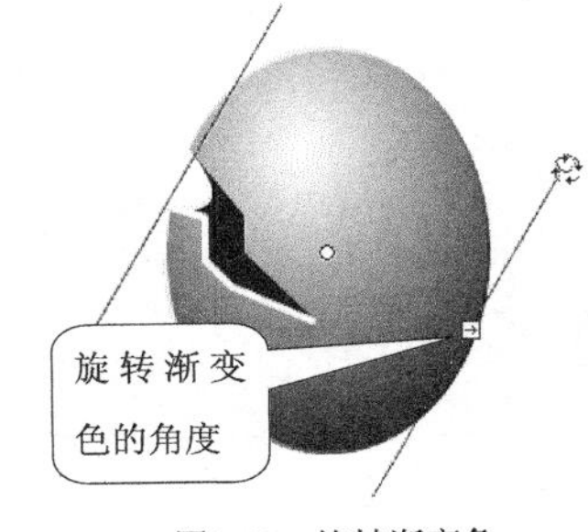

图3-69　旋转渐变色

图3-70　绘制蛋壳的投影

3.5 习题

1. 如何利用【选择】工具移动复制一个圆环变成图 3-71 所示的重复排列图形？
2. 如何用编辑工具设计图 3-72 所示的变形文字效果？

图3-71　重复排列图形

杨丽萍

图3-72　变形文字效果

3.　如何用【直线】工具和【宽度】工具绘制图 3-73 所示的树叶效果？

图3-73　树叶效果

第4章　文本、辅助工具和色彩

【学习目标】

- 掌握文本的输入与编辑技巧。
- 掌握辅助工具和辅助面板的使用方法。
- 掌握色彩的选择与编辑技巧。

文字是信息传递的主要途径，灵活掌握其编辑和使用方法是十分重要的。辅助工具和面板工具包括【手形】工具、【缩放】工具，以及【对齐】和【变形】面板等。辅助工具在调整图形显示和大小比例、对齐方式等方面具有重要作用。色彩是作品表现力的重要因素，掌握色彩应用方法除了熟悉色彩搭配的原理外，还要充分理解各类颜色面板的使用方法。

4.1　功能讲解

文本和色彩作为作品重要的元素，其各种设置和调整方法都应该熟练掌握，下面从相关工具的面板设置和调整角度来详细介绍文本、色彩和辅助工具的基本应用方法。

4.1.1　文本的输入与编辑

Flash CC 2015 可以创建静态文本、动态文本、输入文本 3 种文本类型。早期版本的 TLF 文本功能已停止使用，在用 Flash CC 2015 打开包含 TLF 文本的 FLA 文件时，其中的 TLF 将会转换为传统文本。文本【属性】面板如图 4-1 所示。

在文本【属性】面板中主要包括【位置和大小】、【字符】、【段落】、【选项】等卷展栏。要设置字符样式，可使用文本【属性】面板中的【字符】卷展栏。要设置段落样式，则使用【段落】卷展栏。

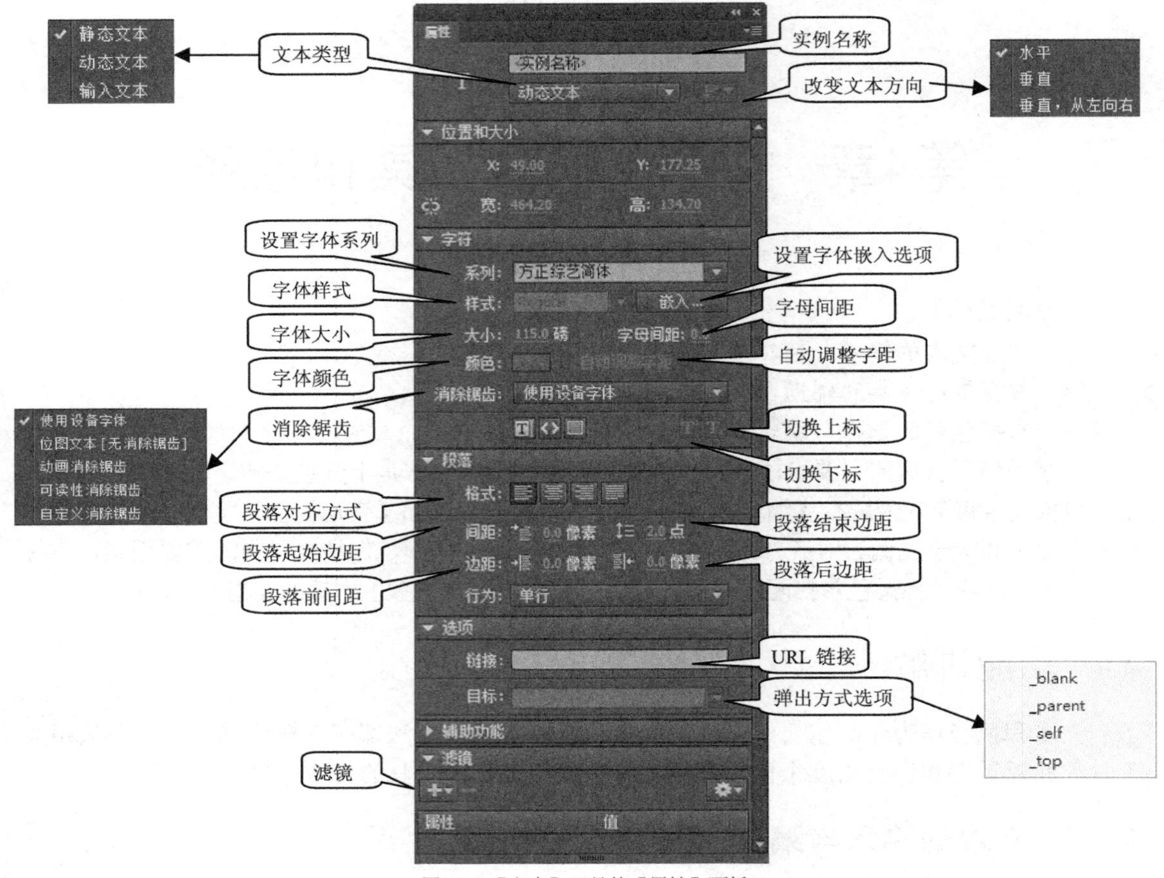

图4-1　【文本】工具的【属性】面板

4.1.2　辅助工具

辅助工具可以方便地观察、编辑作品，有利于提高创作效率，包括【手形】工具和【缩放】工具。在对创建对象的编辑过程中，辅助工具也是经常使用的工具，所以在此也将辅助工具进行比较详细的讲解。

要在屏幕上查看整个舞台，或要以高缩放比率的情况下查看绘图的特定区域，可以更改缩放比率。最大的缩放比率取决于显示器的分辨率和文档大小。

【缩放】工具可以通过更改缩放比率或在 Flash 工作环境中移动舞台来更改舞台中的视图显示。此外，还可以使用菜单命令【视图】/【缩放比例】调整舞台的视图。

单击放大按钮可以放大舞台中的对象，单击缩小按钮可以缩小舞台中的对象。要放大绘画的特定区域，请使用【缩放】工具拖出一个矩形选取框。

双击【缩放】按钮可以使舞台中的画面恢复到 100%的显示比例。

4.1.3　辅助编辑面板

在 Flash CC 2015 软件中创建和编辑图形时，辅助编辑面板的使用效率比较高，在优化作品的制作效果时发挥了较大的作用，如【对齐】和【变形】面板等。

【对齐】面板为用户提供了多种排列图形对象的选项，通过这些选项，能够方便、快捷地设置对象之间的相对位置，比如对齐、平分间距及调整图形长、宽比例等操作。

选择菜单命令【窗口】/【对齐】，调出【对齐】面板，如图 4-2 所示。

在【对齐】栏中包含 6 个按钮，分别实现对象的垂直左对齐、垂直中心对齐、垂直右对齐、水平上对齐、水平居中对齐和水平下对齐。

在【分布】栏中包含 6 个按钮，分别实现多个对象在垂直方向上的上端间距相等、中心间距相等、下端间距相等，水平方向上的左端间距相等、中心间距相等、右端间距相等。

【匹配大小】栏是对选取对象进行等尺寸调整，包含 3 个按钮，其作用介绍如下。

- ：在水平方向上等尺寸变形，以所选对象中最长的或画面尺寸为基准。
- ：在垂直方向上等尺寸变形，以所选对象中最长的或画面尺寸为基准。
- ：在水平和垂直方向上同时进行等尺寸变形，以所选对象中最长的或画面尺寸为基准。

【间隔】栏中包含两个按钮，其作用介绍如下。

- ：选取对象在纵向上间距相等。
- ：选取对象在横向上间距相等。

【与舞台对齐】选项，其作用是以整个舞台范围为标准，在等距离调整时，先将对象的外边线吸附到画面的对应边缘后，再等分对象之间的距离。在尺寸匹配时，以对应边长为基准拉伸对象。不选择此项时，则以选取对象所在的区域为标准。

使用【变形】面板可以根据所选元素的类型，进行任意变形、旋转、倾斜、缩放或扭曲操作，【变形】面板如图 4-3 所示。

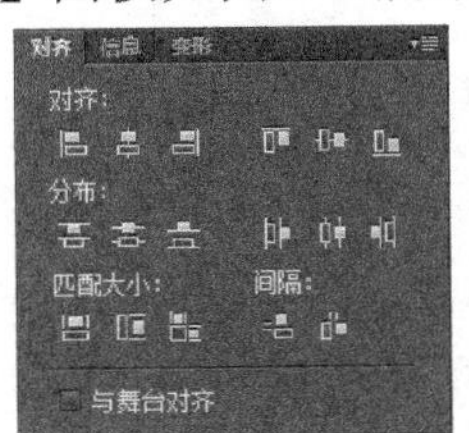

图4-2 【对齐】面板

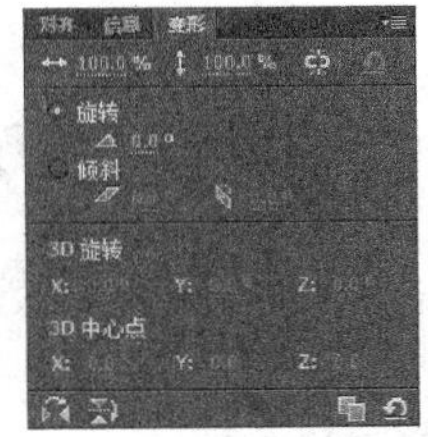

图4-3 【变形】面板

4.1.4 色彩的选择与编辑

Flash CC 2015 使用 RGB 或 HSB 颜色模型应用、创建和修改颜色。RGB 颜色模式常被人们称为三原色模式，包括红（Red）、绿（Green）、蓝（Blue）3 个要素。HSB 颜色模式便是基于人对颜色的心理感受的一种颜色模式，包括色泽（Hue）、饱和度（Saturation）和亮度（Brightness）3 个要素。

用户可以使用默认调色板或自己创建的调色板，也可以将设置好的笔触或填充的颜色应用到要创建的或舞台中已有的对象上。将笔触颜色应用到形状，将会用这种颜色对形状的轮廓涂色。将填充颜色应用到形状，将会用这种颜色对形状的内部涂色。

在【颜色选择器】面板中包含常用的色彩编辑和管理命令，结合这些命令，可以方便地对颜色进行编辑操作。下面详细介绍此面板的功能，如图 4-4 所示。

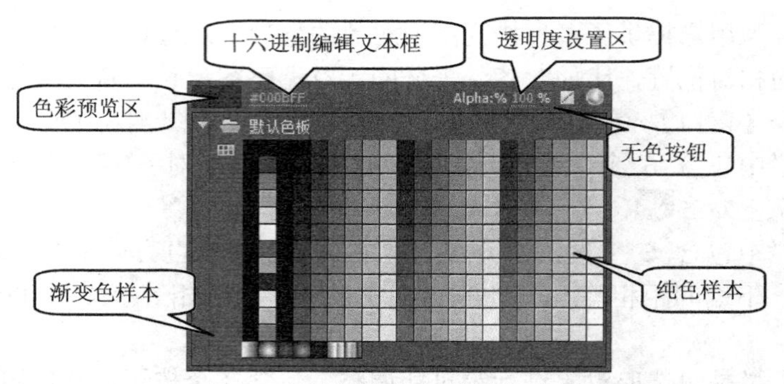

图4-4　【颜色选择器】面板的主要功能

【颜色选择器】面板主要包括如下内容。

- 色彩预览区：位于面板的左上角，用于预览选取的色彩。
- 色彩样本区：位于面板下方，包括 216 种纯色。其中最左侧是由 6 种从黑到白的梯度渐变色和红、绿、蓝、黄、青、紫 6 种纯色组成。
- 十六进制编辑文本框：在定制色彩选择面板的左上角还有一个输入区，可以用来显示或直接在其中输入十六进制色彩数值来获取色彩。
- 透明度设置区：在面板的右上角，用于设置色彩的透明程度。
- 颜色选择器按钮：用于调出自选纯色编辑面板，以选择更加个性的色彩。

【样本】面板的功能和【颜色选择器】面板的功能基本一致，如图 4-5 所示。对于【样本】面板还可以通过面板菜单提供的一系列命令进行有效管理，单击【样本】面板右上角的按钮，弹出一个下拉式菜单，如图 4-6 所示。

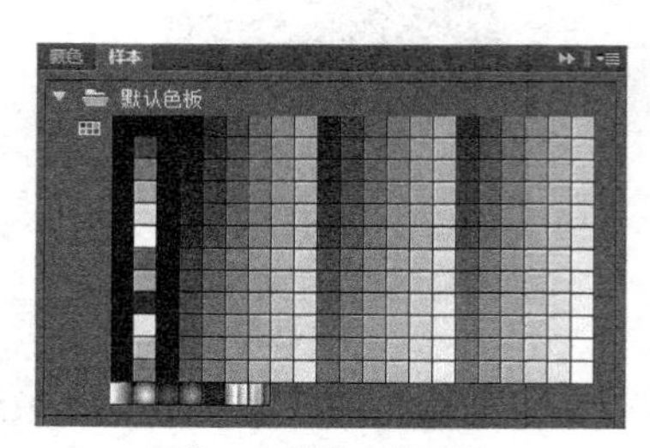

图4-5　【样本】面板

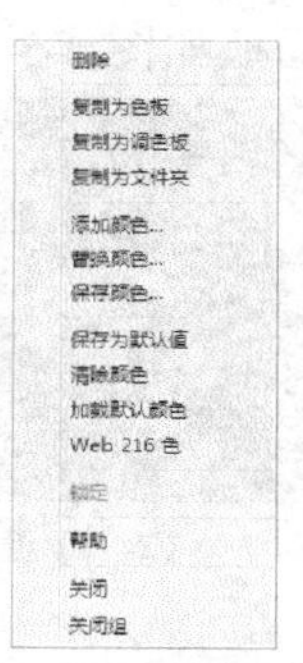

图4-6　【样本】面板菜单

【样本】面板菜单中主要菜单命令的作用介绍如下。

- 【删除】：删除该面板中的某一种色彩、色板、色彩文件夹。
- 【复制为色板】：用于在同一色板内的色彩复制出一个新的色彩。
- 【复制为调色板】：为便于管理，用于将选择色彩复制出一个新的调色板。
- 【复制为文件夹】：为便于管理，将面板中选择的色彩复制出一个新文件夹。
- 【添加颜色】：将在系统中保存的色彩文件增加到【样本】面板中，其所调用的文件格式包括“*.clr”“*.act”和“*.gif”。
- 【替换颜色】：将在系统中保存的色彩文件增加到【样本】面板中，并替换掉原有色彩，其所调用的文件格式包括“*.clr”“*.act”和“*.gif”。
- 【保存颜色】：将当前编辑修改的色彩以“*.clr”或“*.act”等格式保存到系

统中，方便以后再次调用。

- 【保存为默认值】：用当前编辑修改的色彩替换掉系统默认的色彩，在进行这项操作时要注意这一点。
- 【清除颜色】：清除当前面板中的所有色标。
- 【加载默认颜色】：恢复到【样本】面板的初始状态。
- 【Web 216 色】：调用符合互联网标准的色彩。

在【颜色】面板中可以选择、编辑纯色与渐变色。用户可以设置渐变色的类型，也可以在 RGB、HSB 模式下选择颜色，或者展开该面板，使用十六进制模式选择色彩，还可以指定 Alpha 值来定义颜色的透明度。

选择菜单命令【窗口】/【颜色】，打开【颜色】面板，如图 4-7 所示。

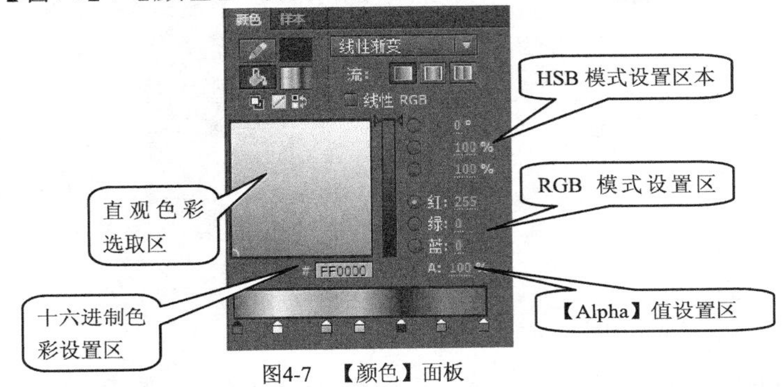

图4-7 【颜色】面板

- 单击按钮，可以选择、编辑矢量线的色彩。
- 单击按钮，可以选择、编辑矢量色块的色彩。

在【填充颜色】按钮下面分别对应的 3 个按钮的功能介绍如下。

- 【黑白】按钮：默认色彩按钮，可以快速地切换到黑白两色状态。
- 【没有颜色】按钮：用于取消矢量线的填充或是取消对矢量色块的填充。
- 【交换颜色】按钮：用于快速地切换矢量线和矢量色块之间的色彩。

【颜色】面板中色彩选择、设置包括以下 5 部分。

- HSB 模式设置区：可以通过 HSB（色相 H、饱和度 S、亮度 B）3 种颜色心理感受数值来获取标准色。
- RGB 模式设置区：可以通过 RGB 三色数值（0～255）来获取标准色。
- 【Alpha】设置选项：其取值范围是 1～100，取值越小越透明。每个数值输入区的右侧都有一个滑动调整杆，可用来快速地调整出所需的色彩。
- 直观色彩选取区：用于选择随意性较强的色彩，其操作方法是将鼠标光标移至要选取的色彩选择区上，然后单击鼠标选取色彩就可以了。
- 十六进制色彩设置区：可以直接输入十六进制颜色数值选择色彩。

渐变色编辑主要包括【线性】渐变和【放射状】渐变两种方式。当要增加渐变色彩的数量时，在【颜色】面板中的渐变色条下面的合适位置单击鼠标左键，对该色标的色彩进行调整。色标就代表渐变过程中的一个色阶，用户可以根据需要不断增加色标，也可以将色标拖曳到色条外删除某一色阶。

4.2 范例解析

下面将通过范例讲述文本和辅助面板的调整方法。

4.2.1 再别康桥

设置一首诗词图文混合排版的效果，如图 4-8 所示。主要利用文本的设置选项，细化调整文字样式。利用容器流创建丰富的版式效果。

图4-8　诗词排版

【操作提示】

1. 新建一个 Flash 文档。设置文件背景尺寸为“950 × 600”像素。
2. 将附盘文件“素材文件\04\诗词背景.jpg”导入舞台。
3. 在【时间轴】面板中单击【新建图层】按钮，增加“图层 2”层。
4. 打开附盘文件“素材文件\04\再别康桥.txt”，复制诗词文字信息。
5. 选择【文本】工具，设置【文本类型】选项为“静态文本”。
6. 在舞台中拖曳文本框，粘贴文字信息。此时文本内容超出容器范围，如图 4-9 所示。
7. 设置字符大小为“8”磅，字符间距为“7”，如图 4-10 所示。

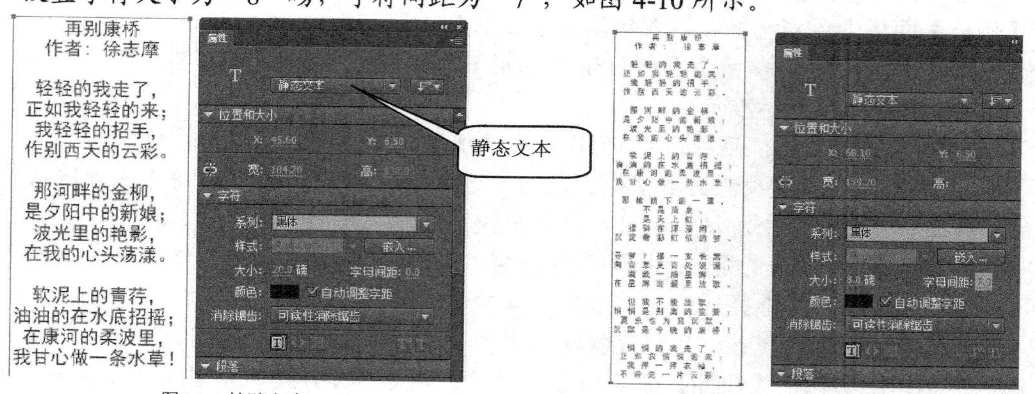

图4-9　粘贴文本　　图4-10　调整字符

8. 双击诗词标题文本容器进入编辑状态，选择诗词标题，利用【字符】卷展栏调整文本颜色和大小，如图 4-11 所示。通过这种方式可以独立编辑单个容器的文本属性。

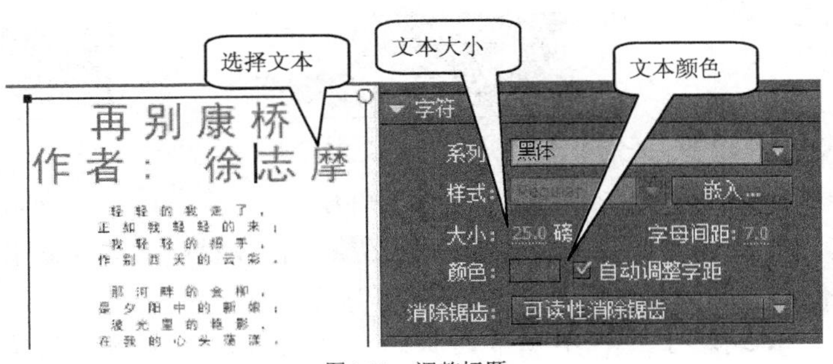

图4-11 调整标题

9. 选择文字，在【字符】栏设置【改变文本方向】选项为“垂直”，如图 4-12 所示。
10. 在【段落】栏设置【格式】选项为“顶对齐”，使文字顶部对齐，如图 4-13 所示。

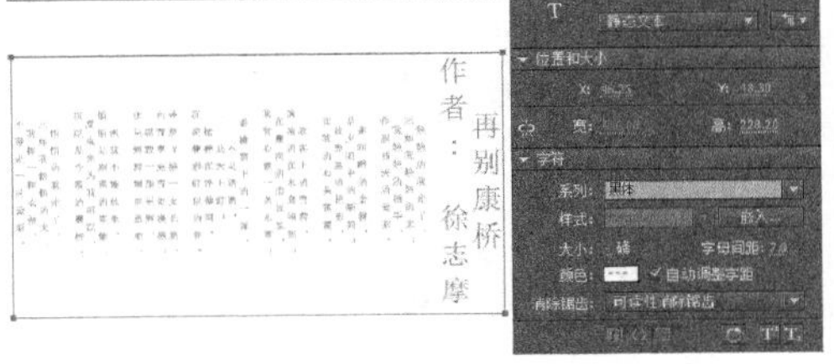

图4-12 改变文本方向

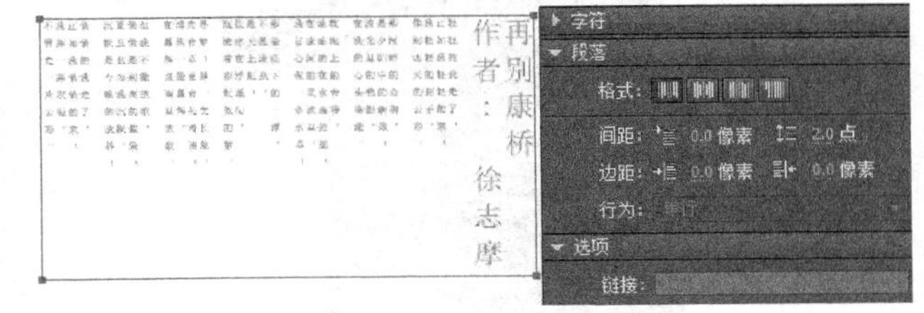

图4-13 文字顶部对齐

11. 在【时间轴】面板中单击【新建图层】按钮，增加“图层 3”层。
12. 将附盘文件“素材文件\04\书籍.jpg”导入舞台，排版效果如图 4-14 所示。

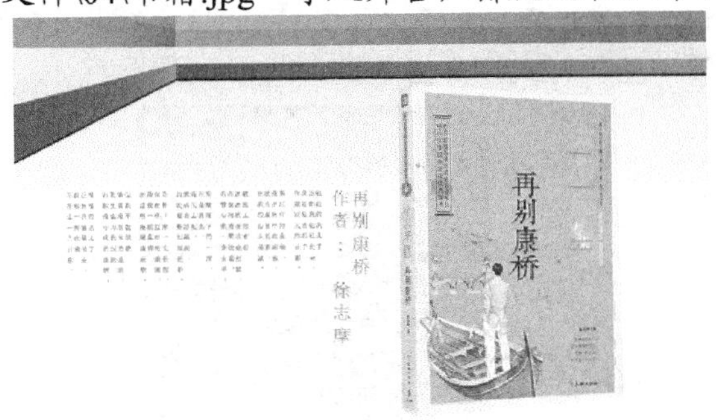

图4-14 排版效果

4.2.2 数学公式

数学公式、化学方程式等都是日常学习中常用的内容。下面来创建一个简单的数学公式，以说明文本的格式应用。

1. 新建一个 Flash 文档。选择【文本】工具，在舞台中单击鼠标左键后输入一个数学公式，如图 4-15 所示。
2. 确定【可选】按钮处于浮起状态。选择左边的字符“2”，在【属性】面板中单击【切换下标】按钮，文字将会成为前一字符的下标，如图 4-16 所示。
3. 选择左边的字符“3”，在【属性】面板中单击【切换上标】按钮，文字将会成为前一字符的上标，如图 4-17 所示。

图4-15　输入数学公式

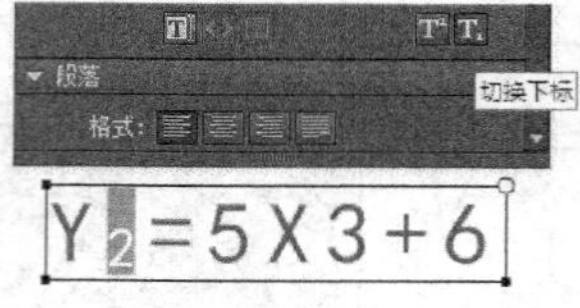

图4-16　选择下标

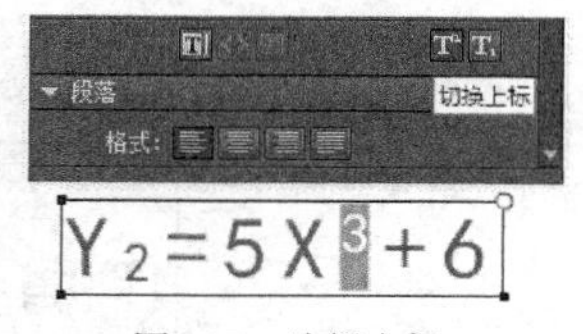

图4-17　选择上标

4. 选择文本框，单击【改变文本方向】按钮，在弹出的菜单中选择【垂直，从左向右】选项，使数字变为纵向排列，如图 4-18 所示。
5. 操作完成后，公式处于一种不正常的状态；用鼠标调整文本框的角点，使文本框变窄，则公式变化为竖排的一种基本形态，如图 4-19 所示。

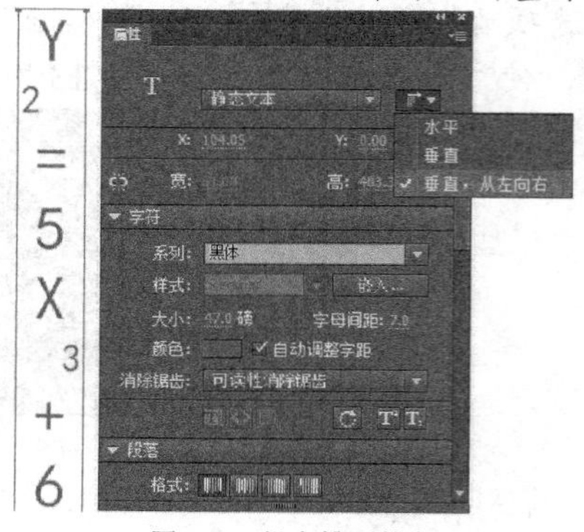

图4-18　纵向排列数字

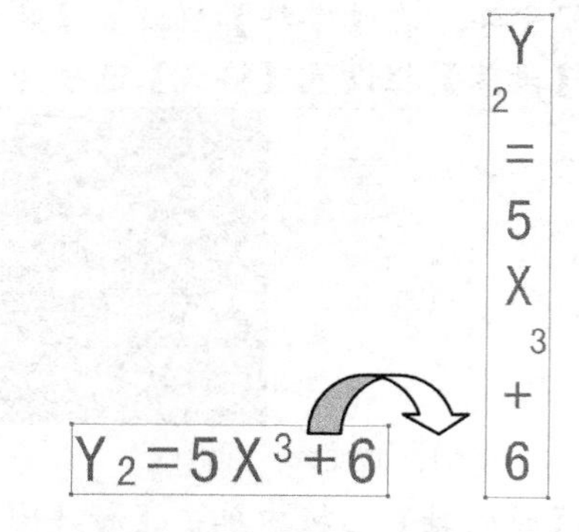

图4-19　调整文本框的宽度

6. 这时，【属性】面板中又增加了一个【旋转】按钮。单击该按钮，使文字旋转 90°，则公式呈现一个正常的竖排样式，如图 4-20 所示。

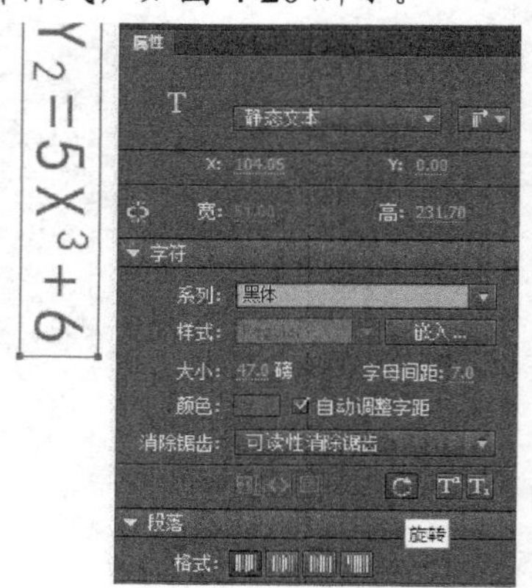

图4-20　使文字旋转 90°

4.2.3　排列矩形

利用【对齐】面板中的不同按钮对齐 3 个矩形，创建图 4-21 所示的效果。通过本案例主要是熟悉【对齐】面板上按钮的功用，体会不同的对齐方式。

图4-21　对齐 3 个矩形

【操作提示】

1. 新建一个 Flash 文档。选择【矩形】工具，绘制 3 个不同色彩和大小的矩形，如图 4-22

所示。

2. 选择菜单命令【窗口】/【对齐】，调出【对齐】面板。
3. 选择 3 个矩形，单击【水平平均间隔】按钮，使选取对象的横向间距相等，如图 4-23 所示。

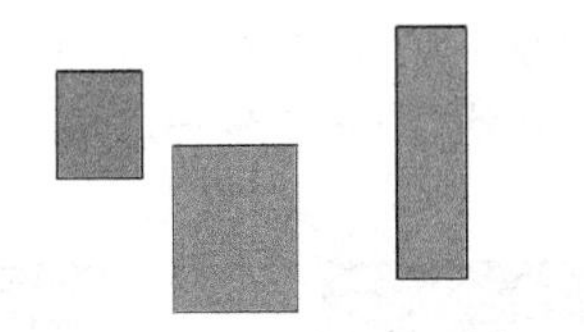
图4-22 绘制 3 个矩形

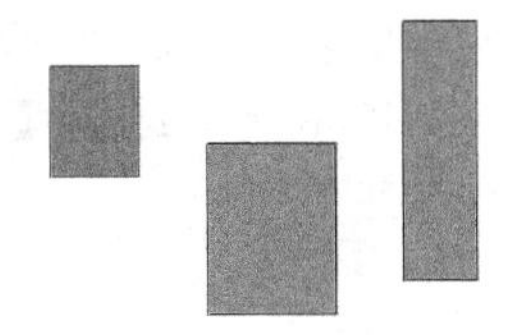
图4-23 等分矩形间距

4. 单击【底对齐】按钮，使选取对象的下边缘对齐，如图 4-24 所示。
5. 选择【与舞台对齐】复选项，在面板中单击【垂直中齐】按钮，使 3 个矩形横向中心对齐，如图 4-25 所示。
6. 取消选择【与舞台对齐】复选项，然后单击【匹配高度】按钮，使选取对象以纵向长度最大的矩形为标准拉伸其他矩形，如图 4-26 所示。

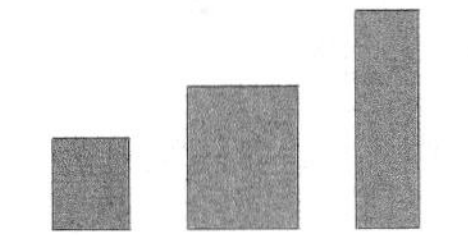
图4-24 基于下边缘对齐

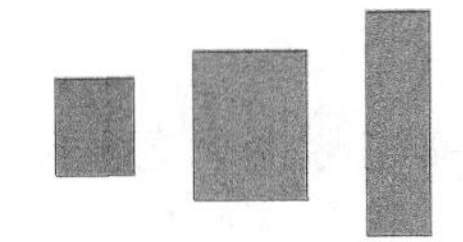
图4-25 横向中心对齐

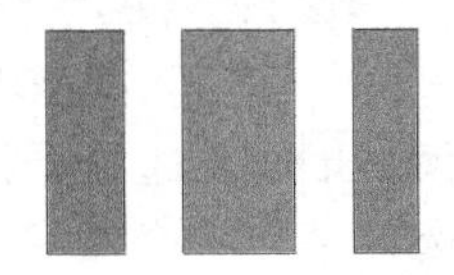
图4-26 拉伸图形长度

4.3 实训

本节通过两个例子的制作，讲述【变形】面板和【颜色】面板的应用，熟悉这两个使用频率较高的面板可以提高制作效率。

4.3.1 有趣的图形

旋转复制图形组合，创建图 4-27 所示有趣的效果。经过分析后发现，图形是基于同一中心旋转而成的，首先绘制基础图形；接下来调整旋转中心；再算出图形旋转间隔 20°角，基本上就能把握该图形的绘制方法。

图4-27 旋转复制图形

【操作提示】

1. 新建一个 Flash 文档。选择菜单命令【插入】/【新建元件】，打开【创建新元件】对话框，在【类型】下拉列表中选择【图形】选项，如图 4-28 所示，然后单击 确定 按钮退出。
2. 选择【椭圆】工具，【笔触高度】设置为 “15”，【宽度】选项选择【宽度配置文件 4】，确认【对象绘制】按钮为按下状态，在舞台中绘制一个黄色红边的圆形。
3. 保持线条属性不变，选择【线条】工具，绘制垂直线，和圆形一起相对舞台中心对齐，如图 4-29 所示。

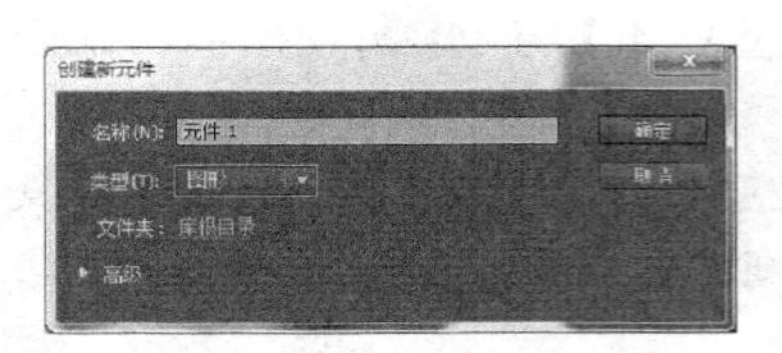

图4-28　创建新元件

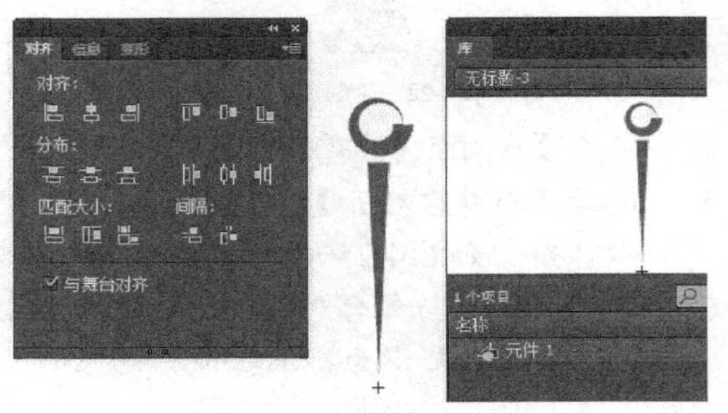

图4-29　排列图形

4. 按 Alt 键，选择并拖曳圆形，在垂直方向上复制一个圆形。
5. 选择菜单命令【窗口】/【变形】，打开【变形】面板。
6. 选择新圆形，单击按钮，调整参数为 “50%”，等比例缩小图形，如图 4-30 所示。
7. 在【时间轴】面板中单击 场景 1，将舞台切换到主场景。选择菜单命令【窗口】/【库】，打开【库】面板。将面板中的 “元件 1” 拖放到舞台中。
8. 选择【任意变形】工具，移动图形的旋转中心位置到下部，调整【旋转】选项为 “20”，如图 4-31 所示。

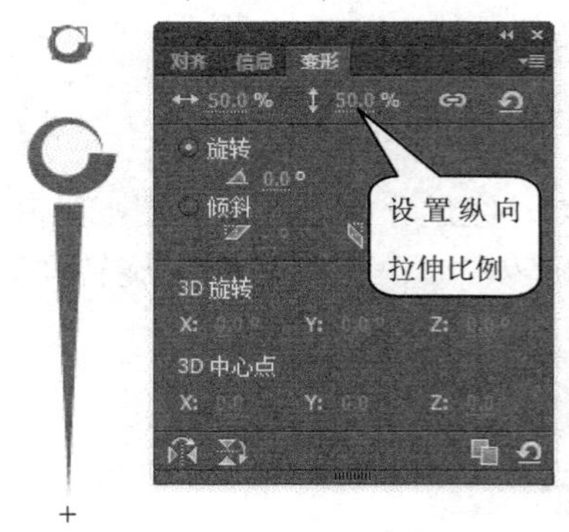

图4-30　缩小圆形

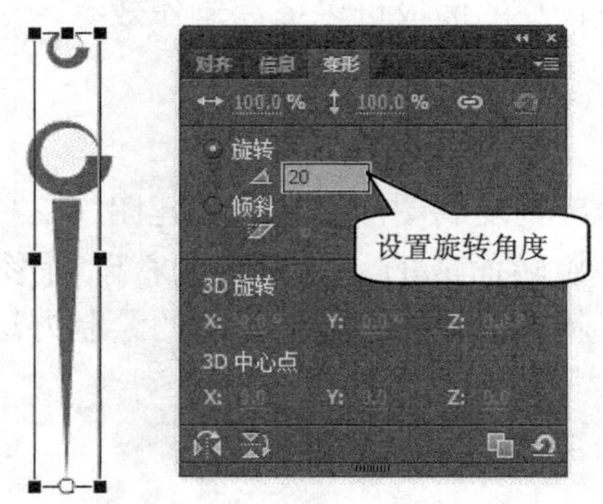

图4-31　设置图形旋转角度

9. 连续单击【重制选区和变形】按钮，使图形旋转复制出图 4-32 所示的效果。
10. 选择舞台中的一个元件，双击鼠标左键进入元件编辑状态。
11. 选择线段，选择【倾斜】选项，设置【水平倾斜】选项为 “12”，按 Enter 键确认，图形倾斜效果如图 4-33 所示。

图4-32　旋转复制图形

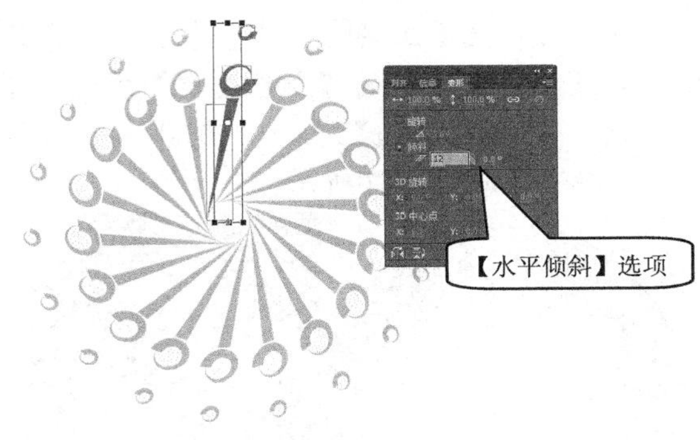

图4-33　倾斜线段

12. 选择小圆形，设置【垂直倾斜】选项为“60”，如图 4-34 所示。

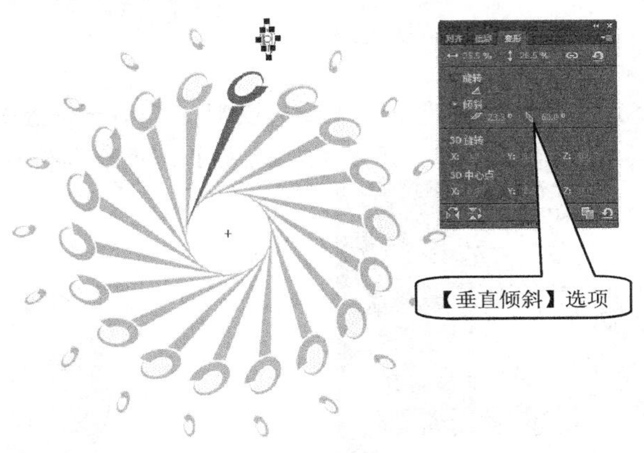

图4-34　倾斜圆形

13. 在【时间轴】面板中单击 场景 1，将舞台切换到主场景。
14. 选择菜单命令【控制】/【测试】，打开播放器窗口观看效果。

通过对【变形】面板中参数的调整，可以使图形产生规律性变化，对于有序的多组图形，该面板可以发挥很好的作用。

4.3.2 水晶台球

绘制精美的水晶状台球，如图 4-35 所示。

要实现水晶渐变色填充效果，首先设置根据图形明暗规律设置放射状渐变色色彩；再通过透明渐变色调整出图形亮部和高光效果。

图4-35　水晶台球

【操作提示】

1. 新建一个 Flash 文档。选择【椭圆】工具，按下选项区中的【对象绘制】按钮，按 Shift 键，绘制黑边圆形。
2. 选择圆形，在【颜色】面板中单击【填充颜色】按钮，选择【颜色类型】中的【径向渐变】选项。
3. 移动鼠标光标到【颜色】面板渐变色条下方，当出现光标时，单击鼠标左键增加两个色标。
4. 分别选择 4 个色标，在色彩选择区调整不同色差的蓝色，如图 4-36 所示。

5. 选择【椭圆】工具，在蓝色圆形上方绘制一个无边椭圆形。
6. 在【颜色】面板的【颜色类型】中选择【线性渐变】选项，选择左侧的色标，调整为白色，设置【Alpha】值为“79%”，选择右侧的色标，调整为白色，设置【Alpha】值为“0%”，如图 4-37 所示。

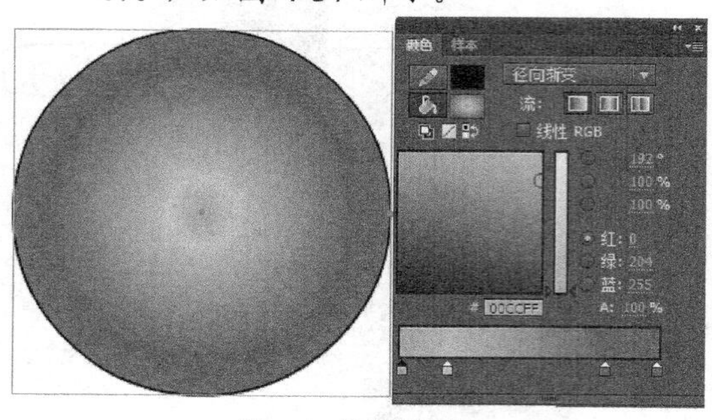

图4-36　编辑渐变色

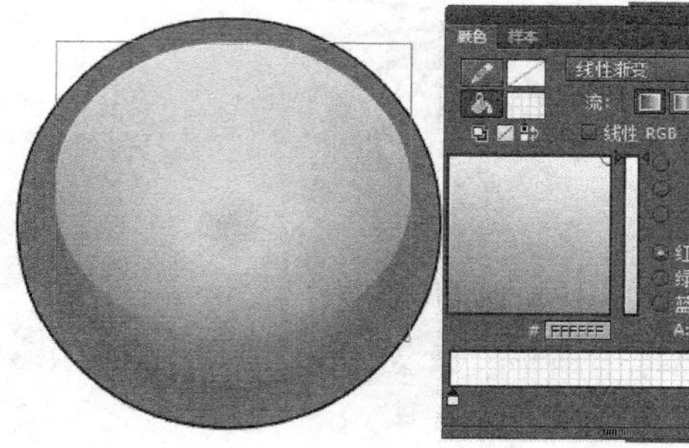

图4-37　调整反光效果

7. 选择工具，按 Shift 键，绘制两个无边白色圆形，大小和位置如图 4-38 所示。
8. 选择【文本】工具，输入“8”。调整文字的大小、角度和位置，如图 4-39 所示。

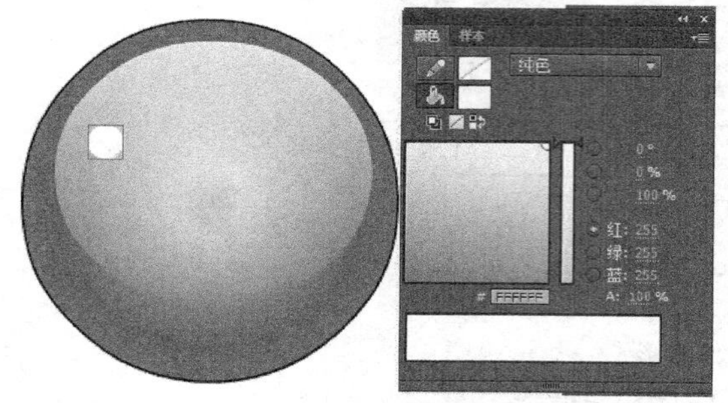

图4-38　绘制圆形

图4-39　输入并调整文字

在本实例中，重点是掌握【颜色】面板相关选项的设置方法，这对丰富作品色彩有很重要的作用。

4.4 综合案例——圣诞树

图4-40　圣诞树

绘制卡通效果的圣诞树，并为其添加白色的裙边效果，给人以明快轻松的感觉，如图 4-40 所示。在绘制过程中，首先要把握圣诞树塔状图形的层叠效果；再利用渐变色生成圣诞树的阴影等光效，增强图形的立体效果；最后利用白色的雪色裙边加强画面的对比效果。

【操作提示】

1. 新建一个 Flash 文档，设置背景色为浅蓝色，并以文件名“圣诞树.fla”保存。
2. 选择【矩形】工具，绘制无边线线性渐变矩形，调整矩形形态接近树干的形态，在【颜色】面板中调整线性渐变为两种棕色色彩渐变，如图 4-41 所示。
3. 在【时间轴】面板中新建“图层 2”，选择【线条】工具；选择黑色实线绘制 1 个三角形树冠外形；选择【选择】工具调整线条下边缘的弧度。
4. 在【颜色】面板中调整线性渐变为两种绿色色彩渐变。选择【颜料桶】工具填充图形。

5. 选择【渐变变形】工具，调整渐变色的渐变角度，如图 4-42 所示，产生光线从左上角照射的感觉。

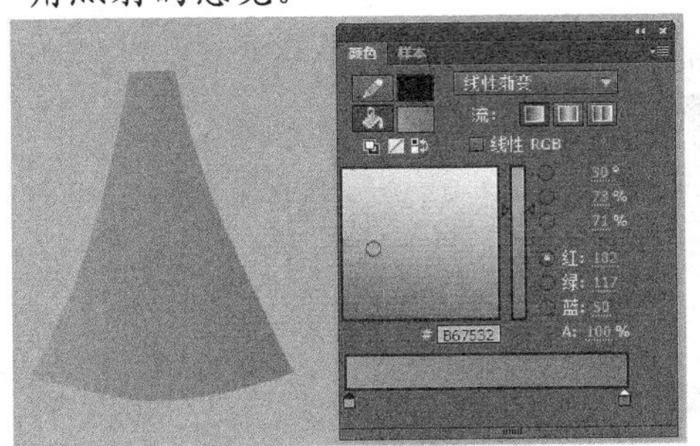
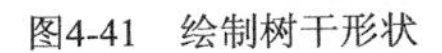
图4-41 绘制树干形状

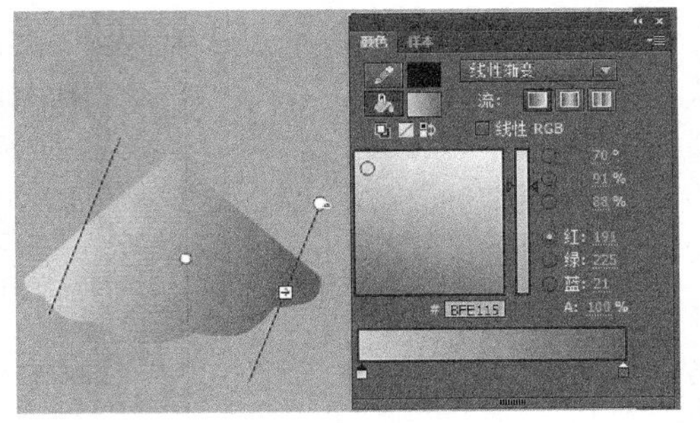
图4-42 调整渐变色

6. 选择“图层 2”第 1 帧，单击鼠标右键，弹出快捷菜单，选择【复制帧】命令。新建“图层 3”，选择第 1 帧，单击鼠标右键，在弹出的快捷菜单中选择【粘贴帧】命令。
7. 将图形的填充色调整为深绿色，并在【颜色】面板中设置【Alpha】选项为“60%”。选择【选择】工具调整线条下边缘的弧度，使其露出左下角的区域，如图 4-43 所示。
8. 同时选择“图层 2”和“图层 3”的第 1 帧，单击鼠标右键选择【复制帧】命令。新建“图层 4”和“图层 5”，选择“图层 4”的第 1 帧，单击鼠标右键选择【粘贴帧】命令。
9. 同时选择新粘贴的两个图形，选择【任意变形】工具缩小图形，并移动到画面的上部，如图 4-44 所示。

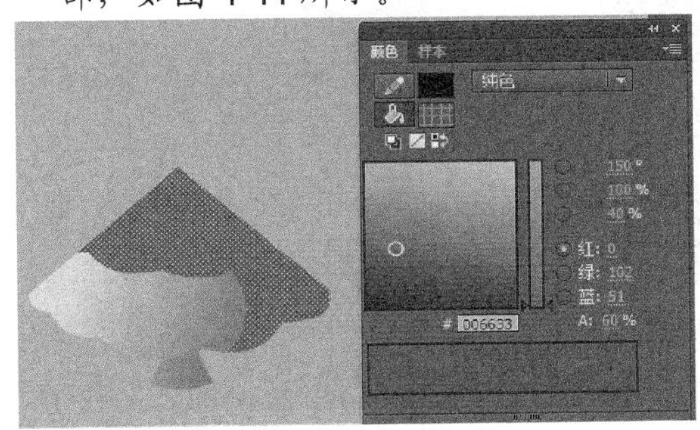
图4-43 绘制树冠的阴影

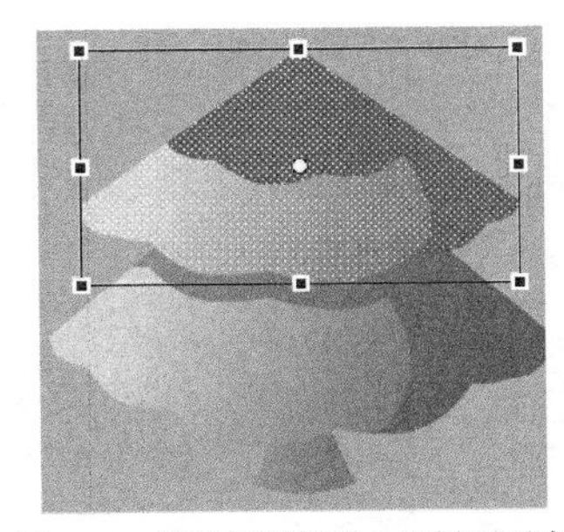
图4-44 创建并调整第 2 组树冠形态

10. 选择“图层 2”的第 1 帧，单击鼠标右键选择【复制帧】命令。新建“图层 6”，选择第 1 帧，单击鼠标右键选择【粘贴帧】命令。选择【任意变形】工具缩小图形，并移动到画面的上部，如图 4-45 所示。
11. 在【时间轴】面板中增加一个新层“图层 7”，选择【刷子】工具，选择白色，绘制积雪图形，如图 4-46 所示。

图4-45 创建并调整第 3 组树冠形态

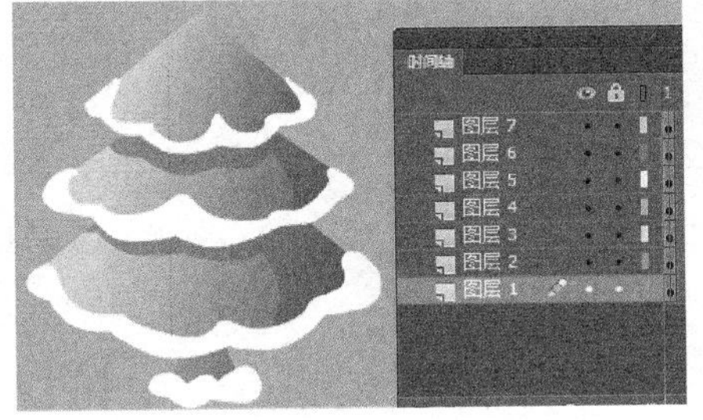

图4-46 绘制树木的积雪效果

4.5 习题

1. 选择文字工具创建图 4-47 所示的文本排版效果。

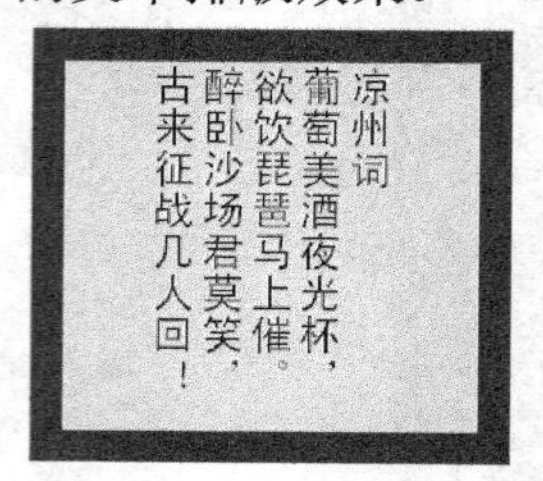

图4-47　文本排版效果

2. 选择文字工具创建图 4-48 所示的竖排文本效果。

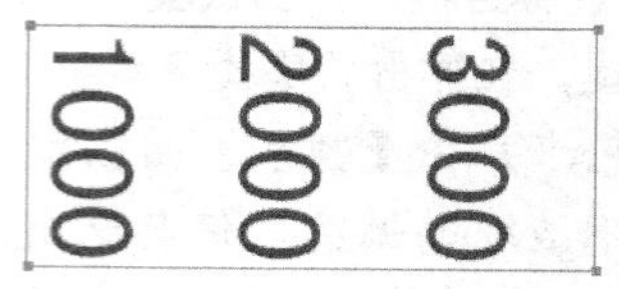

图4-48　竖排文本

3. 利用【颜色】面板编辑并填充图 4-49 所示的放射状渐变色效果。

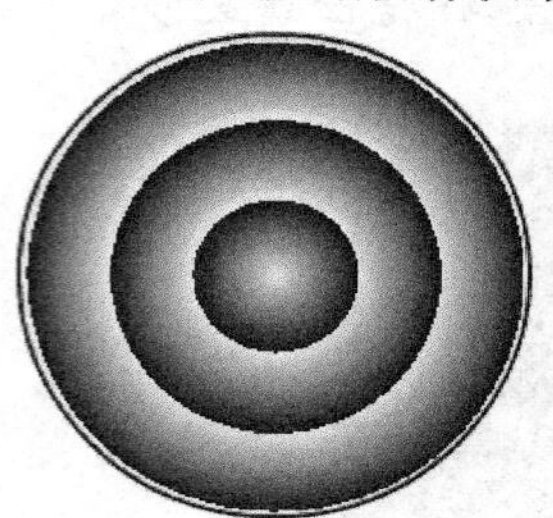

图4-49　放射状渐变色效果

第5章　导入资源和元件应用

【学习目标】

- 掌握常用媒体类型。
- 掌握元件、实例的特点和制作方法。
- 掌握滤镜与混合的应用技巧。

丰富的媒体资源引用对增加作品生动性起到至关重要的作用，不同的媒体具有不同的特性，熟练处理各类媒体之间的差异，根据作品需求有选择地利用媒体，才能使作品锦上添花。元件是在利用媒体时经常接触到的应用形式，结合 Flash CC 2015 元件的使用，对优化作品品质、提高效率都能产生很大的影响。

5.1　功能讲解

Flash 资源的应用是一个相对复杂的环节，不同类型的资源引用会有不同的途径和方法，这需要平时多比较不同资源的应用差异，熟悉相关设置。

5.1.1　元件与实例

元件是指创建一次即可以多次重复使用的矢量图形、按钮、字体、组件或影片剪辑。想成为一位成熟的 Flash 软件用户，一定要学会熟练创建和应用元件。元件是可以在文档中重新使用的元素。元件包括图形、按钮、视频剪辑、声音文件或字体。当创建一个元件时，该元件会存储在文件的库中。当将元件放在舞台上时，就会创建该元件的一个实例。

每个元件都有唯一的时间轴和舞台。创建元件时首先要选择元件类型，这取决于用户在影片中如何使用该元件。常见的元件类型有 3 种，即图形元件、按钮元件和影片剪辑元件。

- 图形元件：对于静态位图可以使用图形元件，并可以创建几个连接到主影片时间轴上的可重用动画片段。图形元件与影片的时间轴同步运行。交互式控件和声音不会在图形元件的动画序列中起作用。可以在这种元件中引用和创建矢量图形、位图、声音和动画等元素。
- 按钮元件：使用按钮元件可以在影片中创建响应鼠标单击、滑过或其他动作的交互式按钮。可以定义与各种按钮状态关联的图形，然后指定按钮实例的动作。在创建按钮元件时，关键是区别 4 种不同的状态帧，包括【弹起】、【指针经过】、【按下】和【点击】。前 3 种状态帧根据字面意思就很容易理解，最后一种状态是确定激发按钮的范围，在这个区域创建的图形是不会出现在画面中的。

- 影片剪辑元件 : 使用影片剪辑元件可以创建可重用的动画片段。影片剪辑拥有它们自己的独立于主影片的时间轴播放的多帧时间轴，即可以将影片剪辑看作主影片内的小影片（包含交互式控件、声音，甚至其他影片剪辑实例），也可以将影片剪辑实例放在按钮元件的时间轴内，以创建动画按钮。

实例是指位于舞台上或嵌套在另一个元件内的元件副本。实例可以与它的元件在颜色、大小和功能上差别很大。编辑元件会更新它的所有实例，但对元件的一个实例应用效果则只更新该实例。创建元件之后，可以在文档中任何需要的地方（包括在其他元件内）创建该元件的实例。重复使用实例不会增加文件的大小，是使文档文件保持较小的一个很好的方法。

当创建影片剪辑元件 和按钮元件 实例时，Flash 将为它们指定默认的实例名称。可以在【属性】面板中将自定义的名称应用于实例，也可以在动作脚本中使用实例名称来引用实例。如果要使用动作脚本控制实例，必须为其指定一个唯一的名称。

每个元件实例都有独立于该元件的属性。用户可以更改实例的色调、透明度和亮度，重新定义实例的行为，并可以设置动画在图形实例内的播放形式。也可以倾斜、旋转或缩放实例，这并不会影响元件本身。

在【属性】面板左侧的【实例行为】选项中包含 3 个选项，用于实例在【图形】元件 、【按钮】元件 和【影片剪辑】元件 之间相互转换。用户可以改变实例的类型来重新定义它在影片中的行为。如果一个图形实例包含用户想要独立于主影片的时间轴播放的动画，可以将该图形实例重新定义为影片剪辑实例。

在【属性】面板左侧的【实例名称】选项文本框可以为引入舞台后的元件命名。相同的元件只要重复被引用到舞台，就可以拥有一个相对独立的引用名称，供以后设置动作语言时制定调用对象。

每个元件实例都可以有自己的色彩效果。要调整实例的颜色和透明度，可使用【属性】面板中【色彩效果】区的【样式】选项进行设置。为了追求比较丰富的作品变化效果，需要对元件的色彩、亮度和透明度进行调整。

【样式】选项下拉列表中的其他 4 个选项介绍如下。

- 【亮度】: 调节图像的相对亮度或暗度，参数是从黑（-100%）到白（100%）。选择该选项后，拖动滑块，或者在文本框内输入一个值调节图像的亮度。
- 【色调】: 用相同的色相为实例着色，参数从透明（0%）到完全饱和（100%）。选择该选项后，拖动滑块，或者在文本框内输入一个值来调节色调。要选择颜色，可在各自的文本框中输入红、绿和蓝色的值，或单击颜色框，并从弹出窗口中选择一种颜色，也可以单击【颜色选择器】按钮 。
- 【Alpha】: 调节实例的透明度，参数从透明（0%）到完全饱和（100%）。拖动滑块，或者在文本框内输入一个值，即可调节透明度。
- 【高级】: 分别调节实例的红、绿、蓝和透明度的值。对于在诸如位图这样的对象上创建和制作具有微妙色彩效果的动画时，该选项非常有用。左侧的控件使用户可以按指定的百分比降低颜色或透明度的值，右侧的控件使用户可以按常数值降低或增大颜色、透明度的值。

5.1.2 滤镜及应用

使用滤镜，可以为文本、按钮和影片剪辑增添丰富的视觉效果，投影、模糊、发光和斜角都是常用的滤镜效果。Flash CC 2015 还可以使用补间动画让应用的滤镜活动起来。应用滤镜后，可以随时改变其选项，或者重新调整滤镜顺序以试验组合效果。在【属性】面板中，可以启用、禁用或删除滤镜。删除滤镜时，对象恢复原来的外观。

(1) 【投影】滤镜可以模拟对象向一个表面投影的效果，或者在背景中剪出一个形似对象的洞，来模拟对象的外观，其面板如图 5-1 所示。

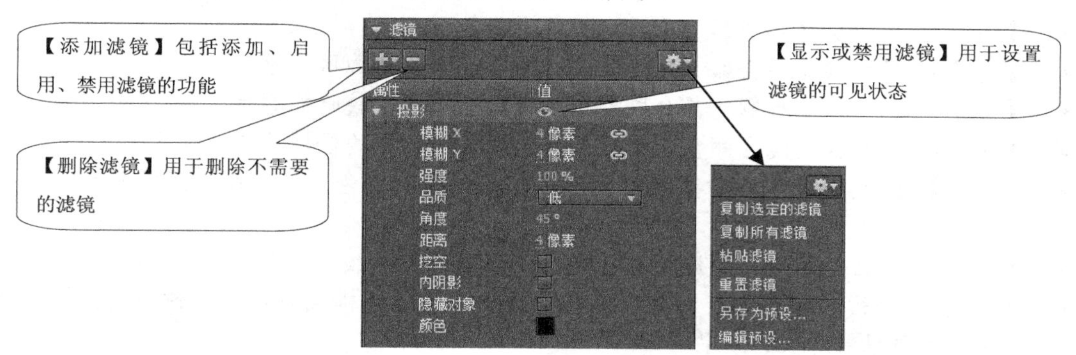

图5-1 【投影】滤镜参数设置面板

(2) 【模糊】滤镜可以柔化对象的边缘和细节。模糊滤镜的参数比较少，主要包括模糊程度和品质两项参数，其面板如图 5-2 所示。

(3) 【发光】滤镜可以为对象的整个边缘应用颜色，其面板如图 5-3 所示。

(4) 【斜角】滤镜就是为对象应用加亮效果，使其看起来凸出于背景表面。可以创建内斜角、外斜角或完全斜角，其面板如图 5-4 所示。

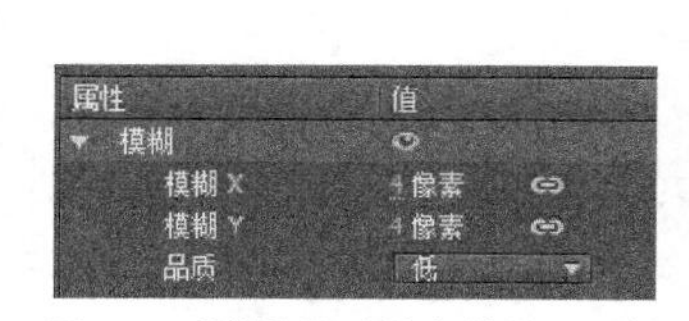

图5-2 【模糊】滤镜参数设置面板

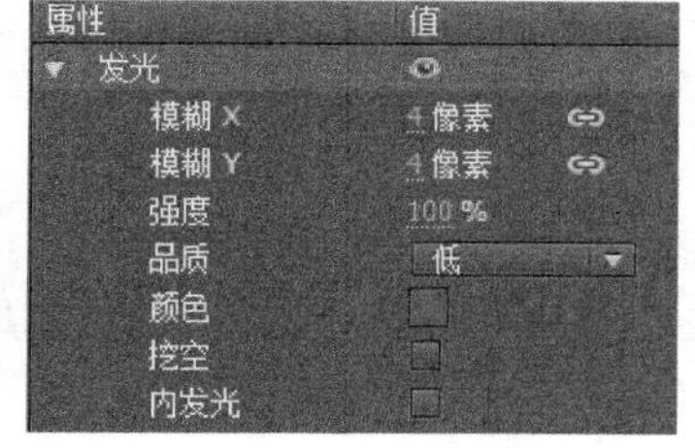

图5-3 【发光】滤镜参数设置面板

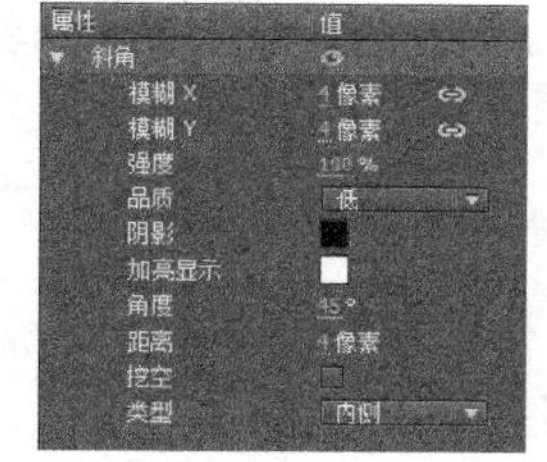

图5-4 【斜角】滤镜参数设置面板

(5) 【渐变发光】滤镜可以在发光表面产生带渐变颜色的发光效果。渐变发光要求选择一种颜色作为渐变开始的颜色，该颜色的 Alpha 值为“0”，且无法移动其位置，但可以改变该颜色。渐变发光滤镜的效果和发光滤镜的效果基本一样，只是可以调节发光的颜色为渐变颜色，还可以设置角度、距离和类型，其面板与图 5-4 类似，不再赘述。

(6) 【渐变斜角】滤镜可以产生一种凸起效果，使对象看起来好像从背景上凸起出来，且斜角表面有渐变颜色。渐变斜角要求渐变的中间有一个颜色，颜色的 Alpha 值为“0”。且此颜色的位置无法移动，但可以改变该颜色。它的控制参数和斜角滤镜的相似，所不同的是它能更精确地控制斜角的渐变颜色。

(7) 使用调整颜色滤镜可以调整所选影片剪辑、按钮或文本对象的亮度、对比度、色相和饱和度。

5.1.3 混合方式

一直以来，Flash 的图像处理功能都不强，一般需要利用第三方软件处理后才能导入软件中。现在，Flash CC 2015 引入了 Photoshop 的混合模式功能。混合模式是利用数学算法通过一定运算来混合叠加在一起的两层图像。利用混合模式，可以改变两个或两个以上重叠对象的透明度或颜色间的相互关系，创建复合的图像，从而创造独特的效果。

Flash CC 2015 提供了以下 14 种混合模式。

- 【一般】：正常应用颜色，不与基准颜色有相互关系。
- 【图层】：可以层叠各个影片剪辑，而不影响其颜色。
- 【变暗】：只替换比混合颜色亮的区域，比混合颜色暗的区域不变。
- 【正片叠底】：将基准颜色复合以混合颜色，从而产生较暗的颜色。
- 【变亮】：只替换比混合颜色暗的区域，比混合颜色亮的区域不变。
- 【滤色】：应用此模式，用背景颜色乘以前景颜色的反色，产生高亮度的画面效果。
- 【叠加】：进行色彩增值或滤色，具体情况取决于基准颜色。
- 【强光】：进行色彩增值或滤色，具体情况取决于混合模式颜色。该效果类似于用点光源照射对象的效果。
- 【增加】：在基准颜色的基础上增加混合颜色。
- 【减去】：从背景颜色中去除前景颜色。
- 【差值】：从基准颜色中减去混合颜色，或者从混合颜色中减去基准颜色，具体情况取决于哪个颜色的亮度值较大。
- 【反相】：取基准颜色的反色。
- 【Alpha】：应用此模式，可以完全透明显示背景图像或图形。
- 【擦除】：擦除前景颜色，显示背景颜色，效果和【Alpha】选项相似。

5.2 范例解析

本节首先讲述图像资源引用方法并设置相关属性，再以图形元件为例讲述元件的基本创建方法。

5.2.1 爱牙日广告

创建图 5-5 所示的效果，保留 PSD 文件的图层和原始信息。实现这一效果，主要利用【PSD 导入】面板设置相关选项，根据作品创作需求保留相对独立的文件信息，为后续的动画制作提供较好的基础条件。

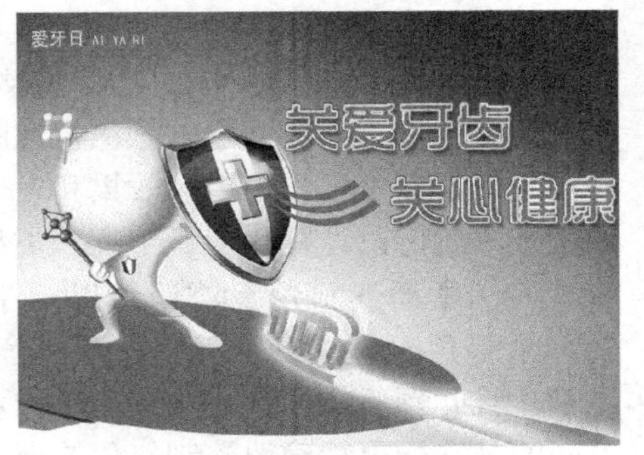

图5-5　爱牙日广告

【操作提示】

1. 新建一个 Flash 文档，选择菜单命令【文件】/【导入】/【导入到舞台】，导入附盘文件“素材文件\05\爱牙日广告.psd”。

2. 在弹出的 PSD 导入对话框中选择【匹配舞台大小】复选项，使舞台大小设置为与 Photoshop 画布大小相同的“800 × 600”。
3. 在【图层转换】选项设置区选择【保持可编辑路径和效果】单选项，保持矢量图形的可编辑性。
4. 选择“爱牙日”图层，在【文本转换】选项设置区选择【可编辑文本】单选项，保持文本的可编辑性。
5. 在【将图层装换为】选项设置区选择【Flash 图层】单选项，使导入的 PSD 文件保持原有的图层属性，如图 5-6 所示。

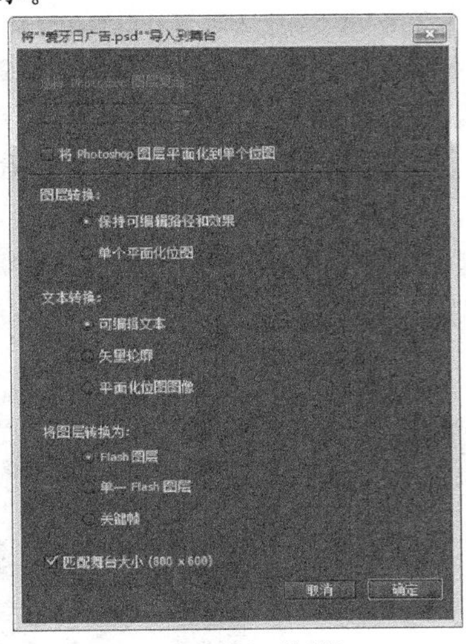

图5-6　导入对话框

6. 查看导入后的文件，可见文件保留了图层信息，以便后续操作，如图 5-7 所示。

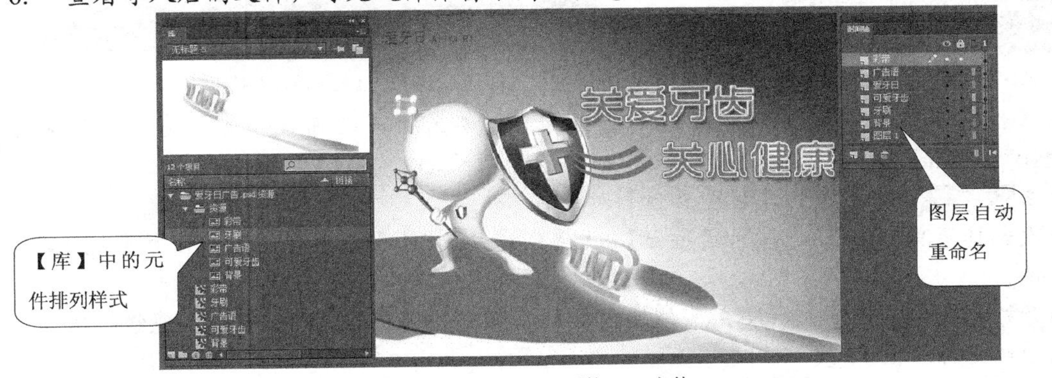

图5-7　导入后的 PSD 文件

5.2.2 减小位图输出容量

创建图 5-8 所示的图像效果，左图为未压缩图像，右图为压缩图像。实现这一效果，主要利用【位图属性】文本框中图像质量的调整方法。

图5-8　位图输出效果比较

【操作提示】

1. 新建一个 Flash 文档，选择菜单命令【文件】/【导入】/【导入到舞台】，导入附盘文件“素材文件\05\小狗.jpg”。
2. 选择菜单命令【窗口】/【库】，打开【库】面板，查看【库】面板中的位图，如图 5-9 所示。
3. 选择菜单命令【文件】/【导出】/【导出影片】，导出“减小位图输出容量 1.swf”文件。
4. 在【库】面板中双击位图资源图标，打开【位图属性】对话框，查看位图文件的属性，如图 5-10 所示。

图5-9　【库】面板中的位图资源

图5-10　【位图属性】对话框

5. 在【位图属性】对话框中取消选择【自定义】单选项，设置【品质】选项的参数为“10”，单击 测试(T) 按钮查看效果，如图 5-11 所示。
6. 单击 确定 按钮，退出【位图属性】对话框。
7. 再次选择菜单命令【文件】/【导出】/【导出影片】，导出“减小位图输出容量 2.swf”文件。
8. 打开输出文件所在的文件夹，比较输出文件的大小，如图 5-12 所示。发现经过压缩后的位图文件输出容量比较小。

图5-11　测试结果显示

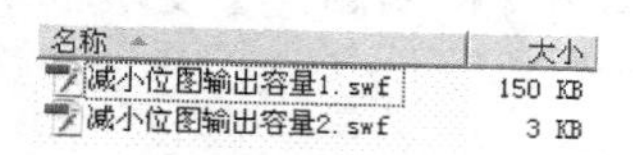

名称
大小
减小位图输出容量1.swf
150 KB
减小位图输出容量2.swf
3 KB

图5-12　比较输出文件容量

5.2.3 可爱宝宝

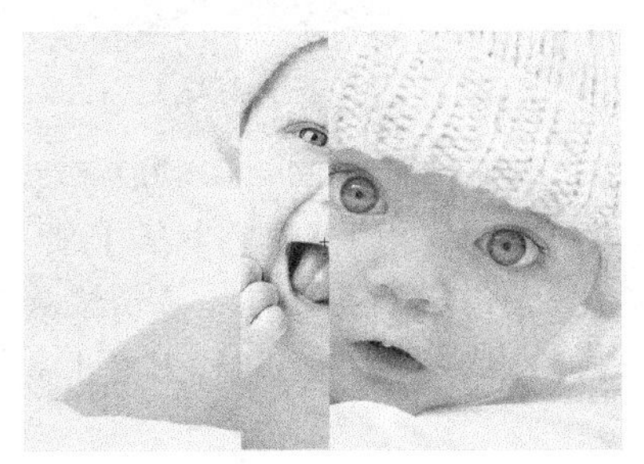
图5-13 可爱宝宝

创建图 5-13 所示的图像效果，实现两幅图像交替变化的图形元件效果。实现这一效果，主要利用图形元件的基本属性，再利用相关技巧制作丰富的动画画面效果。

【操作提示】

1. 新建一个 Flash 文档。选择菜单命令【插入】/【新建元件】，打开【创建新元件】对话框，在【名称】文本框中输入名称“过渡”，在【类型】下拉列表中选择【图形】选项，如图 5-14 所示，然后单击 确定 按钮退出。
2. 选择菜单命令【文件】/【导入】/【导入到舞台】，选择附盘文件“素材文件\05\宝宝1.jpg”，弹出提示窗口，单击 否 按钮，导入图像文件，如图 5-15 所示。

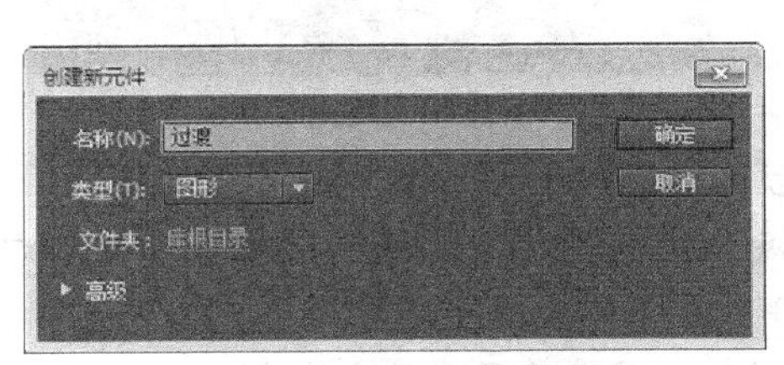

图5-14 【创建新元件】窗口

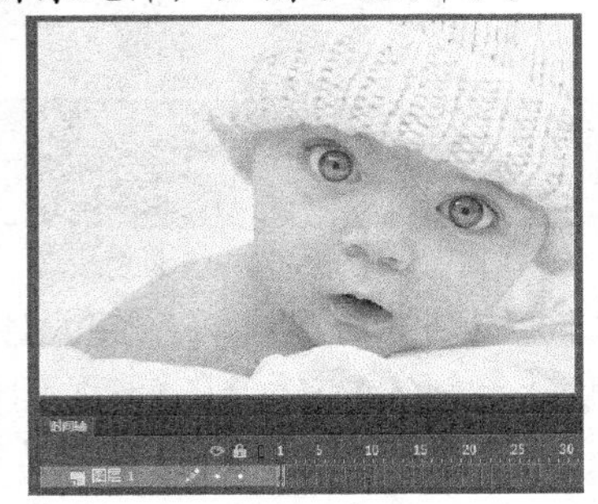
图5-15 导入位图

3. 在【时间轴】面板中单击【新建图层】按钮，增加“图层 2”层。
4. 选择菜单命令【文件】/【导入】/【导入到舞台】，选择附盘文件“素材文件\05\宝宝2.jpg”，将其导入，如图 5-16 所示。
5. 在【时间轴】面板中单击【新建图层】按钮，增加“图层 3”层。
6. 选择【矩形】工具，设置填充色为“黑色”，在“图层 3”上绘制图 5-17 所示的矩形。

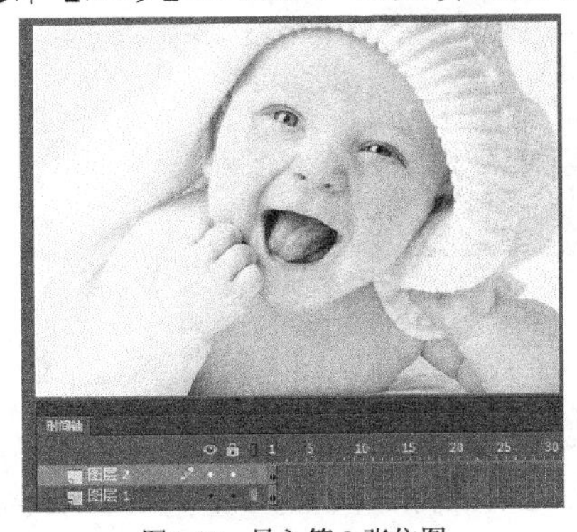
图5-16 导入第 2 张位图

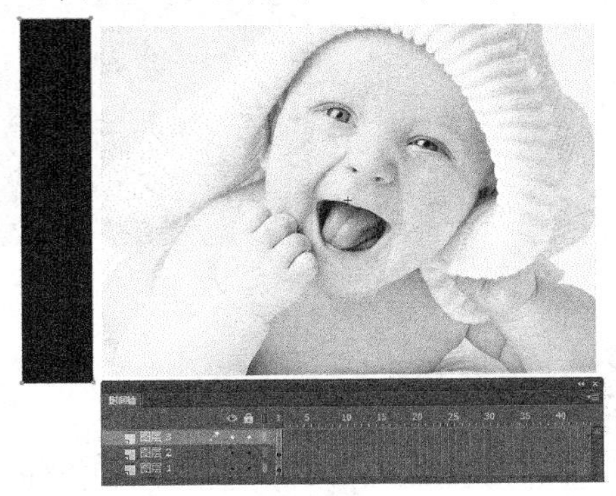
图5-17 绘制矩形

7. 选择“图层 3”中的第 1 帧，单击鼠标右键，选择【创建补间动画】命令，如图 5-18 所示，弹出【将所选的内容转换为元件以进行补间】对话框，选择【不再显示】复选项，单击 确定 按钮继续。
8. 在【时间轴】面板中同时选择 3 个图层的第 30 帧，按 F5 键增加普通帧，如图 5-19 所示。

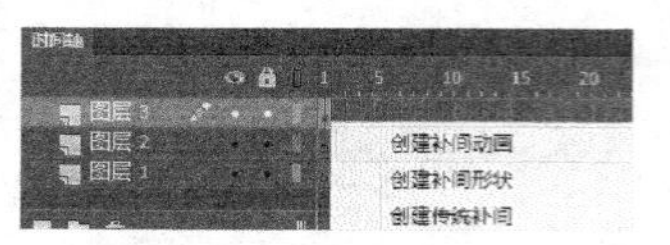

图5-18　创建补间动画

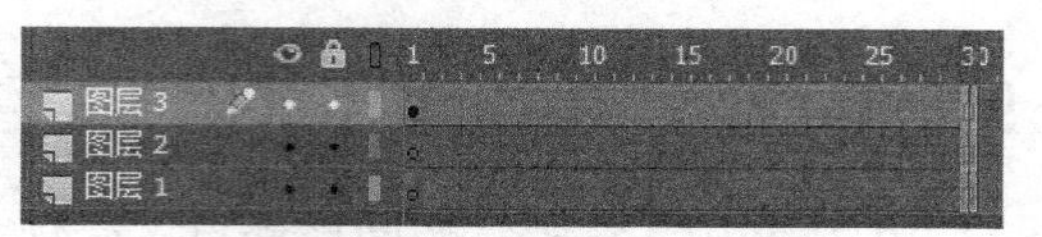

图5-19　增加普通帧

9. 选择“图层 3”中第 1 帧上的矩形对象，移动矩形到画面的右侧。
10. 选择“图层 3”，移动播放头到第 30 帧，移动矩形到画面的右侧，如图 5-20 所示。
11. 在“图层 3”名称上单击鼠标右键，选择【遮罩层】命令，创建遮罩层，如图 5-21 所示。

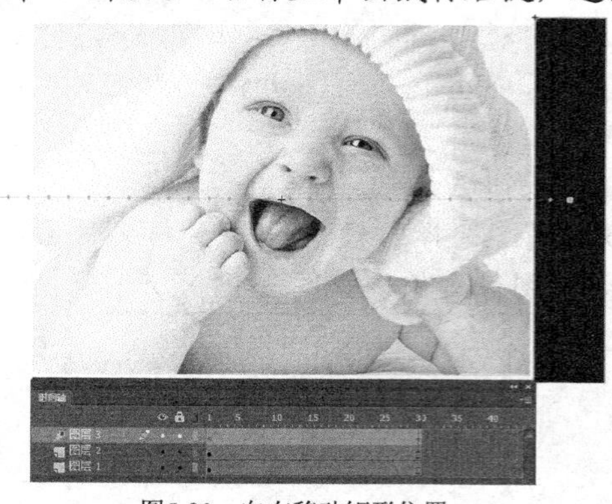

图5-20　向右移动矩形位置

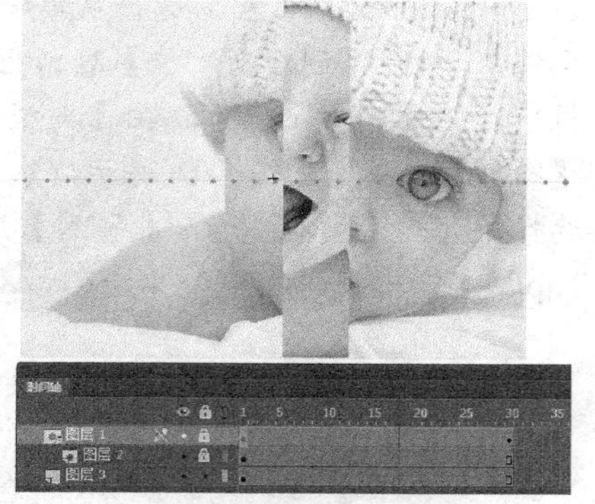

图5-21　创建遮罩层

12. 在【时间轴】面板中单击 场景 1 按钮，将舞台切换到场景中。
13. 选择菜单命令【窗口】/【库】，打开【库】面板，将“过渡”元件从库中拖到舞台中。
14. 在【时间轴】面板中选择图层的第 30 帧，按 F5 键增加普通帧，如图 5-22 所示。
15. 选择菜单命令【控制】/【测试】，打开播放器窗口，观看展开画面的效果。
16. 选择菜单命令【文件】/【保存】，将文件保存为“可爱宝宝.fla”。

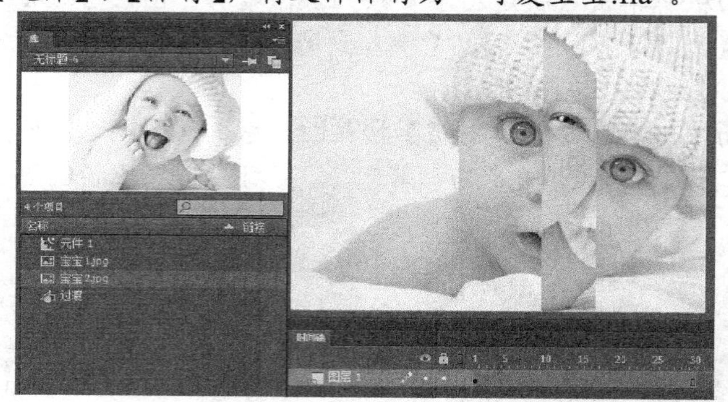

图5-22　从库中拖曳元件到舞台

5.3 实训

本节首先制作影片剪辑元件和按钮元件，要注意比较元件之间的差异，然后来学习【渐变发光】和【模糊】两种滤镜的应用方法。

5.3.1 八连环

创建图 5-23 所示的旋转八连环效果。本例重点掌握影片剪辑元件的相关属性，在制作时会发现动画的制作方法并没有什么特殊性，只是在初始创建元件时选择影片剪辑元件类型而已，只有在元件应用为实例时才会体会元件之间的差异。

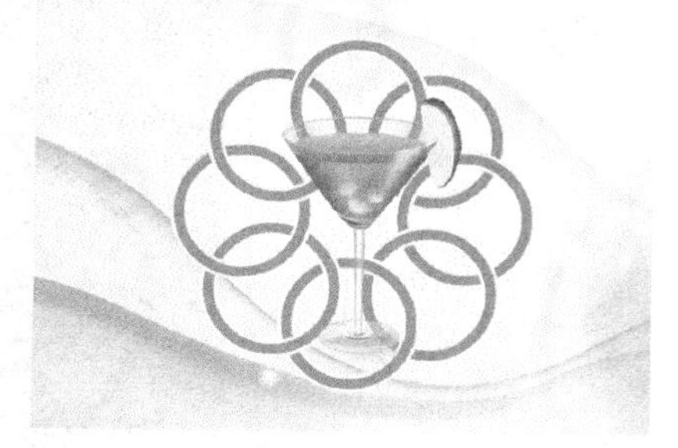

图5-23　八连环

【操作提示】

1. 新建一个 Flash 文档。导入附盘文件“素材文件\05\背景.jpg”，如图 5-24 所示。
2. 选择菜单命令【插入】/【新建元件】，弹出【创建新元件】对话框，在【名称】文本框中输入“圆环”，在【类型】下拉列表中选择【影片剪辑】选项，如图 5-25 所示，单击 确定 按钮，创建一个影片剪辑。

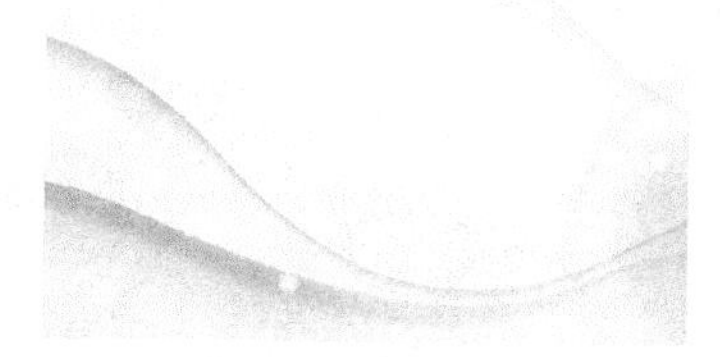

图5-24　导入位图

图5-25　【创建新元件】对话框

3. 选择【基本椭圆】工具，绘制浅黄色边线的橘黄色圆形。设置【笔触高度】为“3”，设置【内径】为“80”，圆环效果如图 5-26 所示。
4. 选择圆环，单击鼠标右键，选择【转换为元件】命令，弹出【转换为元件】对话框，在【名称】文本框中输入“基础”，在【类型】下拉列表中选择【图形】选项，如图 5-27 所示，单击 确定 按钮创建图形。

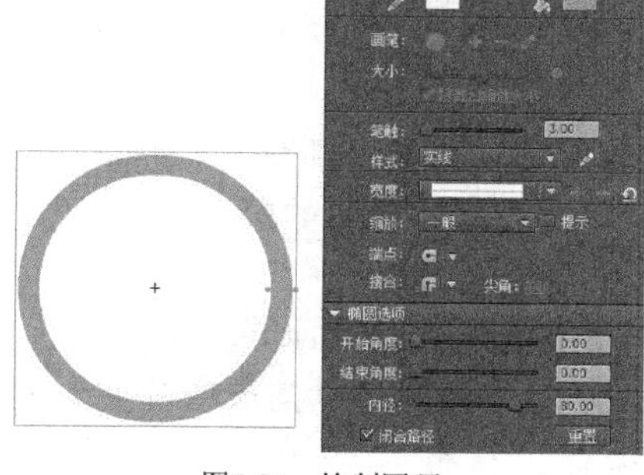

图5-26　绘制圆环

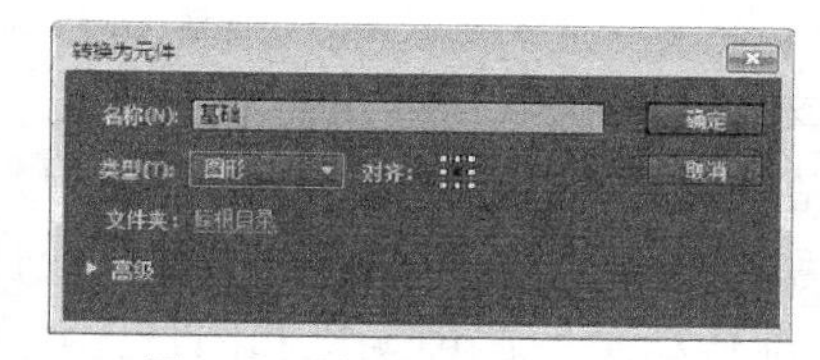

图5-27　【转换为元件】对话框

5. 选择【任意变形】工具，向下移动旋转中心，打开【变形】面板，在【旋转】文本框中输入“45”，单击按钮，旋转复制一组图形，得到图 5-28 所示的八连环效果。

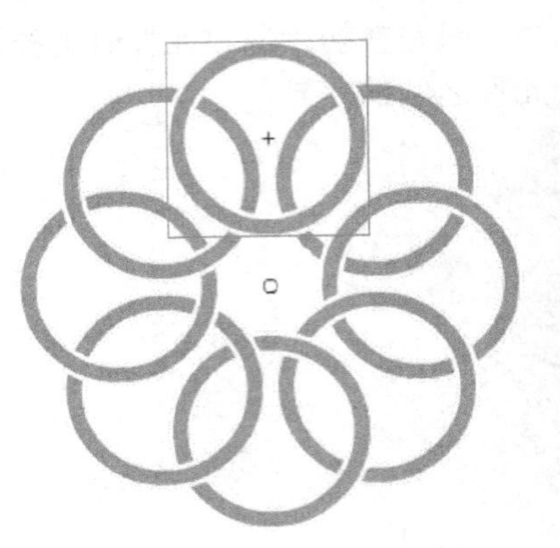

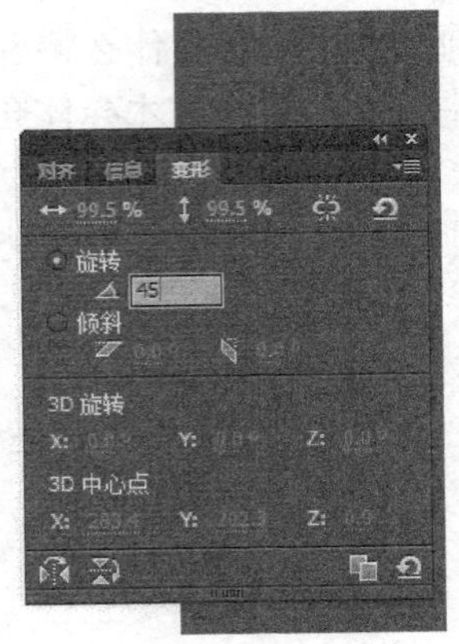

图5-28　旋转复制图形

6. 在【时间轴】面板中选择“图层 1”的第 1 帧，单击鼠标右键，选择【创建补间动画】命令。
7. 选择第 24 帧，在【属性】面板【旋转】区的【方向】下拉列表中选择【顺时针】选项，如图 5-29 所示，制作八连环旋转动画。
8. 双击舞台中的八连环图形元件，进入元件编辑状态。
9. 新建“图层 2”，导入附盘文件“素材文件\05\苹果汁.png”，酒杯图形放置在中心位置，如图 5-30 所示。

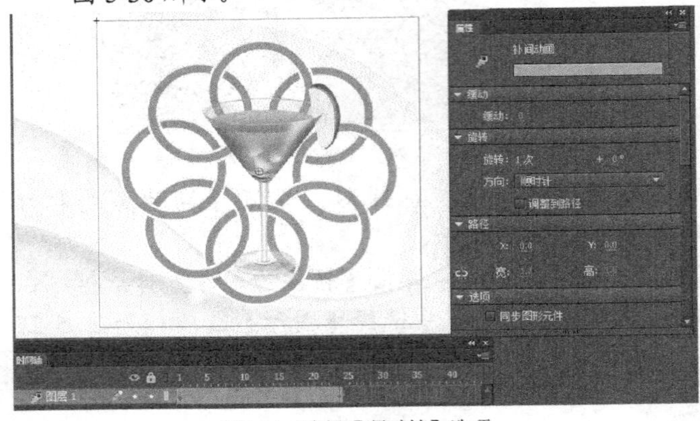

图5-29　选择【顺时针】选项

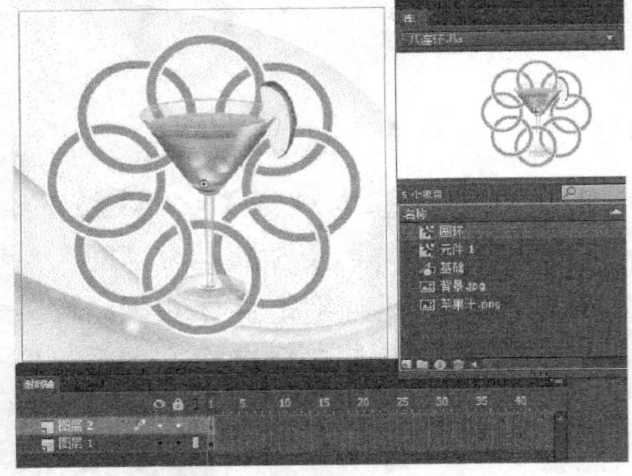

图5-30　排列引入元件

10. 在【时间轴】面板中单击 场景 1，将舞台切换到主场景。
11. 新建“图层 2”，从【库】面板中拖曳“圆环”影片剪辑元件到舞台中。
12. 选择菜单命令【控制】/【测试】，打开播放器窗口，观看图形旋转的效果。
13. 选择菜单命令【文件】/【保存】，将文件保存为“八连环.fla”。

在这个顺时针旋转动画的效果中，要注意【属性】面板中的动画设置选项。在动画制作结束引用到舞台中时，用户不需要延长帧的长度，只要有一帧就可以播放影片剪辑元件中的 12 帧旋转动画。这种现象和图形元件的实例应用效果存在差异。

5.3.2　媒体按钮

创建图 5-31 所示的图像效果，学习按钮元件的制作，同时应用到媒体界面中。

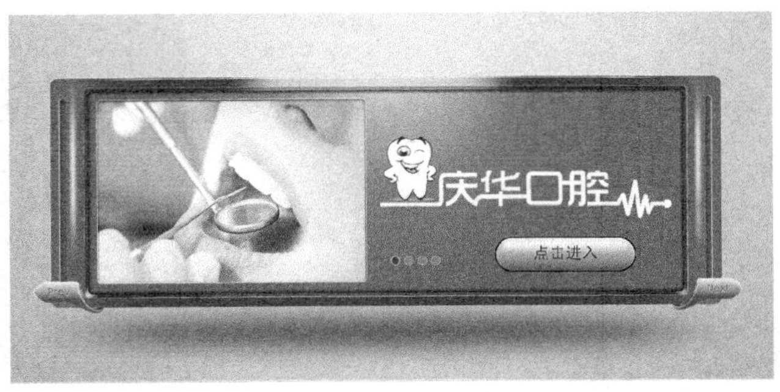

图5-31　多媒体按钮

按钮元件的制作和另外两种元件有很大不同，按钮元件内部的时间轴只有4帧，通过前3个关键帧的设置就可以完成基本按钮的创建。随着对相关知识的丰富，在按钮元件状态帧中也可以引用影片剪辑元件，会制作出动画效果的按钮，操作方法如下。

【操作提示】

1. 新建一个Flash文档。在【属性】面板中设置文档大小为“1024 × 510”像素。
2. 选择菜单命令【文件】/【导入】/【导入到舞台】，在【导入】对话框中选择附盘文件“素材文件\05\媒体界面.jpg”，单击 打开(O) 按钮，如图5-32所示。

图5-32　导入位图

3. 选择菜单命令【插入】/【新建元件】，打开【创建新元件】对话框，在【名称】文本框中输入“立体按钮”，在【类型】下拉列表中选择【按钮】选项，如图5-33所示，单击 确定 按钮。
4. 选择【基本矩形】工具，绘制黑边由白到黑的线性渐变矩形。
5. 选择矩形，在【属性】面板的【矩形选项】区设置【矩形边角半径】为“100”，如图5-34所示。

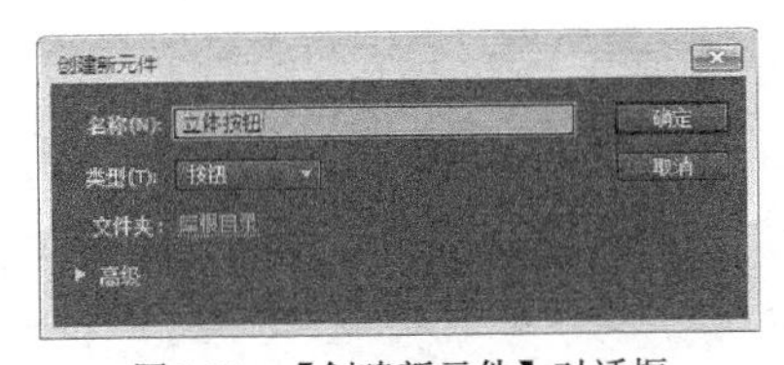

图5-33　【创建新元件】对话框

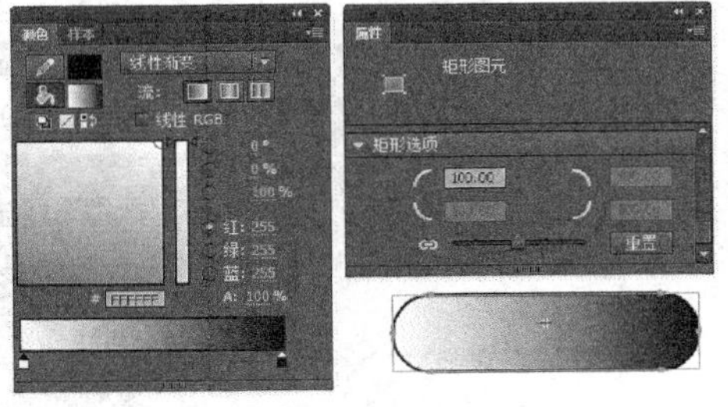

图5-34　矩形参数设置

6. 选择【渐变变形】工具，旋转90°渐变角度，调整渐变范围如图5-35所示。
7. 选择倒角矩形，选择菜单命令【窗口】/【颜色】，打开【颜色】面板，在面板中编辑线性渐变色彩。选择右侧的色标，设置为“红色”，如图5-36所示。

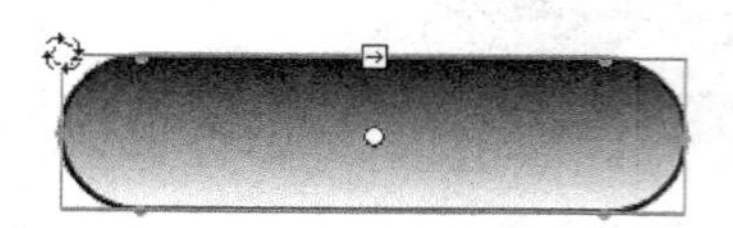

图5-35　调整渐变色

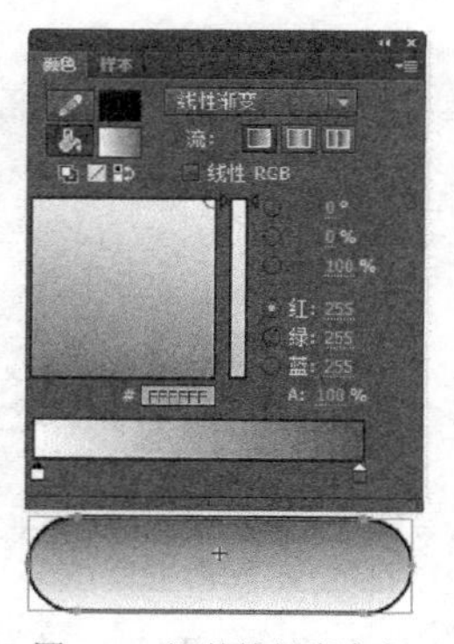

图5-36　调整按钮渐变色

8. 选择倒角矩形，按 Ctrl+C 组合键复制图形，选择菜单命令【编辑】/【粘贴到当前位置】，保持选择状态。
9. 选择【任意变形】工具，调整图形的大小和位置。
10. 单击【笔触颜色】按钮右侧的颜色选择区，在弹出的窗口中单击按钮，去除矩形边线。
11. 在【颜色】面板中单击【填充颜色】按钮，选择左侧的色标，调整为白色，设置【Alpha】值为“0%”，
12. 选择右侧的色标，调整为白色，设置【Alpha】值为“76%”，高光效果如图 5-37 所示。
13. 在【时间轴】面板中选择【按下】状态帧，按 F6 键增加关键帧，如图 5-38 所示。

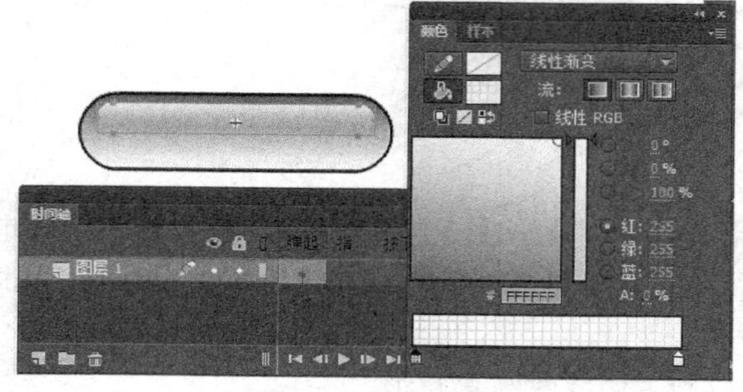

图5-37　调整高光色彩

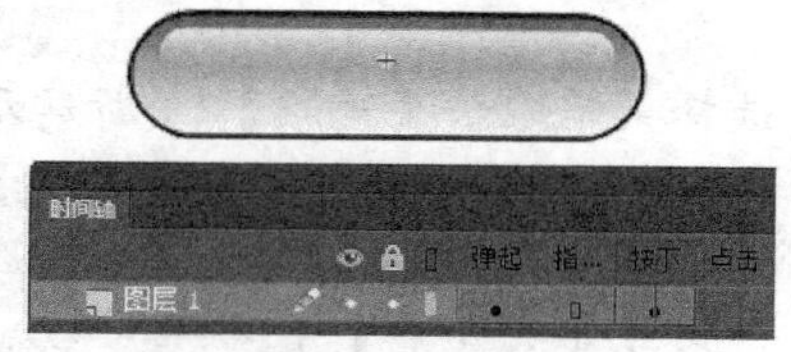

图5-38　增加关键帧

14. 选择【指针经过】状态帧，按 F6 键增加关键帧。
15. 选择红色渐变矩形，调整色彩为灰红色，如图 5-39 所示。
16. 在【时间轴】面板中单击【新建图层】按钮，增加“图层 2”层。选择 T 工具，输入“点击进入”黑色黑体文字，如图 5-40 所示。

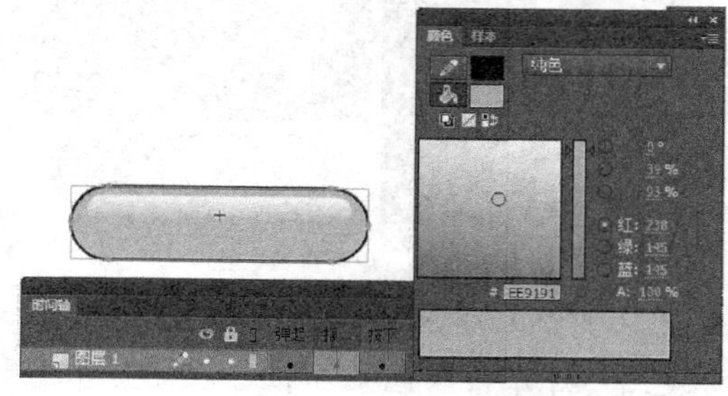

图5-39　调整颜色

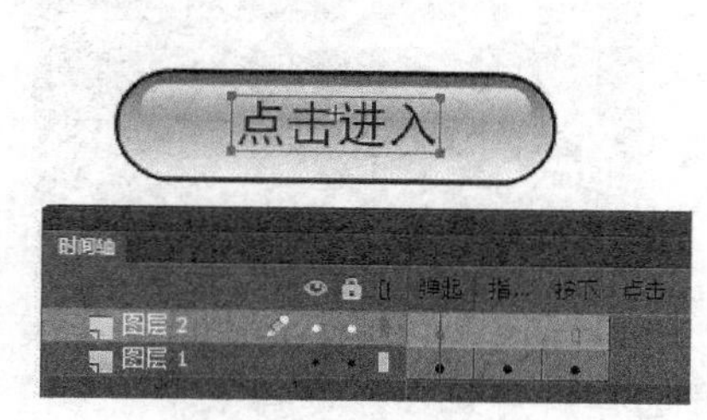

图5-40　输入文字

17. 单击[场景 1]按钮，将舞台切换到场景，拖放【库】面板中的“立体按钮”元件到舞台。
18. 选择菜单命令【控制】/【启用简单按钮】，测试按钮效果如图 5-41 所示。

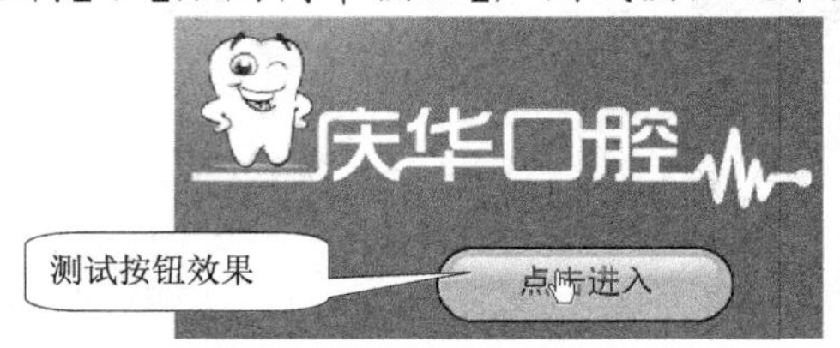

图5-41　测试按钮效果

19. 选择菜单命令【文件】/【保存】，将文件保存为“媒体按钮.fla”。

在本实例中，通过在按钮元件不同的状态帧设置翻转的图形快速制作出按钮效果。同时，要注意比较按钮元件帧和其他元件类型的区别，在其他类型元件中也有 4 个关键帧时，如不设置相应脚本语句就会循环播放，而在按钮元件中会变成相对独立的状态帧，随鼠标光标的移入移出自动跳转到对应关键帧。

5.4 综合案例——白云遮月

创建图 5-42 所示的效果，调整出朦胧的月色和飘渺的白云效果。

图5-42　白云遮月

处理画面效果时，需要综合应用【渐变发光】滤镜和【模糊】滤镜工具，用户可以比较两种不同滤镜的设置方法。

【操作提示】

1. 新建一个 Flash 文档，设置背景色为浅蓝色。
2. 选择菜单命令【文件】/【导入】/【导入到舞台】，在【导入】对话框中选择附盘文件“素材文件\05\星空.jpg”，单击[打开(O)]按钮，如图 5-43 所示。
3. 在【时间轴】面板中单击【新建图层】按钮，增加“图层 2”层。
4. 选择菜单命令【插入】/【新建元件】，弹出【创建新元件】对话框，在【名称】文本框中输入“圆月”，在【类型】下拉列表中选择【影片剪辑】选项，单击[确定]按钮创建一个影片剪辑。
5. 选择【椭圆】工具，在舞台中绘制无边白色圆形，如图 5-44 所示。

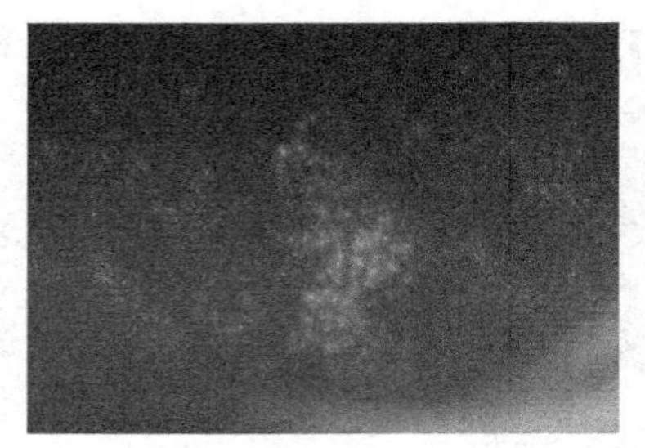

图5-43　引入位图

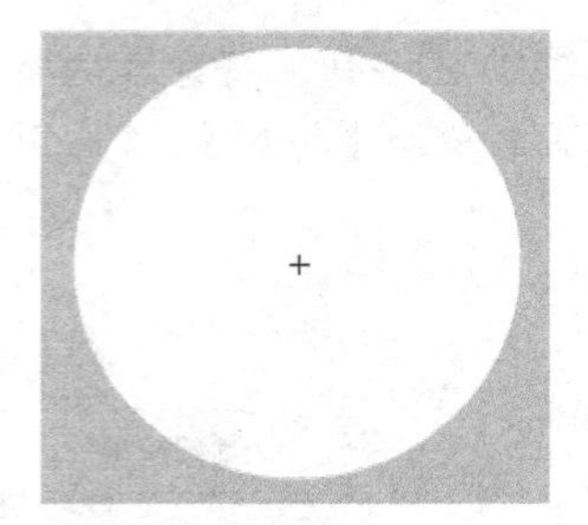

图5-44　绘制正圆形

6. 在【时间轴】面板中单击 场景 1 按钮，将舞台切换到场景中，从【库】面板中将“圆月”元件拖放到舞台中。
7. 选择“圆月”实例，在【属性】面板中选择【滤镜】选项卡，单击【添加滤镜】按钮，然后在弹出的菜单中选择【渐变发光】滤镜，如图 5-45 所示。
8. 分别在【模糊 X】和【模糊 Y】选项参数区设置发光的宽度和高度为“60”，使发光效果更加柔和。
9. 设置发光【强度】为“500%”，使发光对比效果更加明显一些。
10. 设置【品质】选项为【高】，如图 5-46 所示。
11. 设置【类型】选项为【全部】，如图 5-47 所示。

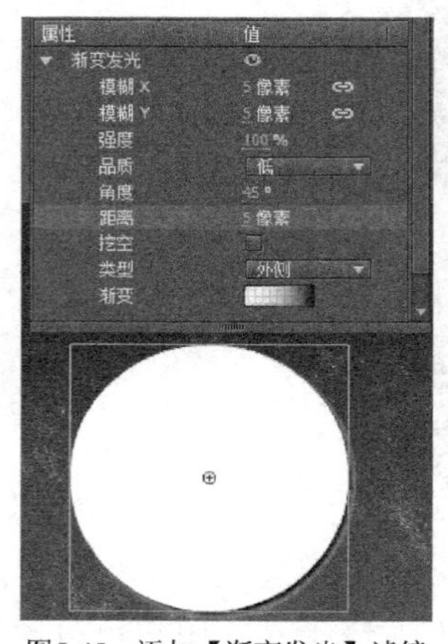

图5-45　添加【渐变发光】滤镜

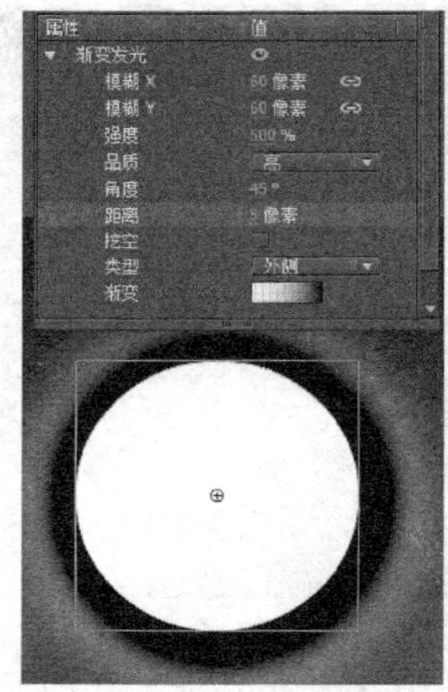

图5-46　调整【渐变发光】滤镜属性（1）

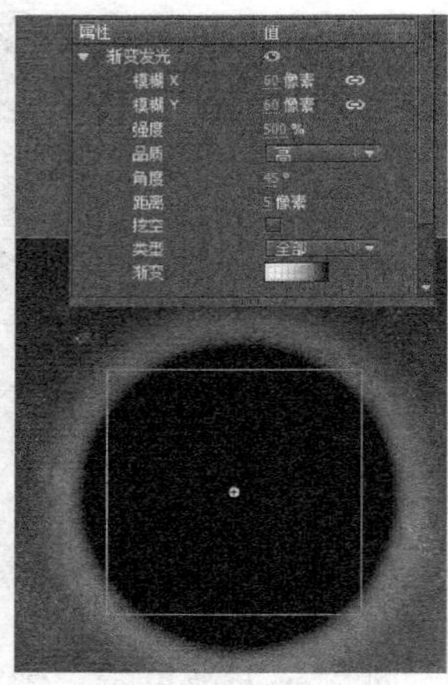

图5-47　设置【类型】选项

12. 单击渐变定义栏左侧的色标，在弹出的【颜色选择器】对话框中更改色彩为橘黄色。
13. 单击渐变定义栏右侧的色标，在弹出的【颜色选择器】对话框中更改色彩为浅黄色，如图 5-48 所示。

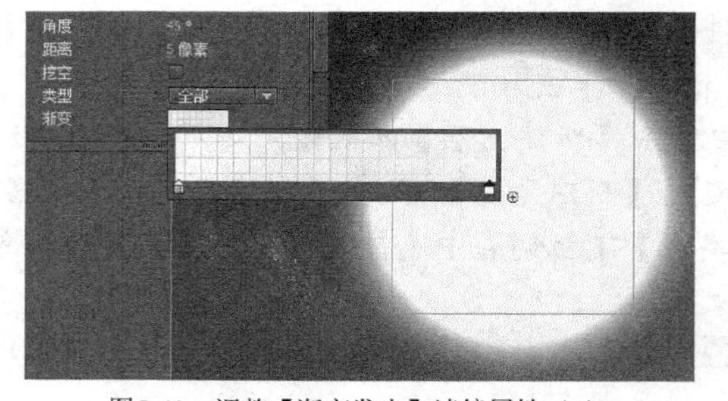

图5-48　调整【渐变发光】滤镜属性（2）

14. 选择菜单命令【插入】/【新建元件】，弹出【创建新元件】对话框，在【名称】文本框中输入“白云”，在【类型】下拉列表中选择【影片剪辑】选项，单击 确定 按钮创建一个影片剪辑。
15. 选择【椭圆】工具，在舞台中绘制多个无边白色椭圆形，如图 5-49 所示。

图5-49 绘制椭圆形

16. 在【时间轴】面板中单击 场景 1 按钮，将舞台切换到场景中，从【库】面板中将“白云”元件拖放到舞台中。
17. 选择“白云”实例，单击【添加滤镜】按钮，然后从弹出的菜单中选择【模糊】滤镜。
18. 设置【模糊 X】和【模糊 Y】选项数值，使其宽度和高度为“30”，设置【品质】选项为【高】，效果如图 5-50 所示。

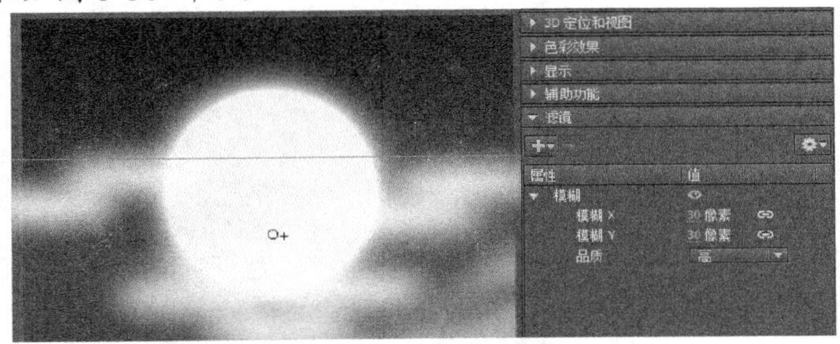

图5-50 添加【模糊】滤镜

5.5 习题

1. 从“序列文件”导入一组文件名连续的位图到文件，如图 5-51 所示。

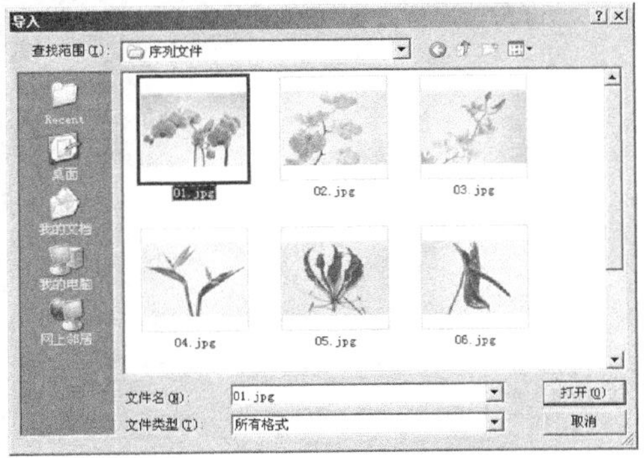

图5-51 文件名连续的位图文件

2. 打开附盘文件“素材文件\05\渐变球.fla”，将【库】面板中的“渐变”影片剪辑元件转化为图形元件，如图 5-52 示。
3. 将习题 2 中的“渐变”图形元件应用为实例，并改变透明度为“60%”。
4. 利用【滤镜】创建图 5-53 示的文字效果。

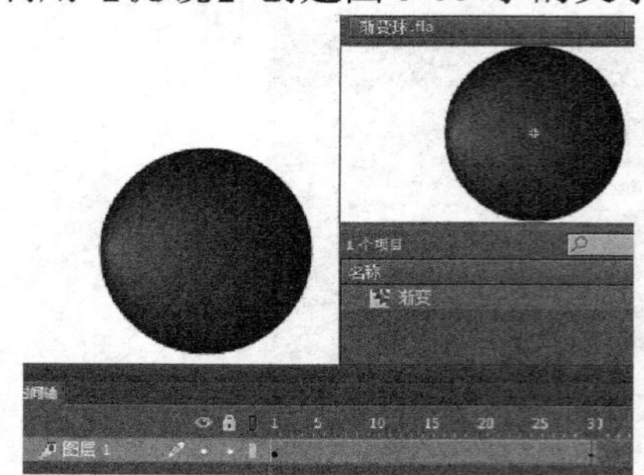

图5-52　转化元件类型

图5-53　文字辉光效果

第6章 补间动画

【学习目标】

- 了解帧的含义及其相关设置。
- 了解补间动画和传统补间动画之间的差异。
- 掌握补间动画的制作及技巧。
- 掌握补间形状的制作。
- 掌握【动画编辑器】的使用技巧。

作为一个专业的动画制作软件，Flash CC 2015 最主要的功能就是让精彩图形和引入的素材动起来，以此来表现作品的思想主题。从本章开始，将结合前面所学的内容，介绍动画制作方法及一些制作技巧，其中的实例将涉及 Flash 动画的多种应用，由此读者还可以掌握实际工作中 Flash CC 2015 的动画制作思路与流程。

6.1 功能讲解

下面从动画的有关概念出发，依据 Flash CC 2015 补间动画制作类型来讲解制作方法，同时就各种动画制作的技巧和应该注意的问题进行阐述。

6.1.1 Flash 动画原理

动画是一门在某种介质上记录一系列单个画面，并通过一定的速率回放所记录的画面而产生运动视觉的技术。在计算机动画制作中，构成动画的一系列画面叫帧，因此帧也就是动画最小时间单位里出现的画面。Flash 动画是以时间轴为基础的帧动画，每一个 Flash 动画作品都以时间为顺序，由先后排列的一系列帧组成。

【时间轴】面板是 Flash CC 2015 组织动画并进行控制的主要面板，由图层控制区和时间轴控制区组成。图 6-1 所示为【时间轴】面板的基本构成。

创建新文档后，【时间轴】面板中只显示一个图层，名称是“图层 1”，在此基础上可以继续增加图层，以便将动画内容分解到不同图层上，通过图层叠加的相互遮挡，实现复杂动画的合成。图层分为一般层、引导层、运动引导层、被引导层、遮罩层和被遮罩层，其作用各不相同。除非特别说明，本书中所说的图层都指一般层。

Flash CC 2015 支持以下类型的动画。

- 补间动画：使用补间动画可设置对象的属性，如一个帧中及另一个帧中的位置和 Alpha 透明度等，Flash 在中间内插帧完成动画。对于由对象的连续运动或变形构成的动画，补间动画很有用。
- 传统补间动画：传统补间动画与补间动画类似，允许制作一些特定的动画效

果，但是创建起来更复杂。

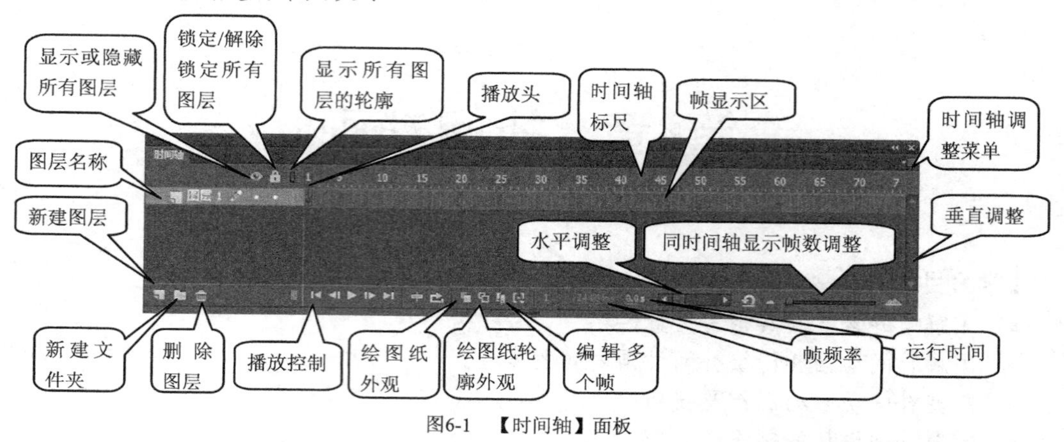

图6-1　【时间轴】面板

- 反向运动姿势：反向运动姿势用于伸展和弯曲形状对象及链接元件实例组，使它们以自然方式一起移动。可以在不同帧中以不同方式放置形状对象或链接的实例，Flash 将在中间插入帧，补充运动过程。
- 补间形状：在形状补间中，可在时间轴中的特定帧绘制一个形状，然后更改该形状或在另一个特定帧中绘制另一个形状；然后，Flash 将插入中间帧，补充动画过程，创建一个形状变形为另一个形状的动画。
- 逐帧动画：使用此动画技术，可以为时间轴中的每个帧指定不同的艺术作品。使用此技术可创建与快速连续播放的影片帧类似的效果。对于每个帧的图形元素必须不同的复杂动画而言，此技术非常有用。

在 Flash CC 2015 动画制作的过程中，关键帧会依据不同的动画种类显示不同的状态，其含义也不一样，同时还会有其他一些相关帧出现在制作动画的【时间轴】面板中。图 6-2 所示就是在【时间轴】面板默认设置下各种帧的显示。

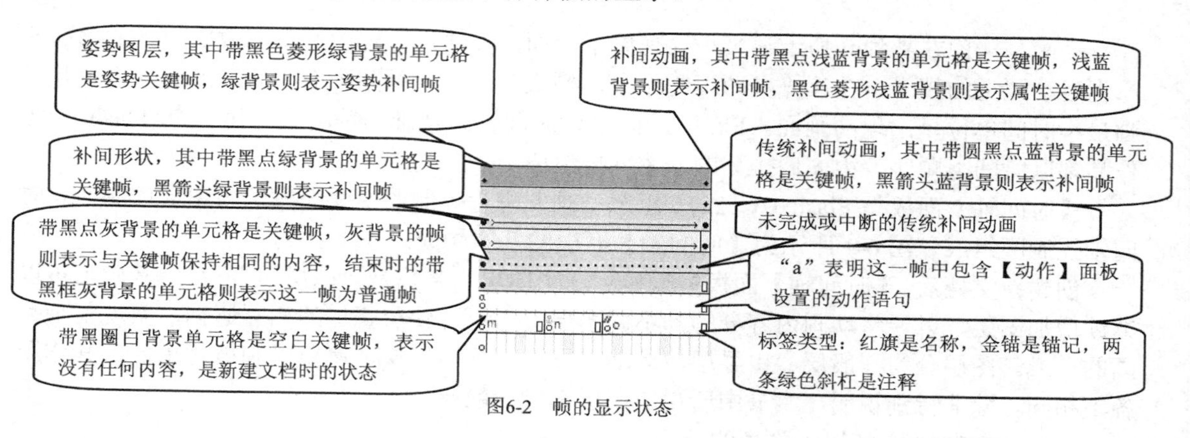

图6-2　帧的显示状态

6.1.2　补间动画制作

Flash CC 2015 支持两种不同类型的补间以创建动画。通过补间动画可对补间的动画进行最大程度地控制，提供了更多的补间控制。对于由对象的连续运动或变形构成的动画，补间动画很有用。补间动画在时间轴中显示为连续的帧范围，默认情况下可以作为单个对象进行选择。补间动画功能强大，易于创建。

如果对象不是可补间的对象类型，或者如果在同一图层上选择了多个对象，将显示【将所选的内容转换为元件以进行补间】对话框，如图 6-3 所示。通过该对话框可以将所选内容转换为影片剪辑元件。单击 确定 按钮将所选内容转换为影片剪辑以继续进行后续操作。

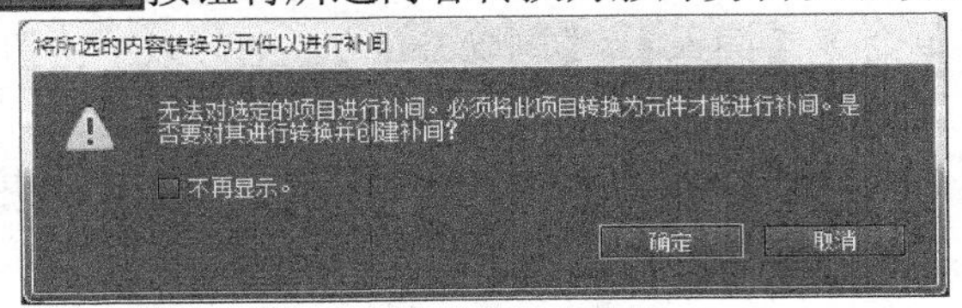

图6-3　转换为元件

补间动画的第 1 帧中的黑点表示补间范围分配有目标对象。黑色菱形表示最后一个帧和任何其他属性关键帧，如图 6-4 所示。属性关键帧是在补间范围中为补间目标对象显式定义一个或多个属性值的帧。定义的每个属性都有它自己的属性关键帧。如果在单个帧中设置了多个属性，则其中每个属性的属性关键帧会驻留在该帧中。可以在【动画编辑器】面板中查看补间范围的每个属性及其属性关键帧。

关键帧中只能存在一个对象，而且必须要有一个属性关键帧。设置补间动画的关键帧可以采用以下两种方式。

- 选择开始关键帧后，选择菜单命令【插入】/【补间动画】。
- 用鼠标右键单击开始关键帧，从弹出的快捷菜单中选择【创建补间动画】命令。

取消补间动画，也有两种方式。可以选择菜单命令【插入】/【删除补间】，也可以单击鼠标右键，在弹出的快捷菜单中选择【删除补间】命令。

如果是对元件的位置移动和变形补间，舞台会显示运动路径，运动路径显示每个帧中补间对象的位置。将其他元件从【库】中拖到时间轴中的补间范围上，可以替换补间中的原始元件。可从补间图层删除元件，而不必删除或断开补间。这样，以后可以将其他元件实例添加到补间中。可以用部分选取、转换锚点、删除锚点和任意变形等工具及【修改】菜单上的命令，编辑舞台上的运动路径，如图 6-5 所示。

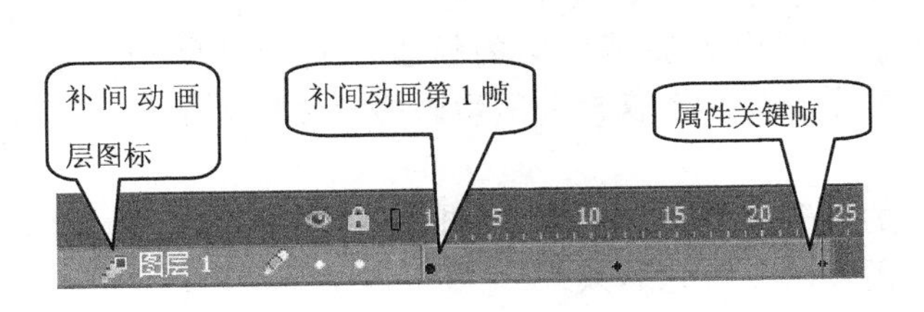

图6-4　补间动画特征

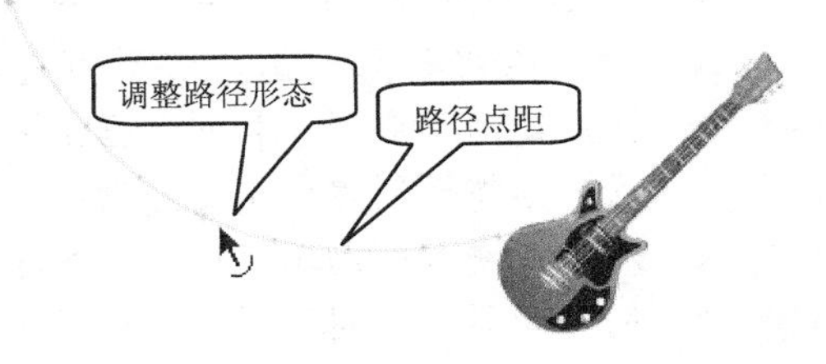

图6-5　调整路径弧度

6.1.3 传统补间动画制作

传统补间（包括在早期版本的 Flash 中创建的所有补间）动画的创建过程更为复杂。传统补间动画的关键帧中只能存在一个对象，而且必须要有两个关键帧。可以在设置开始关键帧与结束关键帧以后，再设置补间；也可以先设置开始关键帧与补间动画，再设置结束关键

帧。开始关键帧与结束关键帧都是相对的，前一个动画的结束关键帧可能就是下一个动画的开始关键帧。设置补间动画的关键帧可以采用以下两种方式。

- 选择开始关键帧后，选择菜单命令【插入】/【传统补间】。
- 用鼠标右键单击开始关键帧，从弹出的快捷菜单中选择【创建传统补间】命令。

如果在【属性】面板中出现图标，就是提示补间动画无法实现。取消补间动画，也有两种方式：可以选择菜单命令【插入】/【删除补间】；也可以单击鼠标右键，在弹出的快捷菜单中选择【删除补间】命令。

在传统补间动画制作过程中，通过设置多个关键帧，可以实现更加复杂的运动。同时，巧妙地利用补间动画，还可以实现一些特殊图形效果。

6.1.4　补间动画和传统补间动画之间的差异

使用过程中要注意区别两种不同类型的补间动画特点，根据用户自己的使用习惯和创作特点灵活选择对应的补间动画方式。

补间动画和传统补间动画之间的差异主要有以下几个方面。

- 传统补间动画使用关键帧。关键帧是其中显示对象的新实例的帧。补间动画只能具有一个与之关联的对象实例，并使用属性关键帧而不是关键帧。
- 补间动画在整个补间范围内由一个目标对象组成。
- 补间动画和传统补间动画都只允许对特定类型的对象进行补间。若应用补间动画，则在创建补间时会将所有不允许的对象类型转换为影片剪辑。而应用传统补间动画会将这些对象类型转换为图形元件。
- 补间动画会将文本视为可补间的类型，而不会将文本对象转换为影片剪辑。传统补间动画会将文本对象转换为图形元件。
- 在补间动画范围内不允许帧脚本，而传统补间动画允许帧脚本。
- 补间目标上的任何对象脚本都无法在补间动画范围的过程中更改。
- 可以在时间轴中对补间动画范围进行拉伸和调整大小，并将它们视为单个对象。传统补间动画包括时间轴中可分别选择的帧的组。
- 若要在补间动画范围中选择单个帧，必须按住 Ctrl 键单击帧。
- 对于传统补间动画，缓动可应用于补间内关键帧之间的帧组。对于补间动画，缓动可应用于补间动画范围的整个长度。若仅对补间动画的特定帧应用缓动，则需要创建自定义缓动曲线。
- 利用传统补间动画可以在两种不同的色彩效果（如色调和 Alpha 透明度）之间创建动画。补间动画可以对每个补间应用一种色彩效果。
- 只可以使用补间动画来为 3D 对象创建动画效果，无法使用传统补间动画为 3D 对象创建动画效果。
- 只有补间动画才能保存为动画预设。
- 对于补间动画，无法交换元件或设置属性关键帧中显示的图形元件的帧数。应用了这些技术的动画要求使用传统补间动画。

6.1.5 对补间动画和传统补间动画的特殊控制

补间动画和传统补间动画产生后，还可以利用【属性】面板中的相关选项实现进一步控制，如使运动产生非匀速运动效果等，如图 6-6 和图 6-7 所示。下面对此作简要介绍。

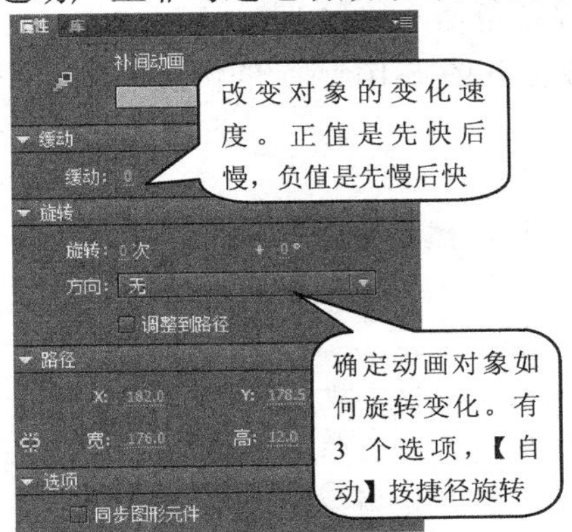

图6-6　补间动画相关选项

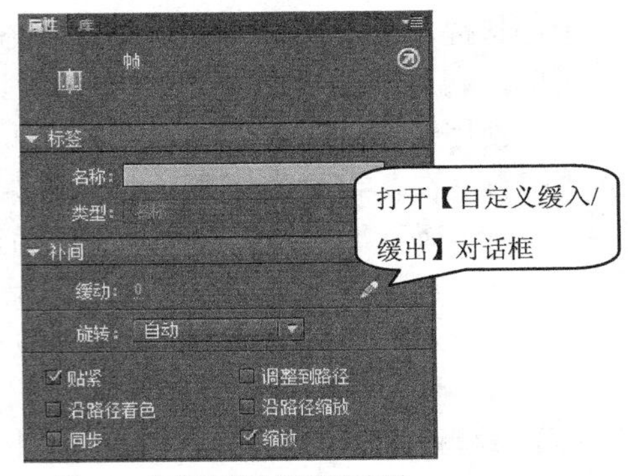

图6-7　传统补间动画相关选项

【自定义缓入/缓出】对话框如图 6-8 所示，可以实现对补间动画更加精确与复杂的控制。该对话框采用曲线表示动画随时间的变化程度，其中水平轴表示帧，垂直轴表示变化的百分比。第 1 个关键帧表示为 0%，最后 1 个关键帧表示为 100%。曲线斜率表示变化速率，曲线水平时（无斜率），变化速率为零；曲线垂直时，变化速率最大。

在线上单击鼠标左键一次，就会添加一个新控制点。通过拖动控制点的位置，可以实现对动画对象的精确控制。单击控制点的手柄（方形手柄），可选择该控制点，并显示其两侧用空心圆表示的正切点，如图 6-9 所示。可以使用鼠标拖动控制点或其正切点，也可以使用键盘的方向键确定其位置。在对话框的右下角显示所选控制点的关键帧和变化程度，如果没有选择控制点，则不显示数值。

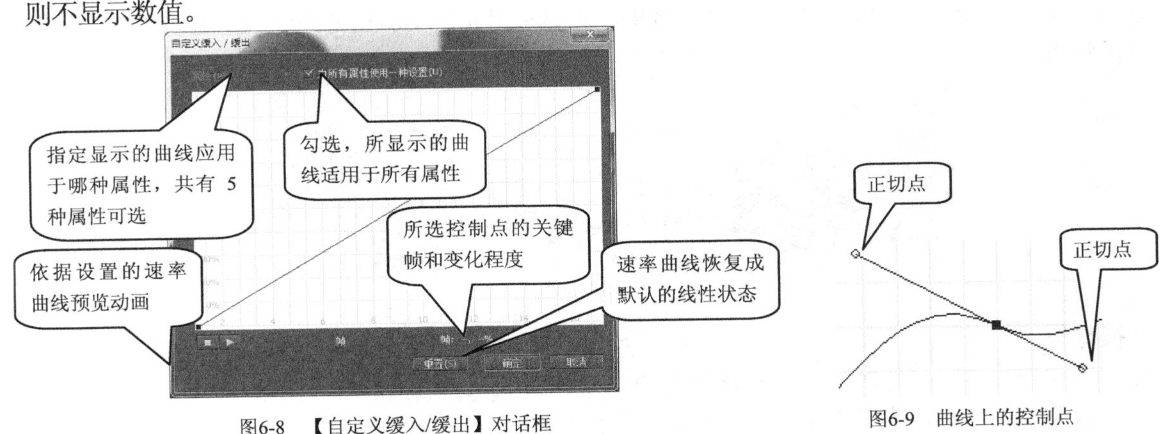

图6-8　【自定义缓入/缓出】对话框

图6-9　曲线上的控制点

6.1.6 补间形状动画制作

补间形状动画指形状逐渐发生变化的动画，和补间动作动画正好相反，补间形状动画中的对象只能是矢量图形。要对组、实例或位图图像进行变形动画，必须首先将其分离成矢量图形。要将文本变成变形动画，还必须将文本分离两次，才能将文本转换为矢量图形。

补间形状动画一次补间一个形状，通常可以获得最佳效果。如果有多个矢量图形存在，在变形过程中它们将被当作一个整体看待。对于复杂的或希望人为控制的变形动画，可以加形状提示进行控制。形状提示使用 26 个英文字母，标识起始形状和结束形状中相对应的点，因此最多可以使用 26 个形状提示。增加形状提示可以选择菜单命令【修改】/【形状】/【添加形状提示】。如果无法看到形状提示，可以选择菜单命令【视图】/【显示形状提示】。用鼠标右键单击形状提示点，可以打开图 6-10 所示的快捷菜单，利用该菜单进行形状提示处理。

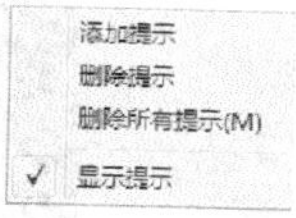

添加提示
删除提示
删除所有提示(M)
✓ 显示提示

图6-10　快捷菜单

使用形状提示要注意以下几点。

- 在复杂的形状变形中，需要先创建中间形状，然后再进行补间，而不要只定义起始和结束的形状。
- 形状提示要符合逻辑。比如，开始帧的一条线上按 a、b、c 顺序放置了 3 个提示点，那么在结束帧的相应线就不能按 a、c、b 顺序放置这 3 个提示点。
- 按逆时针顺序从形状的左上角开始放置形状提示，工作效果最好。
- 增加提示点只能在开始帧进行，因此必须返回开始帧才能增加提示点。
- 提示点并非设置得越多越好，有时设置一个提示点就能取得很好的效果。

6.2　范例解析

补间动画是 Flash 动画中最为基础的动画制作方法，掌握制作方法比较简单，但真正用好，还需要一些技巧。

6.2.1　图片叠化

创建图 6-11 所示的效果，先显示石榴图片，然后在其逐渐消失的同时，黄桃图片逐渐显示出来，实现叠化效果。要实现这一效果，主要利用元件实例在补间动画中可以调整颜色属性的特点。

图6-11　图片叠化效果

【操作提示】

1. 新建一个 Flash 文档，并将文件保存为“叠化.fla”。
2. 选择菜单命令【文件】/【导入】/【导入到库】，导入附盘文件“素材文件\06\石榴.jpg”和“黄桃.jpg”。
3. 选择菜单命令【插入】/【新建元件】，打开【创建新元件】对话框，在【名称】文本框中输入“叠化”，选择【影片剪辑】选项，单击 确定 按钮，进入“叠化”元件的编辑界面。
4. 从【库】面板中将“石榴.jpg”拖到舞台中央，选择菜单命令【修改】/【转换为元件】，打开【转换为元件】对话框，在【名称】文本框中输入"图片"，在【类型】下拉列表中选择【影片剪辑】选项，单击 确定 按钮。

5. 在【时间轴】面板中选择第 12 帧，按 F6 键插入关键帧。选择第 50 帧，按 F5 键插入帧，如图 6-12 所示。

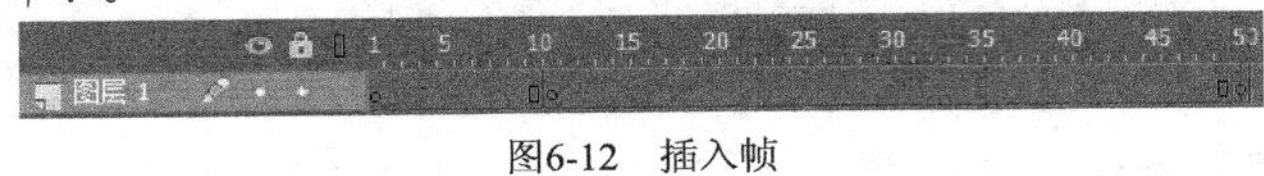

图6-12 插入帧

6. 选择第 12 帧，单击鼠标右键，选择【创建补间动画】命令，如图 6-13 所示。

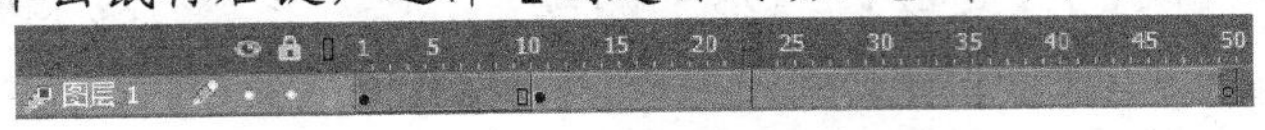

图6-13 创建补间动画

7. 移动播放头到第 36 帧，选择舞台上的"图片"元件实例，在【属性】面板的【色彩效果】下拉列表中选择【Alpha】，数值设为"0%"，使"图片"元件实例完全消失，如图 6-14 所示。
8. 单击 场景 1 按钮，返回场景 1。从【库】面板中将"黄桃.jpg"拖到舞台中央。
9. 使舞台上的"黄桃.jpg"处于被选择状态，选择菜单命令【窗口】/【对齐】，打开【对齐】面板，执行图 6-15 所示的操作，使"黄桃.jpg"相对于舞台中心校准对齐。

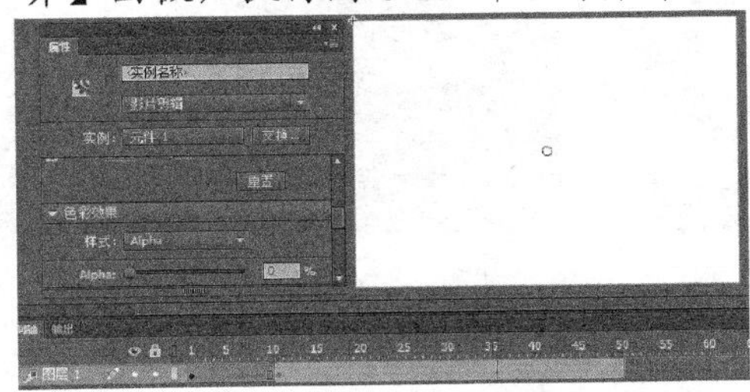

图6-14 补间动画效果

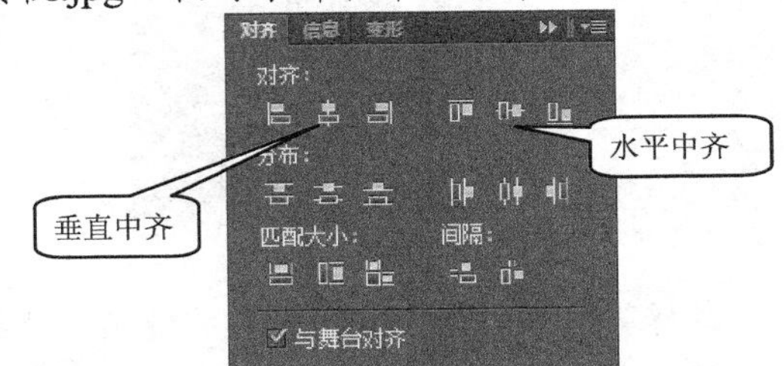

图6-15 校准对齐

10. 从【库】面板中将"叠化"元件拖到舞台中，同样利用【对齐】面板使其相对于舞台中心校准对齐，也就是与舞台上的"黄桃.jpg"完全对齐覆盖。
11. 选择菜单命令【控制】/【测试】，测试动画，会发现图片的叠化效果。此例可参见本书附盘文件"素材文件\06\叠化.fla"。

6.2.2 青瓷变形

创建图 6-16 所示的效果，青瓷形状和颜色逐渐演变。要实现这一效果，主要利用补间形状动画对矢量图形进行变形控制。

图6-16 青瓷变形

【操作提示】

1. 新建一个 Flash 文档，并将文件保存为“青瓷变形.fla”。
2. 选择工具，设置颜色和线宽，然后在舞台上绘制瓷瓶左半部分轮廓。

要点提示　绘制过程中，要随时调整选项的启闭，以便准确绘制。

3. 选择工具，调整瓷瓶边线弧度。选择线条，按住 Alt 键拖动复制出一新的线条。
4. 选择菜单命令【修改】/【变形】/【水平翻转】，使新复制的线条水平翻转，如图 6-17 所示。
5. 移动新复制的线条位置，使其和原线条组成一个封闭的花瓶图形。
6. 在【颜色】面板中选择【位图填充】选项，单击打开(O)按钮，导入附盘文件“素材文件\06\青花.jpg”。
7. 选择工具，填充瓷瓶图形。选择工具，调整位图的大小和位置，如图 6-18 所示。

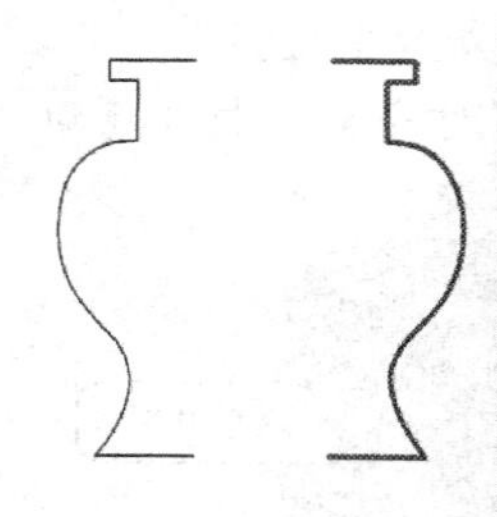

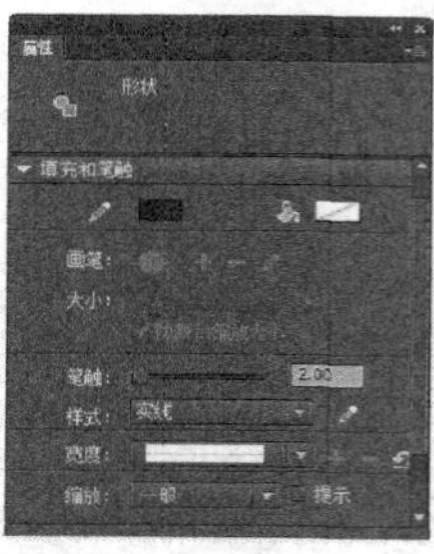

图6-17　绘制线条

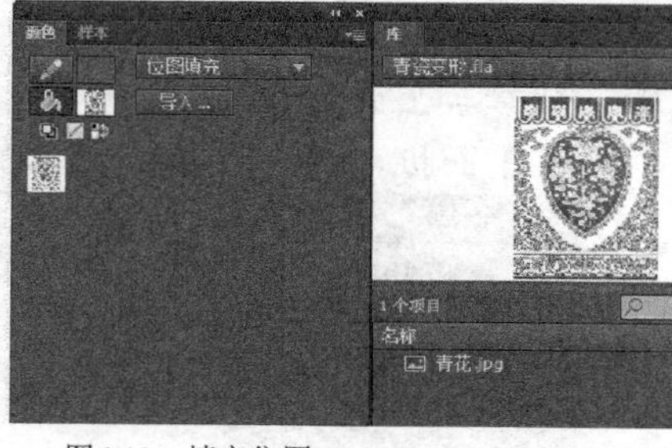

图6-18　填充位图

8. 选择第 25 帧，按 F6 键插入关键帧。选择第 40 帧，按 F5 键延续帧。
9. 选择第 25 帧中的图形，然后选择工具，调整瓷瓶形态，拉长瓶颈比例，如图 6-19 所示。
10. 选择第 1 帧，单击鼠标右键，选择【创建补间形状】命令，结果如图 6-20 所示。

图6-19　调整瓷瓶形态

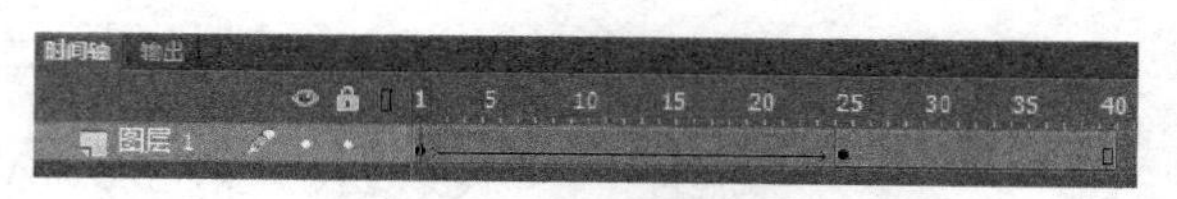

图6-20　补间形状动画

11. 拖动播放头到第 1 帧，选择菜单命令【修改】/【形状】/【添加形状提示】，在舞台上添加“a”“b”“c”和“d” 4 个红色提示点，放置提示点到瓷瓶的四角，提示点变为黄色，如图 6-21 所示。
12. 拖动播放头到第 25 帧。放置“a”“b”“c”和“d” 4 个红色提示点，放置提示点到瓷瓶的四角，提示点变为绿色，如图 6-22 所示。

图6-21 添加形状提示　　图6-22 调整结束帧提示点位置

13. 选择菜单命令【控制】/【测试】，测试动画，此时会看到瓷瓶的演变，同时还有颜色的变化。此例可参见本书附盘文件"素材文件\06\青瓷变形.fla"。

6.3 实训

本节通过两个例子的制作讲述在补间动画的制作过程中，如何巧妙应用更多的创作手段，以产生更加复杂的视觉效果。

6.3.1 果醋

创建图 6-23 所示的效果，其中果醋瓶旋转飞入翻转，同时伴有颜色变化。

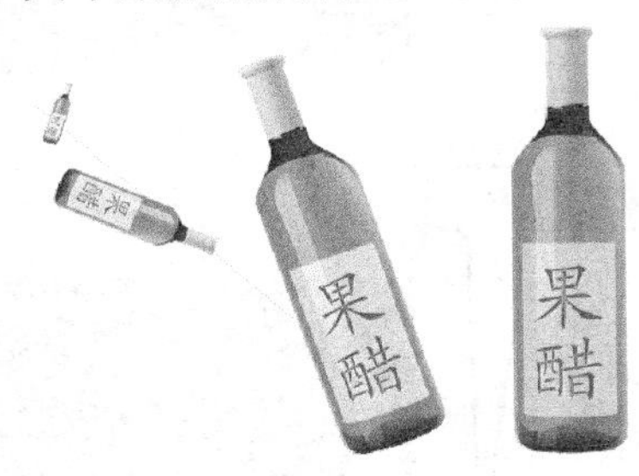

图6-23 果醋

利用补间动画使"果醋"字产生颜色变化，再制作标签位移、色彩、变形等补间动画。

【操作提示】

1. 新建一个 Flash 文档，并将文件保存为"果醋.fla"。
2. 选择菜单命令【文件】/【导入】/【导入到库】，导入附盘文件"素材文件\06\瓶子.swf"，素材以图形元件形式被导入库中。
3. 选择菜单命令【插入】/【新建元件】，打开【创建新元件】对话框，在【名称】文本框中输入"标签组合"，在【类型】下拉列表中选择【影片剪辑】选项，单击 确定 按钮，进入"标签组合"元件制作。
4. 将"瓶子.swf"图形元件拖放到当前舞台中。
5. 新建"图层 2"，选择 T 工具，输入垂直方向的"果醋"文字，【属性】面板中的相关设置如图 6-24 所示。

图6-24 输入文字

6. 选择文字，单击鼠标右键，选择【转换为元件】命令，转换为“字动”影片剪辑元件。双击元件进入编辑状态。
7. 选择文字，单击鼠标右键，选择【转换为元件】命令，转换为“字”影片剪辑元件。
8. 选择“字动”影片剪辑元件第 1 帧，单击鼠标右键，选择【创建补间动画】命令。
9. 选择第 12 帧和第 24 帧，按 F6 键，创建关键帧，如图 6-25 所示。

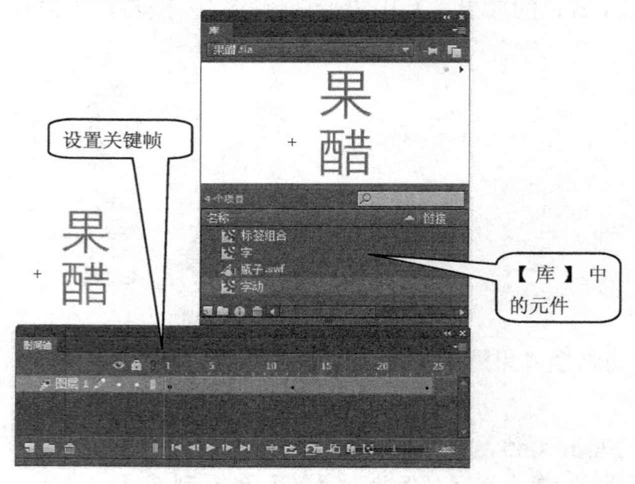

图6-25 增加关键帧

10. 移动播放头至第 1 帧，选择文字，在【属性】面板的【色彩效果】卷展栏的样式下拉列表中选择【色调】选项，如图 6-26 所示。
11. 设置第 1 帧元件【着色】色值为“#FF0000”，设置第 12 帧元件【着色】色值为“#660000”，设置第 24 帧元件【着色】色值为“#000066”，如图 6-27 所示。
12. 单击 场景 1 按钮，返回“场景 1”，将“标签组合”拖到舞台中。

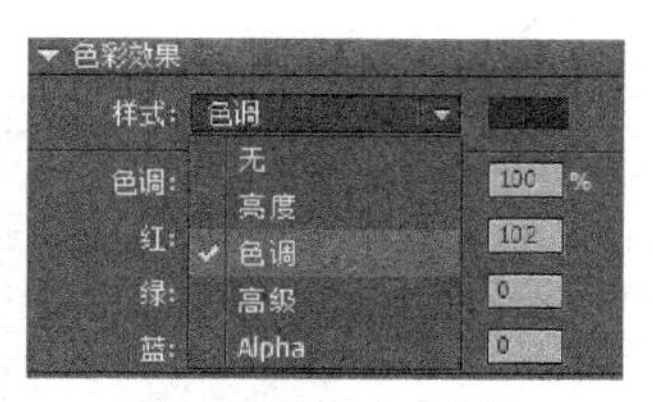

图6-26　调整文字色调

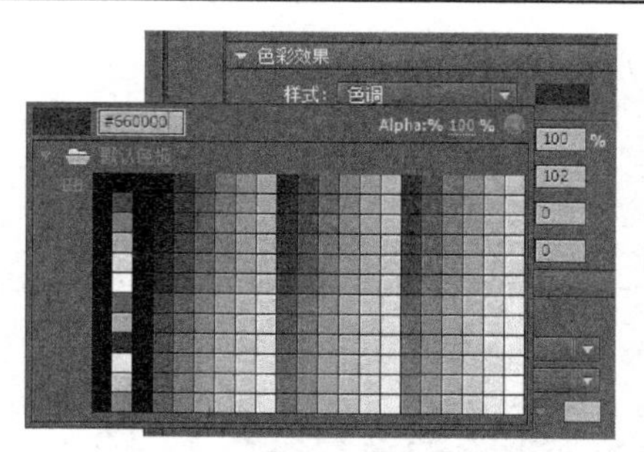

图6-27　选择不同的色彩

13. 选择第 60 帧，按 F5 键延续帧。单击鼠标右键，选择【创建补间动画】命令，如图 6-28 所示。
14. 移动播放头到第 20 帧，按 F6 键，创建关键帧。
15. 移动播放头到第 1 帧，移动果醋瓶元件到舞台的左上角，如图 6-29 所示。

图6-28　创建补间动画

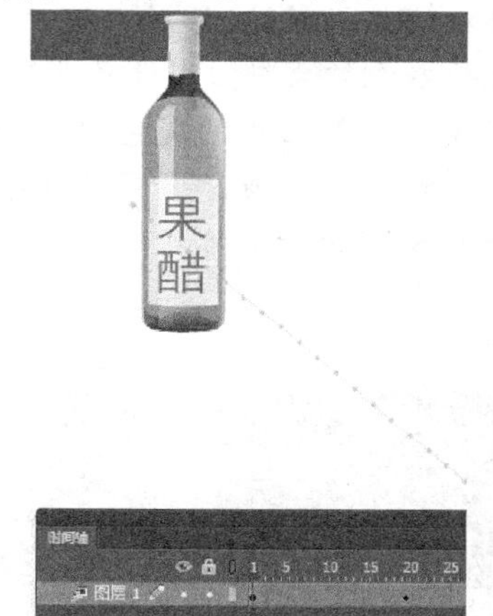

图6-29　移动果醋瓶位置

16. 选择果醋瓶元件，打开【变形】面板，激活缩放选区【缩放高度】选项右侧的按钮，设置参数为“10%”，如图 6-30 所示。

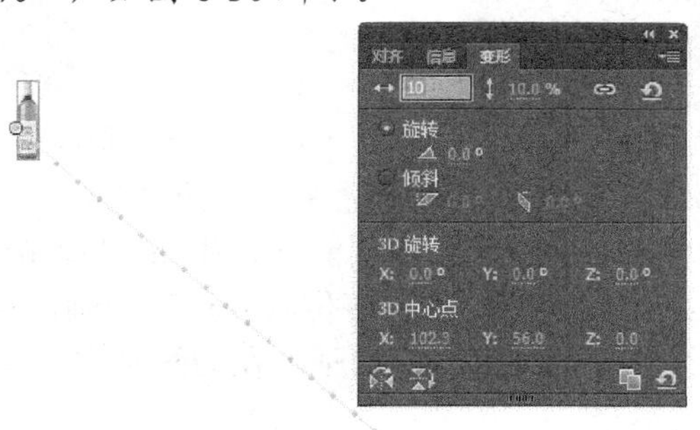

图6-30　等比例缩小元件

17. 移动播放头到第 20 帧，在【变形】面板设置【旋转】选项参数为“360”，如图 6-31 所示。
18. 在【时间轴】面板中移动播放头到第 30 帧，选择元件，在【变形】面板中取消选择缩放选区【缩放高度】选项右侧的按钮，设置【缩放宽度】参数为“-100%”，如图 6-32

所示。

图6-31　设置旋转角度

图6-32　翻转元件

19. 移动播放头到第 40 帧，选择元件，在【变形】面板中取消选择缩放选区【缩放高度】选项右侧的按钮，设置参数为“100%”，如图 6-33 所示。
20. 在【属性】面板的【色彩效果】卷展栏的样式下拉列表中选择【高级】选项。移动播放头到第 60 帧，设置【红色偏移】参数为“255”，【蓝色偏移】参数为“-255”，如图 6-34 所示。

图6-33　再次翻转元件

图6-34　设置色彩偏移量

21. 移动播放头到第 40 帧，设置【红色偏移量】参数为“0%”。
22. 测试动画效果。此例参见本书附盘文件“素材文件\06\果醋.fla”。

这个动画效果中，在第 1～20 帧制作标签位移和形变动画，在第 20～40 帧制作标签翻转的动画，在第 40～60 帧制作色调偏移的动画。在动画制作过程中，要学习综合运用多种动画技巧，提高动画制作的效能。

6.3.2　燃烧的红烛

创建图 6-35 所示的效果，燃烧的红烛火苗晃动逐渐缩小。补间形状有时并不一定按我们的预想进行变化，图形就会乱成一团，这时候就需要使用形状提示人为加以控制，强制进行变形。这个例子就采用了形状提示。

图6-35　燃烧的红烛

【操作提示】

1. 新建一个 Flash 文档，并将文件保存为“红烛.fla”。
2. 画一个矩形作为蜡烛的基本图形，然后删除上端封口，使用工具画不规则曲线封口，如图 6-36 所示。
3. 在【颜色】面板设置由红色到黄色的渐变颜色，如图 6-37 所示。

图6-36　画不规则曲线

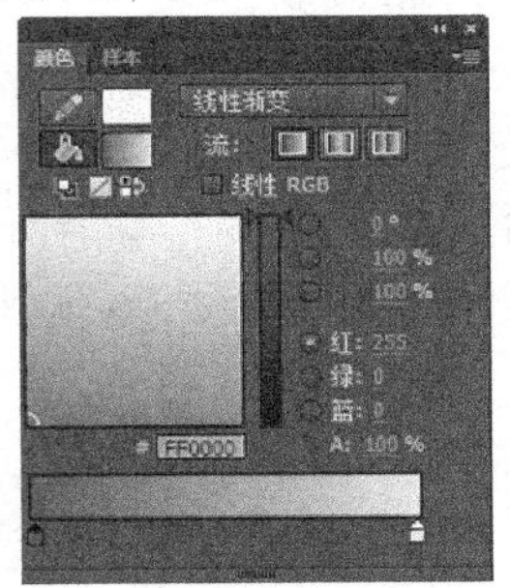

图6-37　设置渐变色

4. 利用【椭圆】工具在舞台上绘制一个作为火苗的椭圆，然后调整其填充色的方向和大小，形成下红上黄的效果，如图 6-38 所示。
5. 在火苗的下方画出芯线，如图 6-39 所示。
6. 将蜡烛图形填充红色，然后将轮廓线删除，蜡烛制作完毕，如图 6-40 所示。

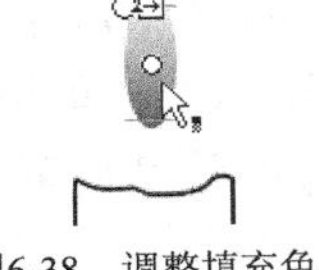
图6-38　调整填充色

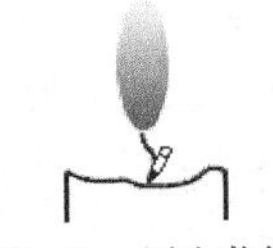
图6-39　画出芯线

图6-40　蜡烛图形

7. 在【时间轴】面板中选择第 18 帧，按F6键插入一个关键帧。
8. 框选出蜡烛的上半部分，按↓键下移，形成蜡烛燃烧变短效果，如图 6-41 所示。
9. 选择工具调整蜡烛的上端，如图 6-42 所示。选择工具，将火苗向右稍微旋转。
10. 选择第 1 帧，设置补间形状动画。拖动播放头观察动画效果，如图 6-43 所示。可以看出变形效果不理想。

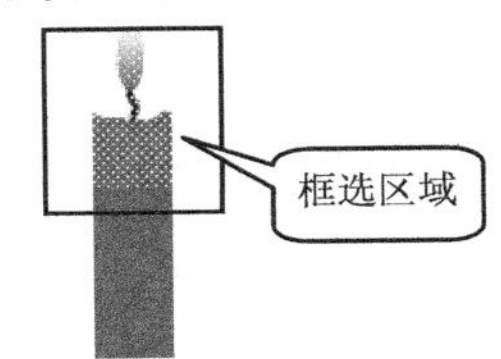

图6-41　缩短蜡烛

图6-42　修改蜡烛

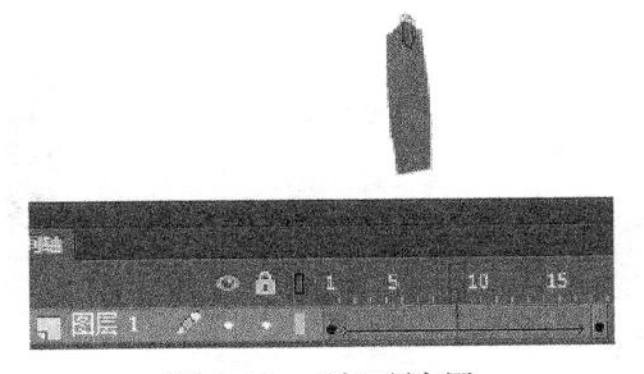

图6-43　动画效果

11. 拖动播放头到第 1 帧，选择菜单命令【修改】/【形状】/【添加形状提示】，舞台上出

现一个红色提示点“a”，如图 6-44 所示。

12. 将红色提示点调整到蜡烛的左下角，如图 6-45 所示。
13. 拖动播放头到第 18 帧，同样会看到舞台上出现一个红色提示点“a”，将这个红色提示点调整到蜡烛的左下角，同时提示点由红色变成绿色，如图 6-46 所示。

图6-44 蜡烛图形

图6-45 缩短蜡烛

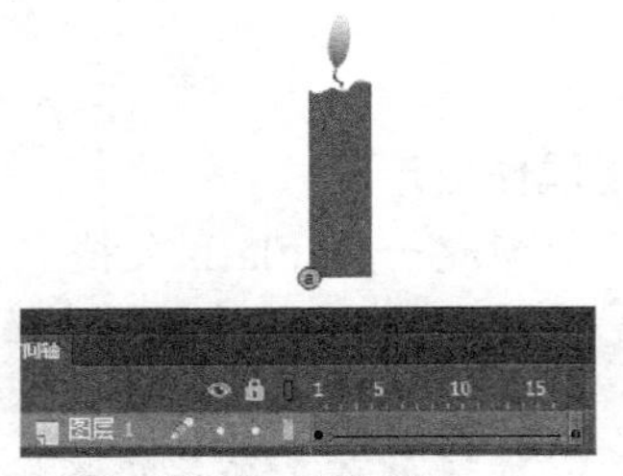

图6-46 修改蜡烛

14. 拖动播放头，就会看到比较流畅的蜡烛燃烧的变形过程。
15. 选择菜单命令【文件】/【导出】/【导出影片】，在【保存类型】下拉列表中选择【PNG 序列】选项，保存一组 PNG 格式的序列图像，如图 6-47 所示。此例参见本书附盘文件“素材文件\06\红烛.fla”。

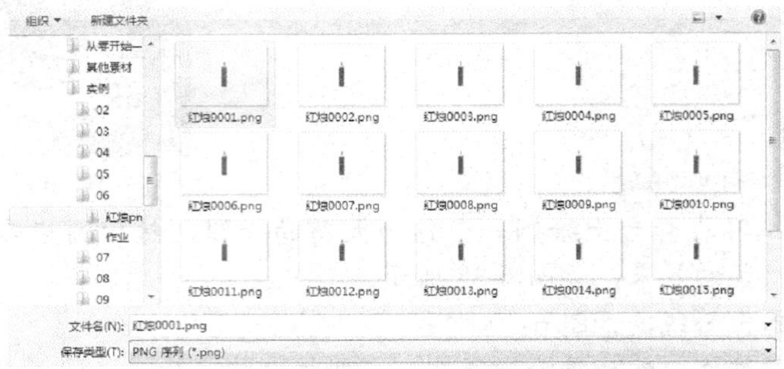

图6-47 输出序列图像

在这个实例中，只添加了一个形状提示就获得了很好的效果。但在许多情况下，即使添加了形状提示，补间形状动画也无法产生预想的效果。因此在实际工作中，要慎重使用补间形状动画，一旦发现效果不理想，应该马上采用其他方法，避免在这方面浪费时间。

6.4 综合案例——彩色气球

创建图 6-48 所示的效果，彩色气球从屏幕下方不断飞出。主要利用补间动画便捷的路径动画制作方法，再结合【动画编辑器】的丰富参数灵活设置应用，使路径补间动画的制作更加快捷便利。

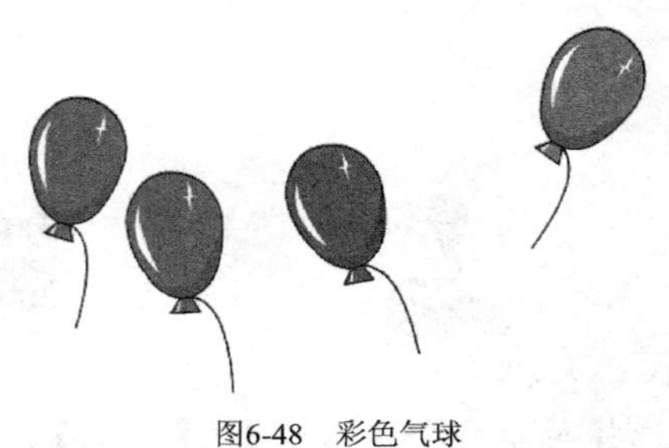

图6-48 彩色气球

【操作提示】

1. 新建一个 Flash 文档，并将文件保存为“彩色气球.fla”。
2. 新建影片剪辑元件“元件 1”，绘制红色热气球，如图 6-49 所示。
3. 在主场景创建 4 个图层，从【库】面板分别拖曳 4 个气球元件到舞台，延续所有图层到 100 帧，如图 6-50 所示。

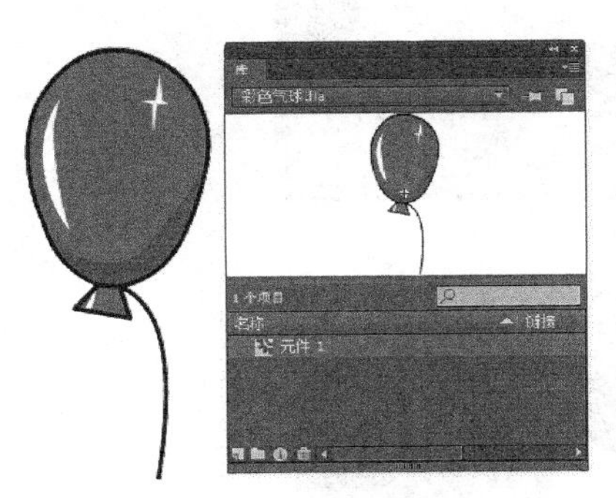
图6-49 绘制气球

图6-50 摆放气球

4. 添加【调整颜色】滤镜，分别调整 3 个红气球为紫色、绿色和粉红色，如图 6-51 所示。

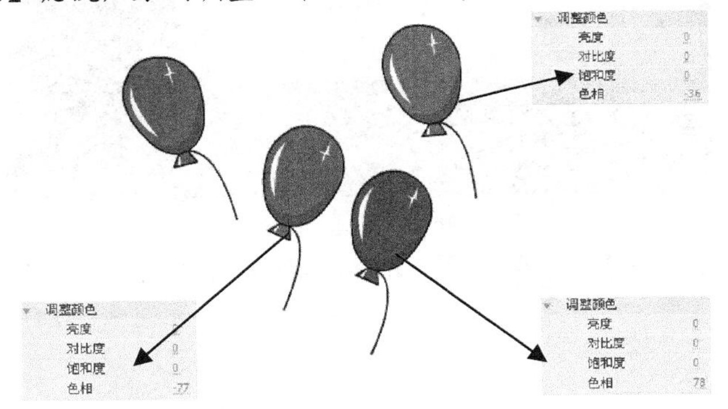

图6-51 调整颜色

5. 为 4 个图层创建【补间动画】，在 34 帧和 100 帧创建关键帧，向上移动 4 个气球的位置，制作气球飘动的动画，如图 6-52 所示。

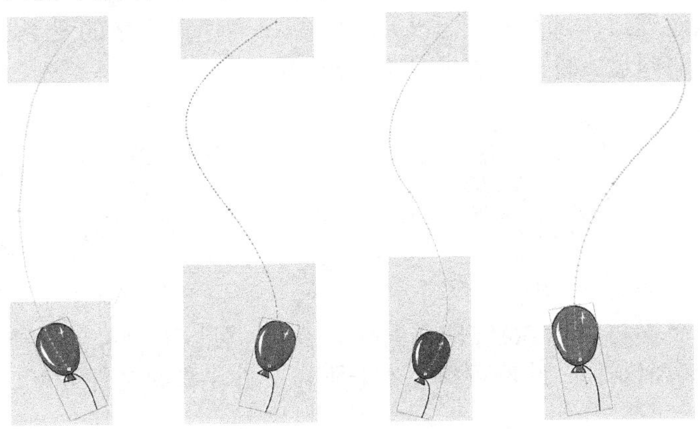
图6-52 气球运动路径

6. 利用移动工具调整运动路径弧度，如图 6-53 所示。

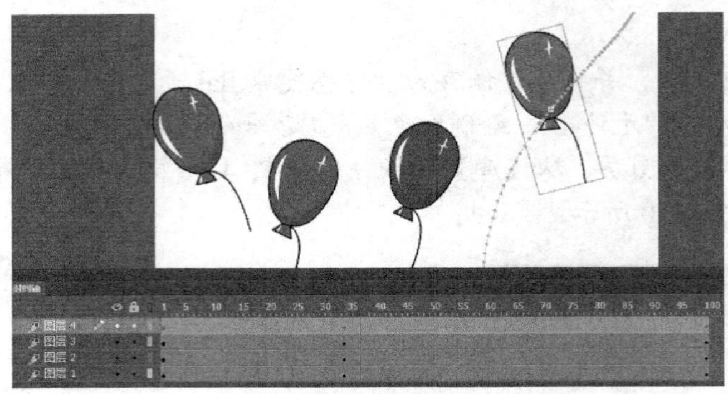

图6-53　调整运动路径弧度

7. 选择【调整到路径】复选项，使气球跟随曲线路径运动，如图 6-54 所示。

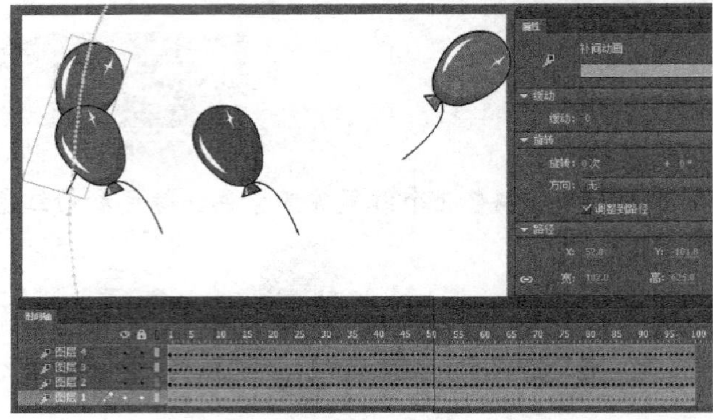

图6-54　调整到路径

8. 选择菜单命令【文件】/【保存】。此例参见本书附盘文件“素材文件\06\彩色气球.fla”。

6.5 习题

1. 打开附盘文件“素材文件\06\乐符.fla”，利用补间动画实现其由小到大、从无到有的旋转变化，如图 6-55 所示。此例可参见本书附盘文件“素材文件\06\乐符旋转.fla”。
2. 利用补间形状，通过添加形状提示实现“大”字向“天”字的变形，如图 6-56 所示。此例可参见本书附盘文件“素材文件\06\演变字.fla”。

图6-55　旋转飞出的乐符

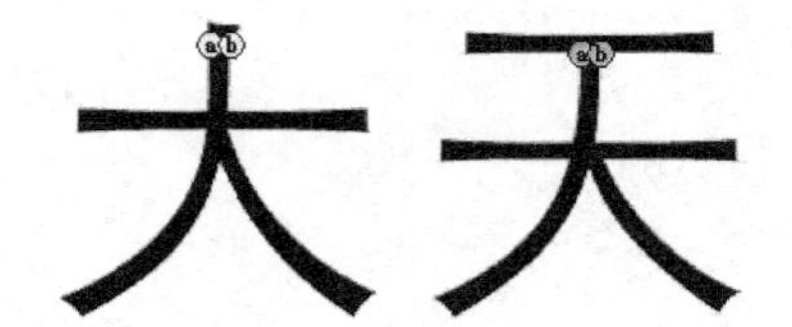

图6-56　文字变形

3. 打开附盘文件“素材文件\06\气球（失败）.fla”，可以看到补间动画失败，据此进行修改，完成补间动画制作。此例可参见本书附盘文件“素材文件\06\气球.fla”。

第7章　特殊动画

【学习目标】

- 掌握传统运动引导层动画制作。
- 理解遮罩层动画的含义。
- 掌握遮罩层动画制作。
- 理解应用场景的意义。

特殊动画主要包括逐帧动画、滤镜动画、动画预设自动生成动画等。Flash CC 2015 为了提高动画制作效率，增强动画效果，添加了很多常用动画样式，并可以自动生成动画效果，初学者可以在很短的时间内实现不错的动画效果。

7.1　功能讲解

Flash CC 2015 为动画制作提供了许多有效的命令和工具，利用它们可以提高动画制作效率，提高动画制作水平。

7.1.1　动画预设

动画预设是预配置的补间动画，可以将它们应用于舞台上的对象。用户只需选择对象，并单击【动画预设】面板中的 应用 按钮，如图 7-1 所示。

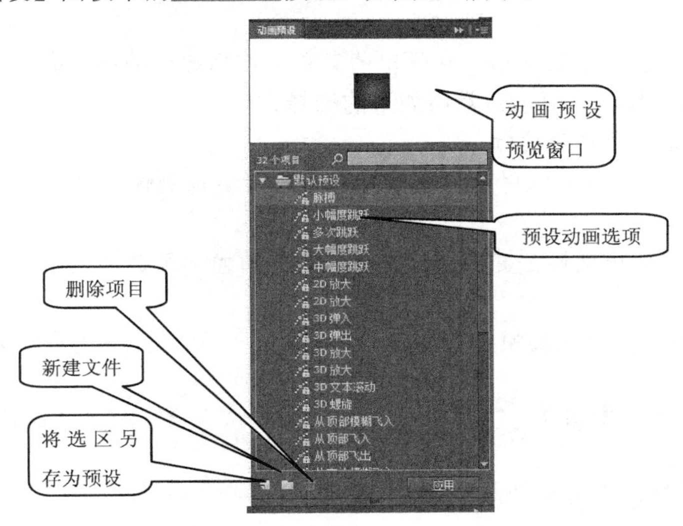

图7-1　【动画预设】面板

使用动画预设是学习在 Flash 中添加动画的基础知识的快捷方法。使用预设可极大节约

项目设计和开发的生产时间，特别是在用户经常使用相似类型的补间时。也可以创建并保存用户自己的自定义预设。

在舞台上选中了可补间的对象（元件实例或文本字段）后，可单击 应用 按钮来应用预设。每个对象只能应用 1 个预设。如果将第 2 个预设应用于相同的对象，则第 2 个预设将替换第 1 个预设。

一旦将预设应用于舞台上的对象，在【时间轴】中创建的补间就不再与【动画预设】面板有任何关系了。在【动画预设】面板中删除或重命名某个预设，对以前使用该预设创建的所有补间没有任何影响。如果在面板中的现有预设上保存新预设，它对使用原始预设创建的任何补间没有影响。

每个动画预设都包含特定数量的帧。在应用预设时，在【时间轴】中创建的补间范围将包含此数量的帧。如果目标对象已应用了不同长度的补间，补间范围将进行调整，以符合动画预设的长度。可在应用预设后调整时间轴中补间范围的长度。

包含 3D 动画的动画预设只能应用于影片剪辑实例。已补间的 3D 属性不适用于图形或按钮元件，也不适用于文本字段。可以将 2D 或 3D 动画预设应用于任何 2D 或 3D 影片剪辑。

7.1.2　帧的编辑修改

第 6 章的动画制作已经涉及了帧的编辑修改工作，如插入关键帧等。下面对帧的编辑修改进行系统地介绍。

在【时间轴】面板中可以插入、选择、移动、删除、剪切、复制和粘贴帧，还可以将其他帧转化成关键帧，对于多层动画，还可以在不同的层中移动帧。

(1) 插入帧的常用方法如下。

- 用鼠标左键单击帧，然后选择菜单命令【插入】/【时间轴】/【帧】、【插入】/【时间轴】/【关键帧】或【插入】/【时间轴】/【空白关键帧】，就可以插入不同类型的帧。快捷方式：按 F5 键插入帧，按 F6 键插入关键帧，按 F7 键插入空白关键帧。
- 用鼠标右键单击所要选的帧，在弹出的菜单中选择相应的插入命令。

(2) 帧被选择后，呈深色显示，常用如下的选择方法。

- 用鼠标左键单击所要选的帧。
- 按 Ctrl+Alt 组合键同时用鼠标左键分别单击所要选的帧，可以选择多个不连续的帧。
- 按 Shift 键同时用鼠标左键分别单击所要选的两帧，则两帧之间的所有帧均被选择。
- 用鼠标左键单击所要选的帧，并继续拖动，则第一帧与最后一帧间的所有帧均被选择。
- 选择菜单命令【编辑】/【时间轴】/【选择所有帧】，选择【时间轴】面板中的所有帧。

(3) 移动帧的常用方法如下。

- 用鼠标左键单击所选的帧，然后拖动到新位置。如果拖动时按 Alt 键，会在新位置复制出所选的帧。

- 选择一帧或多个帧，选择菜单命令【编辑】/【时间轴】/【剪切帧】剪切所选帧。用鼠标左键单击所要放置的位置，选择菜单命令【编辑】/【时间轴】/【粘贴帧】粘贴出所选的帧。

(4) 修改帧的常用方法如下。

- 选择一帧或多个帧，然后选择菜单【修改】/【时间轴】下的子命令，将所选帧转换为关键帧、空白关键帧或删除关键帧。
- 当选择多个连续的帧以后，菜单命令【修改】/【时间轴】下的【翻转帧】命令会有效，利用这个命令可以翻转所选帧的出现顺序，也就是实现动画的反向播放。

与插入帧类似，将其他帧转化成关键帧、清除帧等，都可以使用【插入】菜单命令或单击鼠标右键使用快捷菜单命令。剪切、复制和粘贴帧可以使用【编辑】/【时间轴】菜单下的命令或单击鼠标右键使用快捷菜单命令。另外，【编辑】/【时间轴】菜单下有【复制动画】命令，由此可以将动画效果通过粘贴的方式，有选择地赋予其他动画对象，极大地简化了工作步骤。

7.1.3 应用滤镜

与 Photoshop 软件类似，Flash 中的滤镜也用以制作丰富的视觉效果。但 Flash 滤镜的应用对象有一定限制，只能是文本、按钮和影片剪辑，而图形元件等对象则不能应用滤镜。由于滤镜的参数可以调整，所以使用补间动画能够让滤镜产生变化，这就是滤镜动画。例如，创建一个具有投影的球（即球体），在时间轴中让起始帧和结束帧的投影位置产生变化，模拟出光源从对象一侧移到另一侧的效果，就可以使用滤镜。

在制作滤镜动画时，为了保证滤镜的变化能够正确补间，Flash CC 2015 规定了如下原则。

- 如果将补间动画应用于已使用了滤镜的影片剪辑，则在补间的另一端插入关键帧时，该影片剪辑在补间的最后一帧上自动继承它在补间开头所具有的滤镜，并且层叠顺序相同。
- 如果将影片剪辑放在两个不同帧上，并且对于每个影片剪辑都应用了不同的滤镜，且两帧之间又应用了补间动画，则 Flash 首先处理所带滤镜最多的影片剪辑，然后比较分别应用于第 1 个影片剪辑和第 2 个影片剪辑的滤镜。如果在第 2 个影片剪辑中找不到匹配的滤镜，Flash 会生成一个不带参数并具有现有颜色的滤镜。
- 如果两个关键帧之间存在补间动画，将滤镜添加到关键帧中的对象上时，Flash 会在补间另一端的关键帧上自动将相同滤镜添加到影片剪辑中。
- 如果从关键帧中的对象上删除滤镜，Flash 会在补间另一端的关键帧中自动从影片剪辑中删除匹配的滤镜。
- 如果补间动画起始和结束的滤镜参数设置不一致，Flash 会将起始帧的滤镜设置应用于补间。但对挖空、内侧阴影、内侧发光及渐变发光的类型和渐变斜角的类型，都不会产生补间动画。例如，如果使用投影滤镜创建补间动画，在补间的第 1 帧上应用挖孔投影，而在补间的最后一帧上应用内侧阴影，则 Flash 会更正补间动画中滤镜使用的不一致现象。在这种情况下，Flash 会应用补间第 1 帧所用的滤镜设置，即挖空投影。

7.2　范例解析

本节通过制作几个实例，对前一节的相关内容进行梳理，进一步突出重点，打牢基础。

7.2.1　篮球之夜

创建图 7-2 所示的效果，篮球元件以两种动态运动形式构成主题效果，随后推出文字标题运动效果。

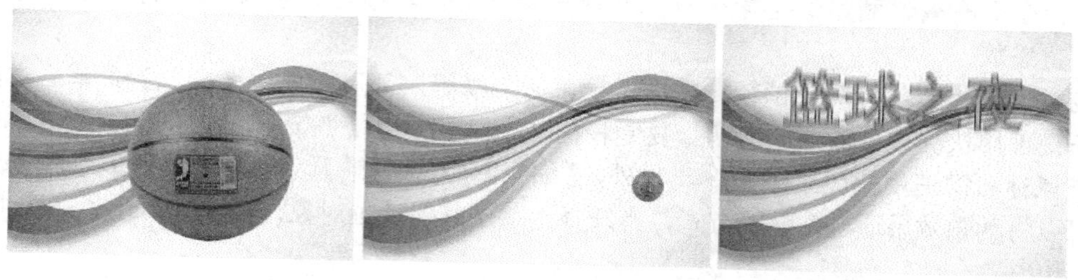

图7-2　篮球之夜

动画预设是预配置的补间动画，可以将它们应用于舞台上的对象。用户只需选择对象并单击【动画预设】面板中的动画预设选项，单击 应用 按钮应用即可，具体操作如下。

【操作提示】

1. 新建一个 Flash 文档，并以文件名“篮球之夜.fla”保存。
2. 选择菜单命令【文件】/【导入】/【导入到舞台】，导入附盘文件“素材文件\07\桌面背景.jpg”。
3. 新建“图层 2”，导入附盘文件“素材文件\07\篮球.png”，如图 7-3 所示。

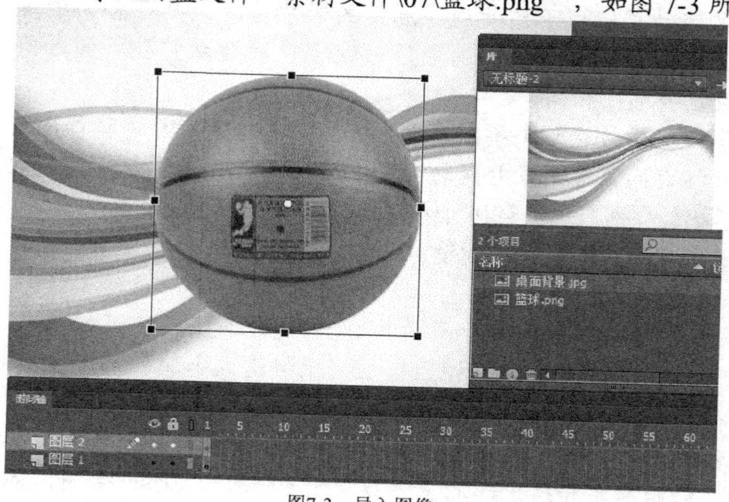

图7-3　导入图像

4. 选择菜单命令【窗口】/【动画预设】，打开【动画预设】面板。
5. 选择“篮球”对象，在【动画预设】面板中选择【默认预设】下的【脉搏】选项，单击 应用 按钮确定。弹出【将所选的内容转换为元件以进行补间】对话框，单击 确定 按钮继续制作，如图 7-4 所示。

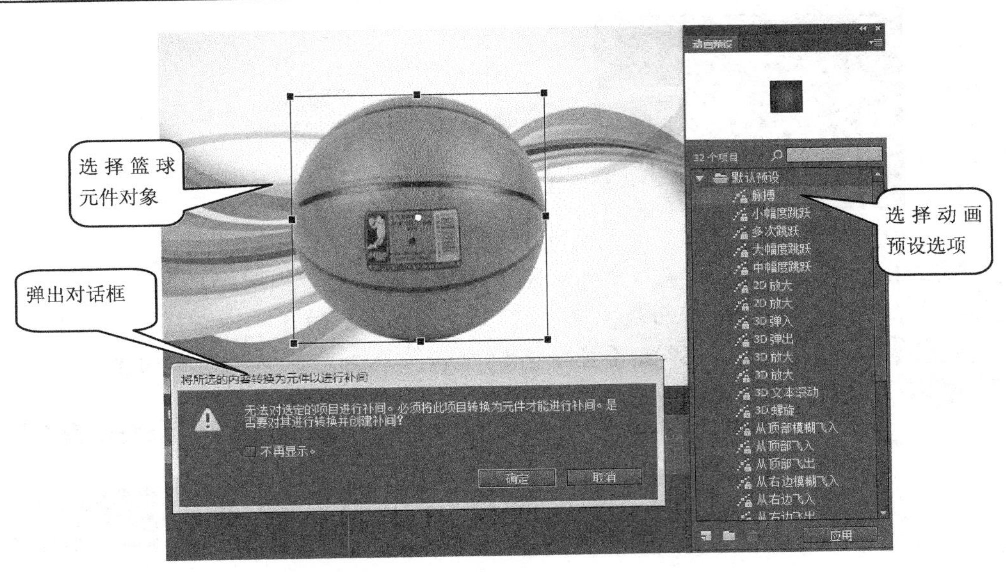

图7-4 应用预设

6. 在【时间轴】面板中自动为“篮球”对象制作补间动画，并放置在“图层2”中。
7. 新建“图层3”，选择第24帧，按F6键创建关键帧。
8. 从【库】面板拖曳“篮球.png”对象到舞台。
9. 选择对象，在【动画预设】面板中选择【默认预设】下的【快速移动】选项，单击 应用 按钮确定。弹出【将所选的内容转换为元件以进行补间】面板，单击 确定 按钮继续制作，如图7-5所示。

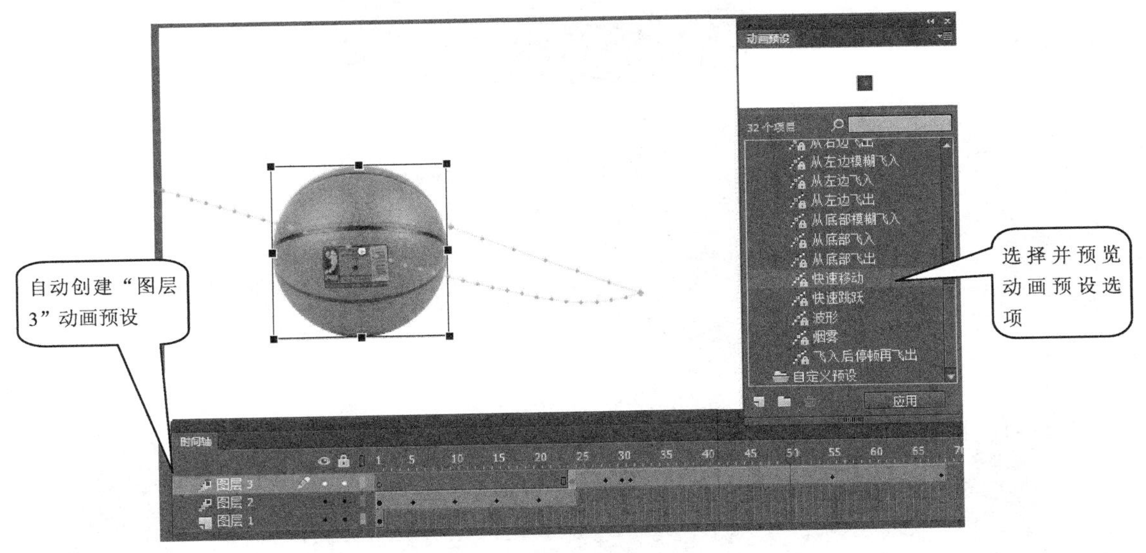

图7-5 应用新预设

10. 新建“图层4”，选择第68帧，按F6键创建关键帧。
11. 选择 T 工具，输入黑体黄色文字“篮球之夜”，如图7-6所示。选择文字，按Ctrl+B组合键两次，打散文字。

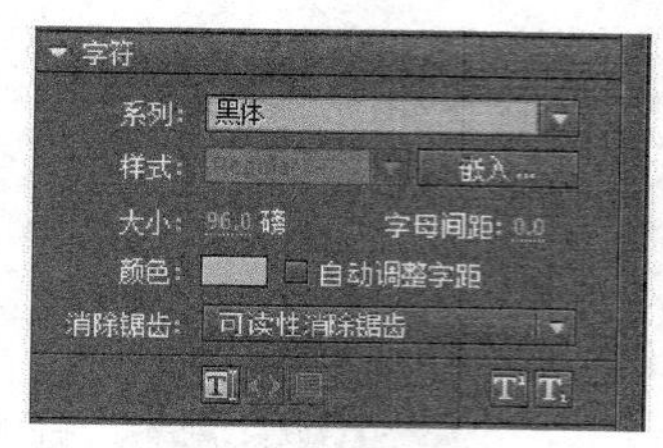

图7-6 输入文字

12. 选择工具，为文字填充黑色边线，如图 7-7 所示。
13. 选择对象，在【动画预设】面板中选择【默认预设】下的【从顶部模糊飞入】选项，单击 应用 按钮确定。弹出【将所选的内容转换为元件以进行补间】面板，单击 确定 按钮继续制作，如图 7-8 所示。

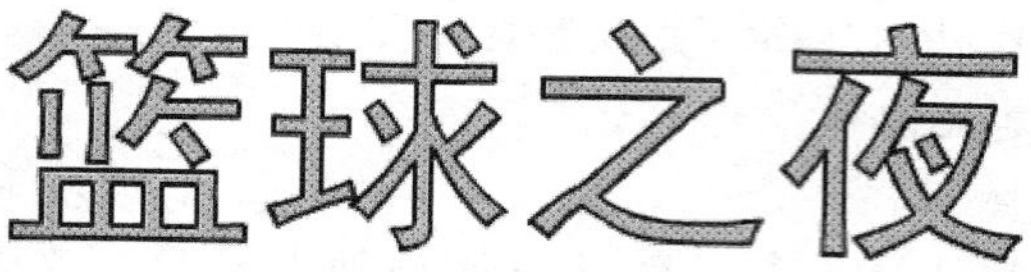

图7-7 填充边线

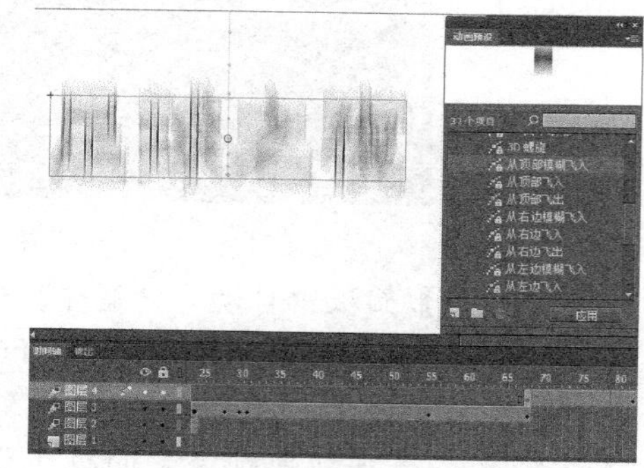

图7-8 应用新预设

14. 移动文字动画路径的位置，使其处于画面中心位置，如图 7-9 所示。

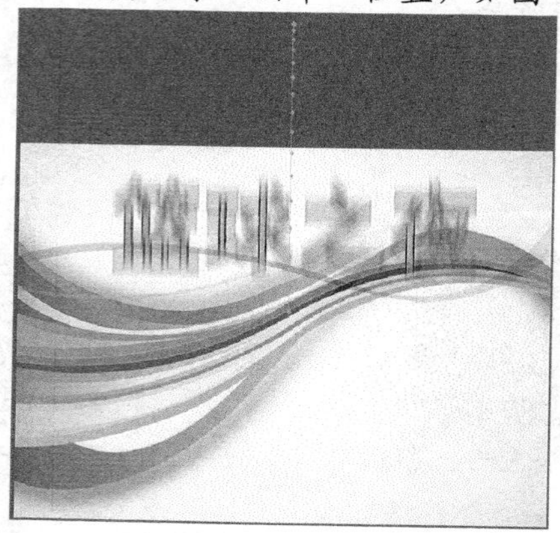

图7-9 移动路径位置

15. 分别选择“图层 1”和“图层 4”第 100 帧，按 F5 键延续帧，如图 7-10 所示。

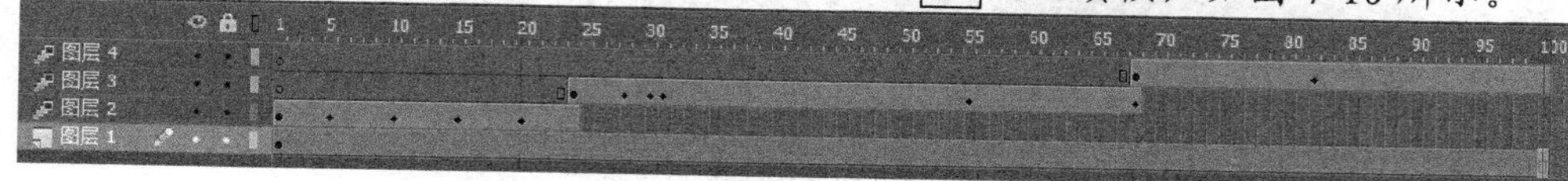

图7-10 延续帧长度

16. 查看【库】面板中的元件，如图 7-11 所示。

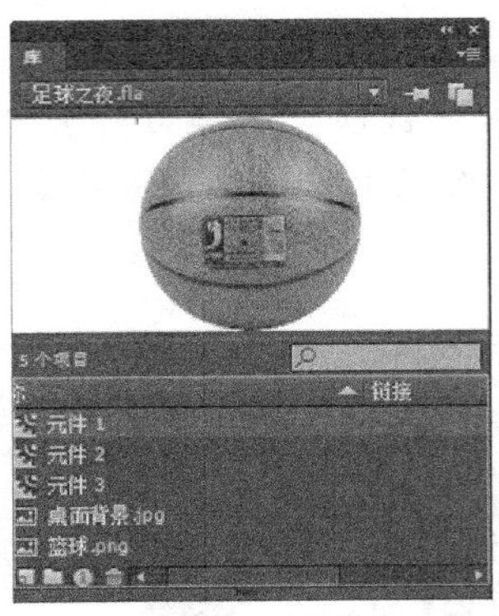

图7-11　元件库

17. 选择菜单命令【控制】/【测试】，测试动画，观看篮球之夜动画效果。此例可参见附盘文件“素材文件\07\篮球之夜.fla”。

通过本实例的制作可见，使用动画预设是学习在 Flash 中添加动画的基础知识的快捷方法。一旦了解了预设的工作方式后，读者自己制作动画就非常容易了。读者可以创建并保存自己的自定义预设。

7.2.2 宝宝纪念

创建图 7-12 所示的效果，金羊元件在快速水平振荡中产生虚实变化。虚实变化利用滤镜来实现，其中再结合自定义缓入/缓出设置产生水平振荡。

图7-12　宝宝纪念

【操作提示】

1. 新建一个“550 × 550”像素的 Flash 文档，并将文件保存为“宝宝纪念.fla”文件。
2. 选择菜单命令【文件】/【导入】/【导入到舞台】，导入附盘文件“素材文件\07\宝宝背景.jpg”。
3. 新建“图层 2”，选择菜单命令【文件】/【导入】/【导入到舞台】，导入附盘文件“素材文件\07\金羊.png”，将其放在舞台中央，并转换为“动感”影片剪辑元件。
4. 进入“动感”元件，并转换为“金羊”影片剪辑元件。
5. 在【时间轴】面板中选择第 13 帧，按 F6 键插入关键帧，单击鼠标右键，选择【创建补间动画】命令。
6. 选择第 13 帧中舞台上的“动感”元件实例，在【属性】面板中展开【滤镜】卷展栏，单击 按钮，选择【模糊】命令，将【模糊 X】设置为“220”、【模糊 Y】设置为

“0”、【品质】选项设为【高】，如图 7-13 所示。

7. 选择第 20 帧，按 F6 键插入关键帧，选择当前帧中的“动感”元件实例，按→键 3 次，调整其位置。在【滤镜】面板中仅将【模糊 X】和【模糊 Y】修改为“0”，如图 7-14 所示。

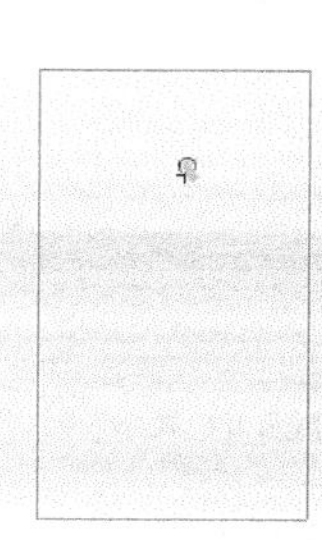

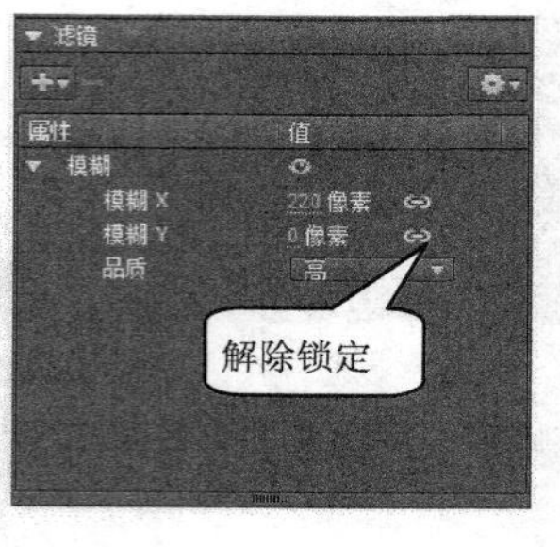

图7-13　应用【模糊】滤镜

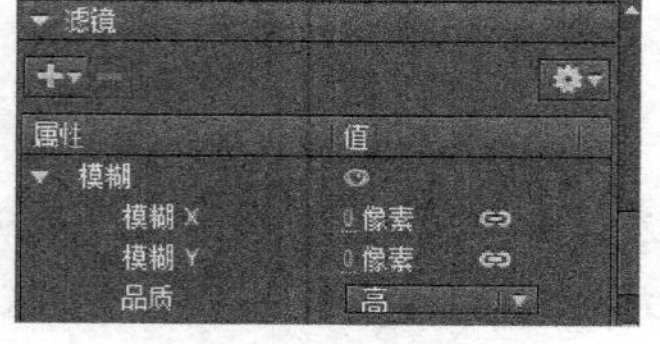

图7-14　调整参数

8. 在【时间轴】面板各帧的状态如图 7-15 所示。

9. 返回场景 1，在【时间轴】面板中增加一个“图层 3”，输入红色黑体文字“幸福宝贝”，大小为“30”。

10. 选择工具，调整文字倾斜，如图 7-16 所示。

图7-15　【时间轴】面板

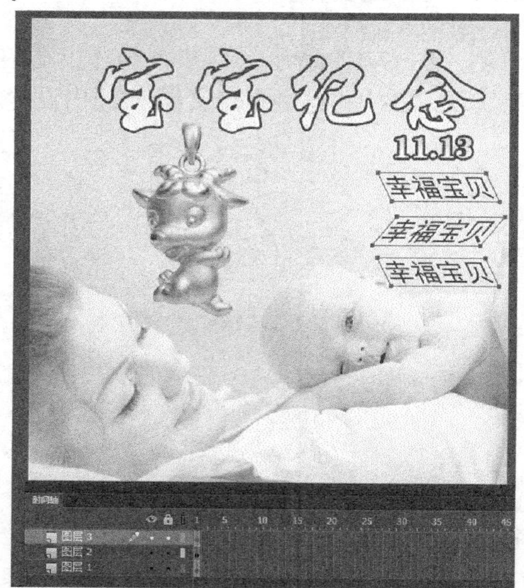

图7-16　调整文字倾斜

11. 将文字“幸福宝贝”进一步复制调整，形成最终的 3 行文字效果。

12. 选择菜单命令【控制】/测试】，测试动画。此例可参见附盘文件“素材文件\07\宝宝纪念.fla”。

7.3 实训

本节通过两个例子的制作，讲述在补间动画制作中如何应用多种创作手段，产生更加复杂的效果。

7.3.1 卡通狗

创建图 7-17 所示的效果，卡通狗眨着漂亮的大眼睛，向你诉说着心语。

图7-17 卡通狗

逐帧动画经常被用来制作循环动画，如人的走动等。这个实例就利用逐帧动画实现了卡通眼睛和嘴的循环动作。

【操作提示】

1. 新建一个 Flash 文档，并将文件保存为“卡通狗.fla”。
2. 选择菜单命令【导入】/【打开外部库】，将附盘文件“素材文件\07\小狗.fla”在当前【外部库】面板打开，将 3 个元件全选后复制到新建文档的【库】中，如图 7-18 所示。
3. 在“卡通狗.fla”的【库】面板中双击“眼睛”元件，进入其编辑修改界面。
4. 在图层 2 上选择第 14 帧插入关键帧，选择第 1 帧的眼睛，利用工具修改图形，如图 7-19 所示。

图7-18 导入元件

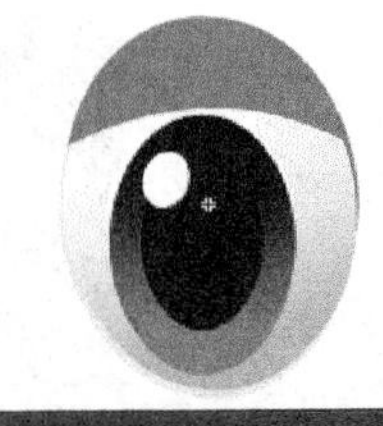

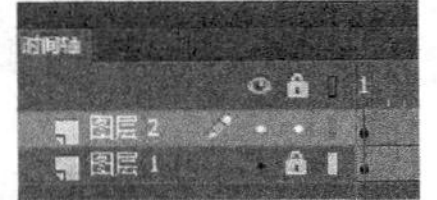

图7-19 修改眼睛

5. 选择第 12 帧，插入关键帧，利用工具修改图形，如图 7-20 所示。
6. 选择第 13 帧，插入关键帧，利用工具修改图形，如图 7-21 所示。

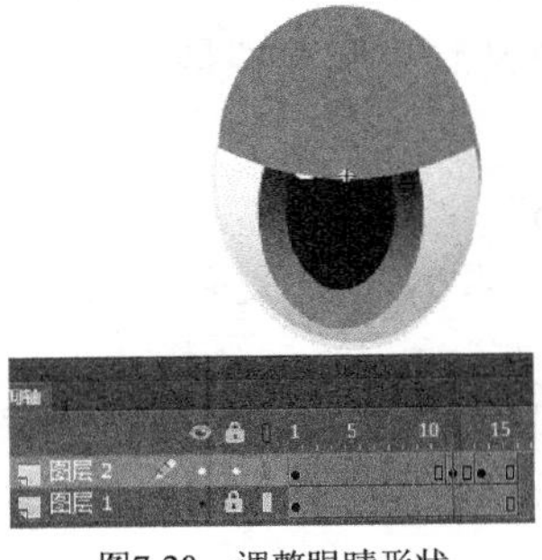

图7-20 调整眼睛形状

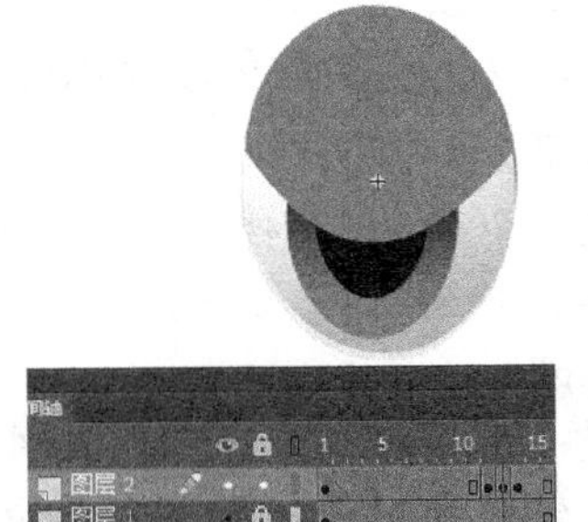

图7-21 调整眼睛形状

7. 选择第 13 帧，按 Alt 键向右拖动，在第 15 帧复制出新帧。
8. 选择第 12 帧，按 Alt 键向右拖动，在第 16 帧复制出新帧，如图 7-22 所示。
9. 在【库】面板中双击“嘴巴”元件，进入其编辑修改界面。
10. 选择第 2 帧，插入关键帧，利用【变形】面板在垂直方向将嘴部压缩 60%。
11. 选择第 3 帧，插入关键帧，在垂直方向再将嘴部压缩 60%。
12. 选择第 4 帧，插入关键帧，调整嘴的形状，删除其中的粉红色部分。
13. 在【时间轴】面板中选择第 3 帧，按 Alt 键向右拖动，在第 5 帧放置新复制的帧。
14. 将第 2 帧复制到第 6 帧，比较 1~6 帧的嘴型，如图 7-23 所示。

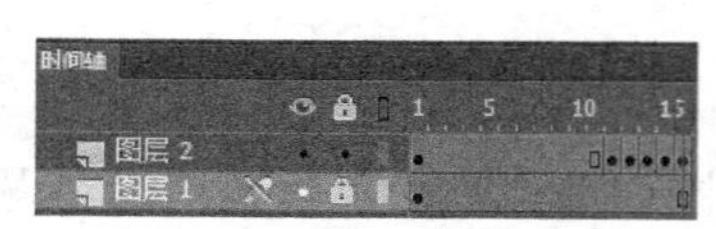

图7-22　复制出新帧

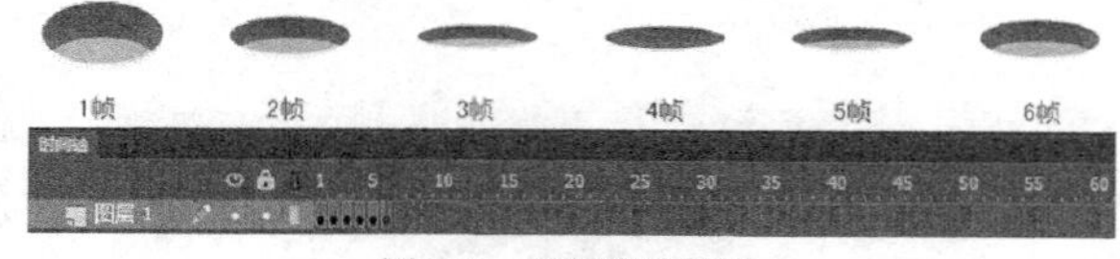

图7-23　调整嘴的形状

15. 单击【时间轴】面板下方的按钮，返回场景 1。
16. 从【库】面板中将 3 个元件拖入舞台，构成卡通狗的形象。
17. 选择菜单命令【控制】/【测试】，测试动画，就会看到小狗开口说话的形象。此例可参见附盘文件“素材文件\07\卡通狗.fla”。

7.3.2 魔幻水晶

创建图 7-24 所示的效果，辉光从中心位置放射状飞出，文字辉光像霓虹灯闪动。

图7-24　魔幻水晶

利用混合模式叠加图层效果，可以有效地融合图形效果，使动画效果更加融入背景图像的气氛中，文字滤镜的色彩变化可以在【动画编辑器】中灵活方便地调整。

【操作提示】

1. 新建一个 Flash 文档，并将文件保存为“魔幻水晶.fla”。
2. 选择菜单命令【文件】/【导入】/【导入到舞台】，导入附盘文件“素材文件\07\自然.jpg”。
3. 新建“图层 2”，导入附盘文件“素材文件\07\辉光.png”。选择“辉光”对象，单击鼠标右键，在弹出的快捷菜单中选择【转换为元件】命令，创建“辉光闪”影片剪辑元件，如图 7-25 所示。

图7-25　创建元件

4. 在舞台上，双击元件进入编辑状态。选择第 1 帧，单击鼠标右键，选择【创建补间动画】命令，准备创建补间动画，如图 7-26 所示。

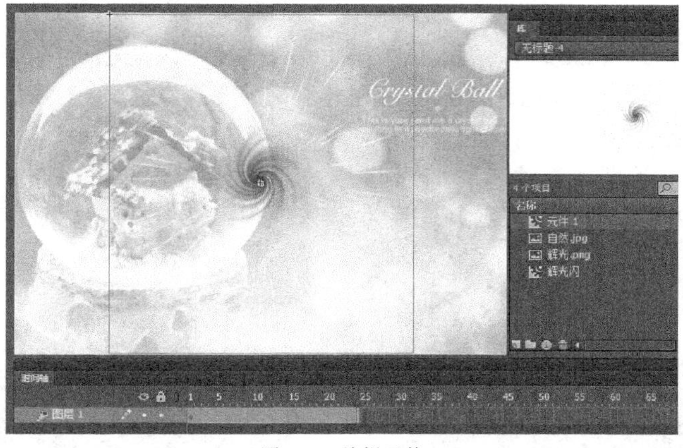

图7-26　编辑元件

5. 移动播放头到 24 帧，选择图形，按住 Shift 键，等比例放大图形。
6. 单击按钮，返回“场景 1”。
7. 选择元件，打开【属性】面板的【显示】卷展栏，在【混合】下拉列表中选择【叠加】选项，混合图形显示效果如图 7-27 所示。

图7-27　设置混合模式

8. 为元件实例应用【模糊】滤镜，将【模糊 X】、【模糊 Y】分别设置为“3”，【品质】选项设置为【高】，如图 7-28 所示，辉光的融合效果更加细腻柔和。

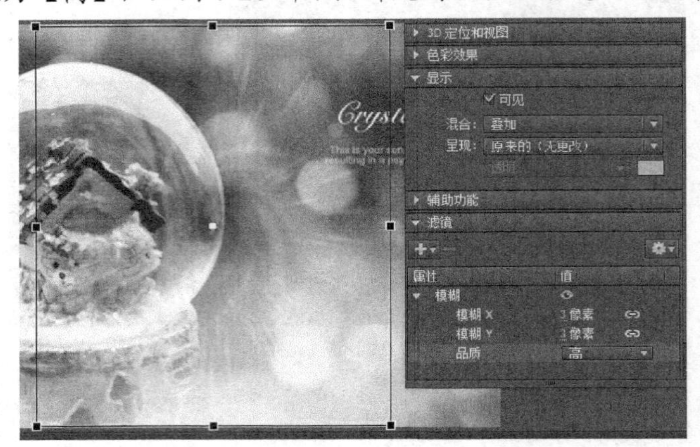

图7-28　添加滤镜

9. 新建“图层 3”，选择T工具，输入“魔幻水晶”黑体浅蓝色文字，选择文字对象，单击鼠标右键，选择【转换为元件】命令，创建“文字”影片剪辑元件，如图 7-29 所示。
10. 在舞台上，双击元件进入编辑状态。
11. 为元件实例应用【发光】滤镜，将【模糊 X】、【模糊 Y】分别设置为“20”，【强度】设置为“200%”，【颜色】设置为绿色，如图 7-30 所示。

图7-29　转换为元件

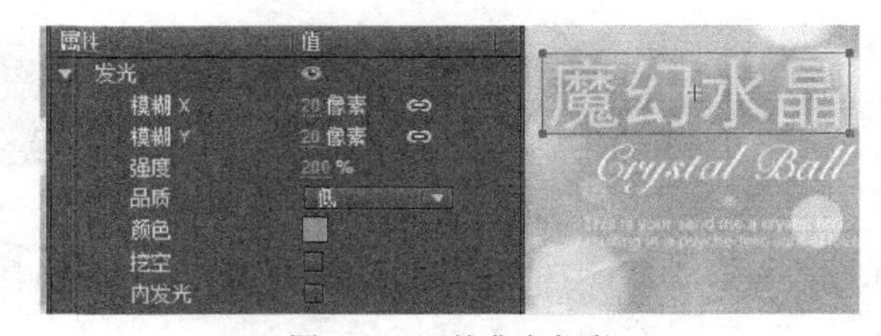

图7-30　调整发光色彩

12. 选择第 1 帧，单击鼠标右键，在弹出的快捷菜单中选择【创建补间动画】命令。
13. 移动播放头至第 12 帧，【发光】滤镜的【颜色】设置为黄色，如图 7-31 所示。
14. 移动播放头至第 24 帧，【发光】滤镜的【颜色】设置为紫色，如图 7-32 所示。

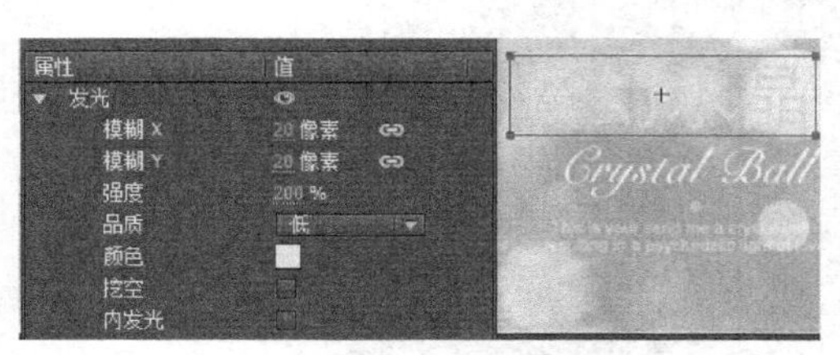

图7-31　改变辉光色彩

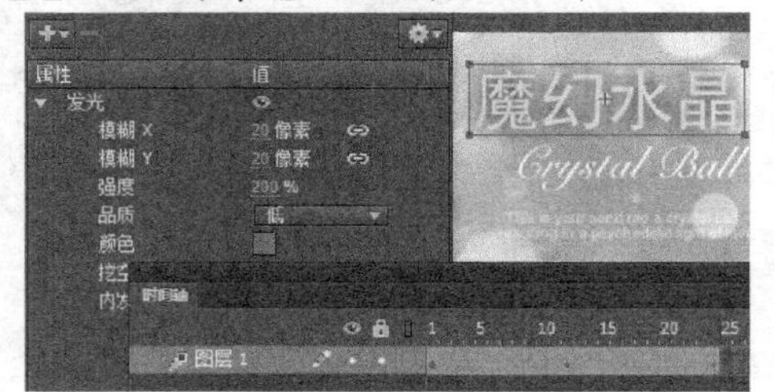

图7-32　再次改变辉光色彩

15. 单击按钮，返回“场景 1”。测试影片，会看到文字循环闪光。此例可参见附盘文件“素材文件\07\魔幻水晶.fla”。

7.4 综合案例——圣诞贺卡

创建图 7-33 所示的效果，圣诞树上星光闪烁，圣诞老人带着圣洁的光芒移入画面，“圣诞快乐”几个字从天而降进入画面。星光闪烁主要利用逐帧动画实现，圣诞老人发出的辉光则利用滤镜完成。

图7-33 圣诞贺卡

【操作提示】

1. 打开附盘文件“素材文件\07\圣诞（素材）.fla”，使动画持续时间延长到第 45 帧。
2. 创建一个影片剪辑元件“星”，将【笔触颜色】设为无，在【颜色】面板中设置渐变颜色，如图 7-34 所示。
3. 选择◎工具，将【笔触颜色】设为无，设置其参数如图 7-35 所示。

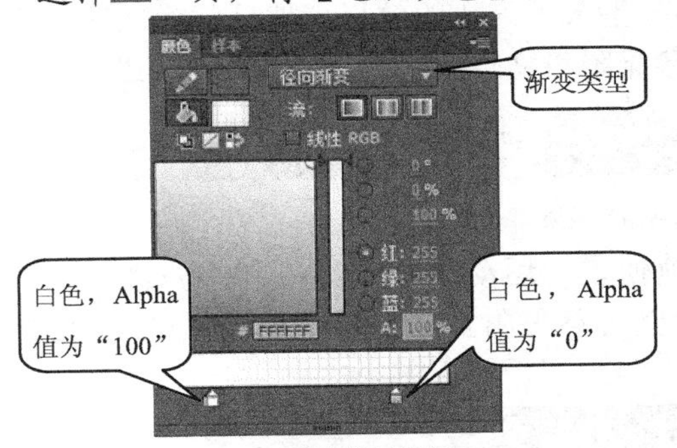

图7-34 设置渐变颜色

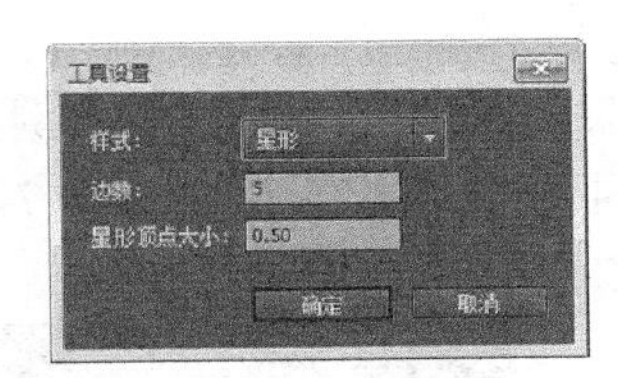

图7-35 调整参数

4. 按 Shift 键画出一个星形，在【属性】面板中设置其【宽】和【高】数值为“18.0”。
5. 选择第 2 帧，插入关键帧，然后调整星形位置并适当旋转，直到第 7 帧。每一帧中星形的位置和角度都有变化，但最终要使星形的运动能够循环进行，如图 7-36 所示。
6. 返回场景 1 中，增加“图层 2”，从【库】面板中将“圣诞老人.png”拖到舞台中，然后转换成影片名为“老人”的剪辑元件。
7. 编辑“老人”元件，应用【发光】滤镜，如图 7-37 所示。

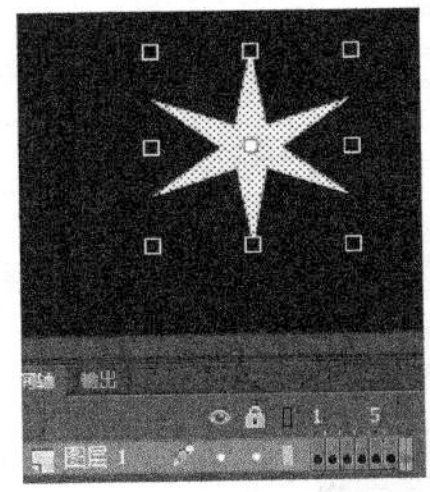

图7-36 调整位置和角度

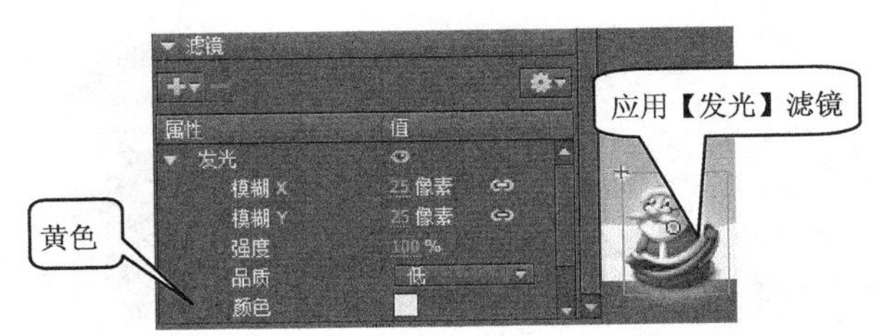

图7-37 应用【发光】滤镜

8. 在第 1~10 帧制作位移动画，使老人从右向左移动。
9. 返回场景 1 中，增加“图层 3”，从【库】面板中将“星”元件拖到舞台中，与圣诞树重合。

10. 增加“图层 4”，输入文字“圣诞快乐”，然后转换成影片命名为“文字”的剪辑元件。
11. 编辑“文字”元件，在第 1～30 帧制作动画，使文字从舞台外的上方下落到舞台，并延续到第 55 帧。
12. 返回场景 1 中，测试动画，就会看到精美的圣诞贺卡。此例可参见附盘文件“素材文件\07\圣诞贺卡.fla”。

7.5 习题

1. 如图 7-38 所示，使“超人气网站”文字产生闪烁的效果，其中斑马线边框在闪烁过程中还有颜色变化。此例可参见附盘文件“素材文件\07\网站.fla”。

图7-38　“超人气网站”效果

2. 如图 7-39 所示，使“梦开始的地方”文字产生水平虚化的效果，然后替换文字，文字由虚变实后成为“高新区欢迎您”。此例可参见附盘文件“素材文件\07\梦.fla”。

图7-39　“超人气网站”效果

3. 修改综合案例一节讲述的实例，通过插入帧使星光运动速度减半，利用滤镜为文字加一个内侧发光的红边，如图 7-40 所示。此例可参见附盘文件“素材文件\07\圣诞快乐（修改）.fla”。

图7-40　圣诞快乐

4. 打开附盘文件“素材文件\07\布娃娃.fla”，通过【动画预设】面板实现“3D 螺旋”的动画效果，如图 7-41 所示。此例可参见附盘文件“素材文件\07\翻转布娃娃.fla”。

图7-41　翻转布娃娃

第8章　图层动画

【学习目标】

- 掌握传统运动引导层动画制作。
- 理解遮罩层动画的含义。
- 掌握遮罩层动画制作。
- 理解应用场景的意义。

本章介绍的图层动画制作，并不是指单纯的图层叠加，而是一些特殊的图层动画效果，是解决动画对象复杂变化的有效方法。

8.1　功能讲解

图层动画制作主要是指运动引导层动画和遮罩层动画，而场景则是大型动画制作中分工协作的有利工具。

8.1.1　传统运动引导层动画

在 Flash CC 2015 中新补间动画已经具备引导层动画的特征，但是仍然保留传统运动引导层动画的功能。在【时间轴】面板中，在层名前有标志的就是运动引导层。运动引导层可以起到设置运动路径的导向作用，使与之相链接的被引导层中的对象沿此路径运动。设置运动引导层和被引导层可以采用下面的方法。

- 用鼠标右键单击图层名，在打开的快捷菜单中选择【添加传统运动引导层】命令，在当前图层上增加一个运动引导层，当前图层变成被引导层。
- 用鼠标右键单击图层名，在打开的快捷菜单中选择【引导层】命令，当前图层变成引导层。将引导层下方的图层稍向右上方拖动，此图层将会变成被引导层，被引导层图标向右缩进。引导层也将改变为运动引导层。
- 选择某个图层，选择菜单命令【修改】/【时间轴】/【图层属性】，打开【图层属性】对话框，选择【引导层】选项。
- 选择被引导层，单击按钮会在其上增加一个被引导层。

运动引导层动画实际上是传统补间动画的特例。它是在传统补间动画又添加了运动轨迹的控制。绘制的矢量图形，如果不建组或转换成元件，同样也无法用于运动引导层动画。

8.1.2　遮罩层动画

在 Flash CC 2015 中，遮罩层前面用图标表示，与之相链接的被遮罩层前面用图标表示。遮罩层中有动画对象存在的地方都会产生一个孔，使与其链接的被遮罩层相应区域中的对象显示出来；而没有动画对象的地方会产生一个罩子，遮住链接层相应区域中的对象。遮罩层中动画对象的制作与一般层中基本一样，矢量色块、字符、元件及外部导入的位图等都可以在遮罩层产生孔。对于遮罩层的理解，可以将它看作是一般层的反转，其中有对象存在的位置为透明，空白区域则为不透明。遮罩层只能对与之相链接的层起作用，这与前面所讲的运动引导层是一样的。

制作遮罩效果前，【时间轴】面板中起码要有两个图层，如“图层 1”和“图层 2”。可以采用下面的方法设置遮罩层和被遮罩层。

- 用鼠标右键单击“图层 2”的层名，在打开的快捷菜单中选择【遮罩层】命令，将“图层 2”变成遮罩层，其下方的“图层 1”自动变成被遮罩层，两个层都自动被锁定。
- 选择某个图层，然后选择菜单命令【修改】/【时间轴】/【图层属性】，打开【图层属性】对话框，选择【遮罩层】或【被遮罩层】单选项。
- 选择被遮罩层，单击按钮会在其上增加一个被遮罩层。

遮罩本身的颜色并不重要，它仅仅起遮挡作用。如果将遮罩层和被遮罩层其中一个解除锁定，在舞台上不能预览遮罩效果，只有将上述两个图层锁定，或选择菜单命令【控制】/【测试】，发布作品后就能够看到遮罩效果。

8.2 范例解析

下面通过几个范例讲解补间动画和传统补间动画的设计方法与应用技巧。

8.2.1 飞机

制作飞机沿曲线路径飞行的动画，效果如图 8-1 所示。

图8-1　飞行的飞机

【操作提示】

1. 新建一个 Flash 文档，将附盘文件“素材文件\08\天空.jpg”导入舞台。
2. 新建“图层 2”，将附盘文件“素材文件\08\飞机.png”导入舞台。
3. 在【时间轴】面板的图层选择区选择“图层 2”，单击鼠标右键，选择【添加传统运动引导层】命令，增加运动引导层，而“图层 2”层自动变成了被引导层，如图 8-2 所示。
4. 保持运动引导层的被选择状态，选择工具，在舞台上画出一条路径曲线，如图 8-3 所示。

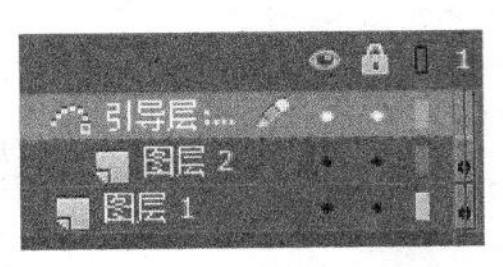

图8-2 增加运动引导层

图8-3 画路径曲线

5. 锁定运动引导层，拖动舞台上的“飞机”元件，使其中心点吸附到曲线路径的左端点，如图 8-4 所示。工具栏中的按钮必须激活，这样有利于吸附调整。
6. 在运动引导层的第 30 帧插入帧。
7. 选择“图层 2”第 1 帧，单击鼠标右键，选择【创建传统补间】命令。选择第 30 帧，插入关键帧。
8. 拖动“图层 2”第 30 帧中的“飞机”元件，使注册点（中心点）吸附到曲线路径的右端点，缩小飞机比例并调整旋转方向使之与路径方向一致，如图 8-5 所示。

图8-4 调整元件位置

图8-5 旋转元件

9. 在【属性】面板中设置相关参数，如图 8-6 所示。
10. 用鼠标右键单击“图层 2”的第 15 帧，在打开的快捷菜单中选择【转换为关键帧】命令，使第 15 帧成为关键帧。在【属性】面板中将【缓动】数值设为“50”，如图 8-7 所示。

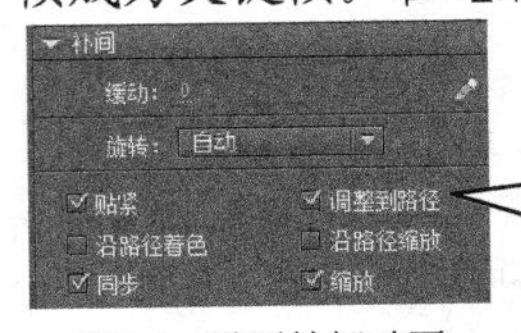

选择【调整到路径】，飞机根据路径的曲度改变旋转方向

图8-6 设置补间动画

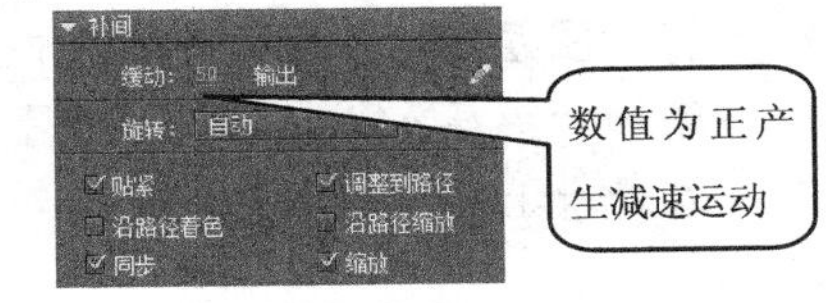

图8-7 变速调整

11. 选择第 15 帧舞台上的飞机，沿曲线路径向左拖动，调整旋转方向使之与路径方向一致，如图 8-8 所示。

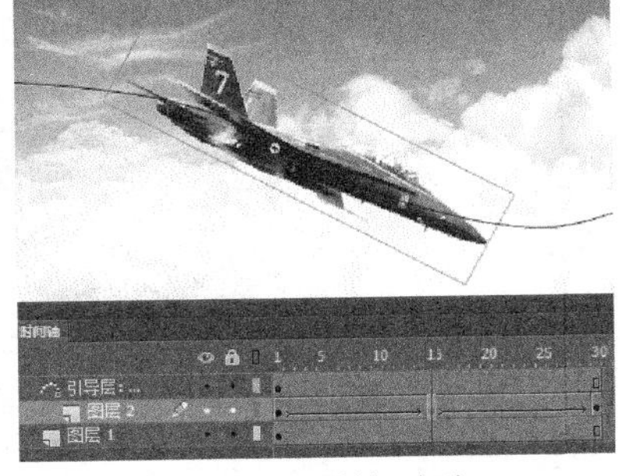

图8-8 设置补间动画

12. 选择菜单命令【控制】/【测试】，会看到飞机沿着曲线路径逐渐飞出，速度由慢到快，而运动路径并没有显示。此例可参见附盘文件“素材文件\08\飞机.fla”。

8.2.2 互联网时代

创建图 8-9 所示的效果，蓝色文字上有一道光线从左向右划过，形成常见的扫光文字效果。

图8-9　电影博物馆

实现这一效果，主要利用遮罩层动画与其他图层的叠加显示。

【操作提示】

1. 新建一个尺寸为“600×300”像素的 Flash 文档，并将文件保存为“互联网时代.fla”。
2. 选择菜单命令【文件】/【导入】/【导入到舞台】，导入附盘文件“素材文件\08\科技时代.jpg”。
3. 增加“图层 2”，在舞台上方输入“科技时代”，在【属性】面板中设置字体为“隶书”，字体大小为“74”，颜色为“紫色”。
4. 增加“图层 3”，用鼠标右键单击“图层 2”的第 1 帧，从快捷菜单中选择【复制帧】命令，然后用鼠标右键单击“图层 3”的第 1 帧，从快捷菜单中选择【粘贴帧】命令。
5. 将“图层 3”中的文字颜色改为浅黄色“#00FFFF”。
6. 增加“图层 4”，打开【颜色】面板，选择【填充颜色】，设置渐变颜色，如图 8-10 所示。
7. 在舞台上绘制一个【笔触颜色】为无色的长方形，然后调整出图 8-11 所示的光束图形。

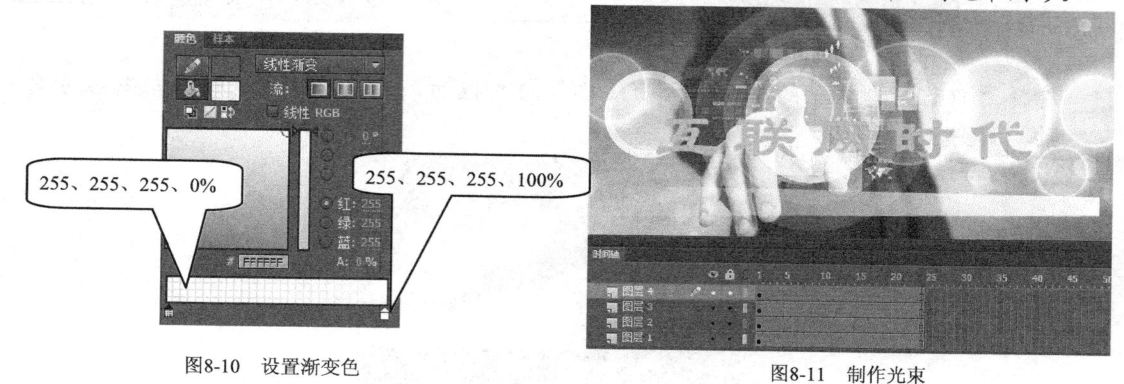

图8-10　设置渐变色

图8-11　制作光束

8. 选择舞台上的光束对象，将其转换为图形元件“遮罩”，使用工具调整“遮罩”元件实例的旋转中心，如图 8-12 所示。
9. 调整光束位置，然后将其旋转，如图 8-13 所示。

图8-12　调整变形点

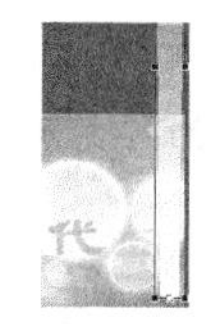

图8-13　调整光束

10. 分别选择“图层 1”“图层 2”和“图层 3”的第 24 帧，插入帧。选择“图层 4”的第 1 帧，单击鼠标右键，在弹出的快捷菜单中选择【创建补间动画】命令，准备创建补间动画。
11. 将播放头拖到第 24 帧，使用工具旋转“图层 4”中的“遮罩”元件实例，使其位于扫过文字后的位置。
12. 用鼠标右键单击“图层 4”的层名，在打开的快捷菜单中选择【遮罩层】命令，“图层 4”变成遮罩层，其下方的“图层 3”自动变成了被遮罩层，两个层自动被锁定，如图 8-14 所示。

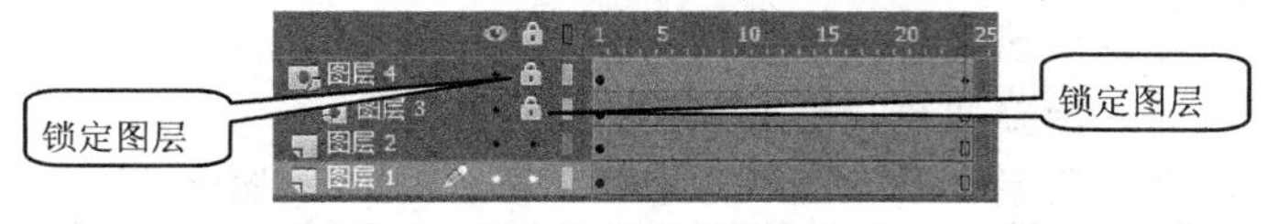

图8-14　改变层类型

13. 在【时间轴】面板中拖动播放头，会看到文字产生了黄色的过光效果。此例可参见附盘文件“素材文件\08\互联网时代.fla”。

8.3 实训

本节通过两个例子的制作，讲述在补间动画制作中如何应用更多的创作手段，以产生更加复杂的效果。

8.3.1 闹元宵

创建图 8-15 所示的喜迎元宵效果，不同文字不断飘下，明快的色彩、飘动的字符给人以靓丽清新的感觉。

图8-15　闹元宵

一个运动引导层可以链接多个被引导层，这样就可以实现多个动画对象沿同一条路径运动的效果。同时，一个运动引导层中还可以有多条曲线路径，以引导多个动画对象沿不同的路径运动。这些就是本例的应用重点。

【操作提示】

1. 新建一个尺寸为“700×400”像素的 Flash 文档，并将文件保存为“闹元宵.fla”。
2. 导入附盘文件“素材文件\08\元宵节.jpg”，如图 8-16 所示。

图8-16　导入背景文件

3. 增加“图层 2”，导入附盘文件“素材文件\08\闹.png”。
4. 增加“图层 3”，导入附盘文件“素材文件\08\元.png”。
5. 增加“图层 4”，导入附盘文件“素材文件\08\宵.png”，如图 8-17 所示。

图8-17　导入图像

6. 增加“图层 5”，选择工具，在【选项】下选择模式，在舞台上画出 3 条路径曲线，如图 8-18 所示。
7. 确认“图层 5”仍被选择，选择菜单命令【修改】/【时间轴】/【图层属性】，打开【图层属性】对话框，选择【引导层】单选项，如图 8-19 所示，将“图层 5”变为一个普通引导层。

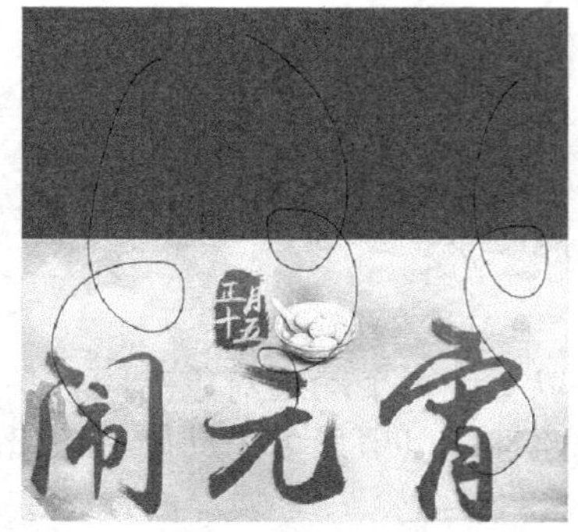

图8-18　绘制路径曲线

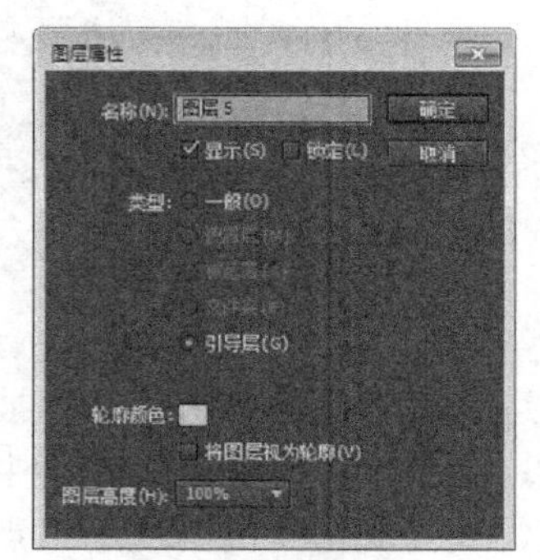

图8-19　修改图层类型

8. 在【时间轴】面板中拖曳“图层 2”到“图层 5”下方，此时“图层 5”由普通引导层变为运动引导层，“图层 2”变为被引导层。
9. 依次拖曳“图层 3”和“图层 4”到“图层 5”下方，使其变成被引导层，如图 8-20 所示。
10. 同时选择“图层 2”“图层 3”和“图层 4”的第 25 帧，按 F6 键同时插入 3 个关键帧。选择“图层 1”和“图层 5”的第 25 帧，按 F5 键。
11. 同时选择“图层 2”“图层 3”和“图层 4”的第 1 帧，单击鼠标右键，在弹出的快捷菜单中选择【创建传统补间】命令。
12. 锁定“图层 1”，调整各层第 25 帧中的文字吸附到曲线路径的下端，如图 8-21 所示。

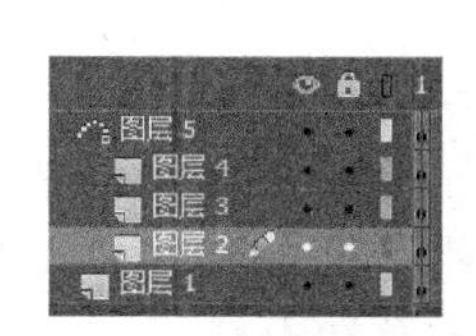

图8-20　改变层类型

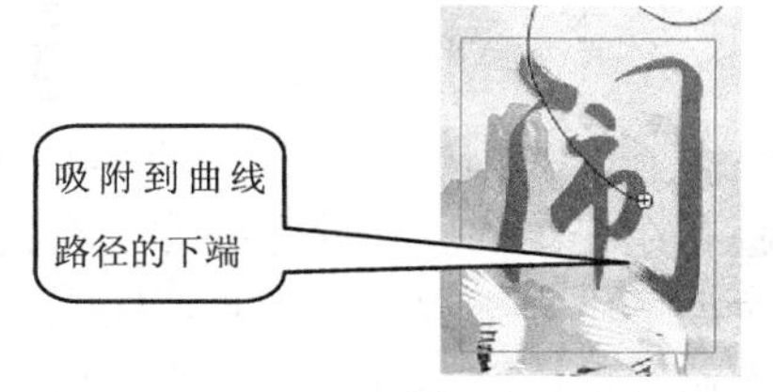

图8-21　调整字符位置

13. 依次调整第 1 帧对应各图层中文字的位置，使字符吸附于各条路径的上端，如图 8-22 所示。

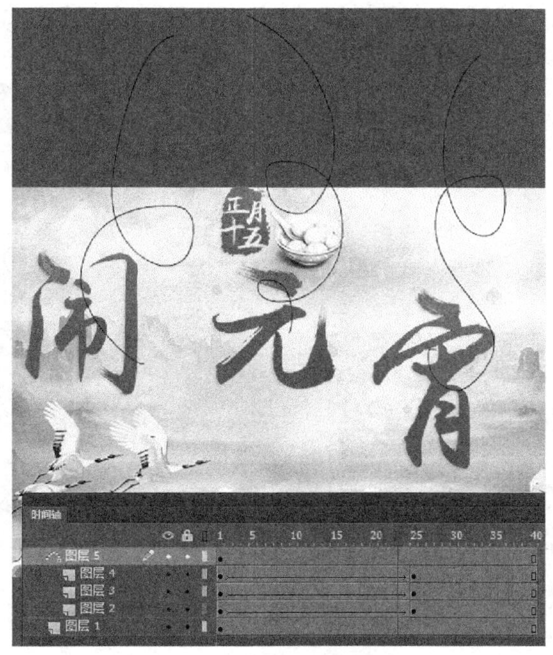

图8-22　调整字符位置

14. 制作运动引导层动画，使文字沿曲线路径运动并随着路径曲率变化产生旋转。
15. 同时选择所有图层的第 40 帧，按 F5 键插入帧，使字符下落后能够静止一段时间。
16. 选择菜单命令【控制】/【测试】，就会看到文字依次飞出飘然下落。此例可参见附盘文件“素材文件\08\闹元宵.fla”。

8.3.2 刷油漆

创建图 8-23 所示的效果，随着滚刷的移动，在白墙上绘制出黄色的油漆。

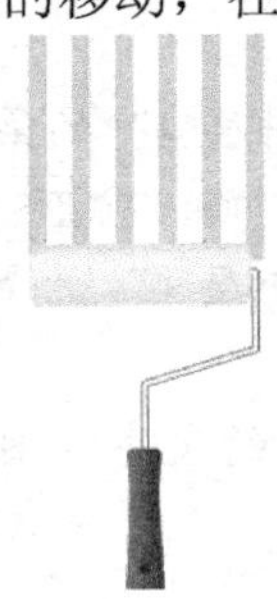

图8-23　刷油漆

遮罩层动画存在一个问题，就是并非所有的可显示对象都可以在遮罩层中产生孔，并使被遮罩层中的对象透出来。比如，用直线工具、铅笔工具、钢笔工具和墨水瓶工具制作的矢量线条就不能在遮罩层中产生孔。这个实例就主要讲解相应的解决办法。

【操作提示】

1. 创建一个新 Flash 文档，并将文件保存为“刷油漆.fla”。
2. 选择菜单命令【插入】/【新建元件】，创建“油漆”影片剪辑元件，如图 8-24 所示。
3. 选择▣工具，绘制无边黄色矩形，如图 8-25 所示。

图8-24　新建元件

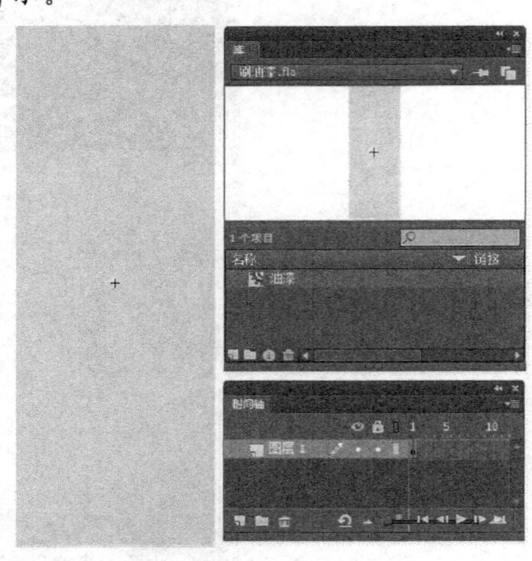

图8-25　绘制无边黄色矩形

4. 新建“图层 2”，选择╱工具，绘制 6 条垂直线，设置【笔触大小】为“12”，长度和位置如图 8-26 所示。
5. 选择垂直线，选择菜单命令【修改】/【形状】/【将线条转换为填充】，将舞台上的矢量线转换成矢量图形，如图 8-27 所示。
6. 选择“图层 1”，按 F5 键延续到 50 帧。选择“图层 2”的第 50 帧，按 F6 键创建关键帧。
7. 选择“图层 2”，在名称区单击鼠标右键，选择【遮罩层】命令，转换为遮罩层，如图 8-28 所示。

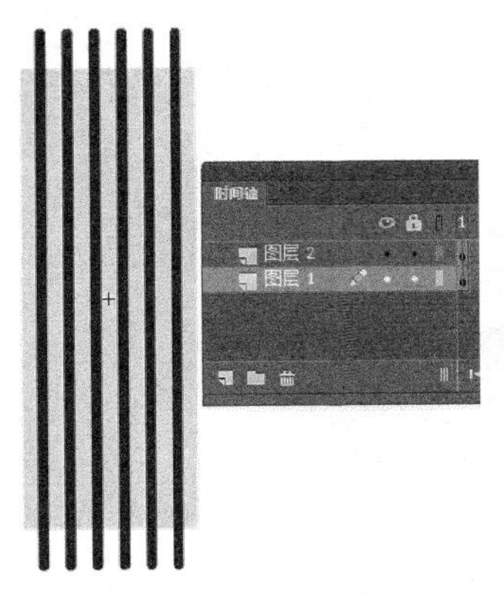

图8-26 绘制垂直线

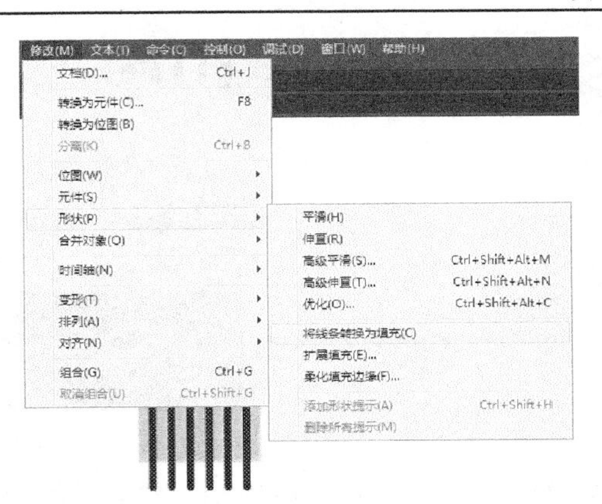

图8-27 转换成矢量图形

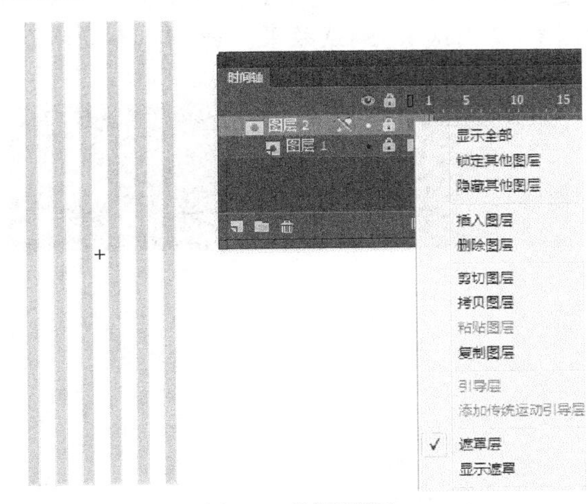

图8-28 转换遮罩层

8. 取消“图层 2”的图层锁定，选择第 1 帧中的垂直线，选择工具，缩短图形高度。

9. 选择第 1 帧，单击鼠标右键，选择【创建补间形状】命令，如图 8-29 所示。

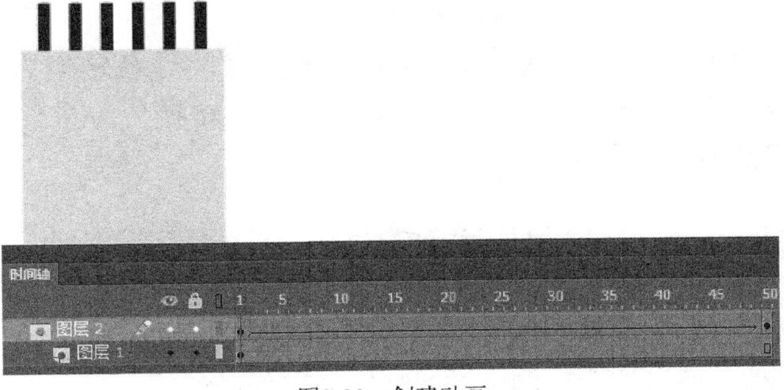

图8-29 创建动画

10. 新建“图层 3”，导入附盘文件“素材文件\08\油漆刷.png”。

11. 选择“图层 3”第 1 帧，单击鼠标右键，选择【创建补间动画】命令，调整图像位置如图 8-30 所示。

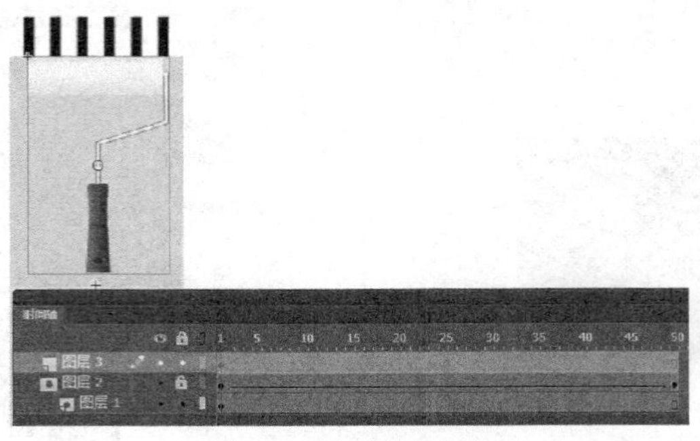

图8-30　创建补间动画

12. 移动播放头到 50 帧位置，移动“油漆刷”图形元件到底部，如图 8-31 所示。
13. 单击 场景 1 按钮，返回当前场景，从【库】面板中拖放“油漆”元件到当前场景。
14. 选择菜单命令【控制】/【测试】，测试效果。此例可参见附盘文件“素材文件\08\刷油漆.fla”。

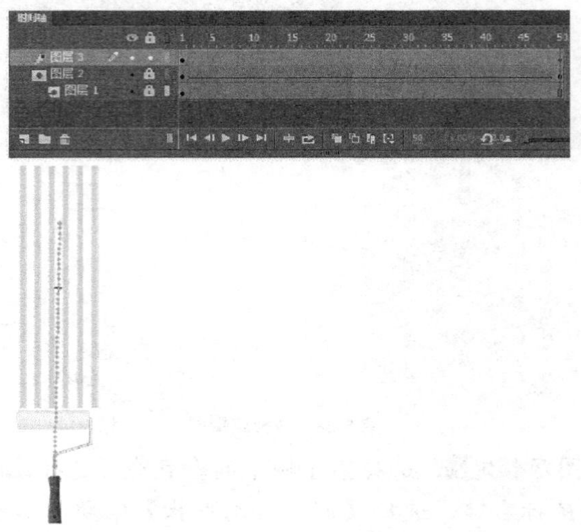

图8-31　创建遮罩效果

在这个实例中，选择菜单命令【修改】/【形状】/【将线条转换为填充】将舞台上的矢量线转换成矢量图形，这是能否实现遮罩效果的关键。转换后，虽然从表面看不出任何变化，但对象的性质已经发生了转变。

8.4 综合案例——传统精美折扇

创建图 8-32 所示的效果，要求能够准确地表达传统文化韵味，动画效果简洁生动。通过这个实例，学习特定命题作品的构思方法和表现技巧。

在制作本例中，先利用旋转复制功能制作扇子的龙骨，并利用【分散到图层】命令将龙骨分散到图层中，顺势推延 1 帧，就比较轻松地模拟出扇骨展开的逐帧动画效果。再利用圆环旋转遮罩动画，制作扇面展开的效果。

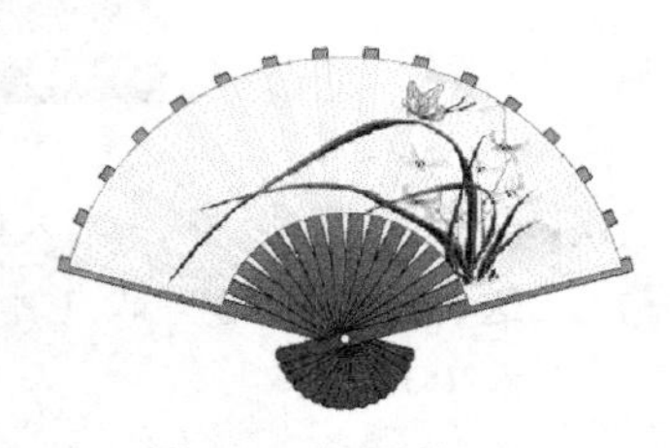

图8-32　传统精美折扇

【操作提示】

1. 新建一个 Flash 文档。
2. 新建“扇骨”影片剪辑元件。在工具栏中选择工具，设置边线为黑色，在舞台中绘制木质渐变矩形，如图 8-33 所示。
3. 增加“图层 2”，绘制一个宽、高都为 7 的圆形，并使其相对中心位置对齐。
4. 新建“扇骨-总”影片剪辑元件，将“扇骨”元件拖入。选择工具移动元件的旋转中心，使其和舞台中心对齐，复制出一组扇骨，如图 8-34 所示。

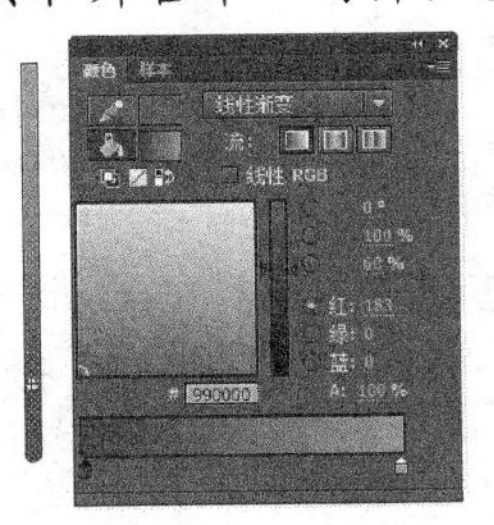

图8-33　绘制木质渐变矩形

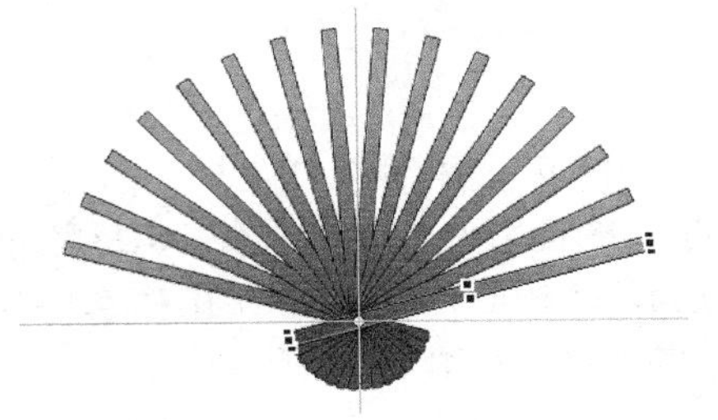

图8-34　旋转复制扇骨

5. 选择舞台中的所有扇骨，在【变形】面板中设置【旋转】选项参数为“-75°”，按Enter键确定，将扇骨的角度调正。
6. 单击鼠标右键，选择【分散到图层】命令，在“图层 1”的下方增加 16 个新图层。
7. 按照从下至上的顺序，除最后 1 层外，依次将新增图层中的关键帧向后移动 1 帧，使每 1 层都间隔 1 帧，延续帧到第 16 帧，如图 8-35 所示。

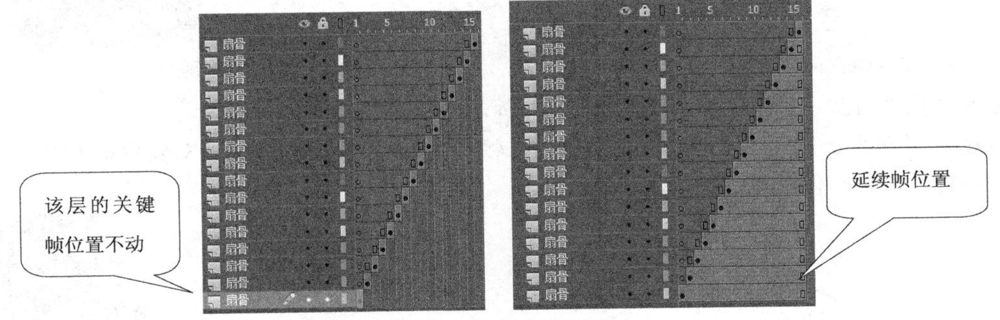

图8-35　创建扇骨展开动画

8. 选择【基本椭圆】工具，绘制一个圆形，如图 8-36 所示。

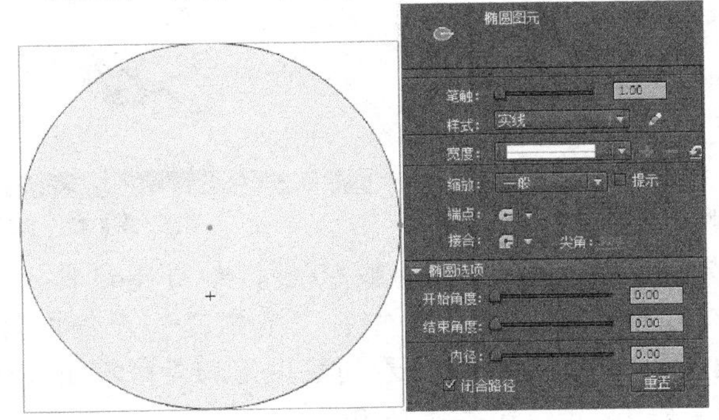

图8-36　设置圆形尺寸

9. 修改图形改为圆环，效果如图 8-37 所示。

10. 选择圆环，复制对象。选择"图层 18"的第 1 帧，选择菜单命令【编辑】/【粘贴到当前位置】粘贴对象，如图 8-38 所示。

图8-37　调整图形的【内径】

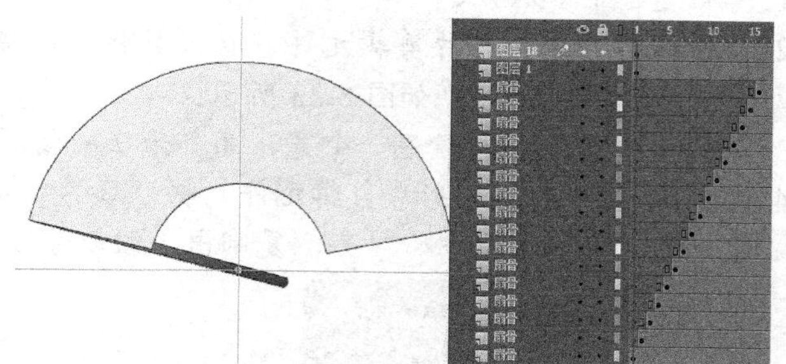

图8-38　粘贴对象

11. 导入附盘文件"素材文件\08\招贴.jpg"，使其填充到扇面上，如图 8-39 所示。
12. 选择"图层 1"中的所有对象，转换为元件"扇面"影片剪辑元件，设置透明度为"95%"，如图 8-40 所示。

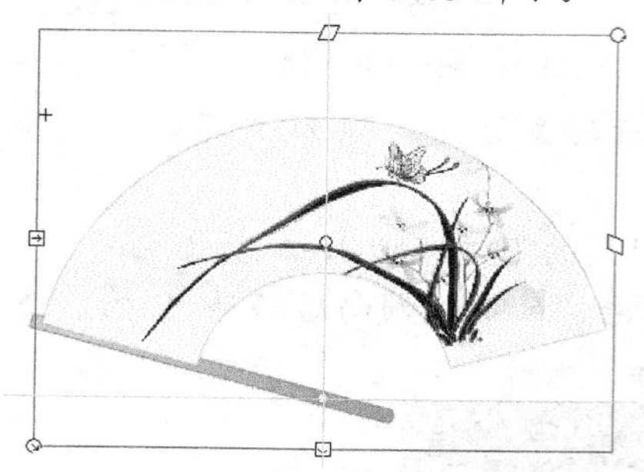

图8-39　调整位图的位置和形状

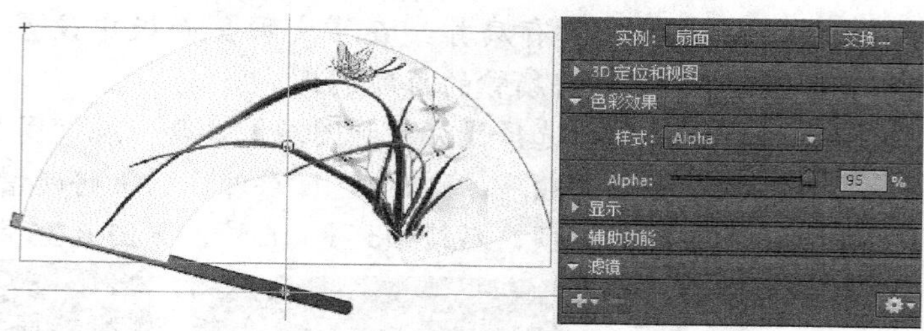

图8-40　设置扇面的透明度

13. 选择"图层 18"的圆环，修改为图 8-41 所示的效果。
14. 创建补间动画。选择"图层 18"的第 16 帧增加关键帧。选择第 16 帧中的对象，旋转"155.0° "，如图 8-42 所示。

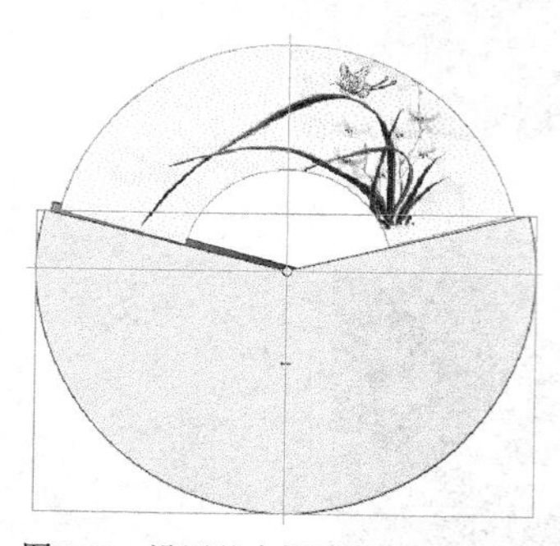

图8-41　设置基本椭圆工具【属性】

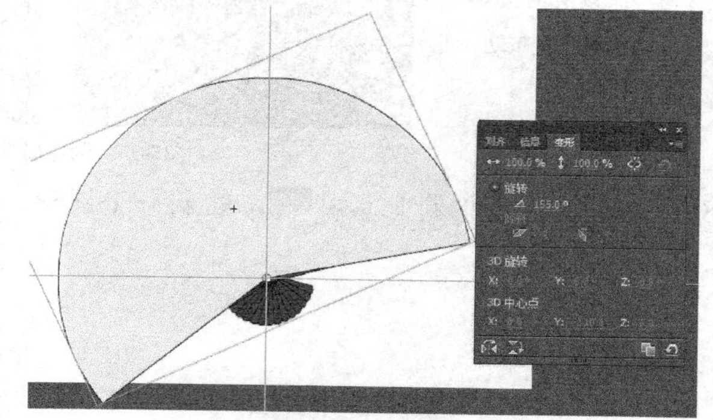

图8-42　旋转半圆形

15. 选择"图层 18"转化为遮罩层，延续到第 60 帧，如图 8-43 所示。
16. 单击 场景 1 按钮回到场景 1，从【库】中将"扇骨-总"元件拖到舞台。
17. 选择菜单命令【控制】/【测试】，就会看到按设定场景依次出现的动画效果。此例可参见附盘文件"素材文件\08\传统精美折扇.fla"。

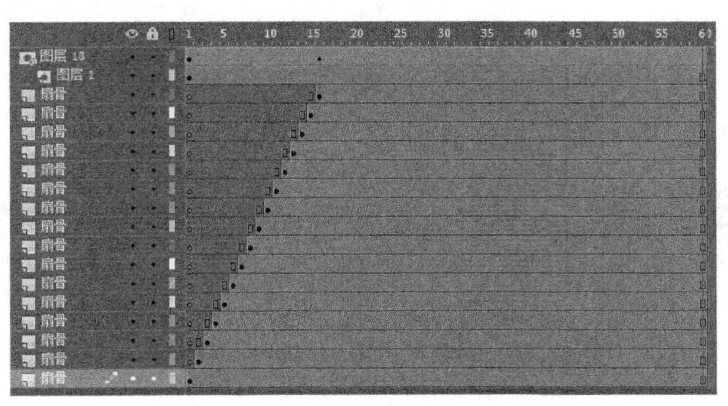

图8-43　完成后的动画图层排列效果

8.5　习题

1. 打开附盘文件“素材文件\08\蜜蜂.fla”，利用运动引导层动画使其由花盘旋飞回蜂巢，如图 8-44 所示。此例可参见附盘文件“素材文件\08\蜜蜂归巢.fla”。
2. 打开附盘文件“素材文件\08\划变（素材）.fla”，对相关元件进行修改，最终形成图 8-45 所示的十字交叉划变效果。此例可参见附盘文件“素材文件\08\划变.fla”。

图8-44　蜜蜂归巢

图8-45　十字交叉划变效果

3. 打开附盘文件“素材文件\08\扫光.fla”，对相关元件进行修改，最终形成图 8-46 所示的虚光效果。此例可参见附盘文件“素材文件\08\虚光文字.fla”。

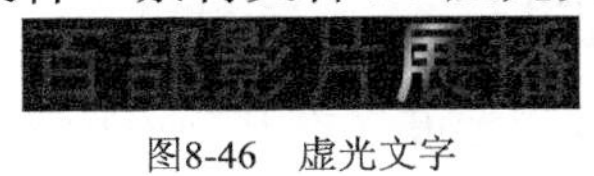

图8-46　虚光文字

第9章　3D 工具和骨骼工具

【学习目标】

- 掌握三维空间的概念。
- 掌握 3D 平移和 3D 旋转。
- 掌握骨骼、绑定和 IK 运动约束。

在 Flash CC 每个影片剪辑实例的属性中包括用 z 轴来表示 3D 空间。使用【3D 平移】和【3D 旋转】工具沿着影片剪辑实例的 z 轴移动和旋转影片剪辑实例，可以向影片剪辑实例中添加 3D 透视效果。骨骼工具的反向运动功能是一种使用骨骼关节结构对一个对象或彼此相关的一组对象进行动画处理的方法。使用骨骼，元件实例和形状对象可以按复杂而自然的方式移动，提升具有骨骼结构形体的动画制作效果。

9.1　功能讲解

在 Flash 舞台的 3D 空间中移动和旋转影片剪辑创建 3D 效果。通过使用【3D 平移】工具和【3D 旋转】工具沿着影片剪辑实例的 z 轴移动和旋转影片剪辑实例，可以向影片剪辑实例中添加 3D 透视效果。

9.1.1　二维空间与三维空间

二维空间（2D）是指仅由长度和宽度（在几何学中为 x 轴和 y 轴）两个要素所组成的平面空间，只在平面延伸扩展，二维空间呈面性。同时也是美术上的一个术语，例如，绘画就是将三度空间的事物用二度空间来展现。

三维空间（3D）是指长、宽、高构成的立体空间，三维空间呈体性。三维空间的长、宽、高 3 条轴是说明在三维空间中的物体相对原点 O 的距离关系。

在 3D 中，最重要的理论就是超出 x 和 y 存在的另一个表示深度的维度 z，如图 9-1 所示。对于 Flash 而言，意味着物体远离观察者时 z 轴将增大，临近观察者时 z 轴将减小。

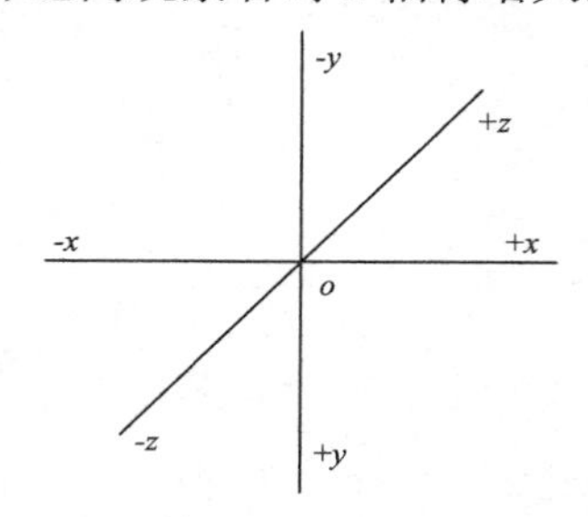

图9-1　3D 坐标系

9.1.2 【3D 旋转】工具

【3D 旋转】工具可以在三维空间中旋转影片剪辑实例。舞台中的 3D 旋转控件用不同色彩代表不同的旋转操作，其中红色绕 x 轴旋转，绿色绕 y 轴旋转，蓝色绕 z 轴旋转，橙色的自由旋转控件可同时绕 x 轴和 y 轴旋转，如图 9-2 所示。

【3D 旋转】工具包括全局模式和局部模式，通过单击【工具】面板的【选项】部分中的【全局转换】按钮进行转换，如图 9-3 所示。在使用【3D 旋转】工具进行拖动的同时按 D 键可以临时从全局模式切换到局部模式。

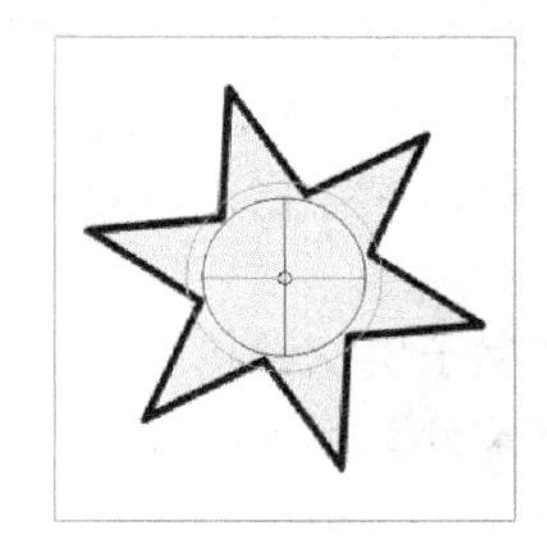

图9-2　全局【3D 旋转】工具模式

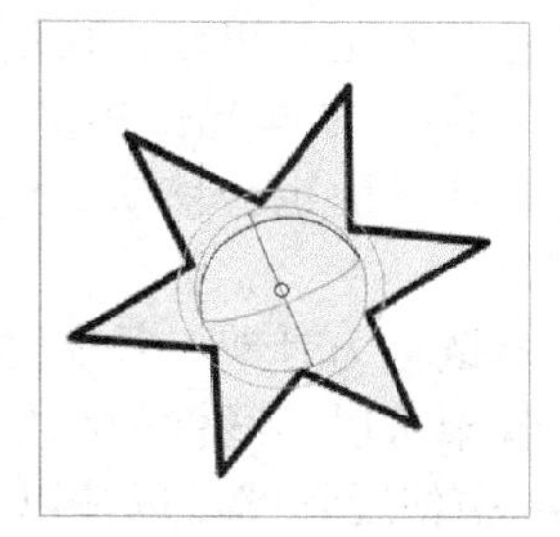

图9-3　局部【3D 旋转】工具模式

【3D 旋转】工具的应用涉及【属性】面板【3D 定位和查看】卷展栏和【变形】面板相关选项的设置和调整，如图 9-4 和图 9-5 所示。

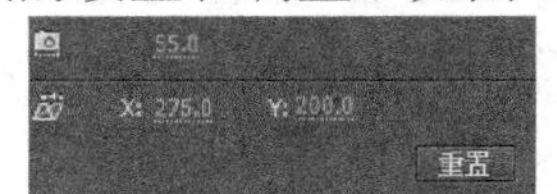

图9-4　【属性】面板相关选项

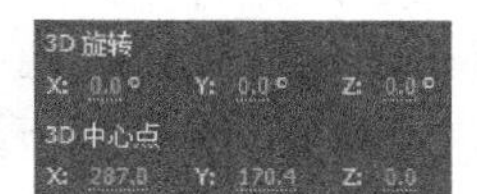

图9-5　【变形】面板相关选项

【属性】面板【3D 定位和查看】卷展栏相关选项的作用介绍如下。

- 透视角度：能够缩放舞台视图，更改透视角度效果，与照相机镜头缩放类似。
- 消失点：在舞台上能够平移 3D 对象。

每个 FLA 文件只有一个“透视角度”和“消失点”设置。

【变形】面板相关选项的作用介绍如下。

- 【3D 旋转】：参数化设置 x、y、z 的方向值。
- 【3D 中心点】：参数化设置 3D 中心点在 x、y、z 轴上的值。

9.1.3 【3D 平移】工具

使用【3D 平移】工具可以在三维空间中移动影片剪辑实例。在使用该工具选择影片剪辑后，影片剪辑的 x、y 和 z 轴 3 个轴将显示在舞台上对象的顶部。x 轴为红色，y 轴为绿色，而 z 轴为蓝色，如图 9-6 所示。

当鼠标光标变为黑色箭头和轴字母组合的状态时，可以拖曳鼠标光标平移对象，也可以在【属性】面板的【3D 定位和查看】选项中【X】、【Y】或【Z】输入区精确输入移动参数值。按住 Shift 键并双击其中一个选中对象，可将轴控件移动到该对象，如图 9-7 所示。【宽度】和【高度】值是只读值，辅助用户确定当前变形对象的尺寸。

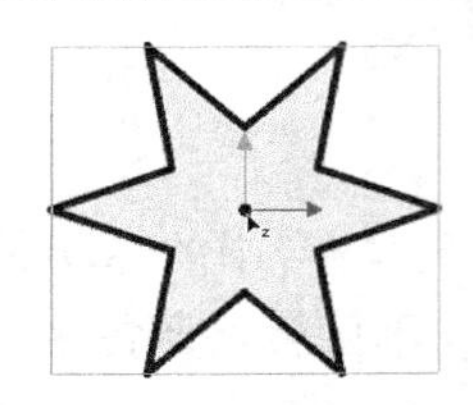

图9-6　【3D 平移】工具【选项】区

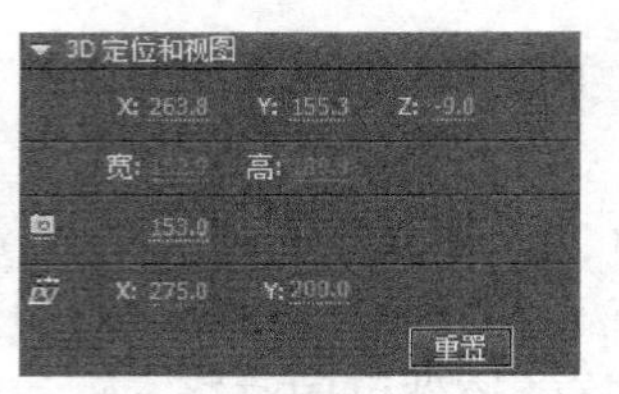

图9-7　【属性】面板相关选项

9.1.4　【骨骼】工具

通过【骨骼】工具可以轻松地创建人物动画，如胳膊、腿和面部表情的自然运动。使用【骨骼】工具可以向元件实例或形状添加骨骼。在一个骨骼移动时，与启动运动的骨骼相关的其他连接骨骼也会移动。使用反向运动进行动画处理时，只需指定对象的开始位置和结束位置即可。

一组骨骼链称为骨架。骨骼之间的连接点称为关节。在父子层次结构中，骨架中的骨骼彼此相连。骨架可以是线性的或分支的。源于同一骨骼的骨架分支称为同级。

在 Flash 中使用骨骼可以按以下两种方式。

- 第 1 种方式：通过添加将每个实例与其他实例连接在一起的骨骼，用关节连接一系列的元件实例，如图 9-8 所示。骨骼允许元件实例链一起移动。例如，有一组影片剪辑，其中的每个影片剪辑都表示人体的不同部分。通过将躯干、上臂、下臂和手链接在一起，可以创建逼真移动的胳膊。可以创建一个分支骨架以包括两只胳膊、两条腿和头。
- 第 2 种方式：向形状对象的内部添加骨架。可以在合并绘制模式或对象绘制模式中创建形状，如图 9-9 所示。通过骨骼，可以移动形状的各个部分并对其进行动画处理。

图9-8　元件实例骨架

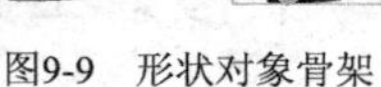

图9-9　形状对象骨架

在向元件实例或形状添加骨骼时，Flash 将实例或形状及关联的骨架移到时间轴中的新图层，此新图层称为姿势图层，默认图层名称为“骨架_1”。每个姿势图层只能包含一个骨架及其关联的实例或形状。

9.1.5　【绑定】工具

使用【绑定】工具可以调整形状对象的各个骨骼和控制点之间的关系。在默认情况下，形状的控制点连接到离它们最近的骨骼。使用【绑定】工具可以编辑单个骨骼和形状控制点之间的连接，这样，就可以控制在每个骨骼移动时图形扭曲的方式，以获得更满意的结果。

【绑定】工具使用过程中涉及图标的含义如图 9-10 所示。

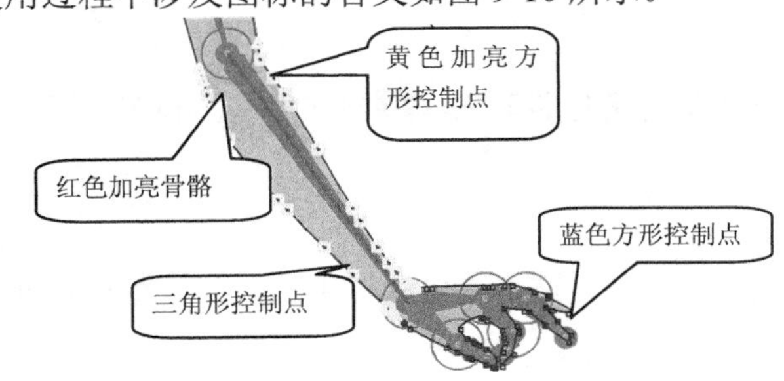

图9-10 【绑定】工具图标的含义

- 黄色加亮方形控制点：表示已连接当前骨骼的点。
- 红色加亮骨骼：表示当前选定的骨骼。
- 蓝色方形控制点：表示已经连接到某个骨骼的点。
- 三角形控制点：表示连接到多个骨骼的控制点。

【绑定】工具操作要点主要有以下几个方面。

- 若要向选定的骨骼添加控制点，请按住 Shift 键单击未加亮显示的控制点。也可以通过按住 Shift 键拖动来选择要添加到选定骨骼的多个控制点。
- 若要从骨骼中删除控制点，请按住 Ctrl 键单击以黄色加亮显示的控制点。也可以通过按住 Ctrl 键拖动来删除选定骨骼中的多个控制点。
- 同理，若要向选定的控制点添加其他骨骼，请按住 Shift 键单击骨骼。若要从选定的控制点中删除骨骼，按住 Ctrl 键单击以黄色加亮显示的骨骼。

9.1.6 IK 骨骼约束

若要创建 IK 骨架的更多逼真运动，可以控制特定骨骼的运动自由度。选定一个或多个骨骼时，可以在【属性】面板中设置【联接:旋转】、【联接:X 平移】和【联接:Y 平移】选项，如图 9-11 所示。

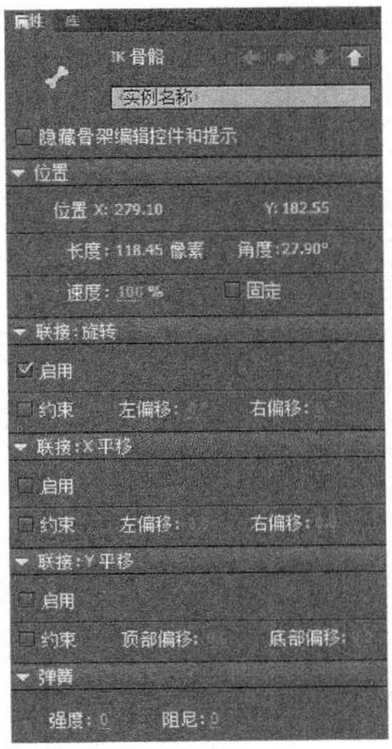

图9-11 IK 运动约束选项

可以启用、禁用和约束骨骼的旋转及其沿 x 轴或 y 轴的运动。默认情况下，启用骨骼旋转，而禁用 x 轴和 y 轴平移。启用 x 轴或 y 轴平移时，骨骼可以不限度数地沿 x 轴或 y 轴移动，而且父级骨骼的长度将随之改变以适应运动。

若要使选定的骨骼可以沿 x 轴或 y 轴移动并更改其父级骨骼的长度，请在【属性】面板的【联接:X 平移】或【联接:Y 平移】卷展栏中选择【启用】复选项。

若要限制沿 x 轴或 y 轴启用的运动量，请在【属性】面板的【联接:X 平移】或【联接:Y 平移】卷展栏中选择【约束】复选项，然后输入骨骼可以行进的最小距离和最大距离。

若要约束骨骼的旋转，可以在【属性】面板的【联接:旋转】卷展栏中输入旋转的最小度数和最大度数。

骨骼的【弹簧】属性包括【强度】和【阻尼】选项，通过将动态物理集成到骨骼 IK 系统中，使 IK 骨骼体现真实的物理移动效果，可以更轻松地创建更逼真的动画。

9.2　范例解析

本节将通过范例讲述使用【骨骼】工具向元件实例和图形添加骨骼的方法。

9.2.1　灵巧的手

设置一组元件实例骨骼动画，产生连贯的挥手动作，如图 9-12 所示。

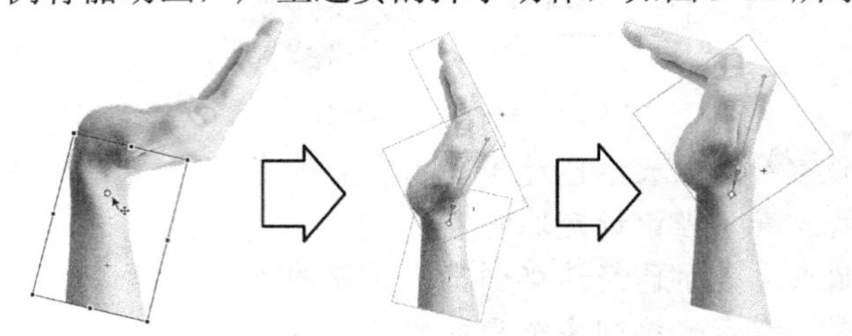

图9-12　挥动的手

【操作提示】

1. 新建一个 Flash 文档。
2. 导入附盘文件“素材文件\09\手臂.png”“手掌.png”和“手指.png”，分别放置在“图层 1”“图层 2”和“图层 3”中，如图 9-13 所示。
3. 选择“手臂.png”，单击鼠标右键选择【转换为元件】命令，转换为影片剪辑“元件 1”。
4. 选择“手掌.png”，单击鼠标右键选择【转换为元件】命令，转换为影片剪辑“元件 2”。
5. 选择“手指.png”，单击鼠标右键选择【转换为元件】命令，转换为影片剪辑“元件 3”。
6. 选择【任意变形】工具，调整手臂元件的旋转中心，如图 9-14 所示。

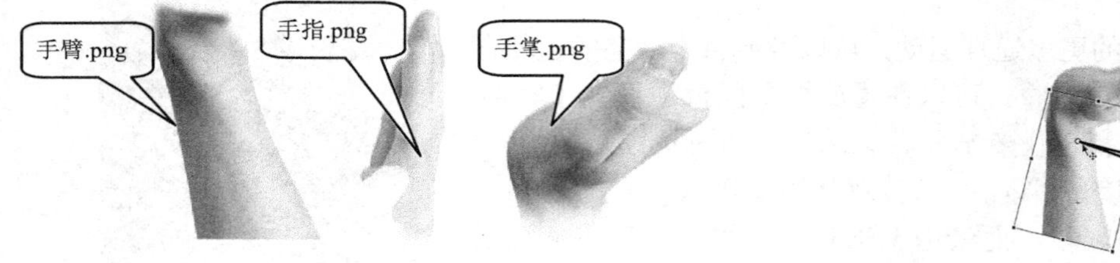

图9-13　导入的 3 组图像

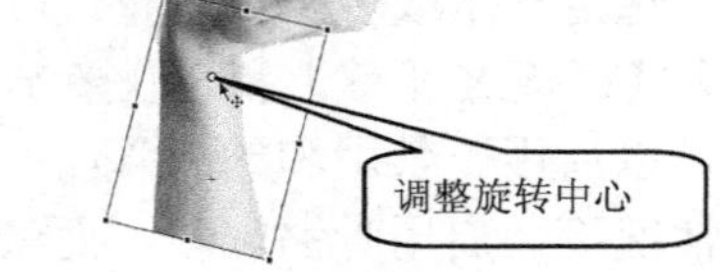

图9-14　调整手臂元件的旋转中心

7. 接着调整手掌和手指两个元件的中心点，改变骨骼链接点的位置，如图 9-15 所示。

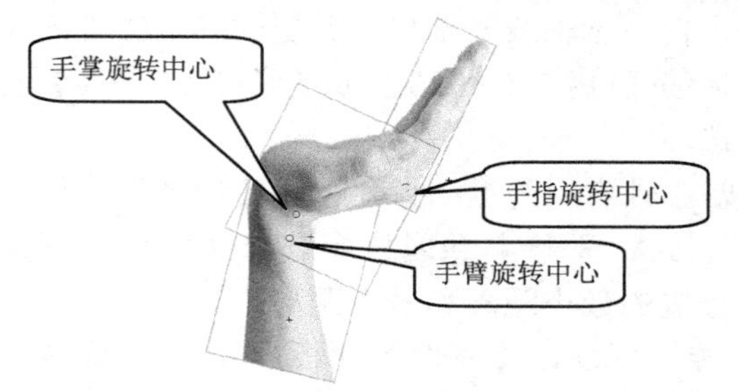

图9-15　元件旋转中心位置

8. 选择【骨骼】工具，从下向上依次单击鼠标左键创建 3 组元件的骨骼连接。
9. 选择手臂处的骨骼，在【属性】面板的【联接:旋转】卷展栏中选择【约束】复选项，

【左偏移】参数设置为“0”,【右偏移】参数设置为“3”，选择第 1 帧，调整骨骼的姿态，如图 9-16 所示。

10. 选择第 25 帧，单击鼠标右键，在弹出的快捷菜单中选择【插入姿势】命令，向左侧调整骨骼姿势，产生挥手效果，如图 9-17 所示。

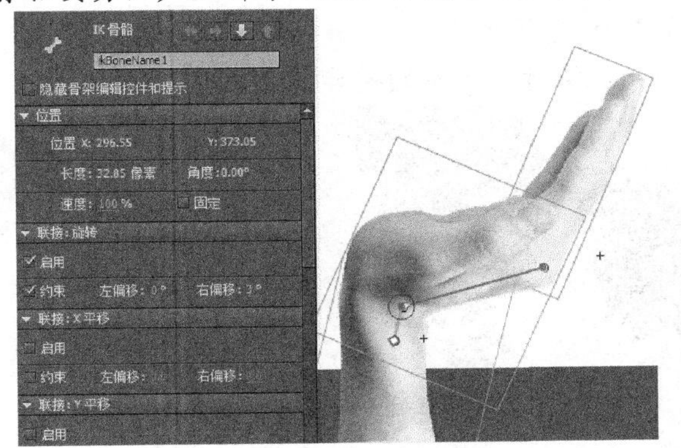

图9-16 设置第一个骨骼的旋转约束

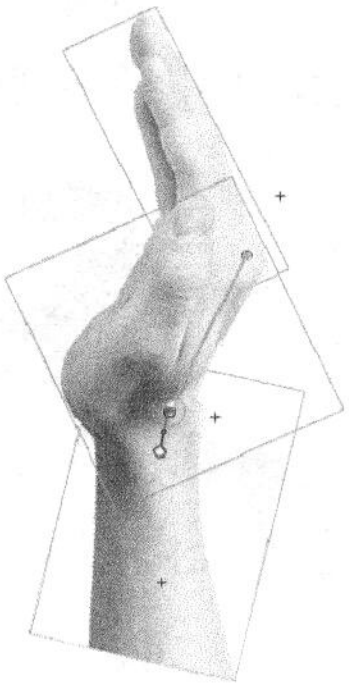

图9-17 挥手效果

11. 选择第 50 帧，单击鼠标右键选择【插入姿势】命令，向下弯曲手指骨骼姿势，如图 9-18 所示。

12. 【时间轴】面板效果如图 9-19 所示，测试动画。

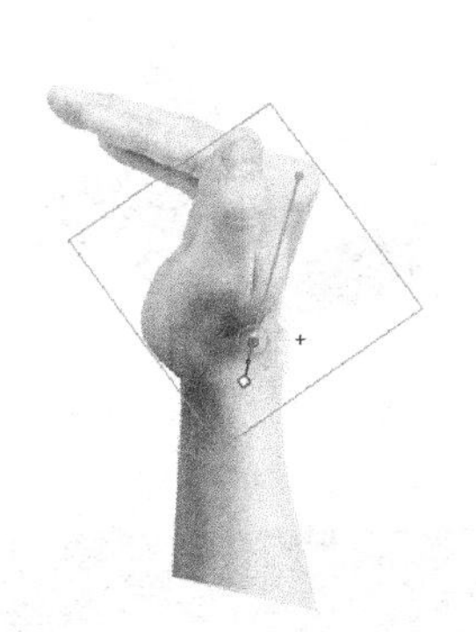

图9-18 向下弯曲手指骨骼姿势

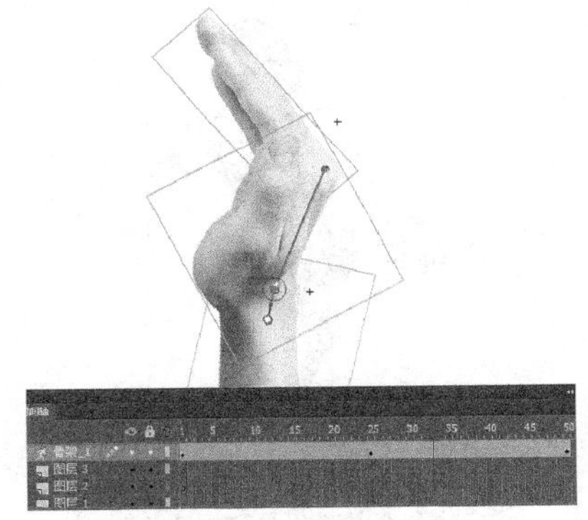

图9-19 【时间轴】面板

9.2.2 赛马

设置马尾图形骨骼动画，删除连接到多个骨骼的控制点，产生连贯的尾巴上翘的动作，如图 9-20 所示。

图9-20 赛马效果

【操作提示】

1. 打开附盘文件“素材文件\09\赛马素材.fla”，另存为“赛马.fla”。
2. 选择【骨骼】工具，创建尾部的 3 个骨骼连接，如图 9-21 所示。
3. 选择【绑定】工具，选择第一个骨骼，查看黄色控制点，按住 Ctrl 键选择删除尾部图形以外的黄色三角形控制点，如图 9-22 所示。
4. 选择另外两个骨骼，检查黄色控制点，执行上一步的操作，如图 9-23 所示。

图9-21　创建尾部的骨骼连接

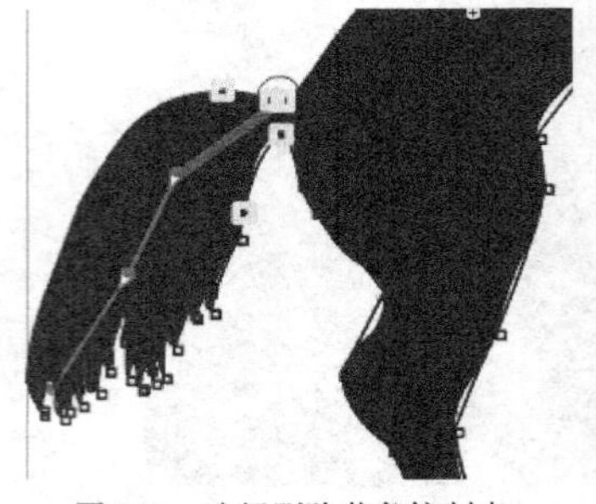

图9-22　选择删除黄色控制点

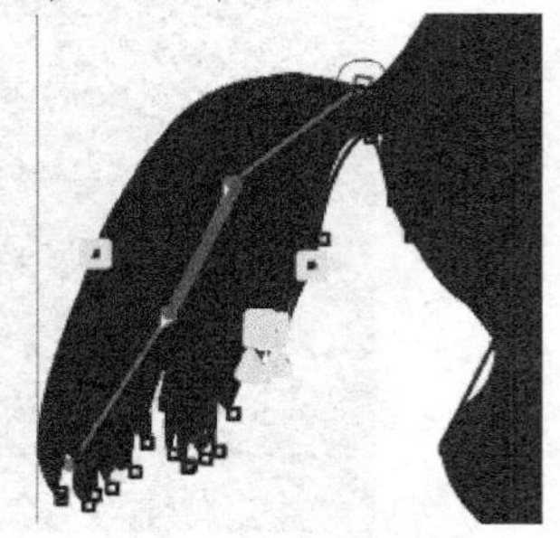

图9-23　查看骨骼控制点状态

5. 选择第 20 帧，按 F6 键增加关键帧，向上部调整骨骼姿势，产生尾部上翘的姿态效果，如图 9-24 所示。
6. 选择第 40 帧，按 F6 键增加关键帧，继续上调尾部骨骼，如图 9-25 所示。

图9-24　尾部上翘

图9-25　增加姿态关键帧

黄色加亮方形控制点的形成是骨骼绑定时自动生成的可控端点，如果不删除不理想的黄色加亮方形控制点，会使骨骼动作时图形发生粘连，产生错位和变形，出现不理想的动画效果。通过按住 Ctrl 键框选黄色加亮方形控制点，实现骨骼图形形变范围的精确控制。

9.3 实训

本节通过两个例子的制作，讲述【3D 旋转】工具和骨骼旋转限制的应用，熟悉空间旋转动画效果和骨骼姿态调整方法。

9.3.1 动物世界

旋转两组相册图形，创建图 9-26 所示的立体旋转效果。主要是设置好两组图像的旋转角度，使其基于同一轴心依次旋转，动画效果才比较流畅，也可以举一反三，追加一组图像，尝试设置什么角度才比较理想。

图9-26　旋转的相册

【操作提示】

1. 新建一个 Flash 文档，设置文件大小为“800 × 600”像素。
2. 将附盘文件“素材文件\09\动物世界 1.png”导入舞台，在弹出的提示对话框中单击 否 按钮，转换为“元件 1”影片剪辑元件，并相对舞台中心对齐，如图 9-27 所示。

图9-27　导入图像并转换元件

3. 选择第 1 帧，单击鼠标右键，选择【创建补间动画】命令，拖曳延续最后一帧至“40”帧，准备创建动画，如图 9-28 所示。
4. 选择第“40”帧中的元件，选择菜单命令【窗口】/【变形】，打开【变形】面板，在【3D 旋转】中设置【Y】轴选项为“–180”，按 Enter 键确认，如图 9-29 所示。
5. 在【时间轴】面板新建“图层 2”，导入附盘文件“素材文件\09\动物世界 2.png”，转换为“元件 2”影片剪辑元件，并相对舞台中心对齐。
6. 选择“图层 2”的第 1 帧，单击鼠标右键，在弹出的快捷菜单中选择【创建补间动画】命令，如图 9-30 所示。
7. 选择“图层 2”第 1 帧的元件，在【变形】面板的【3D 旋转】中设置【Y】轴选项为“90”，按 Enter 键确认，如图 9-31 所示。

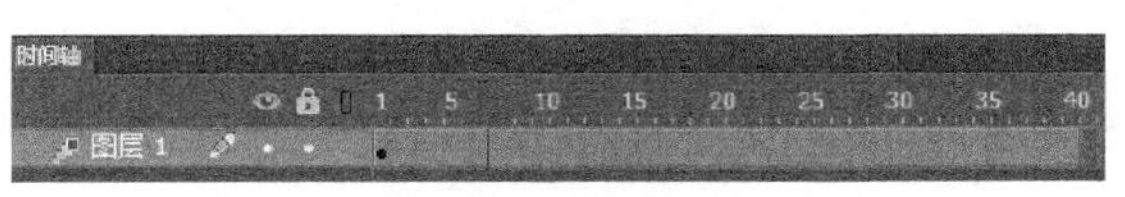

图9-28　延续帧

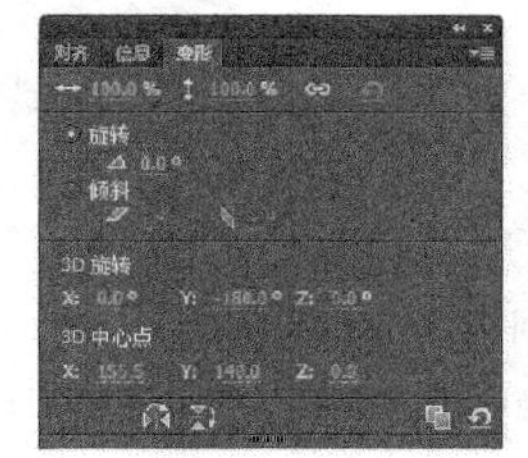

图9-29　设置【Y】轴

图9-30　导入图像并转换元件

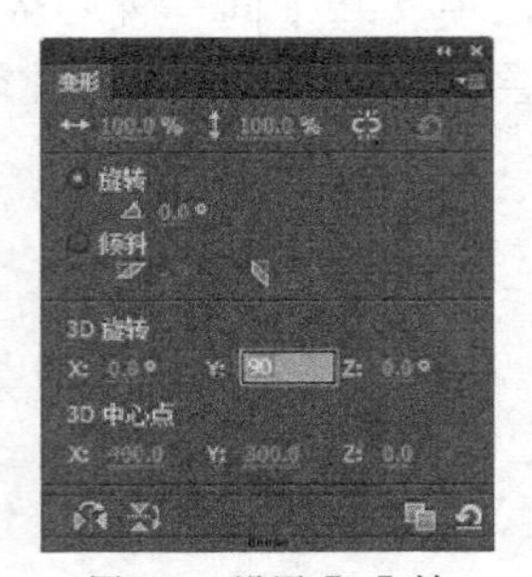

图9-31　设置【Y】轴

要点提示　软件初始状态时，【属性】面板中的【透视角度】选项参数为“1.0”，如果此参数为其他数值时动画效果不理想，要注意检查该选项的参数数值。

8. 选择“图层 2”第 40 帧的元件，在【变形】面板的【3D 旋转】中设置【Y】轴选项为“-90”，按Enter键确认，如图 9-32 所示。

图9-32　设置【Y】轴选项

9. 选择任何一个元件，在【属性】面板中设置【透视角度】选项为“55”，缩小透视比例，如图 9-33 所示。

图9-33　设置【透视角度】

10. 测试动画效果。

通过对【变形】面板中【3D 旋转】参数的调整，使元件沿 y 轴自由旋转，形成自然连贯的立体旋转效果。

9.3.2 机械臂

图 9-34 所示为骨骼连接的 3 组元件，实现相互制约联动的机械臂效果。要实现这一机械臂效果，首先要创建 3 组元件，接着创建元件之间的骨骼连接，并调整关节点的位置，最后制作联动动画效果。

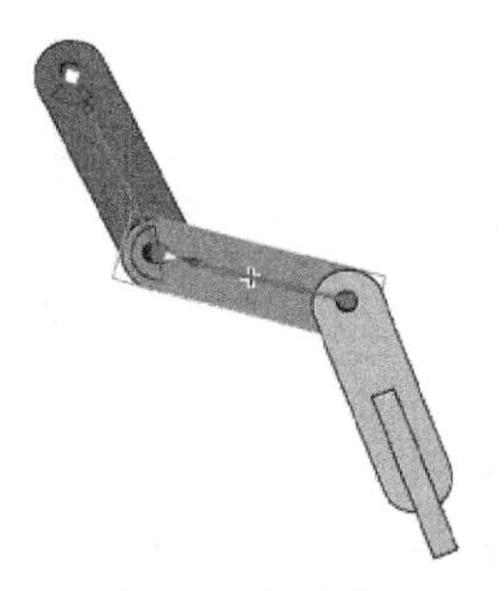

图9-34 机械臂

【操作提示】

1. 新建一个 Flash 文档。选择【基本矩形】工具，绘制矩形边角半径为“100”的红色倒角矩形，如图 9-35 所示。
2. 选择图形，单击鼠标右键，在弹出的快捷菜单中选择【转换为元件】命令，转换为“元件 1”影片剪辑元件。
3. 双击打开元件，新建“图层 2”，选择【椭圆】工具，绘制两个黑色圆形，放置在红色倒角矩形的两端，如图 9-36 所示。

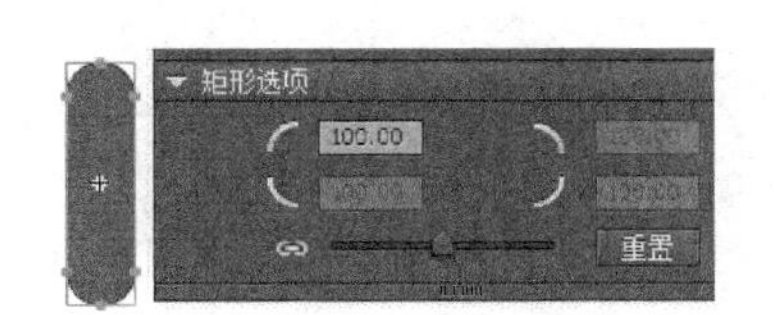

图9-35 绘制倒角矩形

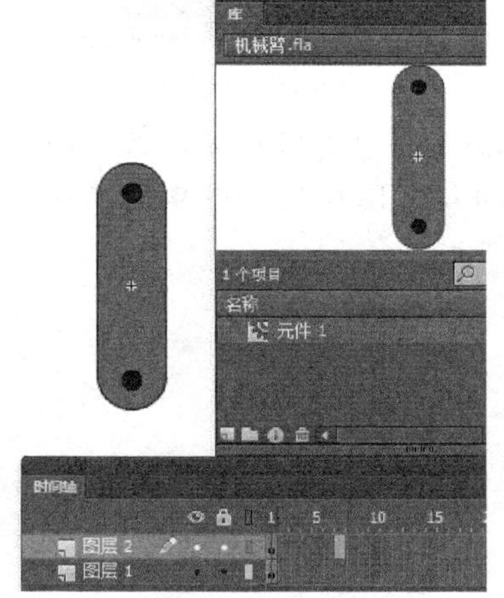

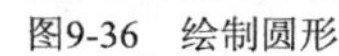

图9-36 绘制圆形

4. 选择【库】面板中的“元件 1”，单击鼠标右键，在弹出的快捷菜单中选择【直接复制】命令，将“元件 1”直接复制为“元件 2”。修改“元件 2”中的倒角矩形为绿色，如图 9-37 所示。
5. 选择【库】面板中的“元件 1”，单击鼠标右键，选择【直接复制】命令，将“元件 1”直接复制为“元件 3”。修改“元件 3”中的倒角矩形为蓝色。
6. 删除“元件 3”下方的黑色圆点，选择【矩形】工具绘制竖长的蓝色矩形，如图 9-38

所示。

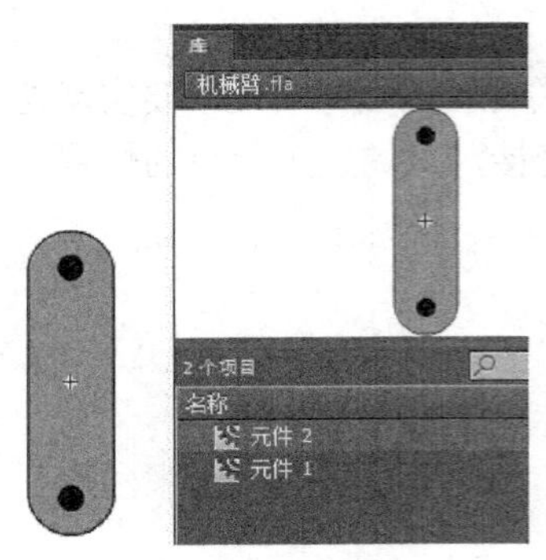

图9-37　调整颜色

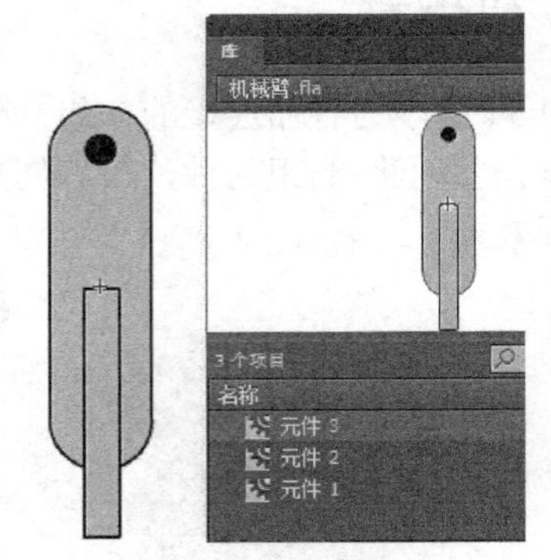

图9-38　调整图形

7. 返回【场景 1】，拖曳【库】中的“元件 2”和“元件 3”到舞台，按照图 9-39 所示的方式排列，并使 3 个对象在垂直方向上相对舞台中心对齐。
8. 选择【骨骼】工具，创建 3 个元件之间的连接，如图 9-40 所示。

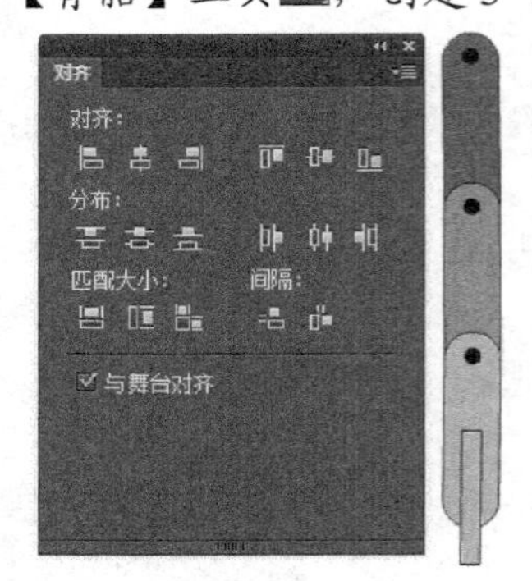

图9-39　排列图形

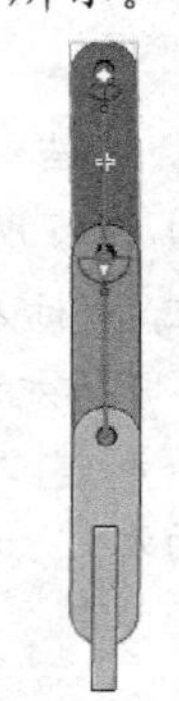

图9-40　连接元件骨骼

9. 选择【任意变形】工具，分别调整 3 个元件的中心点，改变骨骼连接点的位置，如图 9-41、图 9-42 和图 9-43 所示。

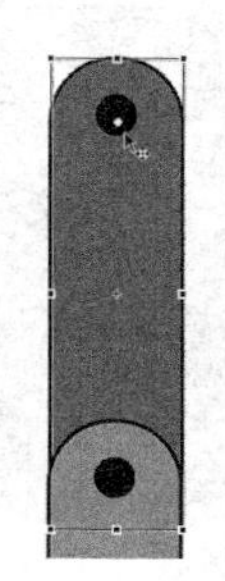

图9-41　调整“元件 1”的中心点

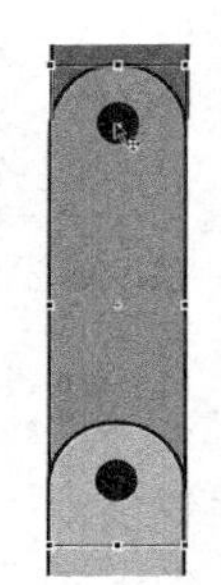

图9-42　调整“元件 2”的中心点

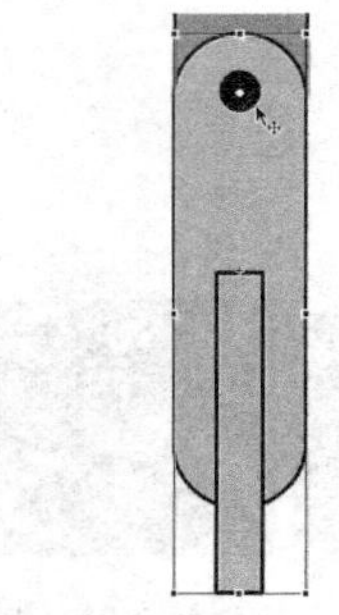

图9-43　调整“元件 3”的中心点

10. 选择最上面的骨骼，在【属性】面板中选择【联接:旋转】中的【约束】复选项，参数保持默认值，如图 9-44 所示。
11. 选择最中间的骨骼，在【属性】面板中选择【联接:旋转】中的【约束】复选项，【最小】参数设置为“-90”，【最大】参数设置为“90”，如图 9-45 所示。

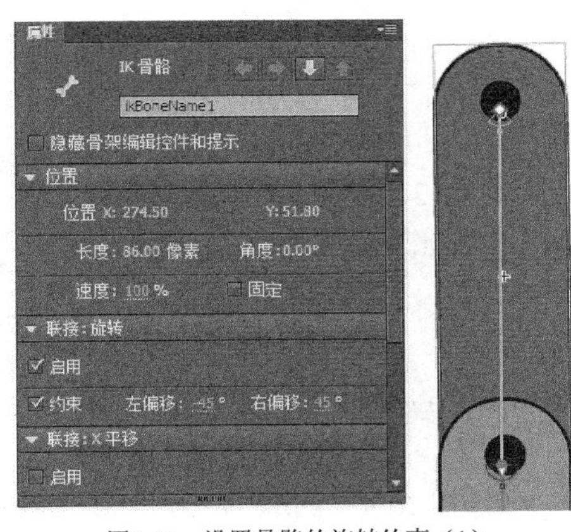

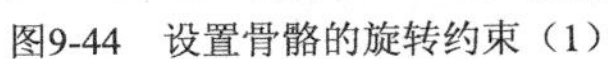
图9-44 设置骨骼的旋转约束（1）

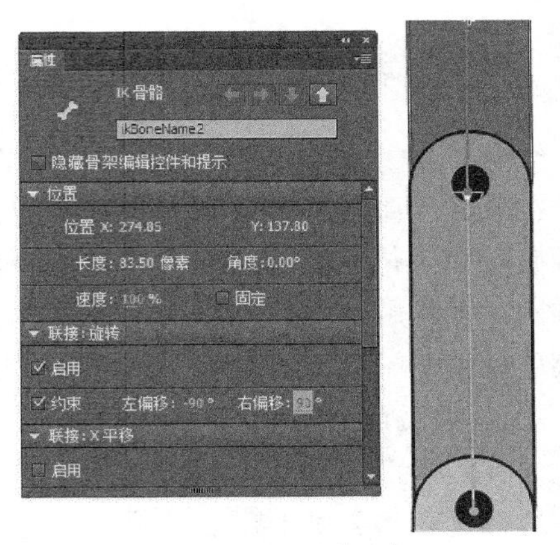

图9-45 设置骨骼的旋转约束（2）

12. 调整第 1 帧中元件的骨骼姿势，如图 9-46 所示。
13. 在“骨架_1”层的第 30 帧单击鼠标右键，选择【插入姿势】命令，调整骨骼姿势，如图 9-47 所示。

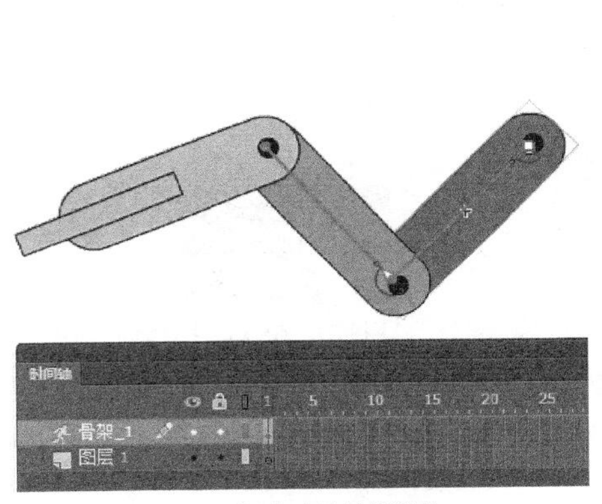

图9-46 调整元件骨骼姿势

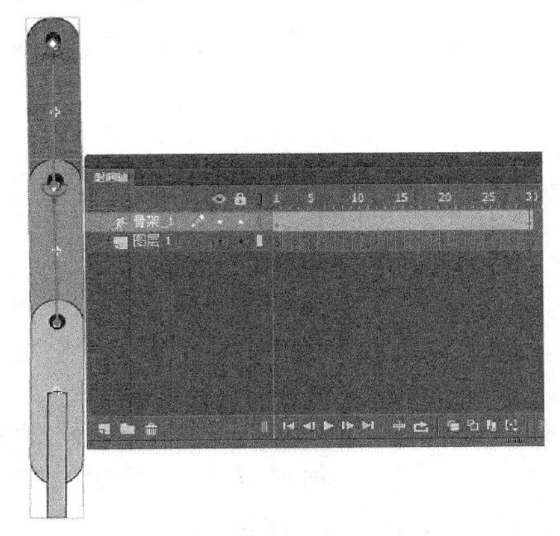

图9-47 插入姿势

14. 在“骨架_1”层的第 60 帧单击鼠标右键，选择【插入姿势】命令，调整骨骼姿势，如图 9-48 所示。

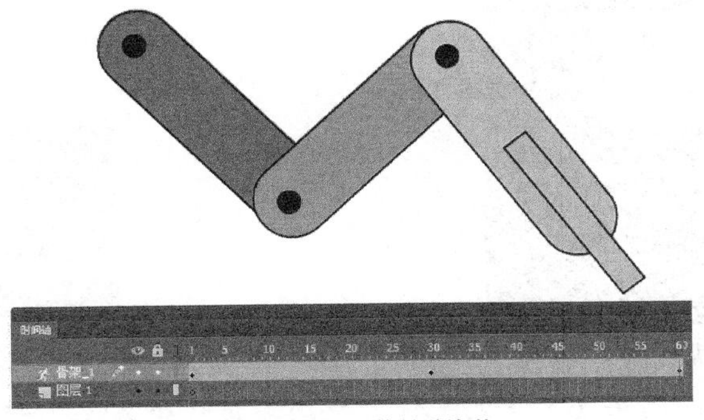

图9-48 调整元件骨骼姿势

15. 测试动画效果。

本实例主要尝试限制骨骼旋转角度的方法，使关联元件更符合物体的自然动作限制。

9.4　综合案例——三维立方体

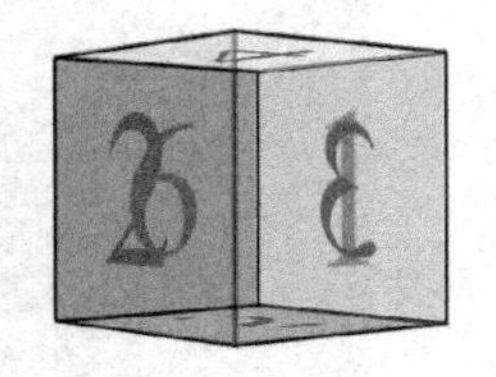

图9-49　三维立方体

绘制三维空间六面体，并制作立方体旋转动画，如图 9-49 所示。在制作动画过程中，首先搭建六面体的 6 个面，再利用 3D 旋转功能旋转立方体。案例对精确参数值要求比较高，一定要按照步骤要求输入，等理解了后再自行调整。

【操作提示】

1. 新建一个 Flash 文档，设置尺寸为“600 × 400”像素，并以文件名“三维立方体.fla”进行保存。
2. 选择【矩形】工具，在舞台上绘制一个宽、高均为“120”，Alpha 值为“50”的半透明黄色正方形，利用【对齐】面板使其与舞台居中对齐，如图 9-50 所示。
3. 选择矩形，单击鼠标右键，在弹出的快捷菜单中选择【转换为元件】命令，转换为“元件 1”影片剪辑元件。
4. 双击元件进入编辑状态，新建图层，选择【文字】工具，输入红色“1”，设置字体大小为“95”，字体样式为“Times New Roman”，如图 9-51 所示。

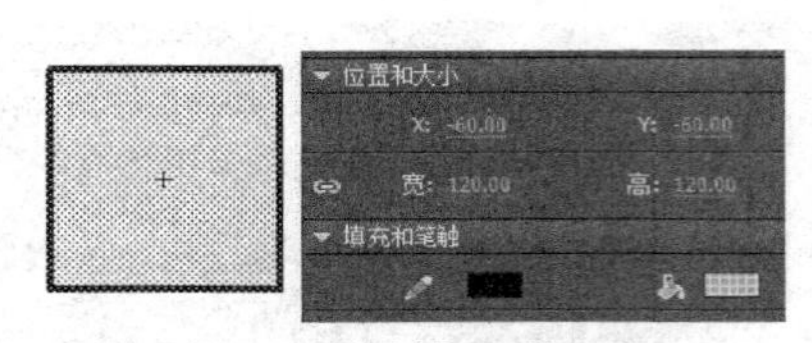

图9-50　绘制半透明矩形

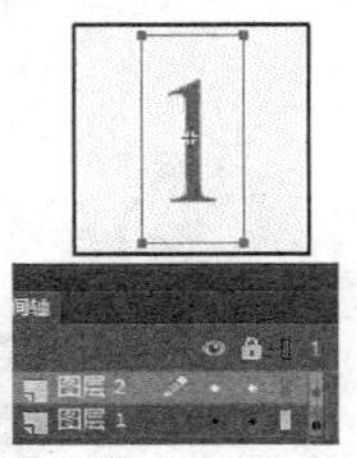

图9-51　输入数字

5. 在【库】面板中直接复制 5 份，分别依序改名为“元件 2”～“元件 6”。
6. 分别打开新复制的元件，修改元件内的数字为“2”～“6”，改变矩形色为其他喜好的颜色，如图 9-52 所示。
7. 返回【场景 1】，在【时间轴】面板新建“图层 2”～“图层 6”，复制“图层 1”的第 1 帧，粘贴到其他图层，如图 9-53 所示。

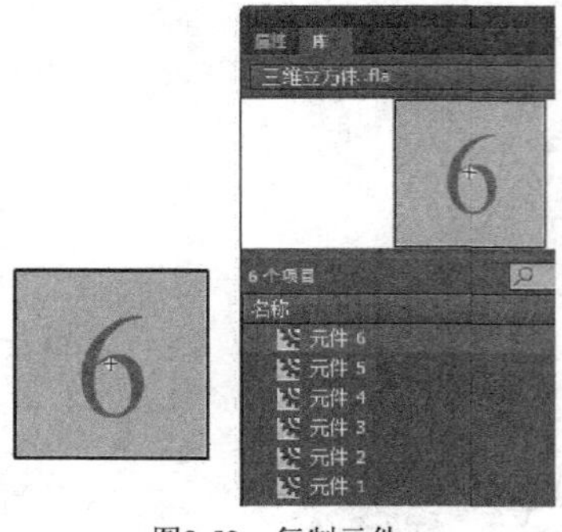

图9-52　复制元件

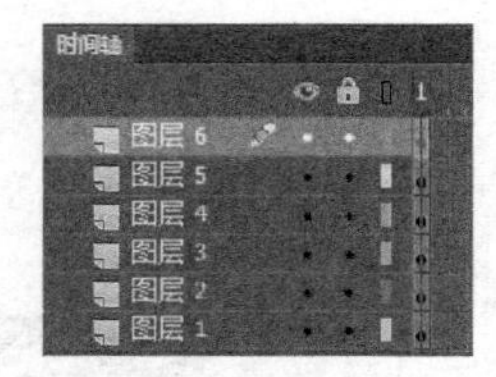

图9-53　粘贴帧

8. 选择“图层 2”～“图层 6”中的元件，利用右键快捷菜单中的【交换元件】命令，对应替换为相应元件，如图 9-54 所示。
9. 选择“图层 1”中的“元件 1”，在【属性】面板的【3D 定位和查看】中设置【透视角度】选项为“55”，设置【Z】选项为“-60”，如图 9-55 所示。

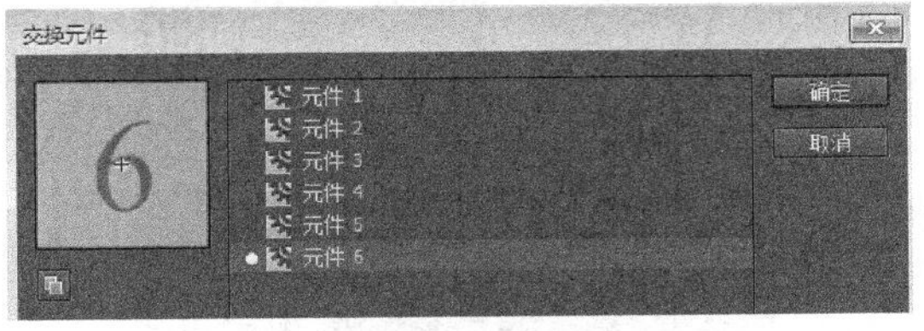

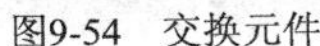
图9-54 交换元件

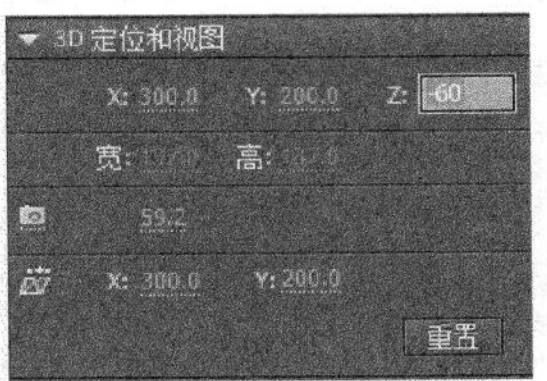

图9-55 设置【Z】选项

> **要点提示** 舞台的纵深就是 z 轴，这个 z 轴的形象思维需要始终牢记。

10. 选择“图层 2”中的“元件 2”，在【属性】面板的【3D 定位和查看】中设置【X】选项为“240”。在【变形】面板的【3D 旋转】中设置【Y】轴选项为“90”，如图 9-56 所示。

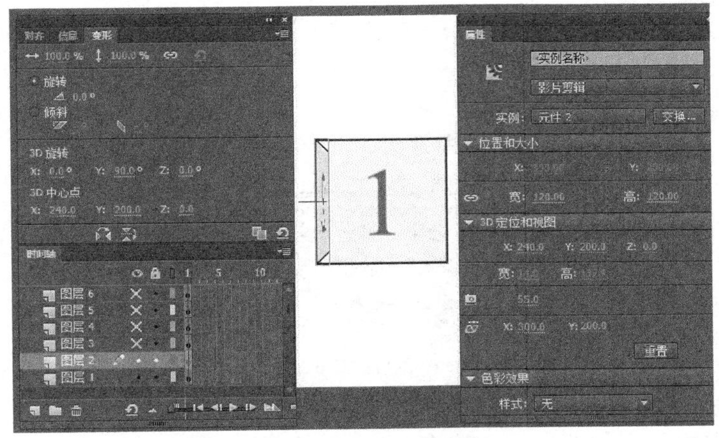

图9-56 设置【Y】轴选项

11. 选择“图层 3”中的“元件 3”，在【属性】面板的【3D 定位和查看】中设置【X】选项为“360”，在【变形】面板的【3D 旋转】中设置【Y】轴选项为“-90”。
12. 选择“图层 4”中的“元件 4”，在【属性】面板的【3D 定位和查看】中设置【Y】选项为“140”，在【变形】面板的【3D 旋转】中设置【X】轴选项为“-90”。
13. 选择“图层 5”中的“元件 5”，在【属性】面板的【3D 定位和查看】中设置【Y】选项为“260”，在【变形】面板的【3D 旋转】中设置【X】轴选项为“90”。
14. 选择“图层 6”中的“元件 6”，在【属性】面板的【3D 定位和查看】中设置【Z】选项为“60”。
15. 选择舞台上的所有元件，单击鼠标右键，在弹出的快捷菜单中选择【转换为元件】命令，转换为“总”影片剪辑元件，如图 9-57 所示。
16. 在【时间轴】面板的“图层 6”中选择第 1 帧，单击鼠标右键，在弹出的快捷菜单中选择【创建补间动画】命令，准备创建动画。
17. 选择最后一帧，在【变形】面板的【3D 旋转】中设置【Y】轴选项为“180”，如图 9-58 所示。

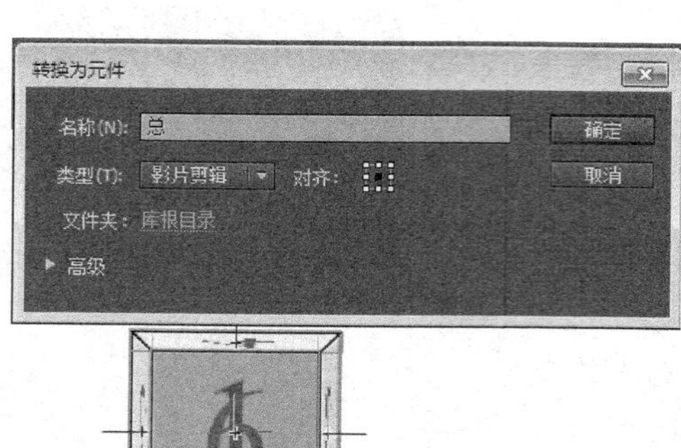

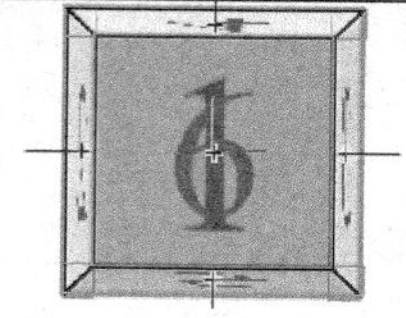

图9-57　转换元件

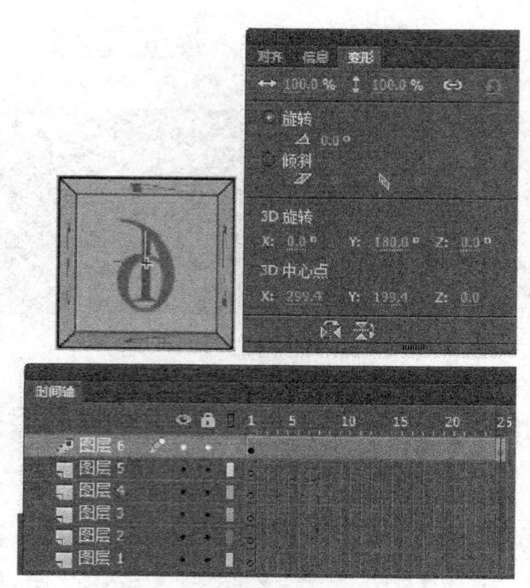

图9-58　设置【Y】轴选项

18. 测试立方体旋转效果。

9.5 习题

1. 创建图 9-59 所示的五角星空间透视效果。

图9-59　五角星空间透视效果

2. 创建图 9-60 所示的双矩形立体空间效果。
3. 如何调整骨骼中心点位置到圆形的中心位置，如图 9-61 所示。

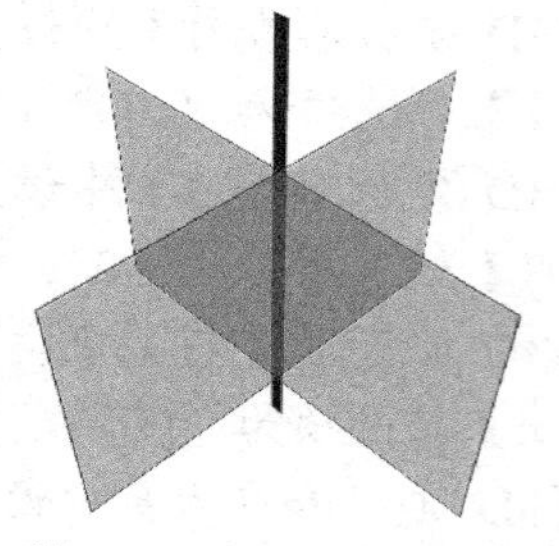

图9-60　双矩形立体空间效果

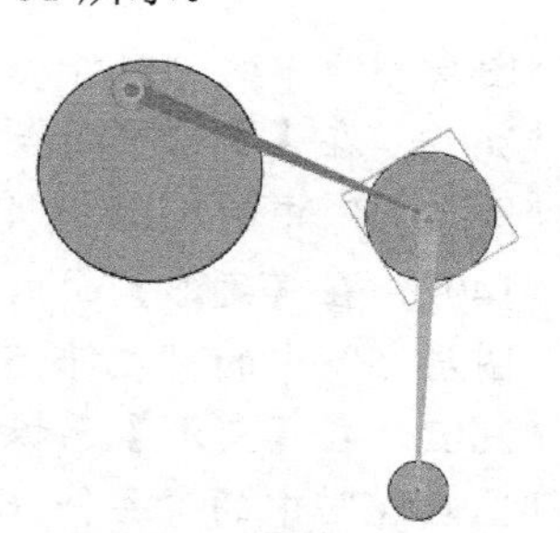

图9-61　调整中心点

第10章　脚本动画设计基础

【学习目标】

- 了解 ActionScript 的基本概念和语法基础。
- 掌握常用语句和函数的用法。
- 了解事件的概念和处理方法。
- 理解面向对象的编程思想。

Flash CC 2015 除了能够设计出美妙的矢量动画外，还有一个其他动画制作软件无法比拟的优点，那就是利用 ActionScript 对动画进行编程，从而实现种种精巧玄妙的变化，产生许多独特的效果。正是 ActionScript 的应用，才使 Flash 受到广泛的拥戴。Flash CC 2015 使用的 ActionScript 3.0 相对于 ActionScript 2.0 来说，功能更加强大，执行速度更快，也更复杂一些。

10.1　功能讲解

ActionScript 是一种面向对象编程（OOP）、通过解释执行的脚本语言。它在 Flash 内容和应用程序中实现了交互性、数据处理及其他许多功能。本章从简单的命令入手，了解一些最常用的基本概念和程序设计方法。

10.1.1　ActionScript 语法基础

ActionScript 是 Flash 的动作脚本语言，通过脚本中的动作、事件、对象及运算等指示影片要执行什么操作。

一、 什么是 ActionScript

和其他脚本撰写语言一样，ActionScript 遵循自己的语法规则，保留关键字，提供运算符，并且允许使用变量存储和获取信息。ActionScript 包含内置的对象和函数，并且允许用户创建自己的对象和函数。

ActionScript 程序一般由语句、函数和变量组成，主要涉及变量、函数、数据类型、表达式和运算符等，它们是 ActionScript 语法的基石。可以由单一动作组成，如指示动画停止播放的操作，也可以由一系列动作语句组成，如先计算条件，再执行动作。

ActionScript 语言的语法定义了在编写可执行代码时必须遵循的规则。

(1)　区分大小写。

ActionScript 3.0 是一种区分大小写的语言，只是大小写不同的标识符会被视为不同。

(2)　点语法。

可以通过点运算符（.）来访问对象的属性和方法。使用点语法，可以使用后跟点运算符和属性名或方法名来引用对象的属性或方法。例如：

```
ball.x=100;              //对象 ball 的 x 坐标为 100
trace(ball._x);          //跟踪显示对象 ball 的 x 坐标值
```

(3)　分号。

可以使用分号字符（;）来终止语句。如果省略分号字符，则编译器会认为每行代码代表单个语句。不过，最好还是使用分号，因为这样可增加代码的可读性。

(4)　注释。

ActionScript 3.0 代码支持两种类型的注释：单行注释和多行注释。编译器将忽略标记为注释的文本。

- 单行注释以两个正斜杠字符（//）开头并持续到该行的末尾。

```
var someNumber:Number = 3;  // 单行注释
```

- 多行注释以一个正斜杠和一个星号（/*）开头，以一个星号和一个正斜杠（*/）结尾。

```
/*这是一个可以跨
多行代码的多行注释。*/
```

二、　变量

(1)　变量的声明。

变量可用来存储程序中使用的值。要声明变量，必须将 var 语句和变量名结合使用。可通过在变量名后面追加一个后跟变量类型的冒号（:）来指定变量类型。如果要声明多个变量，则可以使用逗号运算符（,）来分隔变量，从而在一行代码中声明所有这些变量。

```
var i:int;
var a:int, b:int, c:int;
```

(2)　变量的赋值。

可以使用赋值运算符（ = ）为变量赋值，也可以在声明变量的同时为变量赋值。

```
var i:int = 20;
i = 40;
```

三、　运算符

运算符是一种特殊的函数，它们具有一个或多个操作数并返回相应的值。“操作数”是被运算符用作输入的值，通常是数值、变量或表达式。例如，在下面的代码中，将加法运算符（+）和乘法运算符（*）与 3 个操作数（2、3 和 4）结合使用来返回一个值。赋值运算符（=）随后使用该值将所返回的值 14 赋给变量 sumNumber。

```
var sumNumber:uint = 2 + 3 * 4; // uint = 14
```

运算符的优先级和结合律决定了运算符的处理顺序。虽然对于熟悉算术的人来说，编译器先处理乘法运算符（*）然后再处理加法运算符（+）似乎是自然而然的事情，但实际上编译器要求显式指定先处理哪些运算符，此类指令统称为“运算符优先级”。ActionScript 定义了一个默认的运算符优先级，可以使用小括号运算符（( )）来改变它。例如，下面的代码改变上一个示例中的默认优先级，以强制编译器先处理加法运算符，然后再处理乘法运算符：

```
var sumNumber:uint = (2 + 3) * 4; // uint = 20
```

ActionScript 3.0 中的运算符与其他编程语言的运算符类似，这里不再赘述。

四、 对象及其特性

对象是 ActionScript 3.0 语言的核心，程序所声明的每个变量、编写的每个函数及创建的每个实例都是一个对象。事实上，用户已经在 Flash 中处理过元件，这些元件就是对象。假设定义了一个影片剪辑元件（假设它是一幅矩形的图画），并且将它的一个副本放在了舞台上，那么，该影片剪辑元件就是 ActionScript 中的一个对象，即 MovieClip 类的一个实例。

在 ActionScript 面向对象的编程中，任何对象都可以包含 3 种类型的特性。

(1) 属性。

表示与对象绑定在一起的若干数据项的值，如矩形的长、宽和颜色。例如，MovieClip 对象具有 rotation（旋转）、X（*x* 坐标）、width（宽度）和 alpha（透明度）等属性。因此，也可以简单地将属性视为包含于对象中的“子”变量。用户可以像使用各变量那样使用属性。

```
square.x = 100;        //将名为 square 的 MovieClip 移动到 100 个像素的 x 坐标处
square.scaleX = 1.5;//改变 square 对象的水平缩放，使其宽度变为之前的 1.5 倍
```

(2) 方法。

可以由对象执行的操作，如动画播放、停止或跳转等。

假设用户创建了带有多个关键帧和动画的影片剪辑元件，下面的代码通过调用方法来控制动画的播放。

```
myFilm.play();              //指示名为 myFilm 的 MovieClip 对象开始播放
myFilm.stop();              //指示 myFilm 对象停止播放（播放头停在原地）
myFilm.gotoAndStop(20); //指示 myFilm 对象将其播放头移到第 20 帧，然后停止播放
```

(3) 事件。

由用户或系统内部引发的、可被 ActionScript 识别并响应的事情，如鼠标单击、用户输入、定时时间、加载图像等事件。

这些元素共同用于管理程序使用的数据块，并用于确定执行哪些动作及动作的执行顺序。ActionScript 为响应特定事件而执行某些动作的过程称为“事件处理”。在编写执行事件处理代码时，Flash 需要识别 3 个重要元素。

- 事件源：发生该事件的是哪个对象。
- 事件：将要发生什么事情，以及程序希望响应什么事情。
- 响应：当事件发生时，程序希望执行哪些步骤。

无论何时编写处理事件的 ActionScript 代码，都会包括这 3 个元素，并且代码将遵循以下基本结构。

```
function eventResponse(eventObject:EventType):void
{
    //此处是为响应事件而执行的动作。
}
eventSource.addEventListener(EventType.EVENT_NAME, eventResponse);
```

此代码执行两个操作。首先，定义一个函数，这是指定为响应事件而要执行的动作的方法。接下来，调用源对象的 addEventListener()方法，实际上就是为指定事件“订阅”该函数，以便当该事件发生时，执行该函数的动作。

“函数”提供一种将若干个动作组合在一起，用类似于快捷名称的单个名称来执行这些动作的方法。函数与方法完全相同，只是不必与特定类关联（事实上，方法可以被定义为与

特定类关联的函数）。在创建事件处理函数时，必须选择函数名称（本例中为 eventResponse），还必须指定一个参数（本例中的名称为 eventObject）。指定函数参数类似于声明变量，所以还必须指明参数的数据类型。要为每个事件定义一个 ActionScript 类，并且为函数参数指定的数据类型始终是与要响应的特定事件关联的类。最后，在左大括号与右大括号之间（{...}）编写用户希望计算机在事件发生时执行的指令。

一旦编写了事件处理函数，就需要通知事件源对象（发生事件的对象，如按钮）程序希望在该事件发生时调用函数。可通过调用该对象的 addEventListener()方法来实现此目的（所有具有事件的对象都同时具有 addEventListener()方法）。addEventListener()方法有两个参数。

- 第一个参数是希望响应的特定事件的名称。同样，每个事件都与一个特定类关联，而该类将为每个事件预定义一个特殊值；类似于事件自己的唯一名称（应将其用于第一个参数）。
- 第二个参数是事件响应函数的名称。请注意，如果将函数名称作为参数进行传递，则在写入函数名称时不使用括号。

10.1.2 ActionScript 语句与函数

一、 条件语句

ActionScript 3.0 提供了 3 个可用来控制程序流的基本条件语句。

(1) if..else 语句。

if..else 条件语句用于测试一个条件，如果该条件存在，则执行一个代码块，否则执行替代代码块。

如果用户不想执行替代代码块，可以仅使用 if 语句，而不用 else 语句。

(2) if..else if 语句。

可以使用 if..else if 条件语句来测试多个条件。

如果 if 或 else 语句后面只有一条语句，则无需用大括号括起后面的语句。

if (x > 20)	if (x > 20)	
{	{	if (x > 0)
trace("x is > 20");	trace("x is > 20");	trace("x is positive");
}	}	else if (x < 0)
else	else if (x < 0)	trace("x is negative");
{	{	else
trace("x is <= 20");	trace("x is negative");	trace("x is 0");
}	}	

(3) switch 语句。

如果多个执行路径依赖于同一个条件表达式，则 switch 语句非常有用。其功能相当于一系列 if..else if 语句，但是更便于阅读。switch 语句不是对条件进行测试以获得布尔值，而是对表达式进行求值并使用计算结果来确定要执行的代码块。代码块以 case 语句开头，以 break 语句结尾。例如，下面的 switch 语句基于由 Date.getDay()方法返回的日期值输出星期日期。

```
var someDate:Date = new Date();
```

```
var dayNum:uint = someDate.getDay();
switch(dayNum)
{
    case 0:
        trace("星期天");
        break;
    case 6:
        trace("星期六");
        break;
    default:
        trace("今天是工作日");
        break;
}
```

二、 循环语句

循环语句允许使用一系列值或变量来反复执行一个特定的代码块。一般始终用大括号（{}）来括起代码块。尽管在代码块中只包含一条语句时可以省略大括号，但是就像在介绍条件语言时所提到的那样，不建议这样做，原因也相同：因为这会增加无意中将以后添加的语句从代码块中排除的可能性。

(1) for 语句。

for 语句用于循环访问某个变量以获得特定范围的值。必须在 for 语句中提供 3 个表达式：一个设置了初始值的变量，一个用于确定循环何时结束的条件语句，以及一个在每次循环中都更改变量值的表达式。

(2) for..in 语句。

for..in 语句用于循环访问对象属性或数组元素。

<table>
<tr>
<td>下例循环 5 次。变量 i 的值从 0 开始到 4 结束，输出结果是从 0 到 4 的 5 个数字，每个数字各占一行

var i:int;
for (i = 0; i < 5; i++)
{
trace(i);
}</td>
<td>循环访问通用对象的属性

var myObj:Object = {x:20, y:30};
for (var i:String in myObj)
{
trace(i + ": " + myObj[i]);
}
// 输出：
// x: 20
// y: 30</td>
<td>循环访问数组中的元素

var myArray:Array = ["one", "two", "three"];
for (var i:String in myArray)
{
trace(myArray[i]);
}
// 输出：
// one
// two
// three</td>
</tr>
</table>

(3) while 语句。

while 语句与 if 语句相似，只要条件为 true，循环就会反复执行。

使用 while 循环（而非 for 循环）存在的一个缺点是，编写的 while 循环中更容易出现无限循环。如果省略了用来递增计数器变量的表达式，则 for 循环示例代码将无法编译，而 while 循环示例代码仍然能够编译。若没有用来递增 *i* 的表达式，循环将成为无限循环。

(4)　do..while 语句。

do..while 循环是一种 while 循环，它保证至少执行一次代码块，这是因为在执行代码块后才会检查条件。

下面的代码与 for 循环示例生成的输出结果相同	即使条件不满足，该示例也会生成输出结果

var i:int = 0;
while (i < 5)
{
trace(i);
i++;
}
	var i:int = 5;
	do
	{
	trace(i);
	i++;
	} while (i < 5);
	//输出：5

三、　函数

函数在 ActionScript 中始终扮演着极为重要的角色，是执行特定任务并可以在程序中重用的代码块。

(1)　调用函数。

可通过使用后跟小括号运算符（( )）的函数标识符来调用函数。要发送给函数的任何函数参数都要括在小括号中。例如，贯穿于本书始末的 trace( )函数，它是 Flash Player API 中的顶级函数。

```
trace("Use trace to help debug your script");
```

如果要调用没有参数的函数，则必须使用一对空的小括号。

```
var randomNum:Number = Math.random();
                                    //使用没有参数的 Math.random()方法生成随机数
```

(2)　定义自己的函数。

在 ActionScript 3.0 中可通过使用函数语句来定义函数。函数语句是在严格模式下定义函数的首选方法。函数语句以 function 关键字开头，后面可以跟以下语句。

- 函数名。
- 用小括号括起来的逗号分隔参数列表。
- 用大括号括起来的函数体，即在调用函数时要执行的 ActionScript 代码。

```
function traceParameter(aParam:String)    //创建 1 个参数的函数
{
    trace(aParam);
}
traceParameter("hello"); //将字符串“hello”用作参数值来调用函数，返回 hello
```

(3)　从函数中返回值。

要从函数中返回值，请使用后跟要返回的表达式或字面值的 return 语句。

```
function doubleNum(baseNum:int):int        //返回一个表示参数的表达式:
{
    return (baseNum * 2);
}
```

请注意，return 语句会终止该函数，因此，不会执行位于 return 语句下面的任何语句。

10.1.3 动作面板与脚本窗口

在 Flash CC 2015 中，使用【动作】面板可以创建和编辑对象或帧的 ActionScript 代码。选择帧、按钮或影片剪辑实例可以激活【动作】面板，同时，根据选择的内容的不同，【动作】面板标题也会变为【按钮动作】、【影片剪辑动作】或【帧动作】。

选择菜单命令【窗口】/【动作】，打开【动作】面板，如图 10-1 所示。

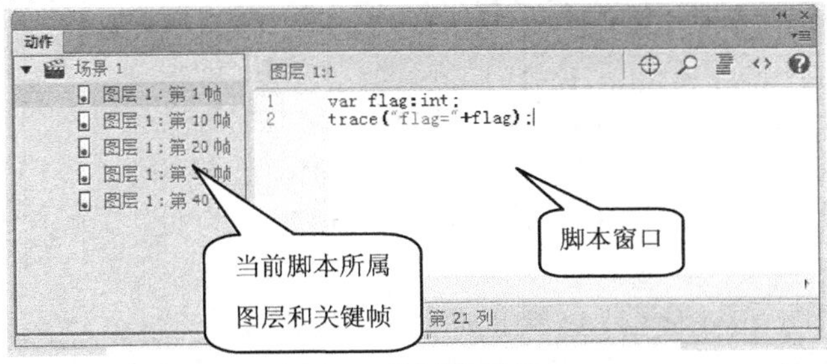

图10-1 【动作】面板

单击⊕按钮后，会出现图 10-2 所示的【插入目标路径】对话框。利用该对话框可以选择语句或函数要操作的目标对象。路径分相对路径和绝对路径两种，一般选择前者。

- 相对路径是指目标相对于当前对象的位置。标识符 “this” 代表了当前对象或影片剪辑实例。
- 绝对路径是指目标相对于主时间轴的位置。标识符 “root” 代表了指向主时间轴的引用。

脚本编译时，若代码有错误，则会弹出一个【编译器错误】面板，如图 10-3 所示，说明错误出现的位置和错误原因。

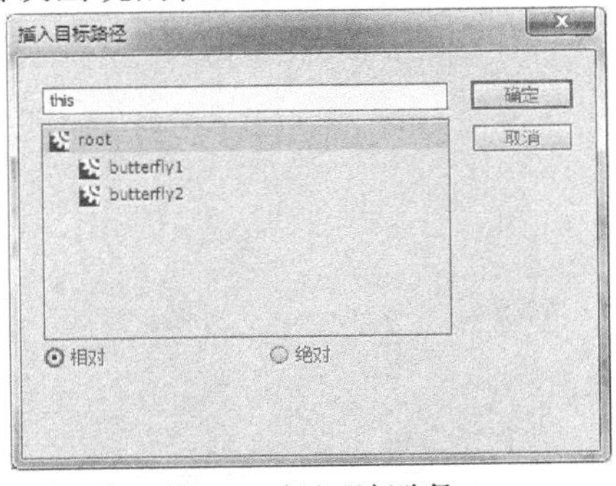

图10-2 插入目标路径

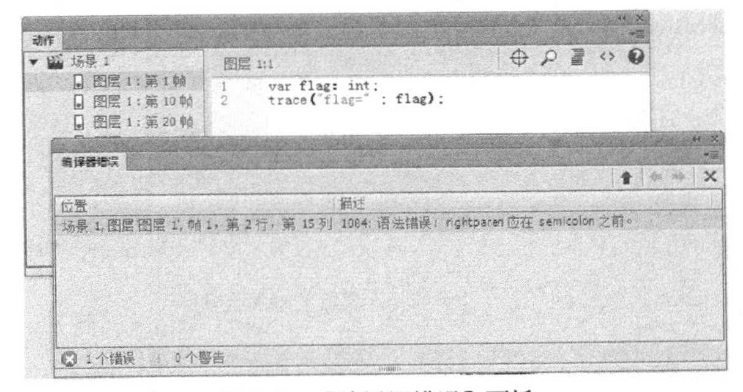

图10-3 【编译器错误】面板

10.2 范例解析

前面讲了很多概念和语法，也许有些读者会觉得 ActionScript 太复杂了。其实，其使用方法并不复杂。下面通过一些简单的实例来了解 ActionScript 的具体使用方法。

10.2.1　改变属性

在 ActionScript 中经常要讨论对象的坐标、位置等参数，所以明白计算机屏幕坐标关系是非常有必要的。

通常，采用一对数字的形式（如 5,12 或 17,-23）来定位舞台上的对象，这两个数字分别是 x 坐标和 y 坐标。可以将屏幕看作是具有水平（x）轴和垂直（y）轴的平面图形。屏幕上的任何位置（或"点"）可以表示为（x,y）一对位置值，即该位置的"坐标"。通常，舞台坐标原点（x 轴和 y 轴相交的位置，其坐标为 0,0）位于显示舞台的左上角。正如在标准二维坐标系中一样，x 轴上的值越往右越大，越往左越小；对于原点左侧的位置，x 坐标为负值。但是，与传统的坐标系相反，在 ActionScript 中，屏幕 y 轴上的值越往下越大，越往上越小（原点上面的 y 坐标为负值）。

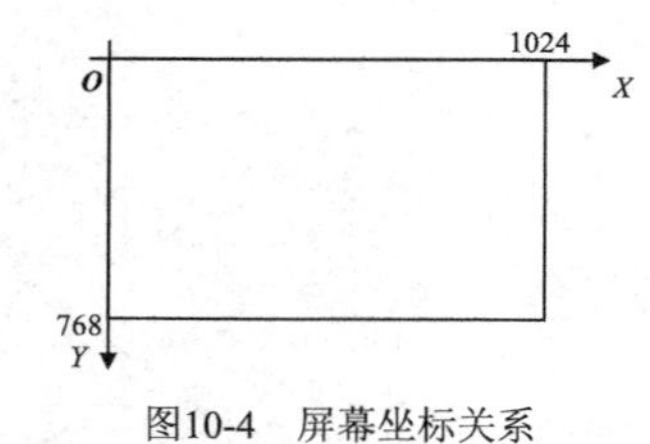

图10-4　屏幕坐标关系

屏幕坐标关系如图 10-4 所示。x 轴正向为从左到右，y 轴正向为从上到下。图 10-4 中表示的坐标值是指计算机屏幕大小为 1024×768。

要点提示　一般舞台上对象的原点（基准点）的位置都在对象的左上角。

影片剪辑对象共有 14 种属性，涉及对象位置、大小、角度和透明度等属性的值，如表 10-1 所示。

表 10-1　对象的属性

属性	含义
alpha	对象的透明度，"0"为全透明，"1"为不透明
focusrect	是否显示对象矩形外框
height	对象的高度
highquality	用数值定义了对象的图像质量
name	对象的名称
quality	用字符串"low""Medium"和"High"定义图像质量
rotation	对象的放置角度
soundbuftime	对象的音频播放缓冲时间
visible	定义对象是否可见
width	对象的宽度
x	对象在 x 轴方向上的位置
scaleX	对象在 x 轴方向上的缩放比例
y	对象在 y 轴方向上的位置
scaleY	对象在 y 轴方向上的缩放比例

下面通过具体的实例来讲解如何给影片剪辑的属性赋值。

【实例】——快乐垂钓

两个人在享受着垂钓的乐趣，不时还会变换一下位置，动画画面效果如图 10-5 所示。

图10-5　快乐垂钓

【操作提示】

1. 创建一个新的 Flash 文档，保存文档名称为“快乐垂钓.fla”。
2. 选择菜单命令【文件】/【导入】/【导入到库】，导入附盘文件“素材文件\10\垂钓.GIF”。GIF 文件是一个连续的位图图像，被导入库中后，Flash 首先把这些位图文件放在一个以当前文件名命名的文件夹中，然后自动生成一个以当前名称为前缀、以“_gif”为后缀的元件，这里就是“垂钓_gif”，如图 10-6 所示。
3. 双击元件“垂钓_gif”，可见其中已经包含了 gif 文件中的全部图像，如图 10-7 所示，其总长度为 45 帧。

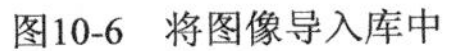

图10-6　将图像导入库中

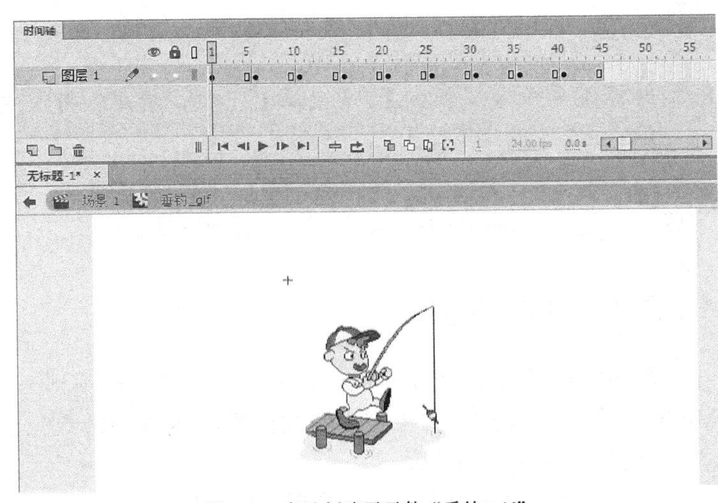

图10-7　自动创建了元件“垂钓_gif”

4. 在舞台上创建两个“垂钓_gif”的实例，分别放置在舞台的左右侧。选择左侧的实例对象，在【属性】面板中设置其名称为“fishman1”；同理，设置右侧实例对象的名称为“fishman2”，如图 10-8 所示。

要点提示　对象的坐标原点在其左上角，因此，对于 fishman1 对象位置的指定，实际上是对其原点的位置指定。也就是说，如果定义对象的坐标为（3,7），那么就是对象的左上角的坐标为（3,7）。

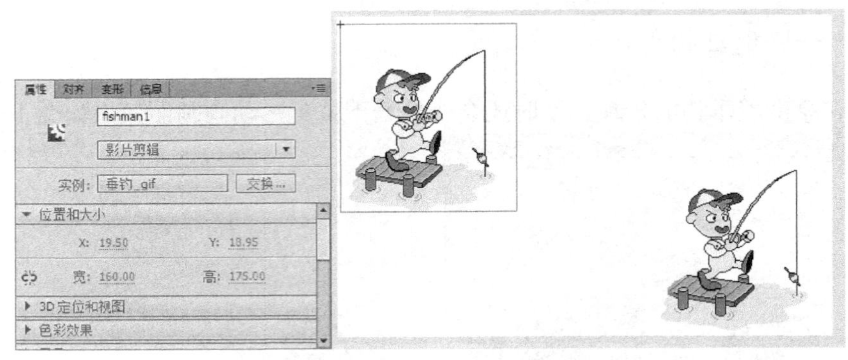

图10-8　创建两个“垂钓_gif”的实例并定义名称

5. 在第 40 帧按下F5键，将“图层 1”的时间轴长度扩展为 40 帧。
6. 添加一个新的图层，然后选择第 20 帧，按F6键，插入一个关键帧。打开【动作】面板，在脚本窗口输入图 10-9 所示的代码，设置影片剪辑对象 fishman1 的坐标为（60,120）。
7. 同理，在第 40 帧按F6键，插入一个关键帧。在脚本窗口输入图 10-10 所示的代码，设置对象 fishman2 的坐标为（230,10）。

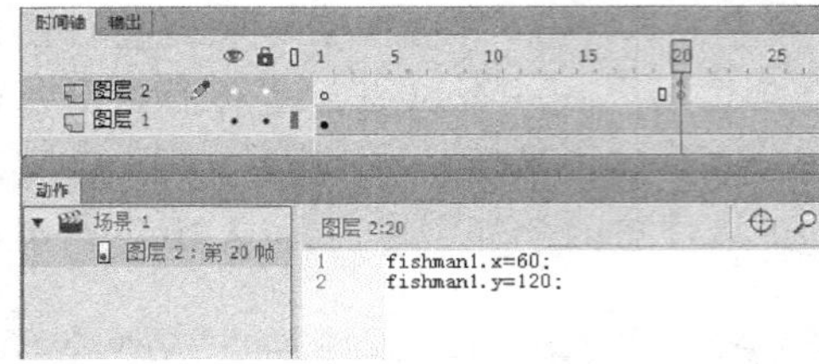

图10-9　在第 20 帧输入脚本代码

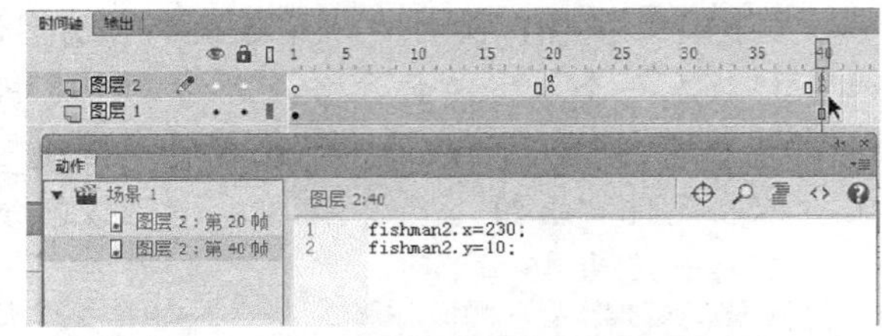

图10-10　第 40 帧的脚本代码

8. 选择菜单命令【控制】/【测试】，测试动画，可见首先是 fishman1 变换了位置，然后 fishman2 也改变了位置。

要点提示　作为一个好的编程习惯，最好为代码添加一个单独的图层，将代码写在这个图层的各个关键帧上，这样便于对脚本和代码的分析，也不会影响各实体对象的显示和运行。

10.2.2　随机取值

在 Flash 动画的 ActionScript 脚本中，经常要用到一些数学函数和公式，这就需要使用 Math 类了。Math 类包含了许多常用的数学函数和常数。

- random():Number。
  返回一个伪随机数 *n*，其中 $0 \leqslant n<1$。
- round(val:Number):Number。
  将参数 val 的值向上或向下舍入为最接近的整数并返回该值。

这里，以取随机数为例，说明 Math 类中方法的使用。

random()是数学类 Math 的一个方法，能够产生一个 0～1 之间的随机数，下式可以得到一个 0～100 之间的随机值。

```
Math.random()*100
```

但是如果用户需要得到一个 50～100 之间的随机数，那就需要如下运算。

```
Math.random()*50+50
```

将 Math.random()乘上 50 就意味着在 0～50 之间取值；再加上 50 后，表达式的取值范围就是 50～100。同理，可以获得任意区间的随机数。

【实例】——蝴蝶纷飞

两只舞动的蝴蝶不停地变换着自己的位置、透明度和角度，动画的效果如图 10-11 所示。

图10-11　蝴蝶纷飞

【操作提示】

1. 新建一个 Flash 文件。
2. 导入附盘文件“素材文件\10\蝴蝶.GIF”到库中，自动创建元件“蝴蝶_gif”。
3. 从【库】面板中将元件“蝴蝶_gif”拖入舞台，先后创建两个实例，分别命名为“butterfly1”和“butterfly2”。
4. 在【时间轴】面板上将动画长度扩展为 40 帧。
5. 添加一个新的图层，然后选择第 10 帧，插入一个关键帧；在脚本窗口中为“butterfly1”的位置属性设置随机值，如图 10-12 所示。

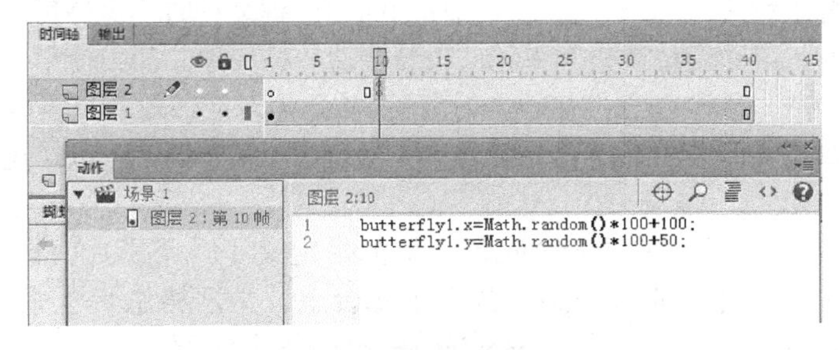

图10-12　利用随机数进行赋值

说明：

```
butterfly1.x=Math.random()*200+100;   //定义 x 坐标值为 100～300 之间的随机数
butterfly1.y=Math.random()*100+50;    //定义 y 坐标值为 50～150 之间的随机数
                    //一定要注意 Math 的首字母是大写，而 random 须全部小写字母
```

6. 在第 20、30、40 帧分别插入关键帧，输入脚本语句，设置两个对象的位置、透明度和旋转角度为随机值，如图 10-13 所示。

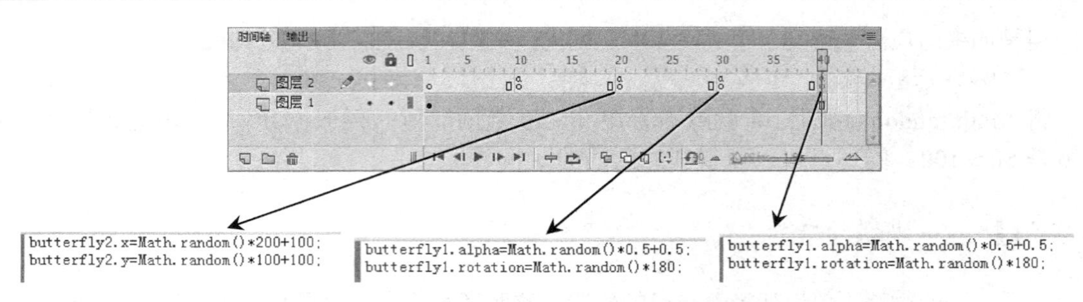

图10-13　设置对象的位置、透明度和旋转角度

要点提示 alpha 属性用于定义显示对象的透明度（更确切地说是不透明度），可以取介于 0 和 1 之间的任何值，其中 0 表示完全透明，1 表示完全不透明。

7.　测试动画，可见蝴蝶会不停地移动到新的随机位置，并且透明度和角度都会随机变化。

10.2.3　面向对象的编程

一、　面向对象的编程思想

面向对象的编程（OOP）是一种组织程序代码的方法，它将代码划分为对象，即包含信息（属性）和功能（方法）的单个元素。这样，就能够通过访问对象的属性和方法来对其进行操纵。面向对象的编程方法使 ActionScript 3.0 的功能更加强大，能够更好地与其他软件和环境交换数据。

先前将计算机程序定义为计算机执行的一系列步骤或指令。那么从概念上讲可能认为计算机程序只是一个很长的指令列表，然而，在面向对象的编程中，程序指令被划分到不同的对象中，因此相关类型的功能或相关的信息被组合到一个容器中。

通过使用面向对象的方法来组织程序，可以将特定信息及其关联的功能或动作组合在一起，称为“对象”。这能为程序的设计带来很多好处，其中包括只需跟踪单个变量而非多个变量，将相关功能组织在一起，以及能够以更接近实际情况的方式构建程序。

例如，若将计算机程序比作一个房子，当使用面向过程编程时，这栋房子就是一个单元。如果想为房子换个门窗，就必须替换整个单元，重新建造一栋房屋。如果使用 OOP 技术，就可以在建造时将房屋设计成一个个独立的模块（对象）。如果需要换玻璃，只需要选择门窗，调换玻璃就可以；如果需要改变风格，只需要重新调整房屋的颜色和布局就可以。这就是 OOP 编程的优势。

事实上，前面讲到的元件就是一个对象，例如，定义了一个影片剪辑元件（假设它是一幅矩形的图画），并且已将它的一个副本放在了舞台上。从严格意义上来说，该影片剪辑元件也是 ActionScript 中的一个对象，即 MovieClip 类的一个实例。

可以修改该影片剪辑的不同特征。例如，当选中该影片剪辑时，可以在【属性】面板中更改许多值，如其坐标、宽度，进行各种颜色调整，或对它应用投影滤镜。这些修改工作同样可以在 ActionScript 中通过更改 MovieClip 对象的各数据片断来实现。

OOP 中有两个重要的概念，就是对象和类。

(1)　对象。

对象是 OOP 应用程序的一个重要组成部件。这个组成部件封装了部分应用程序，这部分应用程序可以是几个过程、数据或更抽象的实体。前面的学习中已经用到了对象的概念，舞台中的每个实体都可以被看作是一个对象。

(2) 类。

类是一种用户定义的数据类型，它有自己的说明（属性）和操作（方法），类中含有内部数据和过程，或函数形式的对象方法，通常用来描述一些非常相似的对象所具有的共同特征和行为。任何类都可以包含 3 种类型的特性：属性、方法和事件。这些元素共同用于管理程序使用的数据块，并用于确定执行哪些动作及动作的执行顺序。

类由封装在一起的数据和方法构成。封装是指对类中数据的访问会受到一定限制，要通过一定的方法才能访问数据。从外部来看，类就像一个部分可见的黑匣子。可见部分称为接口，通过这个接口可以访问类中不可见的数据部分。其优点是可以减少因直接访问数据而造成的错误。

一个类定义了可区分一系列对象的所有属性，在使用时，需要将该类实例化。例如，“Sound”类泛指动画中所有的声音类型，如果要讨论对某一个声音的控制，就是将“Sound”类实例化。“类”仅仅是数据类型的定义，就像用于该数据类型的所有对象的模板，如“所有 Example 数据类型的变量都拥有这些特性：A、B 和 C”。而“对象”仅仅是类的一个实际的实例；可将一个数据类型为 MovieClip 的变量描述为一个 MovieClip 对象。

要点提示 对象与类是 OOP 中极其重要的两个概念，要注意，类和对象是完全不同的，它们之间的关系就像类型与变量的关系。对象是类的实例，是由类定义的数据类型的变量。

二、 类的定义

通常一个类有两项内容与之相关：属性（数据或信息）和行为（动作或它可以做的事情）。属性本质上不存放与类相关的信息的变量，而行为相当于函数，有时也称为方法。

我们知道，可以在库中创建一个元件，然后用这个元件可以在舞台上创建出很多的实例。与元件和实例的关系相同，类就是一个模板，而对象（如同实例）就是类的一个特殊表现形式。

ActionScript 3.0 类定义语法中要求 class 关键字后跟类名。类体要放在大括号({})内，且放在类名后面。

下面来看一个类的例子。

```
package {                          //包的声明
    public class MyClass {         //类的定义
        public var myproperty:Number = 100;
        public function myMethod() {
            trace("天天课堂 www.ttketang.com");
        }
    }
}
```

这个类的名字为 MyClass，后面跟一对大括号。在这个类中有两种要素，一个是名为 myproperty 的变量，另一个是名为 myMethod 的函数。

public 是访问关键字。访问关键字是一个用来指定其他代码是否可访问该代码的标识。public（公有类）关键字指该类可被外部任何类的代码访问。如果创建的属性或方法只用于类本身的使用，则可以标记为 private（私有），它会阻止类外部任何代码的访问。

类在编写完成后，需要保存在一个外部的文本文件中，文件名与类名相同，使用的后缀为.as，如 MyClass.as。一般来说，这个类文件应当与 FLA 文件位于同一目录下。如果使用包来组织，那么可以将类文件放在某个相对子目录下，但是需要在包结构中声明。

三、创建文档类

ActionScript 3.0 引入了一个全新的概念：文档类（document class）。一个文档类就是一个继承自 Sprite 或 MovieClip 的类，并作为 SWF 的主类。读取 SWF 时，这个文档类的构造函数会被自动调用。它就成为了程序的入口，任何想要做的事都可以写在上面，如创建影片剪辑、画图、读取资源等。在 Flash CC 2015 中写代码，可使用文档类，也可以选择继续在时间轴上写代码。但是使用文档类文件，更利于代码的共享、分析和扩展。

Flash CC 2015 是实现文档类的最方便的工具。在属性面板的【发布】/【类】区域，输入类名“Test”，如图 10-14 所示，就能够在文件当前目录下创建一个类文件“Test.as”。

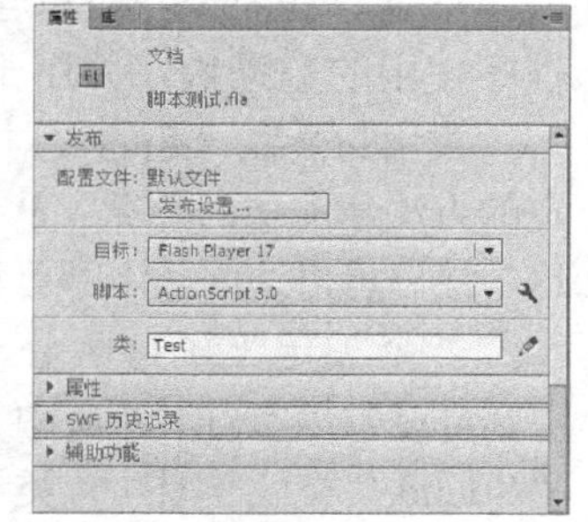

图10-14　设置文档类

要点提示 用户输入的是类名，而不是文件名，所以这里不需要输入扩展名“.as”。如果这个类文件位于 FLA 文件目录下的某个子目录，那么就需要输入类的完整路径，如“syb.test.myclass.Test”。

使用文档类编程，对于初学者或缺乏编程基础的读者来说理解比较困难。但是本书并不需要读者对它有多么深刻的理解，只需要知道一些基本的编程方法就可以了。

【OOP 实例】——绘制箭头

下面通过一个例题，练习一下如何创建文档类。动画的效果是不利用屏幕绘图，而是直接利用文档类绘制一个箭头，如图 10-15 所示。

首先分析一个箭头的坐标位置关系，如图 10-16 所示。

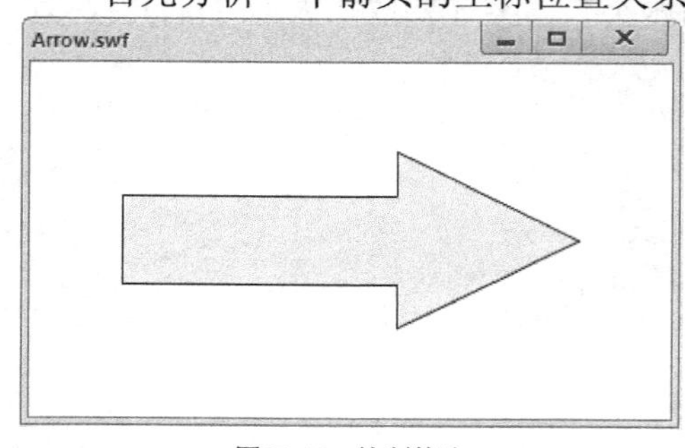

图10-15　绘制箭头

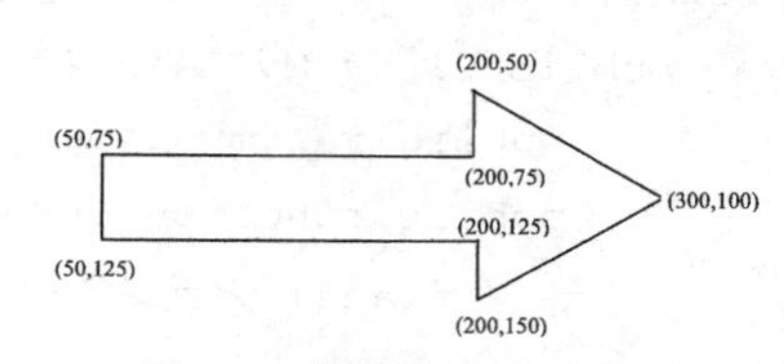

图10-16　箭头的坐标位置关系

【操作提示】

1. 新建一个 Flash 文件，保存为“箭头.fla”。
2. 设置文档属性如图 10-17 所示，定义当前文档所包含的文档类为“Arrow”。
3. 单击 ✎ 按钮，出现一个警告对话框，如图 10-18 所示。

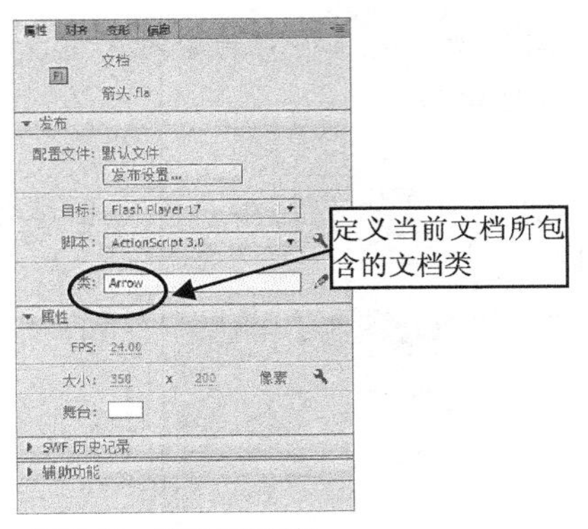

图10-17　设置文档属性

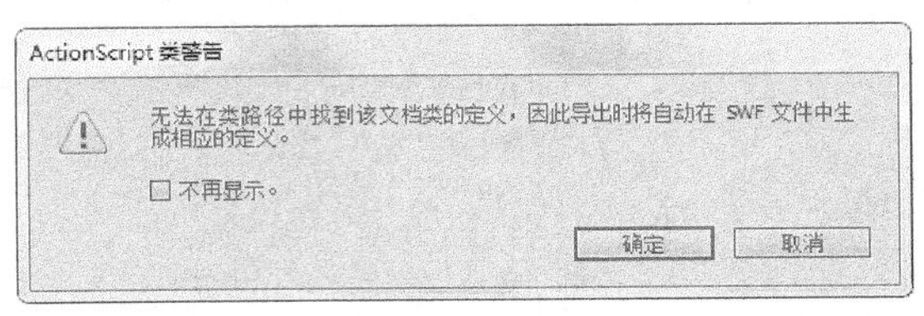

图10-18　警告对话框

4. 单击 确定 按钮，创建一个脚本文件，如图 10-19 所示。其中包含了系统自动生成的类定义。
5. 在类的构造函数中输入创建箭头的脚本代码，如图 10-20 所示。

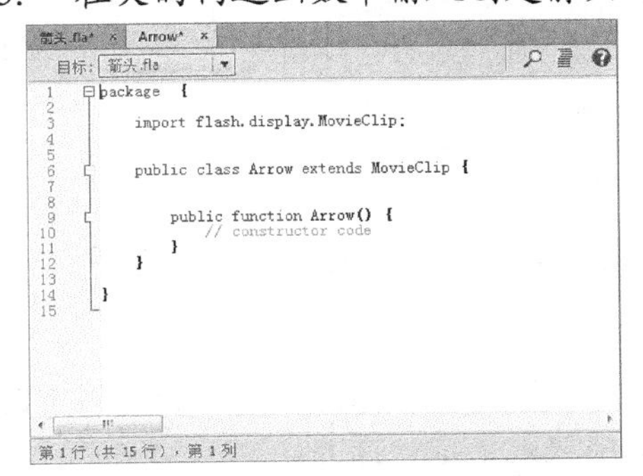

图10-19　自动创建的类定义

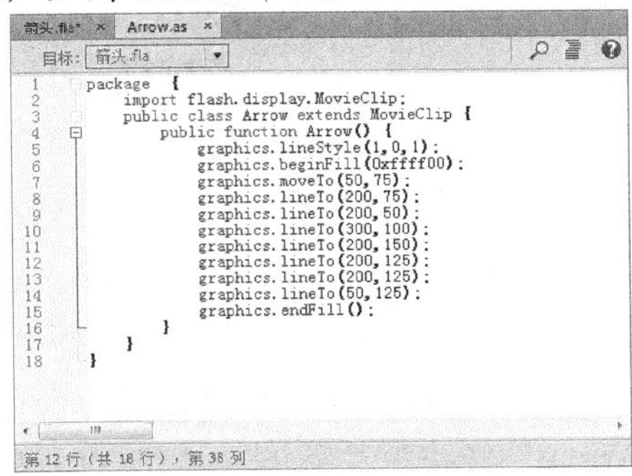

图10-20　输入创建箭头的脚本代码

主要代码说明：

```
package {                                      //包，类的容器
import flash.display.MovieClip;                //导入内置基本类 MovieClip
public class Arrow extends MovieClip {         //定义一个类Arrow，其基类为MovieClip
    public function Arrow() {                  //类 Arrow 的构造函数
        graphics.lineStyle(1,0,1);             //调用 Graphics 的 lineStyle 方法
        graphics.beginFill(0xffff00);          //调用 Graphics 的 beginFill 方法
        graphics.moveTo(50,75);                //调用 Graphics 的 moveTo 方法
        graphics.lineTo(200,75);               //调用 Graphics 的 lineTo 方法
        ......
        graphics.lineTo(50,125);
        graphics.endFill();                    //调用 Graphics 的 endFill 方法
    }
}
```

Graphics 类包含一组可用来创建矢量形状的方法，支持绘制的显示对象包括 Sprite 和 Shape 对象。每个 Shape、Sprite 和 MovieClip 对象都具有一个 graphics 属性，是 Graphics 类的一个实例。Graphics 类包含用于绘制线条、填充和形状的属性和方法。

6. 选择菜单命令【文件】/【保存】，出现图 10-21 所示的【另存为】对话框，系统自动将脚本文件保存为“ActionScript 文件”，其文件后缀为“.as”。
7. 单击 保存(S) 按钮，则脚本文件被保存。
8. 测试动画，就可以看到舞台上绘制了一个箭头。可见，虽然用户没有在舞台上绘制任何东西，但是利用文档类就可以创建图形对象。

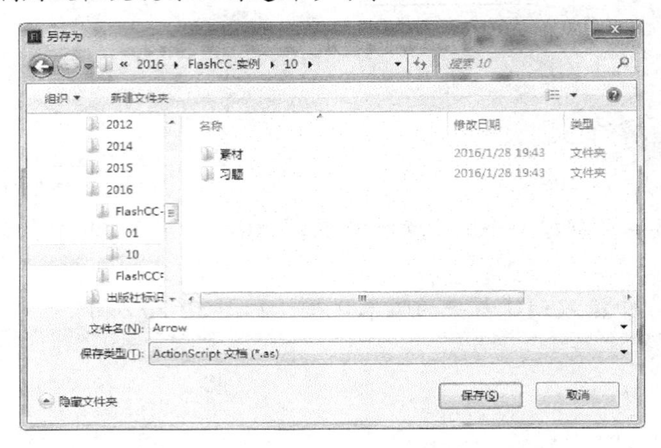

图10-21　保存脚本文件

要点提示：一定要注意文件名与类名完全一致，包括字母的大小写。否则 fla 文件找不到 as 文件，就无法调用启用的脚本，也就无法产生需要的动画效果。

其实，类名使用中文也是可以的。例如，本例将类名修改为“箭头”，同时类文件中的所有“Arrow”修改为“箭头”，如图 10-22 所示，动画播放效果是一样的。

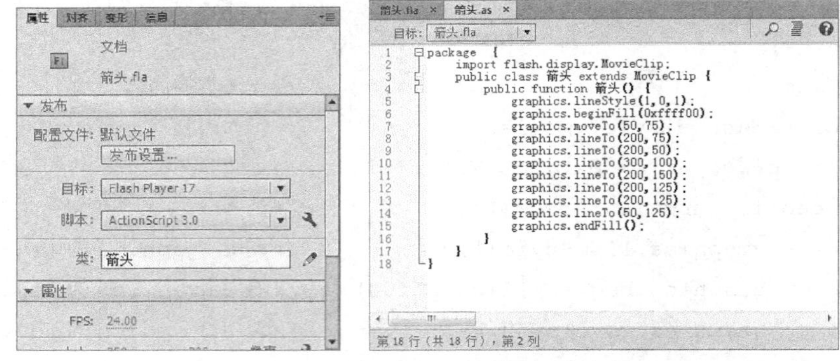

图10-22　类名和定义使用中文

不过，从一般的设计习惯上，还是把类名定义为英文好一些，尽量不要使用中文。

10.3　实训

下面通过几个实训来练习脚本动画的设计方法。

10.3.1　画面跳转

在某种条件下，使动画跳转到特定的画面，这也是动画制作过程中经常要使用的方法。

这一般需要使用 ActionScript 中的跳转语句 gotoAndPlay()来实现。

用法：

```
public function gotoAndPlay(frame:Object, scene:String = null):void
```

跳转到指定的帧并继续播放 SWF 文件。

- frame:Object——表示播放头转到的帧编号的数字，或者表示播放头转到的帧标签的字符串。如果用户指定了一个数字，则该数字是相对于用户指定的场景的。如果不指定场景，Flash Player 就使用当前场景来确定要播放的全局帧编号。如果指定场景，播放头就会跳到指定场景的帧编号。
- scene:String (default = null)——要播放的场景的名称。此参数是可选的。

下面的代码使用 gotoAndPlay()方法指示 mc1 影片剪辑的播放头从其当前位置前进 5 帧：

```
mc1.gotoAndPlay(mc1.currentFrame + 5);
```

下面的代码使用 gotoAndPlay()方法指示 mc1 影片剪辑的播放头移到名为“Scene 12”的场景中标记为“intro”的帧：

```
mc1.gotoAndPlay("intro", "Scene 12");
```

类似的还有 gotoAndStop()方法，其功能是跳转到指定的帧，但是要暂停播放。

【实例】——表情变幻

表情不断地随机变幻，有高兴、伤心，也有害羞、惊讶，动画效果如图 10-23 所示。

图10-23 表情变幻

图 10-24 所示说明了动画的设计要点。

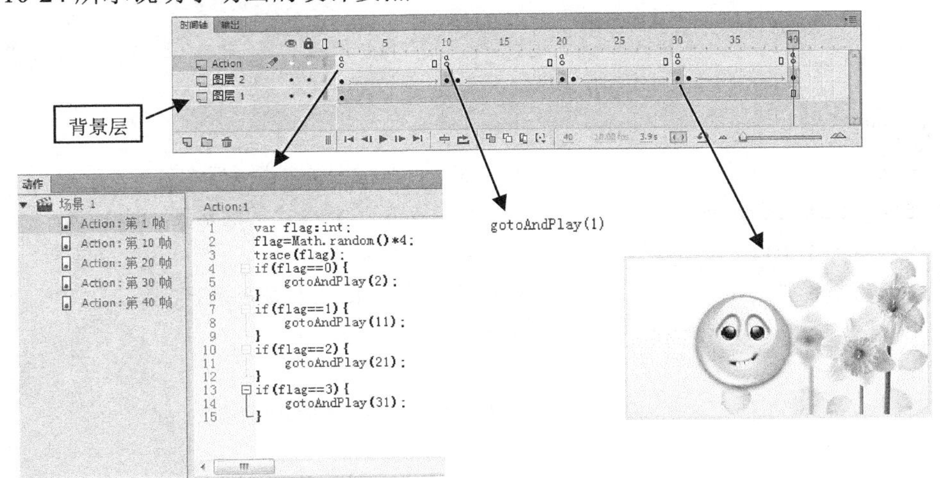

图10-24 设计思路分析

【操作提示】

1. 在“图层 1”中导入附盘文件“素材文件\10\花.jpg”，作为动画背景。
2. 在第 40 帧位置插入帧，将动画长度扩充到 40 帧。
3. 将表情图片“Embarrassed.png”“Sad_cry.png”“tounge_out.png”和“Wow.png”导入库中。
4. 新建一个“图层 2”，然后从库中拖动“Wow.png”到舞台上。
5. 选择第 10 帧，插入关键帧，然后调整笑脸表情图片的大小、位置。
6. 选择第 1 帧，单击鼠标右键，从弹出的快捷菜单中选择【创建传统补间】命令，则创建了一个补间动画，如图 10-25 所示。

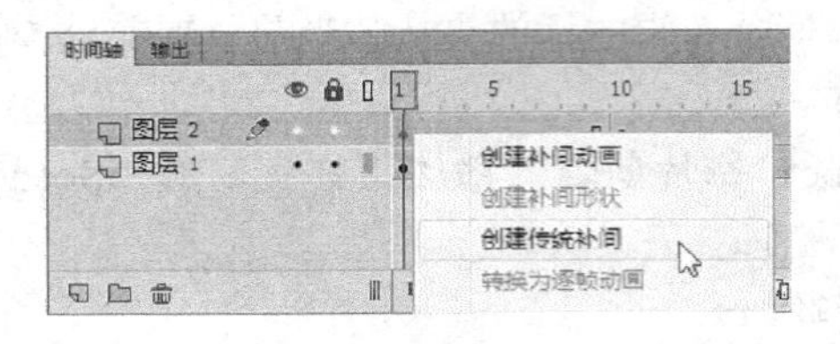

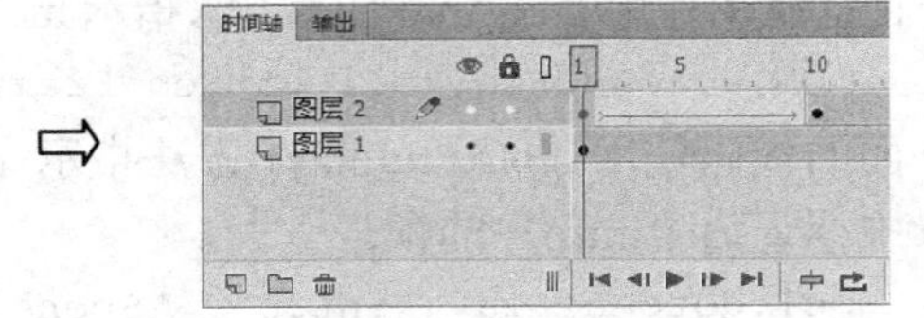

图10-25　创建传统补间

7. 在第 11 帧插入一个关键帧，删除前面的表情图片，重新从库中拖入另外一个表情图片到舞台上，再创建一个 10 帧的补间动画。依次类推，创建各补间动画。
8. 再添加一个新的图层，修改图层名称为“Action”。在其第 1 帧中添加动作脚本如图 10-26 所示。

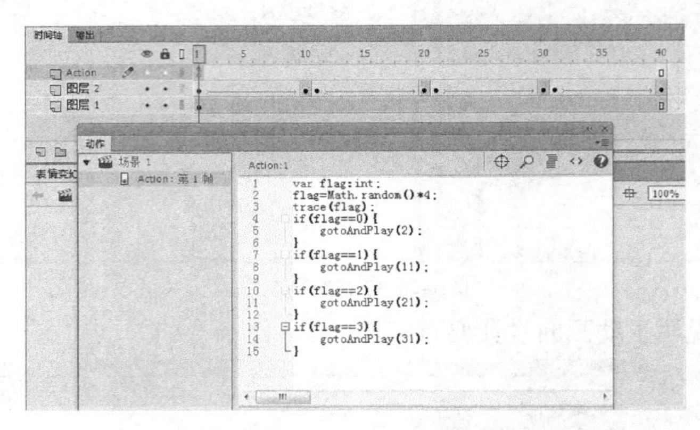

图10-26　在第 1 帧中添加动作脚本

简要说明：

```
var flag:int;                    //定义一个标志变量，类型为整型
flag=Math.random()*4;            //使变量取值为 0～3 之间的整数，即 0、1、2
trace(flag);                     //跟踪输出变量的值
if(flag==0){                     //用条件语句判断变量是否等于 0
    gotoAndPlay(2);              //是，则跳转到第 2 帧
}
if(flag==1){                     //若变量等于 1，则跳转到第 11 帧
    gotoAndPlay(11);
}
```

```
if(flag==2){                    //若变量等于 2，则跳转到第 21 帧
    gotoAndPlay(21);
}
if(flag==3){                    //若变量等于 3，则跳转到第 31 帧
    gotoAndPlay(31);
}
```

要点提示 trace()语句用于跟踪输出变量的值，这在动画的调试中非常有意义，可以使用户时刻了解到变量值的变化。在生成最终作品后，trace()语句就不再输出了。

9. 选择“Action”层的第 10 帧、第 20 帧、第 30 帧和第 40 帧，分别添加动作脚本“gotoAndPlay(1)”，如图 10-27 所示。

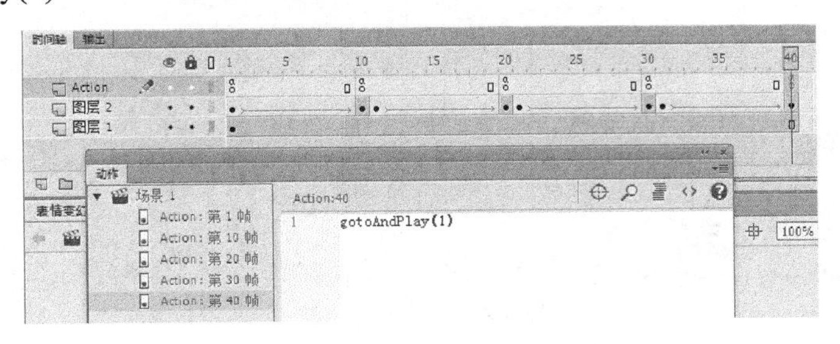

图10-27 添加画面跳转语句

10. 测试动画，可以看到，每显示完一个小补间动画后，动画就跳转回到第 1 帧，重新对变量求值，以决定下次跳转的位置。这样，表情就在不断变幻。

10.3.2 事件的响应和处理

在 Flash 动画作品中，经常需要对一些情况进行响应，如鼠标的运动、时间的变化、用户的操作等，这些情况统称为事件。在 ActionScript 3.0 中，对于事件类型的区分更加丰富，对于事件的操作也更加复杂一些。一般来说，对于事件的响应都是要通过函数和事件侦听器来实现的。

enterFrame（进入帧）事件是 Flash 动画中最常用到的事件之一。当动画播放头进入一个新帧时就会触发此事件。如果动画只有一帧，则会按照设定的帧频（默认为 24 帧/秒）持续触发此事件。在这个事件发生后，系统就会要求所有侦听此事件的对象同时开始相应的事件来处理函数。

下面来设计一个使用 enterFrame 事件的实例，目标是让舞台上的两个位置点趋近。

在开始设计实例之前，首先来分析一下舞台上两个位置点 A（$x1$,$y1$）和 B（$x2$,$y2$）之间的坐标关系，如图 10-28 所示。

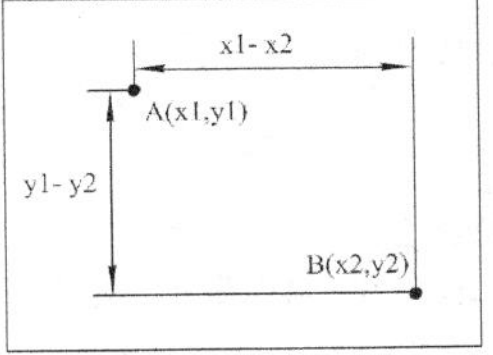

图10-28 舞台上两个位置点之间的坐标关系

A、B 两点的水平间距为 $x1-x2$，垂直间距为 $y1-y2$。若 B 点向 A 点靠近，则 B 点的坐标变化为：

```
x2=x2+(x1-x2)
y2=y2+(y1-y2)
```

若 B 点是逐渐向 A 点靠近，则需要将间距划分为若干小段，然后反复进行位置判断，直至两点位置重合。例如划分为 5 段，则：

```
x2=x2+(x1-x2)/5
y2=y2+(y1-y2)/5
```

下面就按照这个算法来设计实例。

【实例】——追鼠标的飞鸟

鸟儿喜欢上了鼠标，鼠标移动到哪里，鸟儿就飞到哪里，动画效果如图 10-29 所示。

图10-29　追鼠标的飞鸟

【操作提示】

1. 创建一个新的动画文件，然后导入附盘文件“素材文件\10\背景.jpg”作为背景。
2. 将附盘文件“素材文件\10\鸟儿.GIF”导入库中，自动创建元件“鸟儿_gif”，如图 10-30 所示。
3. 将元件“鸟儿_gif”拖到舞台上，设置实例名称为“bird”。
4. 选择第 1 帧，打开【动作】面板。
5. 在脚本窗口中输入图 10-31 所示的代码。这段代码的作用是判断鸟儿的坐标与鼠标是否一致，若不相同就逐渐变化逼近鼠标位置。

图10-30　将图像导入库中

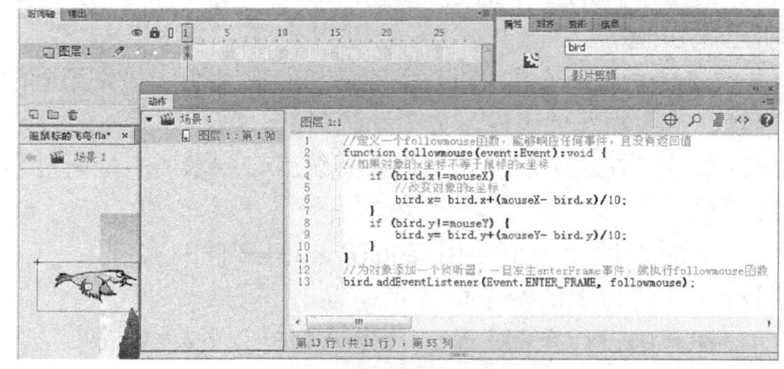

图10-31　在第 1 帧输入脚本代码

6. 测试动画，可以看到不管鼠标移动到哪里，鸟儿都会慢慢地跟随过去。

飞鸟的坐标原点在左上角，所以当飞鸟的左上角到达鼠标位置后，就会停止移动。如果希望是鸟嘴追踪到鼠标位置，可以打开“元件 1”，对其中的每一个关键帧调整其中鸟儿的位置，使鸟嘴与舞台中心位置基本对齐，如图 10-32 所示。

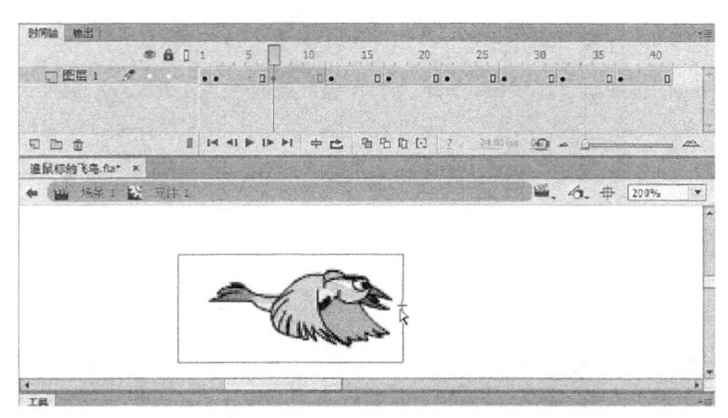

图10-32　调整鸟嘴与舞台中心位置基本对齐

10.3.3　利用定时器实现间隔调用

在动画设计中，时常会遇到需要设定时间、计算延时及定时响应等情况，利用 ActionScript 3.0 中的 Timer 类可以方便地实现这种需求。

Timer 类主要用于实现间隔调用，它封装了许多属性、方法和事件。使用 Timer 类不会像 setInterval()重复积累调用，减少了出错几率，用户可以自定义间隔时间，实现与帧频的脱离，是制作间隔效果的首选。

Timer 类的构造函数有两个参数，第 1 个是以毫秒为单位的间隔数字，第 2 个是重复调用的次数。

(1)　创建 Timer 类的实例

```
var myTimer:Timer = new Timer(1000,3);
```

说明：构造一个 Timer 类对象，设置间隔时间为 1000 毫秒，重复次数为 3 次。调用从数字 1 开始，向上递增，当次数等于 3 时，停止调用。

(2)　Timer 类有 4 个属性，两个为只读属性，两个为读写属性，介绍如下。

- running 属性：只读属性，表示调用是否进行，如果处于调用状态，running 的值为 true，否则为 false。
- currentCount 属性：只读属性，表示当前调用的次数。
- delay 属性：读写属性，表示间隔调用的时间。
- repeatCount 属性：读写属性，表示重复调用的次数。

(3)　Timer 类有以下 3 种方法可调用。

- start()方法：启动调用。
- spop()方法：停止调用。
- reset()方法：重置调用。

(4)　Timer 类有两个事件，当开始调用时会发生 timer 事件，调用结束时会发生 timerComplete 事件。这两个事件都是 TimerEvent 类的属性，事件名分别为 Timer.TIMER 和 Timer.TIMER_COMPLETE。

【实例】——定时画圆

创建一个文档类，使用定时器，每隔 0.5 秒绘制一个小圆圈，圆圈的大小、位置都是随

机的，绘制 20 个小圆圈后停止，画面效果如图 10-33 所示。

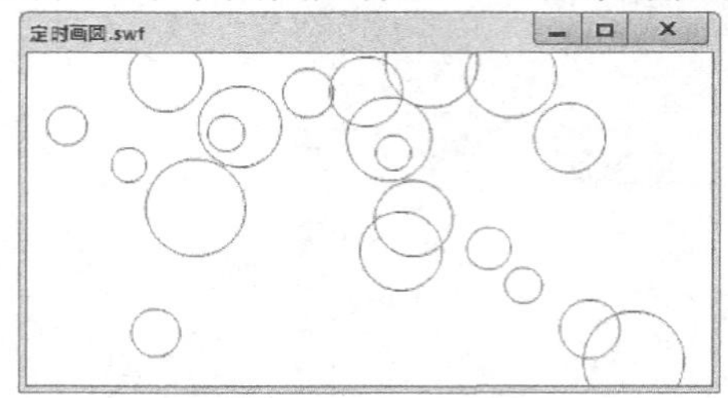

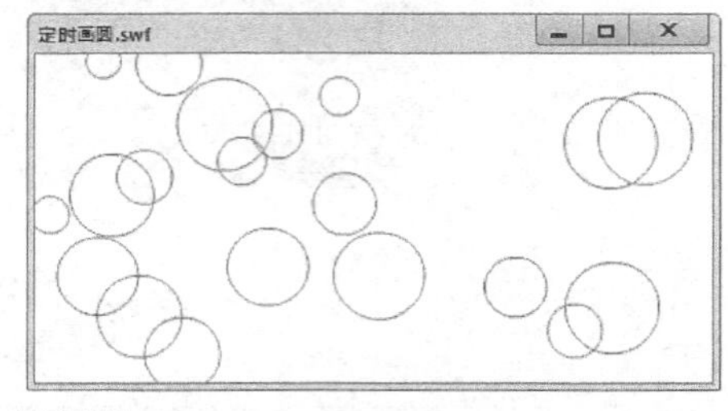

图10-33　定时画圆

【操作提示】

1. 新建一个 Flash 文件，保存文件为“定时画圆.fla”。
2. 设置文档属性如图 10-34 所示，定义当前文档所包含的文档类为“myTimer”。
3. 单击✏按钮，出现一个警告对话框，如图 10-35 所示。

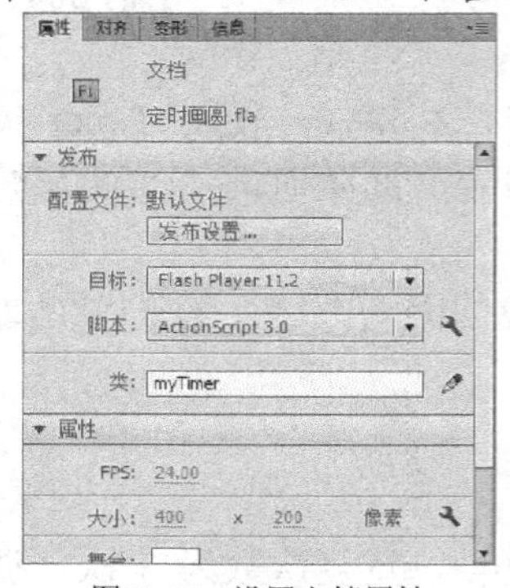

图10-34　设置文档属性

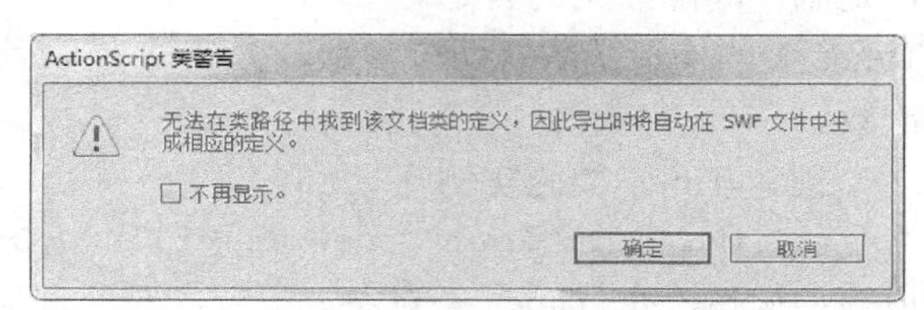

图10-35　警告对话框

4. 单击 确定 按钮，则创建了一个脚本文件“myTimer.as”，其中包含了系统自动生成的类定义。
5. 在类定义中输入如图 10-36 所示的代码。

定时画圆.fla ×　myTimer.as* ×

目标：定时画圆.fla

```
1  package{
2      import flash.display.Sprite;
3      import flash.display.MovieClip;
4      import flash.utils.Timer;
5      import flash.events.TimerEvent;
6  
7      public class myTimer extends Sprite{
8          private var timer:Timer;
9          public function myTimer(){
10             timer=new Timer(500,20);
11             timer.addEventListener(TimerEvent.TIMER,onTimer);
12             timer.start();
13         }
14         private function onTimer(timer:TimerEvent):void{
15             var circle:MovieClip = new MovieClip();
16             var cx:Number=Math.random()*400;
17             var cy:Number=Math.random()*200;
18             var cr:Number=Math.random()*20+10;
19             circle.graphics.lineStyle(1,0xFF0000);
20             circle.graphics.drawCircle(cx,cy,cr);
21             addChild(circle);
22         }
23     }
24 }
```

代码简要说明：

2～4：导入显示类及定时器类，用于后面图形的显示和定时器的调用；

7：构造 myTimer 类

8：定义一个 Timer 类型的私有对象 timer

9：myTimer 类的构造函数

10：将对象 timer 实例化，设置为定时间隔 500 毫秒（0.5 秒）、重复次数为 20 次

11：增加对 timer 对象的侦听器，定时器计时时间到就调用函数 onTimer

12：启动 timer 对象

14～22：创建函数 onTimer，使用随机函数为 circle 对象赋值，然后使用 addChild 函数使其实例化，以呈现在舞台上

图10-36　输入代码

6. 保存脚本文件。
7. 测试文档就可以看到，每隔 500 毫秒舞台上就会随机出现一个红色的小圆圈，出现 20 个后就停止。

10.4　综合案例——绿野仙踪

在 Flash 动画中，经常要显示一些变量的值。在动画调试时，可以使用 trace()函数，但是这个函数在真正动画播放时，是不会显示的。所以，一般需要利用动态文本来显示动态数据值。

设计一个动画作品，在一片美丽的原野上，花仙子在快乐地游玩，她的位置不断随机变化，在窗口右上角能够实时显示她的位置，动画效果如图 10-37 所示。

图10-37　绿野仙踪

图 10-38 所示说明了动画的操作要点。

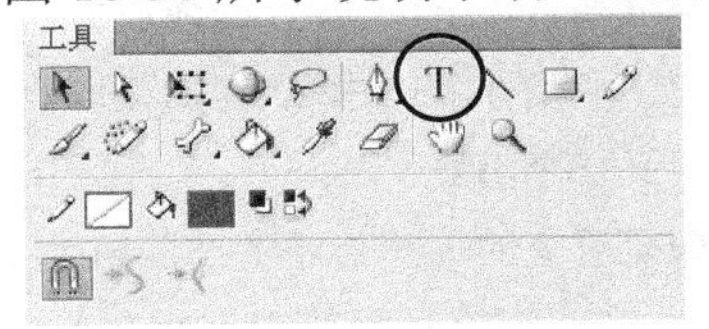

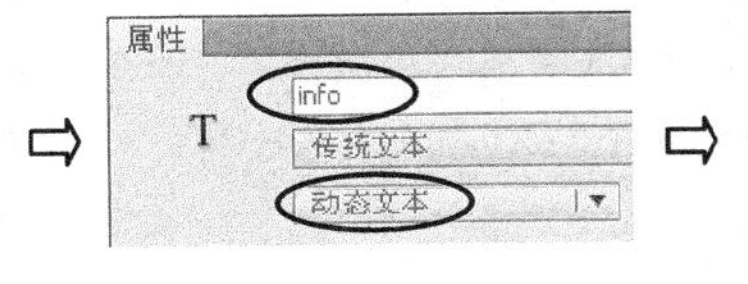

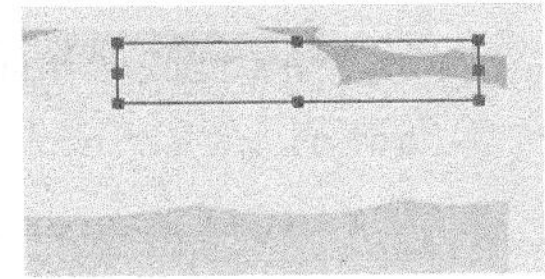

图10-38　操作思路分析

【操作提示】

1. 创建一个新的文件。
2. 将附盘文件“素材文件\10\绿野.jpg”导入库中，然后将其拖入舞台，设置舞台与图片大小一致（500×358）。
3. 将附盘文件“素材文件\10\仙子.gif”导入库中，系统自动生成元件“仙子_gif”，如图 10-39 所示。
4. 将元件“仙子_gif”拖入舞台，命名其实例的名称为“girl”，如图 10-40 所示。注意实例的大小为“93×138”。

图10-39　将“仙子.gif”文件导入库中

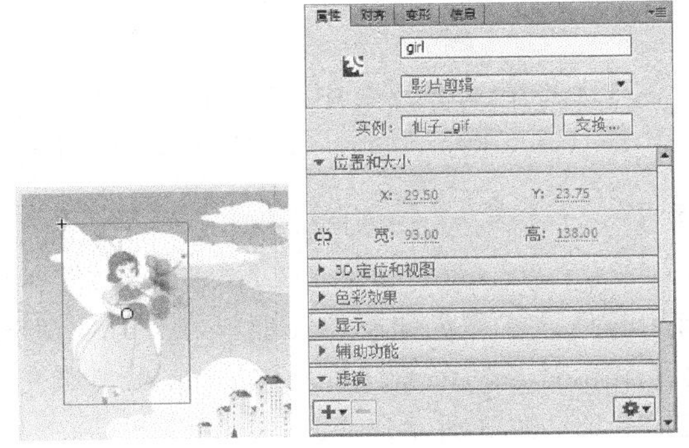

图10-40　定义实例名称

5. 选择文本工具 T ，在舞台的右上角绘制一个文本框。
6. 选择文本框，在【属性】面板中设置文本类型为【动态文本】，实例名称为 “info” ，并适当设置字体、大小和颜色等属性，如图 10-41 所示。
7. 选择【时间轴】上的第 1 帧，打开【动作】面板，输入图 10-42 所示的代码，设置实例对象 “girl” 能够随机移动。

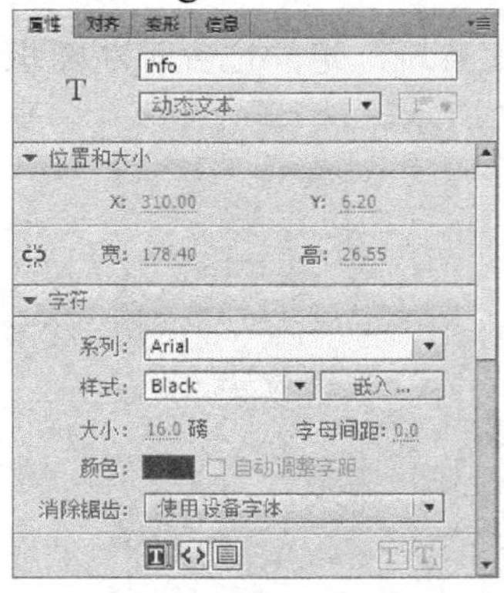

图10-41　设置文本框属性

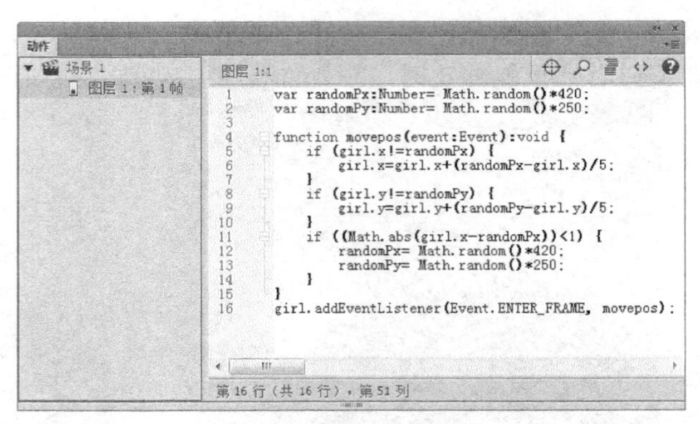

图10-42　设置文本框属性

代码说明：

```
var randomPx:Number= Math.random()*420; //定义变量在 0~420 之间随机取值
var randomPy:Number= Math.random()*250; //定义变量在 0~250 之间随机取值
function movepos(event:Event):void {     //定义一个函数
  if (girl.x!=randomPx) {                //如果对象的 x 坐标不等于随机变量
        girl.x=girl.x+(randomPx-girl.x)/5;  //对象的坐标等于当前坐标加上其与随机变量之差的 1/5，这样经过 5 次函数调用就能够使对象坐标与随机变量的值一致
  }
  if (girl.y!=randomPy) {                //如果对象的 y 坐标不等于随机变量
        girl.y=girl.y+(randomPy-girl.y)/5;
    }
    if ((Math.abs(girl.x-randomPx))<1) { //如果对象与随机变量的值基本相等
        randomPx= Math.random()*420;          //为变量重新取随机值
        randomPy= Math.random()*250;          //为变量重新取随机值
    }
}
//进入当前帧就反复调用函数 movepos，从而实现对象的随机运动
girl.addEventListener(Event.ENTER_FRAME, movepos);
```

要点提示　变量的取值范围是根据舞台大小与对象大小而定。因为对象的位置原点在其左上角，为使其能够完全显示在舞台上，应设置坐标变量最大值为（$X_{舞台}$-$X_{对象}$,$Y_{舞台}$-$Y_{对象}$）。

8. 测试动画，可见花仙子已经能够在舞台上随机运动了。
9. 为了显示对象的位置值，在 movepos 函数中添加一条代码，用于在 info 中显示变量的值，如图 10-43 所示。

要点提示 对于文本的赋值，可以将字符串和变量的混合应用，用“+”号将它们连接起来。注意字符串必须用“”标识出来。

10. 测试动画，会发现文本框显示的值有1~2位的小数位，如图10-44所示。

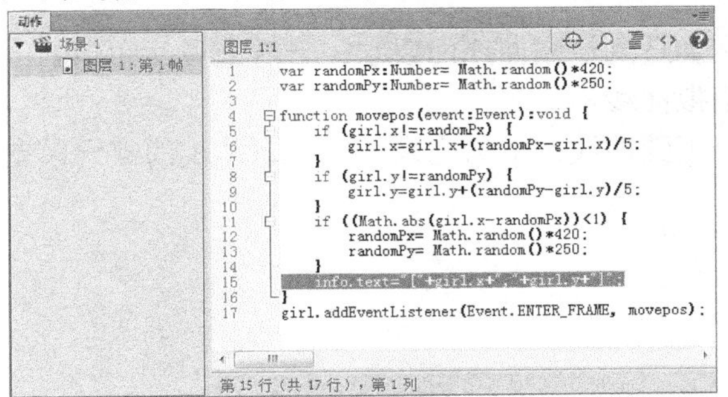

图10-43　在 info 中显示变量的值

图10-44　文本框显示的值有小数位

11. 为了取得整数位，在代码中添加一个“showvalue”函数，对位置值进行取整运算，取消小数位；同时，修改显示坐标值的代码，调用这个函数，以便用整数的形式显示坐标值，如图10-45所示。

```
var randomPx:Number= Math.random()*420;
var randomPy:Number= Math.random()*250;

function movepos(event:Event):void {
    if (girl.x!=randomPx) {
        girl.x=girl.x+(randomPx-girl.x)/5;
    }
    if (girl.y!=randomPy) {
        girl.y=girl.y+(randomPy-girl.y)/5;
    }
    if ((Math.abs(girl.x-randomPx))<1) {
        randomPx= Math.random()*420;
        randomPy= Math.random()*250;
    }
    info.text="["+showvalue(girl.x)+","+showvalue(girl.y)+"]";
}

function showvalue(somevalue:Number):Number
{
    var temp:int;
    temp=Math.round(somevalue);
    return(temp);
}

girl.addEventListener(Event.ENTER_FRAME, movepos);
```

调用函数

定义函数

图10-45　showvalue 函数的定义和调用

代码说明：

```
......
                                        //调用函数对坐标值取整
info.text="["+showvalue(pkq.x)+","+showvalue(pkq.y)+"]";
......
        //定义一个函数 showvalue，输入参数为 Number 类型，输出也是 Number 类型
function showvalue(somevalue:):Number
{
  var temp:int;                         //定义一个整型的临时变量
  temp=Math.round(somevalue*10);        //调用 Math.round()函数，对变量取整
  return(temp);                         //函数返回一个 Number 值
}
......
```

12. 再次测试动画，可见这时文本框中显示的对象的坐标位置为整数了。

10.5 应用案例——函数曲线

在利用 Flash 制作多媒体课件时，常常会遇到绘制曲线的要求。一般来说，在电脑上绘制曲线，都是使用画小线段的方法来近似模拟曲线。

在这个案例中，计划在舞台上绘制一个正弦曲线。下面先来分析一下曲线的数学模型，然后据此开始脚本的设计。

10.5.1 曲线的数学模型

正弦曲线的数学方程为：

$y=\sin(x)$　　　周期为 2π（弧度约为 6.28）

正弦曲线的构造模型如图 10-46 所示。

在图示的动画窗口坐标系中，正弦曲线的起始位置点 O 的坐标为（$x0,y0$），则对于正弦曲线上任意一点 A，其坐标（px,py）应为：

$px=x0+x$

$py=y0-\sin(x)$

其中 x 为自变量，取值范围为 0～2π。

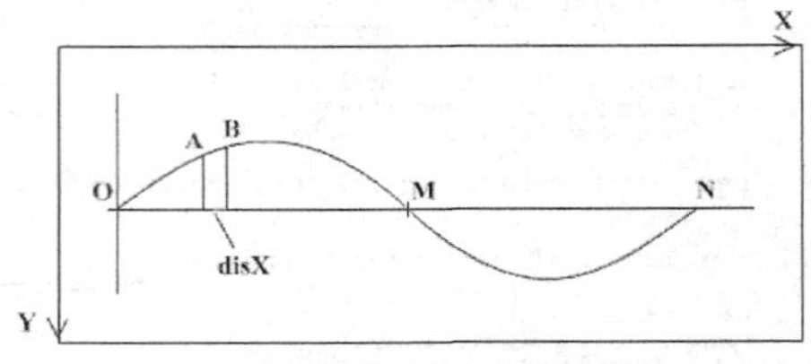

图10-46　正弦曲线构造模型

由于在计算机上坐标的数值是以像素点为单位的，若直接以 x、y 所占据像素点来绘制曲线，就会显得太小而无法看清。因此需要将曲线放大，将它乘以一个增益倍数 *multi*，即：

$px=x0+x*multi$

$py=y0-\sin(x)*multi$　　　　（公式 10-1）

要想绘制曲线，只需要将曲线上相邻的两点连接起来，如将图 10-46 中的 A、B 相连。其中 B 点对应的 x 值与 A 点的 x 值相比增加了一个 *diaX*（一般称此值为自变量 x 增长的步长）。

图 10-46 中 M 点为曲线的中点，对应的 x 值为 π/2。N 点为曲线的终点，对应的 x 值为 π。

同理，可以分析得到余弦曲线的数学模型为：

$px=x0+x*multi$

$py=y0-\cos(x)*multi$　　　　（公式 10-2）

10.5.2 绘制正弦曲线

本例要在画面上绘制一个坐标系，然后利用脚本绘制一个正弦曲线，画面效果如图 10-47 所示。

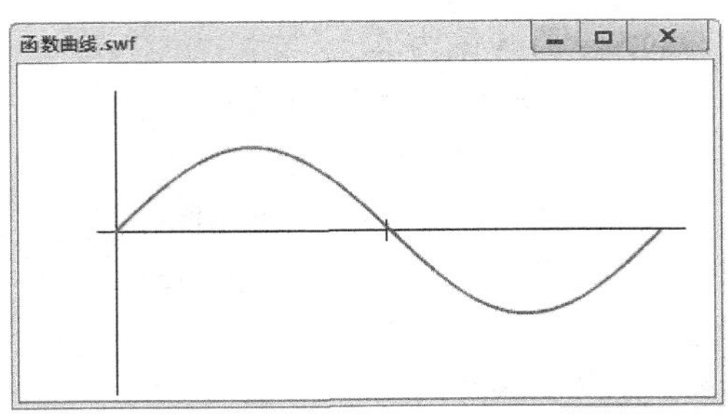

图10-47　函数曲线

1. 创建一个新文件。
2. 设置舞台大小为 400 × 200，然后在舞台上绘制一个坐标轴。
3. 调整坐标轴各直线的位置，如图 10-48 所示。其中水平线的 y 位置值为“100”，垂直线的 x 位置值为“50”，中心位置标志的 x 位置值为“205”。

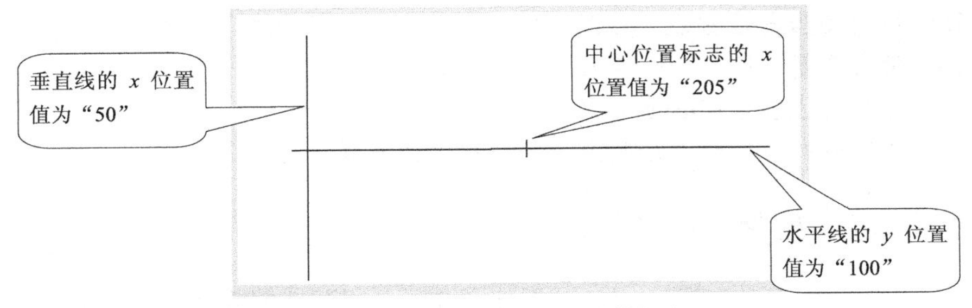

图10-48　调整坐标轴直线的位置

要点提示 水平线和垂直线的交点就是前面讨论的数学曲线的构造模型的 O 点，因此 O 点的坐标应为（50,100）。中心位置标志决定的是曲线中点 M 的位置。当曲线到达 M 点时，其 x 值应为 π，即约 3.14。若取曲线增益值 *multi* 为 50，则 M 点的 x 位置值应如下计算：$px=x0+x\times multi=50+3.14\times 50=205$。

4. 添加一个新图层，在其第 1 帧中添加动作脚本，如图 10-49 所示。

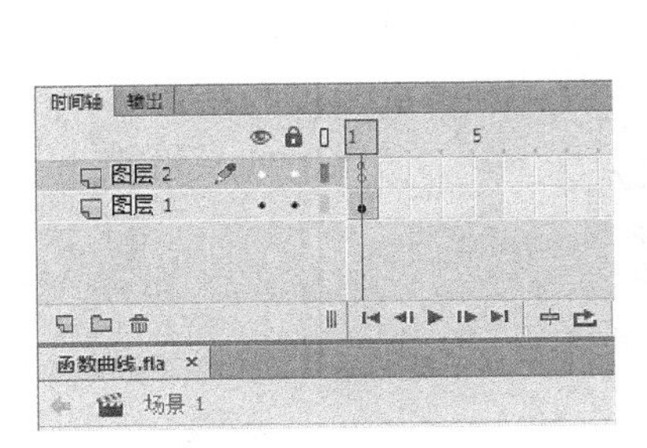

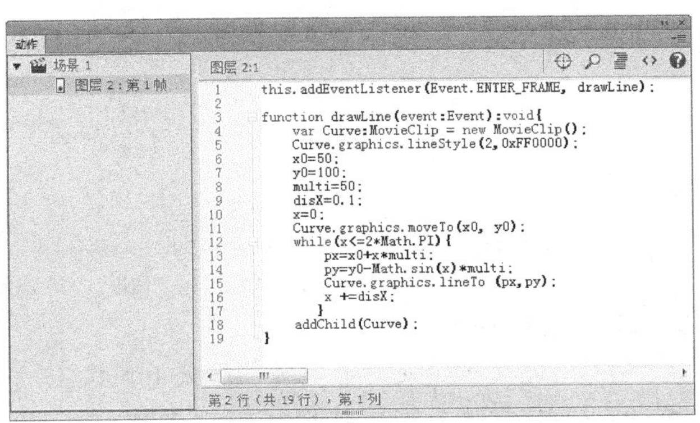


```
1  this.addEventListener(Event.ENTER_FRAME, drawLine);
2
3  function drawLine(event:Event):void{
4      var Curve:MovieClip = new MovieClip();
5      Curve.graphics.lineStyle(2,0xFF0000);
6      x0=50;
7      y0=100;
8      multi=50;
9      disX=0.1;
10     x=0;
11     Curve.graphics.moveTo(x0, y0);
12     while(x<=2*Math.PI){
13         px=x0+x*multi;
14         py=y0-Math.sin(x)*multi;
15         Curve.graphics.lineTo (px,py);
16         x +=disX;
17       }
18     addChild(Curve);
19 }
```

图10-49　在帧中添加动作脚本

下面对脚本中的语句进行说明。

- 行 1：为当前帧添加一个事件侦听器，其侦听的事件是“进入帧（ENTER_FRAME）”。如果事件发生，就调用响应函数 drawLine。

- 行 3：定义函数 drawLine 的具体内容。
- 行 4：定义一个新的影片剪辑类型对象 Curve。
- 行 5：定义绘图线条粗细为 2，颜色为红色。
- 行 6、行 7：定义了曲线起始点 *x*0、*y*0 的坐标值。
- 行 8：定义了曲线的增益倍数 *multi*。
- 行 9：定义了自变量 *x* 增长的步长 *disX*。
- 行 10：定义自变量 *x* 的初始值为 0。
- 行 11：将 Curve 对象的绘图起始点定位（*x*0,*y*0），也就是坐标原点。
- 行 12 ~ 17：使用一个循环语句来控制曲线的绘制。循环条件为“*x*<=2*Math.PI”，说明要绘制的曲线在一个周期内（0 ~ 2π）。Math.PI 是 Math 类预定义的常量，其值约等于 3.14159265358979。
- 行 13、行 14：按照公式 10-1 计算曲线上下一个点的坐标。
- 行 15：从绘图当前位置点（曲线上的点）连线到曲线上的下一个点。
- 行 16：将自变量 *x* 增加一个步长，用于计算下一个点。
- 行 18：在舞台上显示 Curve 对象。

5. 测试作品，可见脚本在舞台上绘制出了一个标准的正弦函数曲线。

10.5.3　用定时器控制曲线绘制

很多时候，为了让绘图的过程更直观，需要分步绘制曲线，这种效果该如何实现呢？继续上面的案例练习。

1. 修改“图层 2”第 1 帧的脚本，如图 10-50 所示。

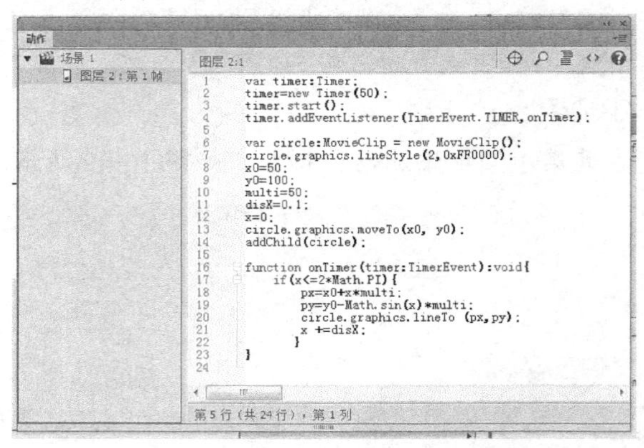

图10-50　修改“图层 2”第 1 帧的脚本

脚本语句说明如下。

- 行 1：定义一个定时器类型的变量 timer。
- 行 2：设置变量的定时间隔为 50 毫秒。
- 行 3：启动定时器。
- 行 4：为定时器变量 timer 添加一个事件侦听器，其侦听的事件是“定时器定时时间到”。如果事件发生，就调用响应函数 onTimer。
- 行 6：定义一个新的 MovieClip 类型的变量 circle。

- 行 7：设置变量 circle 的图形属性中的线型（粗细为 2，颜色为红色），颜色是使用 RGB 三原色来定义的，每种颜色的取值为 00~FF。
- 行 8、行 9：定义了曲线起始点 *x*0、*y*0 的坐标值。
- 行 10：定义了曲线的增益倍数 *multi*。
- 行 11：定义了自变量 *x* 增长的步长 *disX*。
- 行 12：定义自变量 *x* 的初始值为 0。
- 行 13：将 Curve 对象的绘图起始点定位（*x*0,*y*0），也就是坐标原点。
- 行 14：在舞台上显示 Curve 对象。
- 行 16：建立定时器事件响应函数 onTimer，其中脚本的具体含义前面已经讲解过，这里不再赘述。只是这里使用了一个条件语句（if）取代了前面的循环语句（while）。为什么呢？

要点提示 前面绘制曲线时，需要使用循环语句来反复执行画线语句（在一个周期内）。而这里，使用定时器来控制，每隔 50 毫秒执行一次画线语句。所以，在 onTimer 函数中，只需判断是否还在函数周期内，是则画线，否则不画线。

2. 测试动画，可见函数曲线逐渐绘制出来，如图 10-51 所示，这样的教学效果更好。

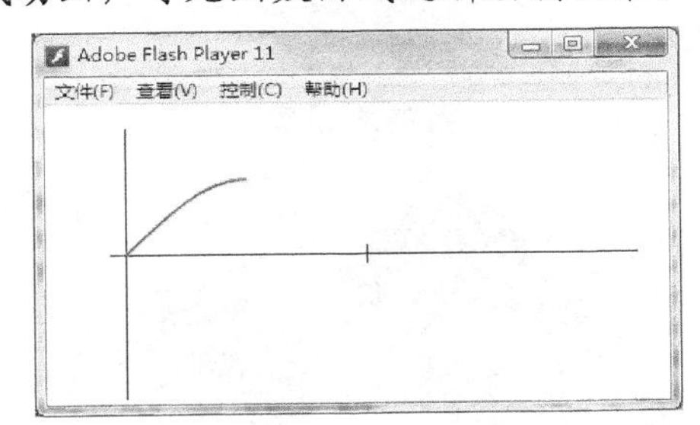

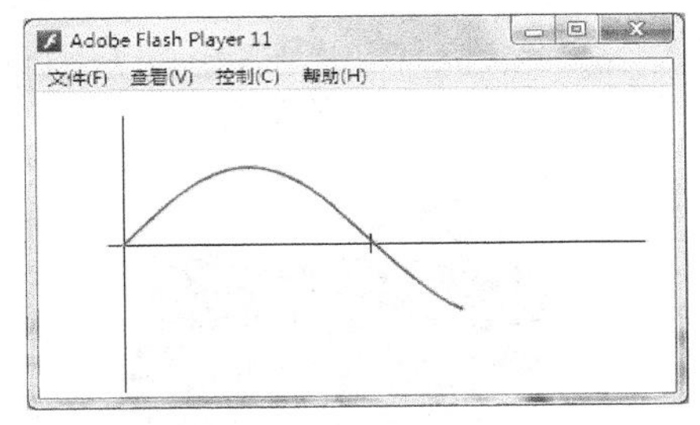

图10-51　函数曲线逐渐绘制出来

当然，也可以用动态文本显示出 *x*、*y* 的坐标值，或者 π 的值，这在前面的案例中已经有过介绍，请大家根据需要自行设计。

在 Flash CC 2015 中有许多动作语句和函数，全部熟记很困难，也没必要，因为 Flash CC 2015 提供了丰富的在线帮助信息，读者可以在使用时参考。

ActionScript 是 Flash 的精髓，是 Flash 动画精妙绝伦的根源，它的内容非常丰富，希望读者通过认真学习和反复练习，最终能够很好地掌握这个强大的设计工具。

10.6　习题

一、　填空题

(1)　ActionScript 是一种____________、通过_______执行的脚本语言。

(2)　程序所声明的每个变量、编写的每个函数及创建的每个实例都是一个______。

(3)　要声明变量，必须将_____语句和________结合使用。

(4)　ActionScript 3.0 代码支持两种类型的注释，分别是______注释和_______注释。

(5)　在 ActionScript 中，任何对象都可以包含____、____和____这 3 种类型的特性。

(6)　ActionScript 为响应特定事件而执行某些动作的过程称为_________。

(7) 在执行事件处理代码时，Flash 需要识别_____、_____、______这 3 个重要元素。

(8) 对事件的监听可以通过调用该对象的________________方法来实现。

(9) switch 语句代码块以________语句开头，以________语句结尾。

(10) 基本条件语句包括________语句和________语句。

(11) 基本循环语句包括________语句和________语句。

(12) 函数语句必须以_________关键字开头。

(13) 面向对象编程中有两个重要的概念，就是_____和_____。

(14) 在计算机屏幕坐标中，y 轴上的值越往下越_____，越往上越_____。

(15) 一般舞台上，对象的原点（基准点）的位置都在对象的_________。

(16) random()是数学类 Math 的一个方法，能够产生一个_________之间的随机数。

二、 操作题

(1) 试修改范例“快乐垂钓”，使对象的位置随机变化。

(2) 试修改范例“绿野仙踪”，使文本框显示的坐标值带有一个小数位。

(3) “四季水果我都爱，拿来一个猜一猜”，试设计一个能够随机显示水果图片的动画“水果秀”，效果如图 10-52 所示。每个画面能够停留片刻，并且用文本说明当前水果的名称。

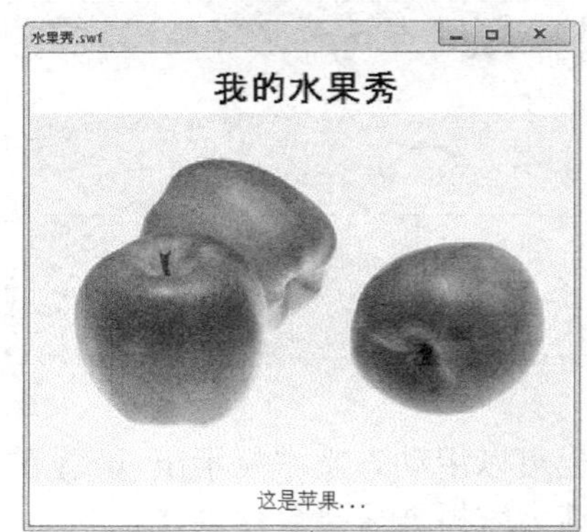

图10-52　水果秀

(4) “情绪如风，难觅其踪；嬉笑哀乐，俱由心生”，试设计动画“心情”，效果如图 10-53 所示。圆脸图像随机地从一个位置移动到另外一个位置，同时表情也不断地发生变化。

图10-53　心情

(5) 使用文档类绘制一个多彩小树，效果如图 10-54 所示。

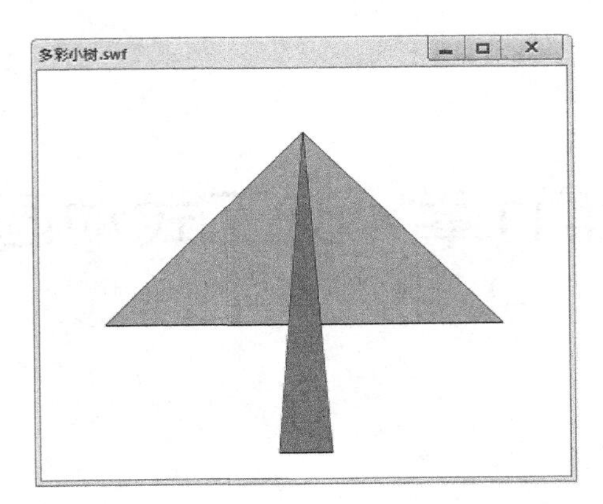

图10-54　多彩小树

第11章　交互式动画

【学习目标】

- 理解交互的概念。
- 了解按钮的结构。
- 掌握动画的控制。
- 掌握对象的拖放和复制。

ActionScript 可以使 Flash 产生奇妙的动画效果，但这并不是 ActionScript 的全部，它更重要的作用是使动画具有交互性。这种交互性提供了用户控制动画播放的手段，使用户由被动的观众变为主动的操作者，可以根据需要播放声音、操纵对象、获取信息等。正是这种交互性，使得 Flash 在动画设计上更加灵活方便，也使它能够实现其他动画设计工具所未能企及的功能。

11.1　功能讲解

Flash 具有强大的编程能力，其动画形式、设计方法千变万化。动画交互控制有很多种方式，针对不同的情况，需要使用不同的交互手段来实现动画效果。下面首先来了解交互、按钮和控制的基本概念。

11.1.1　交互的概念

如果读者使用过多媒体软件（教学或娱乐）的话，对“交互”的概念就不会太陌生。所谓“交互”，就是由用户利用各种方式，如按钮、菜单、按键、文字输入等，来控制和影响动画的播放。交互的目的就是使计算机与用户进行对话（操作），其中每一方都能对另一方的指示做出反应，使计算机程序（动画也是一种程序）在用户可理解、可控制的情况下顺利运行。

交互式动画是指在动画作品播放时支持事件响应和交互功能的一种动画，也就是说，动画播放时可以接受用户控制，而不是像普通动画一样从头播放到尾。交互的实现一般是利用鼠标对按钮的操作来完成，此外也可以通过键盘事件来响应。

为了使读者对交互式动画有一个直观的认识，读者可以打开附盘动画文件“snip-frame_by_frame.swf”，这是早期的版本 Flash 5 所带的范例。播放该动画，如图 11-1 所示。这是一个典型的交互式动画，可以利用按钮控制动画的播放、暂停或逐帧变化。

那么，这种交互动作是如何实现的呢？它是通过一系列的 ActionScript 代码来实现的。利用 ActionScript 的函数、方法和时间，能够方便地为动画添加交互功能。

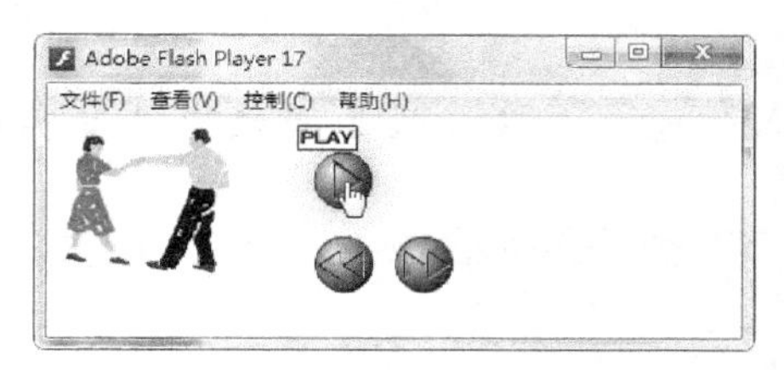

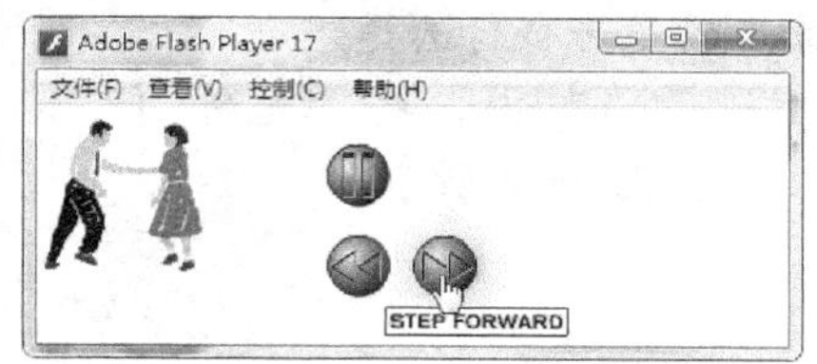

图11-1 交互式动画

动作语句的调用必须是在某种事件的触发下进行，而且这种事件一般是由用户的操作触发的。这里所谓的事件，实际上就是用户对动画的某种设定或交互。动画帧只有一种事件，即被载入（播放）时，其中的动作脚本（如果有的话）就能够得到执行。相对而言，对象（按钮或影片剪辑）的事件就丰富了许多。

11.1.2 鼠标的事件

对象的事件一般都来源于用户的操作，而这种操作大多是利用鼠标或键盘来实现的。下面首先来了解一下常用的鼠标操作事件。

在 Flash CC 的 ActionScript 3.0 中，鼠标一般具有表 11-1 所示的事件。

表 11-1　鼠标事件及含义

事件名称	说明
CLICK	鼠标左键在对象上单击的事件
DOUBLE_CLICK	鼠标左键在对象上双击的事件
MOUSE_DOWN	鼠标左键在对象上被按下的事件
MOUSE_UP	鼠标左键在对象上被松开的事件
MOUSE_MOVE	鼠标移动的事件
MOUSE_OUT	鼠标离开对象的事件
MOUSE_OVER	鼠标移动到对象上的事件

下面通过一个实例来说明鼠标的各种事件。

创建一个影片剪辑对象，使之能够对各种鼠标事件进行响应，并在一个文本框中显示鼠标事件的名称，如图 11-2 所示。

图11-2 鼠标事件

【操作提示】

1. 新建一个 Flash 文档。
2. 选择菜单命令【插入】/【新建元件】，创建一个“影片剪辑”类型的元件“元件 1”。
3. 在“元件 1”中绘制一个矩形框，如图 11-3 所示，矩形的色彩、边框线的样式都可以

根据读者的爱好自行选择。

4. 返回“场景 1”中，将“元件 1”拖入舞台，在【属性】面板中设置实例名称为“mc”，如图 11-4 所示。

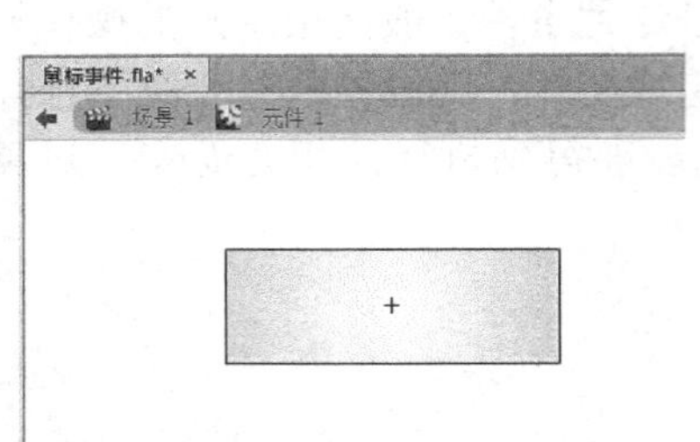

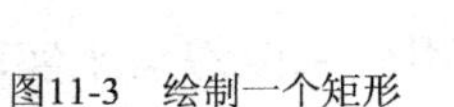

图11-3　绘制一个矩形

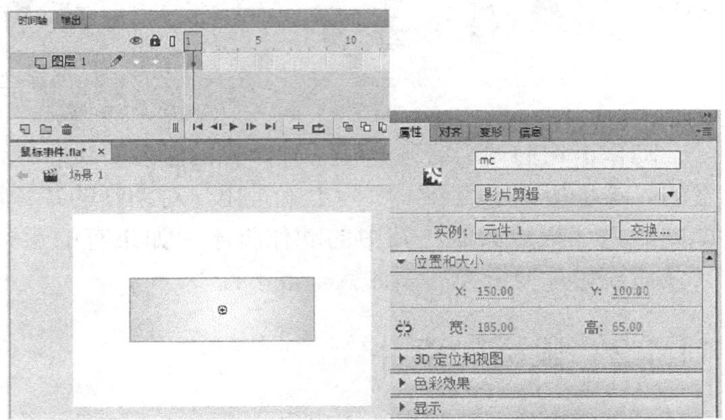

图11-4　设置实例名称为“mc

5. 使用 T 工具创建一个静态文本框，输入文本“理解按钮事件”。

6. 再创建一个文本框，设置为“动态文本”，实例名称为“info”，如图 11-5 所示。

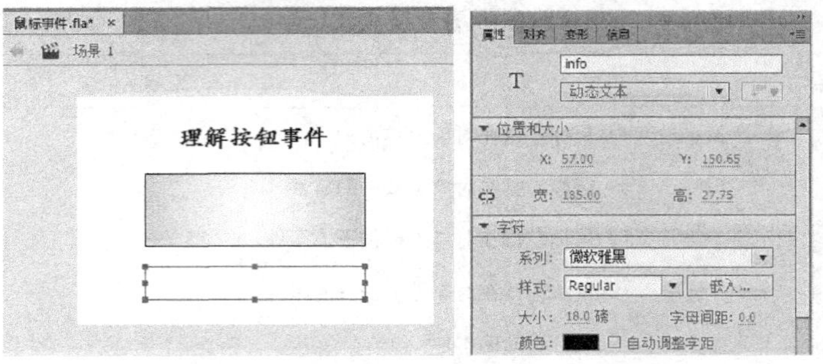

图11-5　创建一个动态文本框

7. 在【时间轴】窗口增加一个新的图层“图层 2”，选择其第 1 帧，打开【动作】面板，输入代码如图 11-6 所示。

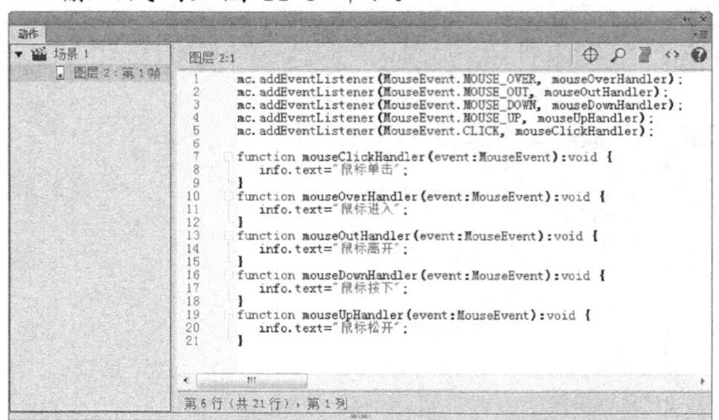

代码说明：

行 1~5：为按钮增加侦听器，检测鼠标的各种事件；若事件发生，就调用对应的函数。

行 7：定义函数，响应鼠标单击事件。

行 8：设置文本框 info 的文本内容。

图11-6　输入脚本代码

8. 测试动画。可以看到，当鼠标进行各种操作时，相应的输出信息就会在文本框中显示出来。

11.1.3 按钮的结构

按钮是交互式动画最常用的控制方式，所以一定要熟悉。在 Flash 中，按钮是作为一个元件来制作的。下面通过案例来了解一下按钮的结构。

【操作提示】

1. 创建一个新的 Flash 文档。
2. 选择菜单命令【插入】/【新建元件】，创建一个“按钮”类型的元件，如图 11-7 所示。
3. 单击 确定 按钮，创建一个按钮元件；从元件的时间轴上可以看到该按钮的结构，如图 11-8 所示。

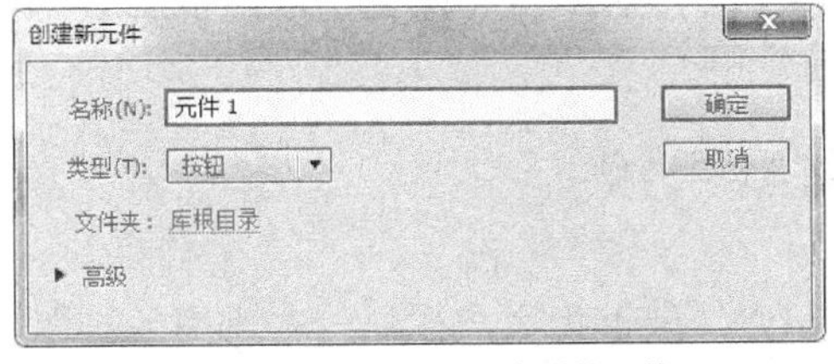

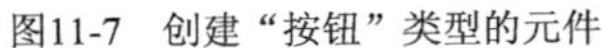
图11-7 创建“按钮”类型的元件

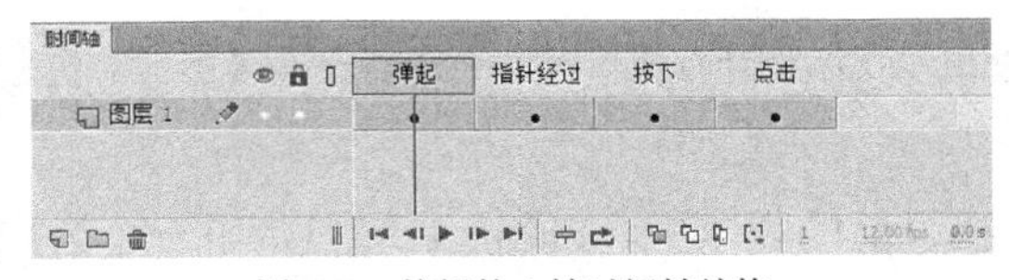

图11-8 按钮的 4 帧时间轴结构

可以看到，Flash 按钮有一个 4 帧的时间轴，分别表示按钮在【弹起】、【指针经过】、【按下】和【点击】状态下的外观。这说明，按钮实际上是一个可交互的影片剪辑，不过它的时间轴并不能直接播放，而是根据鼠标的操作跳转到相应的帧上。

要点提示 【点击】状态定义了操作按钮的有效区域，即可以对按钮进行操作的区域，它在动画中不显示。如果内容为空，则以按钮【弹起】状态下的图形区域为有效区域。

4. 在【弹起】状态帧中绘制一个渐变填充的椭圆，如图 11-9 所示。

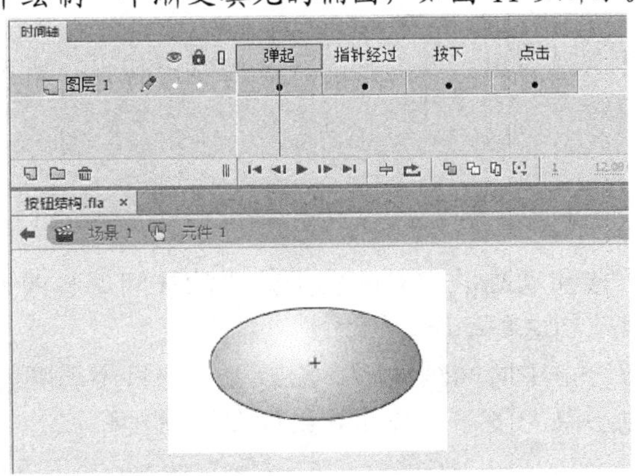

图11-9 在【弹起】状态帧中绘制椭圆

5. 在其他各状态帧分别按 F6 键，插入关键帧，然后根据需要分别修改各帧图形的颜色，甚至形状也可以任意修改，如图 11-10 所示。
6. 返回“场景 1”中，将制作的按钮元件拖入舞台中。测试动画，可以看到当按钮处在不同的操作时，表现出不同的外观。

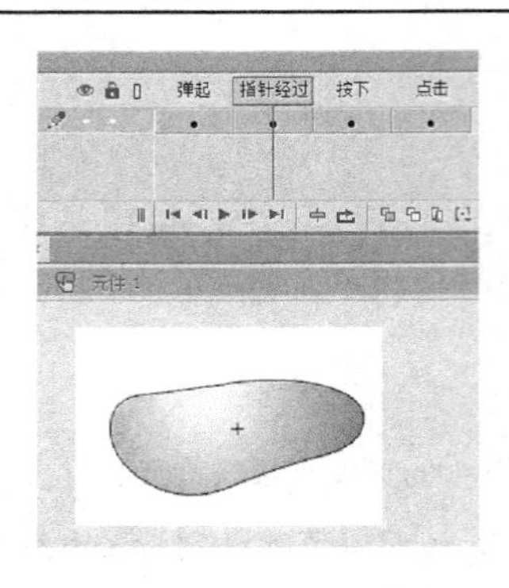

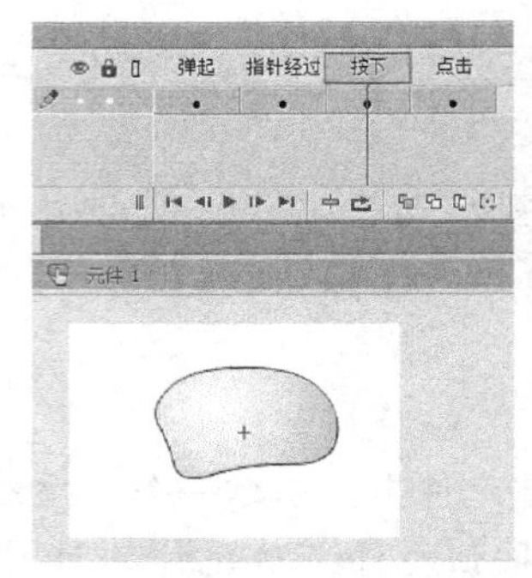

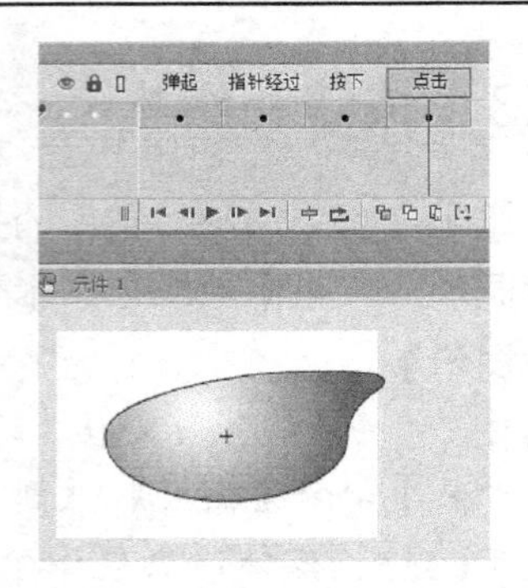

图11-10　修改各帧的椭圆

可见，按钮的结构很简单，但是它能够很好地响应用户的操作。读者可以根据需要设计不同的按钮，在各状态帧中添加文字、光环和声响等。

要点提示　实际设计按钮时，一般不需要在【点击】状态帧建立什么内容。

在以前的版本中，Flash 系统自带了一个公用按钮库，能够为用户提供一些常用的按钮，非常方便。在 Flash CC 2015 中这个功能被取消了，所以动画中用到的按钮都需要自行制作。

11.2　范例解析

交互的概念不难理解，但重点是如何在 Flash 中实现这种交互。在 Flash 动画中，最常用的交互操作就是控制动画的播放和停止。利用按钮能够很方便地实现这个功能。

11.2.1　控制动画播放

针对主时间轴动画和影片剪辑，其动画的播放控制语句也有所不同。下面通过具体实例来说明。

【实例】——飞翔的小鸟 1

主时间轴动画是指直接在动画的主时间轴上建立的补间动画或逐帧动画。利用 stop()语句和 play( )语句可以直接控制这种动画。

本节通过实例来了解一下主时间轴动画。原野上，一只小鸟翩翩飞翔，时远时近。利用画面上的按钮，可以控制小鸟的飞翔，画面效果如图 11-11 所示。

图11-11　飞翔的小鸟

1. 创建一个新的 Flash 文档。
2. 导入附盘文件“素材文件\11\原野.jpg”到舞台，并设置舞台大小与图片大小相同，使图片能够完全覆盖舞台。
3. 修改“图层 1”的名称为“背景”。
4. 选择第 60 帧，按下F5键，将动画延长到 60 帧。
5. 将附盘文件“素材文件\11\鸟.gif”导入到库，则系统自动创建了一个元件“鸟_gif”，如图 11-12 所示。
6. 回到【场景 1】，在【时间轴】面板中添加一个新层，将图层名称修改为“飞鸟”。
7. 将元件“鸟_gif”拖入到舞台中，放置在舞台左侧，创建一个“飞鸟”元件的实例对象，如图 11-13 所示。

图11-12　导入素材文件

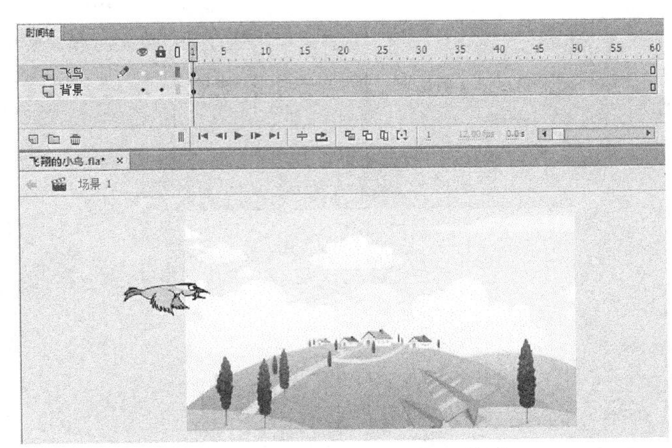

图11-13　将元件“飞鸟”拖入到舞台

8. 选择“飞鸟”层的第 1 帧，单击鼠标右键，从弹出的快捷菜单中选择【创建补间动画】命令，如图 11-14 所示。
9. 选择第 60 帧，然后将“飞鸟”实例对象拖动到舞台的右侧，则创建了一条运动路径，如图 11-15 所示。

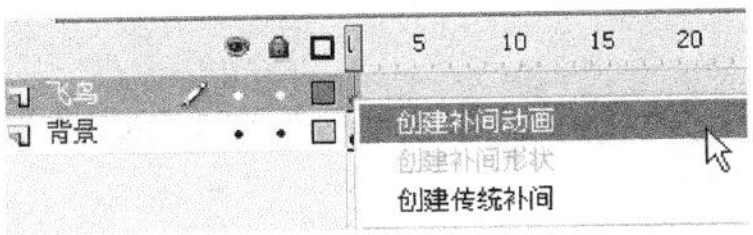

图11-14　创建补间动画

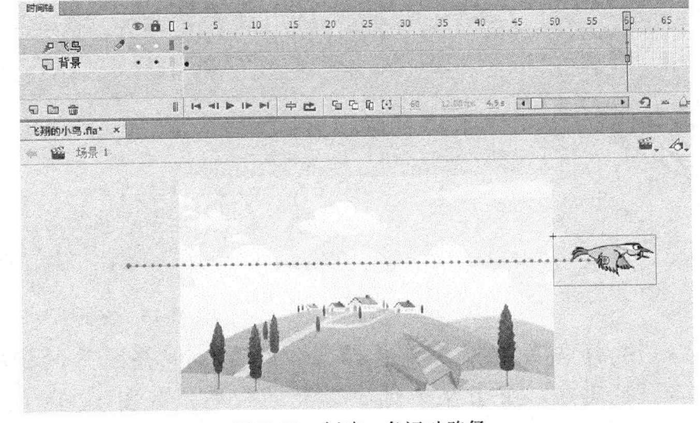

图11-15　创建一条运动路径

10. 在第 20 帧插入一个关键帧，然后拖动对象到舞台上方的某个位置，如图 11-16 所示。

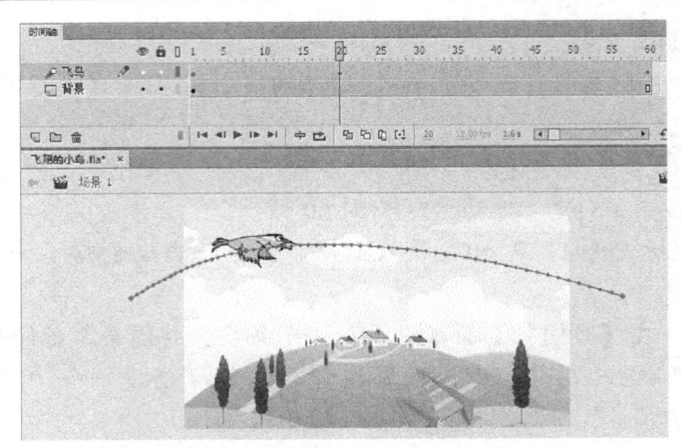

图11-16　在第 20 帧修改对象属性

11. 同理，在第 40 帧增加一个关键帧，拖动实例图片，使其移动到舞台靠下的位置，如图 11-17 所示。

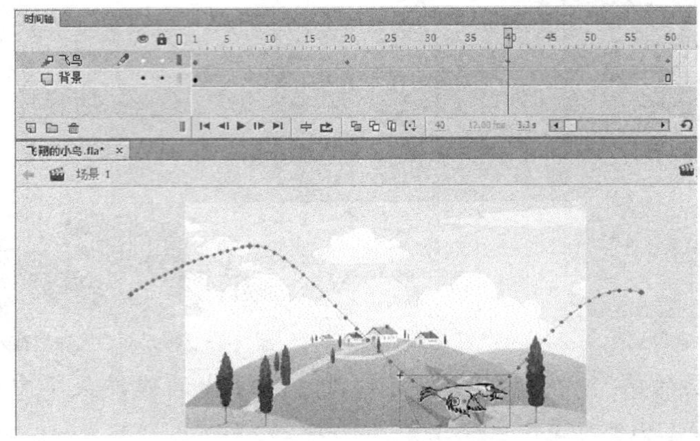

图11-17　在第 40 帧修改对象属性

12. 使用工具和工具，修改路径，使其比较光滑，如图 11-18 所示。

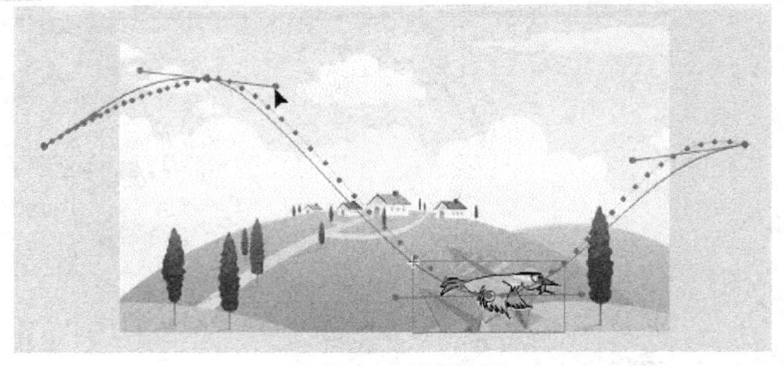

图11-18　使路径光滑

13. 选择各关键帧，再选择实例对象，调整图片的旋转角度和缩放比例，使对象能够沿路径飞翔，并且呈现远小近大的效果，如图 11-19 所示。
14. 测试动画，可以看到飞鸟能够沿着设置好的路径翩翩飞翔。
15. 下面来制作按钮用以控制小鸟的飞翔。选择菜单命令【插入】/【新建元件】，创建一个“按钮”类型的元件“播放”。

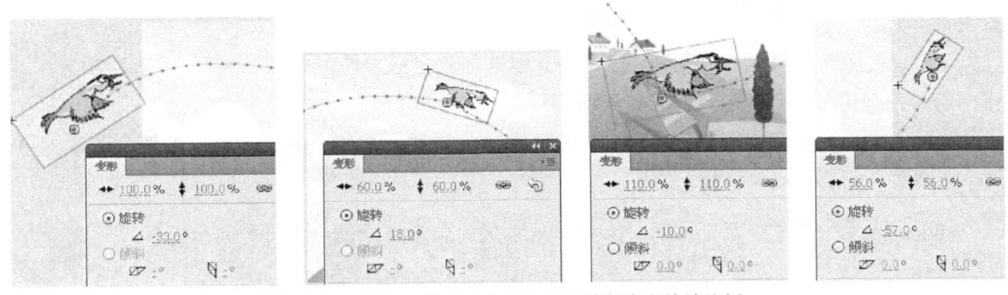

图11-19　调整各关键帧中图片的旋转角度和缩放比例

16. 在“播放”按钮的各个状态帧，分别创建一个椭圆形状和文本，并分别调整为不同的颜色，如图 11-20 所示。

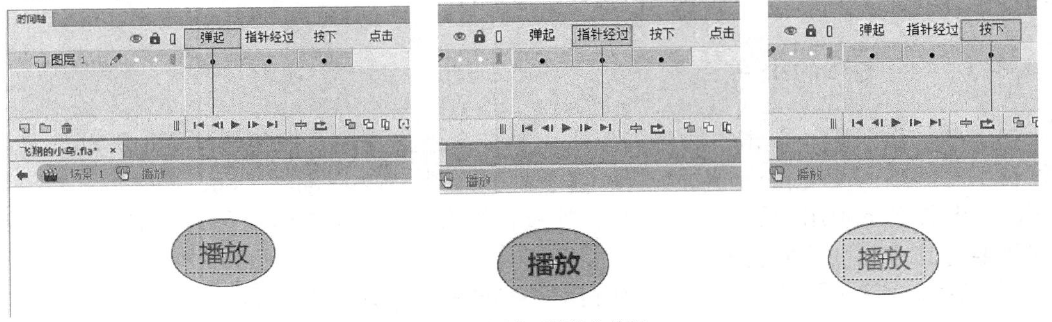

图11-20　创建“播放”按钮

17. 同理，创建“暂停”按钮。
18. 选择“背景”层的第 1 帧，将“播放”和“暂停”按钮都拖入舞台，如图 11-21 所示。

图11-21　添加控制按钮

19. 在【属性】面板中分别定义两个按钮的名称为“playBtn”和“stopBtn”，如图 11-22 所示。
20. 增加一个新层，命名为“Action”。
21. 选择“Action”层的第 1 帧，打开【动作】面板，在脚本窗口输入控制动画播放的代码，如图 11-23 所示。

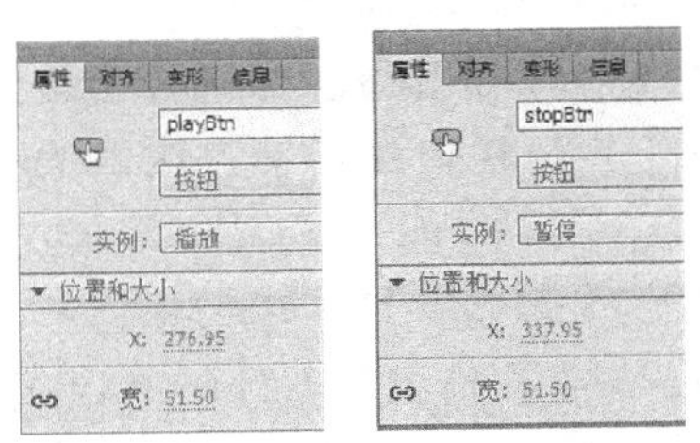

图11-22　定义两个按钮的名称

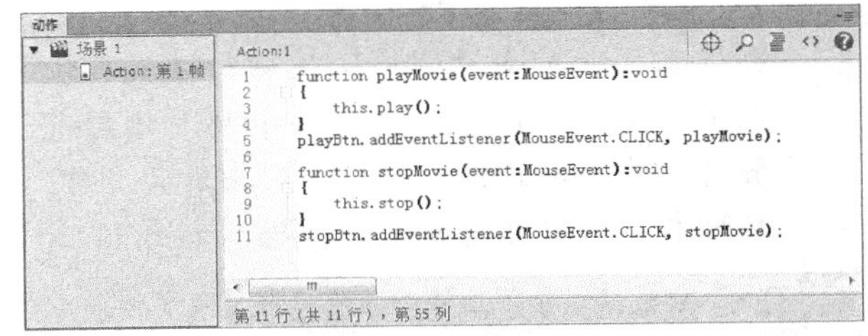

图11-23　控制动画播放的代码

主要代码说明：

行 1：定义一个函数 playMovie，使其能够接收鼠标事件。

行 3：调用 play() 函数，开始当前动画播放。

行 5：为 playBtn 按钮添加一个侦听器，监听发生在其上的鼠标单击事件；若鼠标单击该按钮，则调用 playMovie 函数。

> **要点提示** this 是表示“当前对象”的特殊名称，用在时间轴上，就表示当前时间轴对象。

22. 测试动画，可见小鸟翩翩飞翔。单击“暂停”按钮，则小鸟就会停止在空中；再单击“播放”按钮，小鸟继续飞翔。
23. 保存文件为“飞翔的小鸟.fla”。

【实例】——飞翔的小鸟 2

在上面的例子中，单击“暂停”按钮，小鸟会停止飞翔，但仍然不停地挥动翅膀。可见，在主时间轴上使用 play( )语句和 stop( )语句可以控制主时间轴上动画的播放和暂停，但是无法控制舞台上引用的影片剪辑元件的实例。那么，该如何控制这种元件实例的播放呢？这就需要对其单独进行控制了。

下面在前面例子的基础上，说明如何对小鸟翅膀挥动进行控制。

1. 在“飞鸟”图层的第 1 帧，选中实例图片，定义实例名称为“bird”，如图 11-24 所示。
2. 选择“Action”层的第 1 帧，然后打开【动作】面板，在脚本窗口中增加一条代码，如图 11-25 所示。其作用是使对象“bird”停止播放。

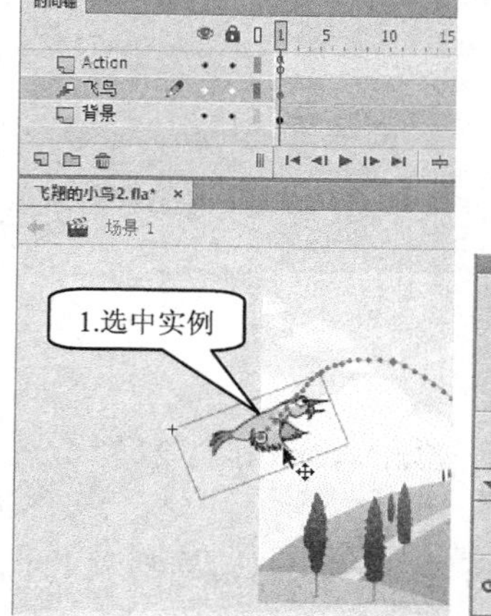

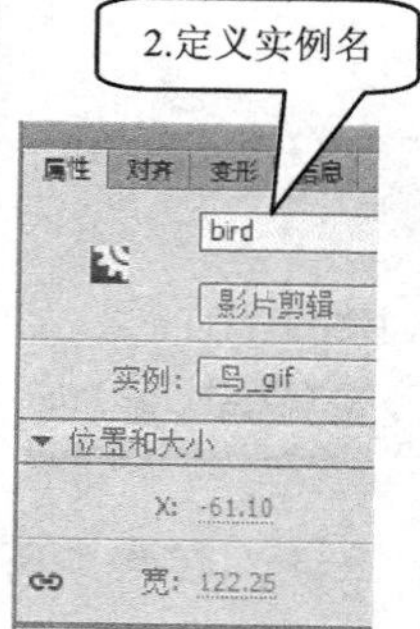

图11-24　定义左侧实例名称

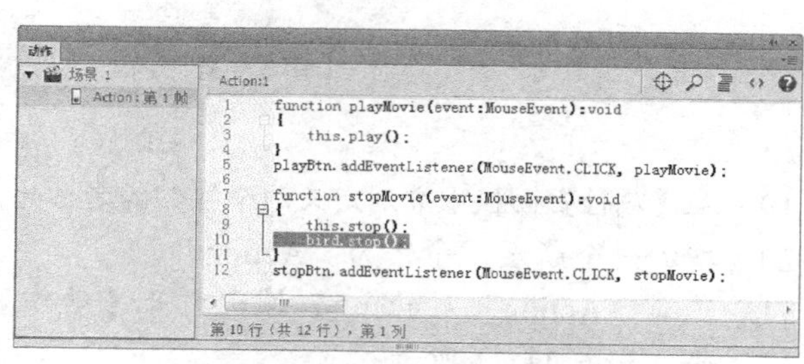

图11-25　使对象“bird”暂停播放

3. 测试动画，单击“暂停”按钮，会发现小鸟不仅停止了向前飞翔，其翅膀的挥动也停止了。单击“播放”按钮，小鸟开始向前飞翔，但是其翅膀仍然不动，这说明对影片剪辑元件实例的控制需要专门指出其名称。
4. 在脚本窗口中再增加一条代码，如图 11-26 所示，用以控制元件的播放。

> **要点提示** 如果读者搞不清楚该如何选择对象（特别是在对象多层嵌套的情况下），可以利用⊕（插入目标路径）按钮，利用打开的【插入目标路径】对话框来帮忙，如图 11-27 所示。

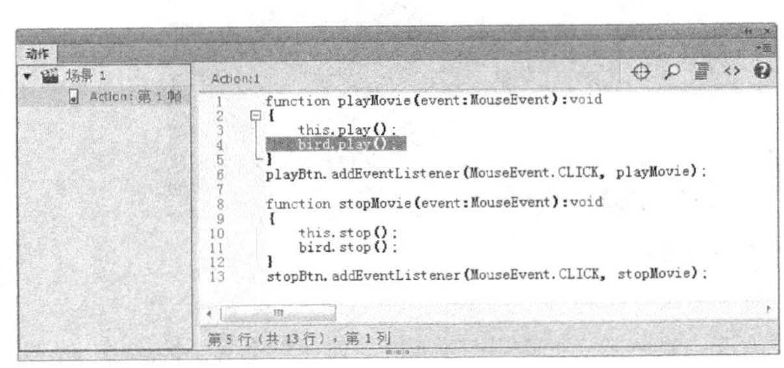

图11-26　控制元件的播放

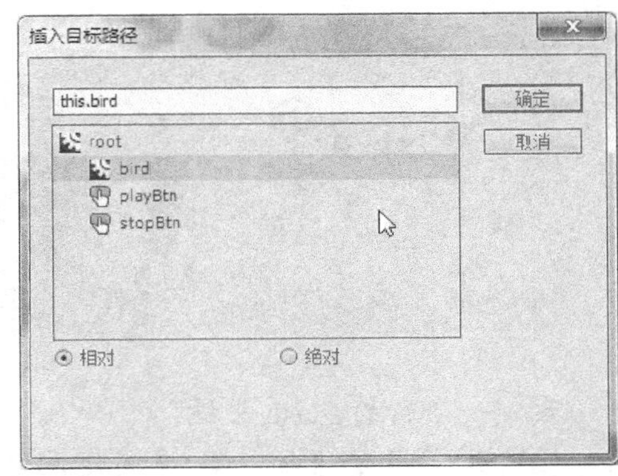

图11-27　【插入目标路径】对话框

5.　保存文件为“飞翔的小鸟 2.fla”。

11.2.2　对象拖放

对象的拖动是 Flash 作品中经常用到的一种操作，例如拼图练习、打靶游戏等。利用 ActionScript 能够轻松实现这种功能。

一、startDrag 函数

```
startDrag(lockCenter:Boolean = false, bounds:Rectangle = null)
```

作用：

允许用户拖动指定的对象。该对象将一直保持可拖动，直到通过调用 stopDrag()方法来明确停止，或者直到将另一个对象变为可拖动为止。在同一时间只有一个对象是可拖动的。

参数：

- lockCenter:Boolean (default = false)——指定是将可拖动的对象锁定到鼠标位置中央(true)，还是锁定到用户首次单击该对象时所在的点上(false)。默认值为 false。
- bounds:Rectangle (default = null)——相对于对象父级的坐标的值，用于指定对象约束矩形。默认值为无。

二、stopDrag 函数

```
stopDrag()      //功能：结束 startDrag()方法。
```

下面用一个例子说明对象拖放的控制方法。

【实例】——失落的圆明园

人类世界的瑰宝、中华民族的骄傲——美丽的圆明园，在侵略者的烈火中永远消逝了。梦中回眸，在平凡的风景中有一个神奇的视窗，透过它，还能够看到那失落的大观。

在这个动画中，当按下鼠标左键，就能够拖动一个圆形的观察窗口，松开鼠标左键，窗口停止；单击放大镜，能够放大观察窗口，动画效果如图 11-28 所示。

图11-28 失落的圆明园

1. 创建一个新的 Flash 文档。
2. 选择菜单命令【插入】/【新建元件】，创建一个“影片剪辑”类型的元件，名称为“背景”，如图 11-29 所示。
3. 单击 确定 按钮，进入元件编辑状态，导入附盘文件“素材文件\11\背景.jpg”到舞台上，如图 11-30 所示。

图11-29 新建一个元件

图11-30 导入背景图片

4. 选择菜单命令【插入】/【新建元件】，创建一个“影片剪辑”类型的元件，名称为“观察窗”。
5. 在“观察窗”中绘制一个圆形，如图 11-31 所示。

图11-31 在“观察窗”中绘制一个圆形

要点提示 图形用什么颜色都行，只要是有一个图形在这里就可以了。当其处于遮罩层中，所有有图形的地方都会是透明的。

6. 再创建一个“按钮”类型的元件“放大”，导入附盘文件“素材文件\11\放大镜.png”到舞台上，使按钮各帧中图片的位置有一些变化，并添加不同色彩的文字，这样就能够体现鼠标操作的效果，如图 11-32 所示。

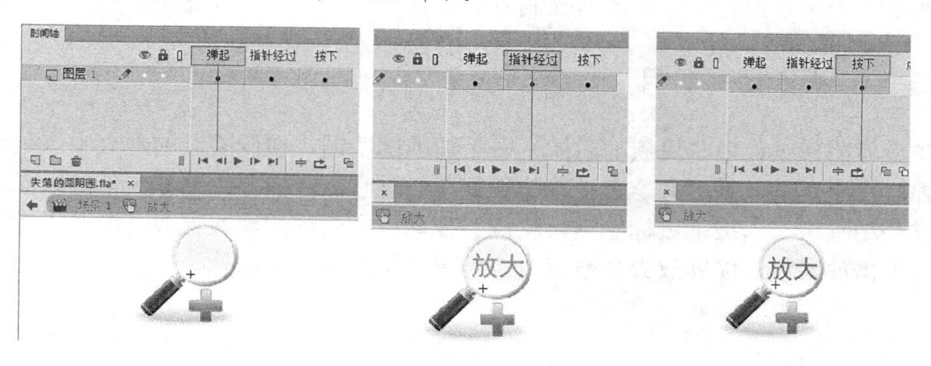

图11-32 绘制一个放大镜镜头模样的黑色图形

7. 返回“场景 1”中，选择“图层 1”的第 1 帧，从库中将“背景”元件拖入到舞台，调整元件实例的大小，使其与舞台大小一致。
8. 定义该实例的名称为“back”，如图 11-33 所示。
9. 将“放大”元件拖入到舞台左下角，定义实例名称为“big”，如图 11-34 所示。

图11-33　定义背景实例的名称

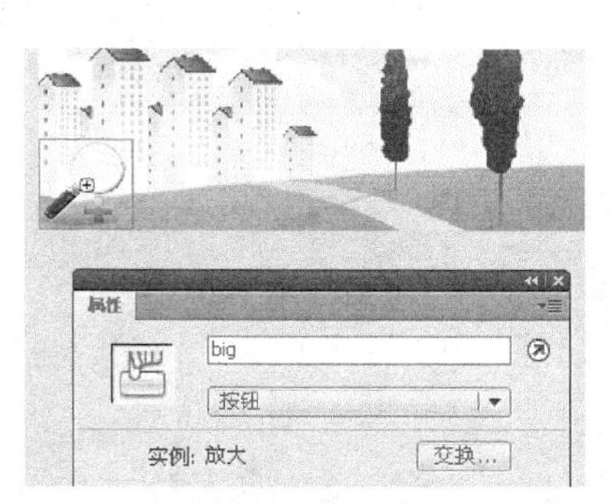

图11-34　定义“放大”元件实例名称

10. 在【时间轴】面板中添加“图层 2”。
11. 选择“图层 2”的第 1 帧，然后将附盘文件“素材文件\11\圆明园.jpg”导入到舞台上，如图 11-35 所示。
12. 添加一个新的图层“图层 3”。选择其第 1 帧，然后从库中将“观察窗”元件拖入到舞台中，如图 11-36 所示。

图11-35　在“图层 2”中导入圆明园图片

图11-36　将“观察窗”拖入舞台

13. 选择“观察窗”元件的实例，命名为“view”，如图 11-37 所示。
14. 在“图层 3”上单击鼠标右键，弹出快捷菜单，如图 11-38 所示。

图11-37　命名实例

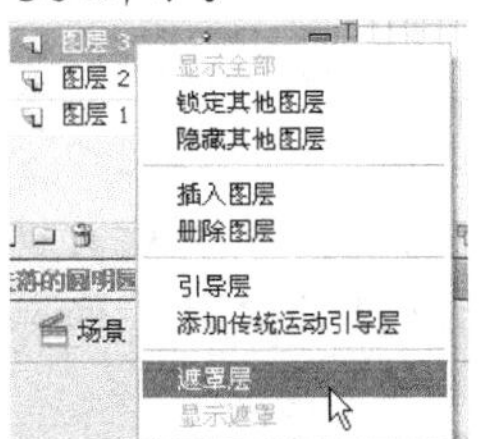

图11-38　时间轴快捷菜单

15. 选择【遮罩层】命令，则“图层 3”成为“图层 2”的遮罩层，如图 11-39 所示。这时，【时间轴】面板的两个图层的图标已经发生了变化，同时，舞台上“图层 2”的内容只能透过“图层 3”中的对象来观看。
16. 增加一个新的图层“图层 4”，选择其第 1 帧，打开【动作】面板，在脚本窗口输入如图 11-40 所示的代码，用于控制观察窗的拖放。

图11-39　“图层 3”成为“图层 2”的遮罩层

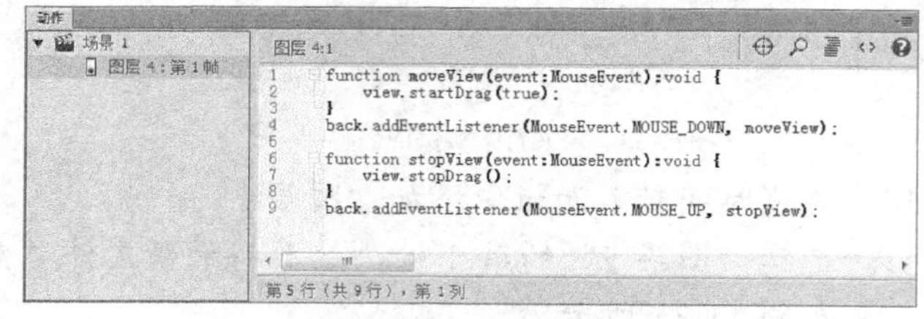

图11-40　输入代码

主要代码说明如下。

行 1：定义一个函数。

行 2：开始拖动 view 对象。

行 4：鼠标按下时，开始调用函数 moveView。

行 7：停止拖动 view 对象。

行 9：鼠标松开时，开始调用函数 stopView。

17. 测试动画，可以看到，圆明园图片被遮挡，只有透过观察窗才能够看到。在观察窗上按住鼠标左键，就能够拖动窗口；松开鼠标，窗口就停止拖动。
18. 为了使“放大”按钮能够起到放大观察窗的效果，需要再添加一些代码，如图 11-41 所示。

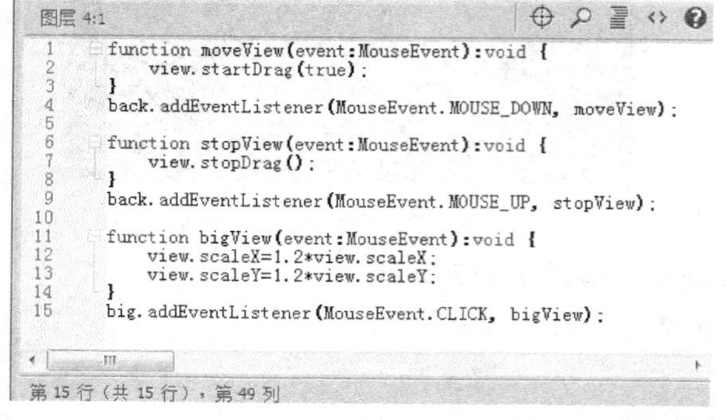

主要代码说明：

行 11：定义一个函数。

行 12~13：设置对象在 x、y 方向的比例是当前比例的 1.2 倍。

行 15：当鼠标按下时，开始调用函数 bigView。

图11-41　使用按钮放大观察窗

19. 再次测试动画，单击放大镜按钮，就能够将观察窗放大。
20. 至此，动画设计完成，保存作品。

11.2.3 按钮操作

利用按钮来控制对象的运动或位置，也是 Flash 作品中最常见的交互方法。按钮的事件丰富，能够方便地控制变量、修改参数值等。下面利用按钮来设计一个简单的交互相册。

【实例】——交互图册

利用两个按钮控制图片的切换，使图片能够循环展示，效果如图 11-42 所示。

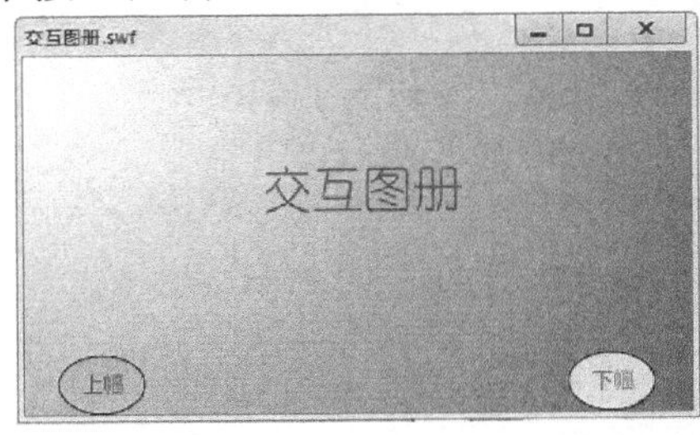

图11-42 交互图册

1. 创建一个新的 Flash 文档。
2. 选择菜单命令【文件】/【导入】/【导入到库】，将附盘文件“素材文件\11\pic1.jpg”~“pic5.jpg” 5 幅图片导入到库中。
3. 在库面板中双击一个图片对象，打开其属性窗口，如图 11-43 所示。可见，图片大小为 400 × 220。图片的长度数值将是脚本设计需要用到的参数。

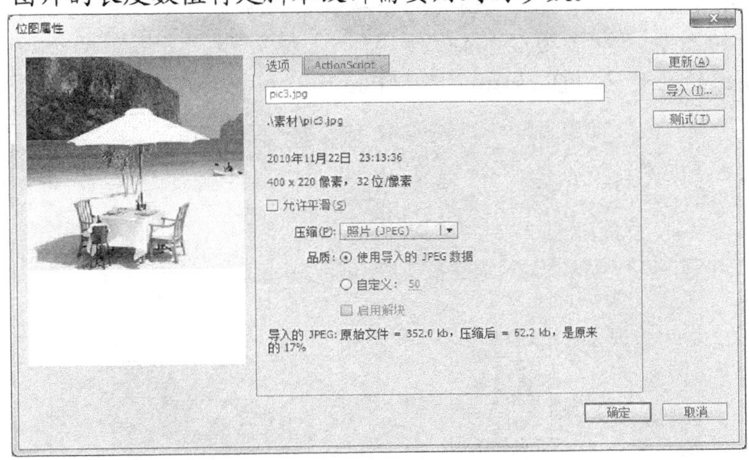

图11-43 查看图片属性

4. 选择菜单命令【插入】/【新建元件】，创建一个“影片剪辑”类型的元件，名称为“元件 1”。
5. 打开“元件 1”，将 5 幅图片拖入到舞台上，并列对齐放置；然后将它们组合，并设置右对齐，如图 11-44 所示。
6. 回到“场景 1”，设置舞台的大小属性如图 11-45 所示。

图11-44　图片组合并右对齐

属性

文档

交互图册.fla

FPS: 30.00

大小: 400 x 250 像素　编辑...

舞台:

图11-45　设置舞台大小

7. 修改“图层 1”的名称为“背景”，在其第 1 帧上绘制一个矩形，使用淡蓝色放射填充；然后用文本工具输入“交互图册”。
8. 添加一个新的图层，命名为“图片”；从库中将“元件 1”拖入其第 1 帧的舞台中，使其右侧与舞台左侧对齐，定义其实例名称为“pic”，如图 11-46 所示。

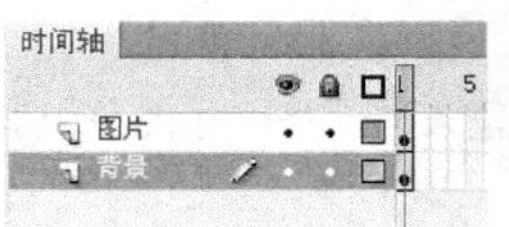

图11-46　在舞台上添加图片对象

9. 按照 11.2.1 小节案例中的方法，创建两个按钮，分别显示“上幅”和“下幅”。
10. 添加一个新的图层，命名为“按钮”；将“上幅”和“下幅”两个按钮拖入到舞台，分别设置按钮的名称为“BackBtn”和“PlayBtn”，如图 11-47 所示。

图11-47　添加按钮

11. 创建一个新的图层，命名为“动作”，在第 1 帧的动作窗口中输入如图 11-48 所示的代码，用两个按钮控制图片对象的位置。

动作:1

```
1   var i = 0;
2   PlayBtn.addEventListener(MouseEvent.CLICK, playHandler);
3   BackBtn.addEventListener(MouseEvent.CLICK, backHandler);
4
5   function playHandler(event:MouseEvent):void
6   {
7       i++;
8       if (i > 5)
9       {
10          i = 1;
11      }
12      showpic();
13  }
14  function backHandler(event:MouseEvent):void
15  {
16      i--;
17      if (i < 0)
18      {
19          i = 5;
20      }
21      showpic();
22  }
23  function showpic():void
24  {
25      pic.x= 400*i;
26      trace(pic.x,i);
27  }
```

第 4 行（共 27 行），第 1 列

主要代码说明：

行 1：定义变量 *i*，用于记录要显示第几个图片。此变量一定要是全局变量，以便能够在各个函数中公用并赋值。

行 2~3：对于按钮，增加对于其鼠标单击事件的侦听器及响应函数入口。

行 5：处理 PlayBtn 按钮的鼠标事件。

行 12：调用自定义函数。

行 14：处理 BackBtn 按钮的鼠标事件。

行 23：自定义的调整图片位置的函数。

行 25：pic 对象的 *x* 位置值由单幅图片宽度值 400 与变量 *i* 的乘积来决定。

行 26：跟踪对象的位置值和变量 *i*。这在代码调试时非常有用。

图11-48　用按钮控制图片对象的位置

12. 测试作品，可以看到单击任意按钮，都会有图片出现，其显示顺序不同。同时，在【输出】窗口也能够看到对象的位置值和变量 *i* 的值，如图 11-49 所示。

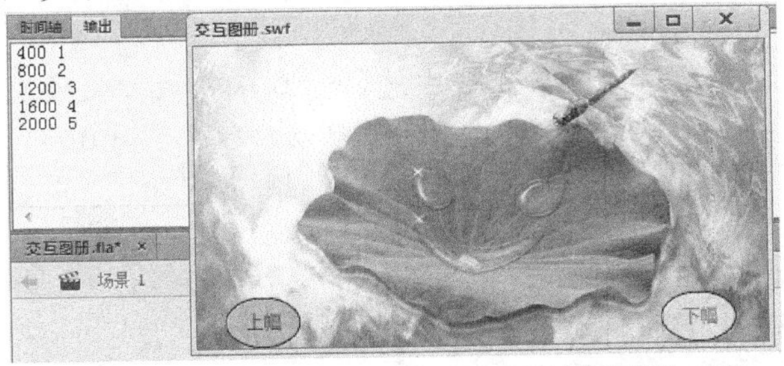

图11-49　在【输出】窗口能够看到对象的位置值和变量 *i* 的值

11.3　实训

前面已经介绍了交互式动画的概念，并结合范例说明了交互式动画的实现方法，如动画控制、对象的拖放等。下面再通过几个实训加深对这些知识的理解。

11.3.1　鼠标控制——跳动的精灵

在著名的“麦田怪圈”上一个舞动的精灵左右跳动，在精灵上单击鼠标左键，它就站在原地跳舞；再次单击鼠标左键，精灵又开始左右跳动。效果如图 11-50 所示。

图11-50　跳动的精灵

【操作提示】

1. 新建一个文件，导入附盘文件“素材文件\11\pi.jpg”做背景。
2. 创建一个“影片剪辑”类型的元件，导入附盘文件“素材文件\11\精灵.swf”到元件的舞台上，如图 11-51 所示。

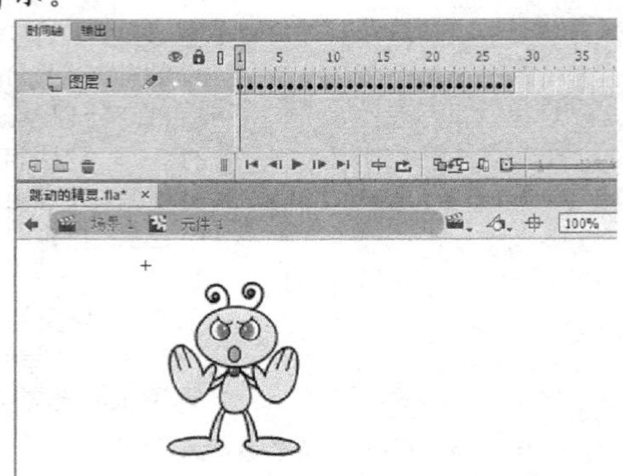

图11-51　创建元件并导入图像

3. 返回“场景 1”，增加一个“图层 2”，将影片剪辑元件拖入新图层第 1 帧的舞台上，命名元件实例名称为“sprite”。
4. 选择实例对象，从【动画预设】面板中选择“默认预设”文件夹中的“波形”，将其应用到实例对象上，创建一个左右移动的波动动画效果，如图 11-52 所示。

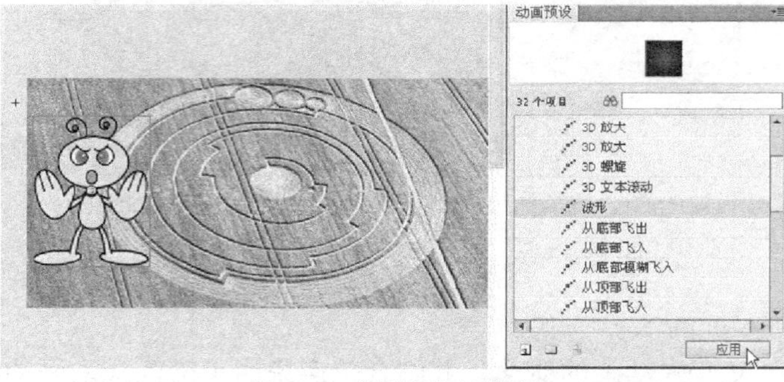

图11-52　应用波形动画效果

5. 新添加“图层 3”，因为预设动画的关键帧不能添加脚本代码，所以这里必须添加一个新的图层。
6. 选择“图层 3”的第 1 帧，添加脚本代码，如图 11-53 所示。

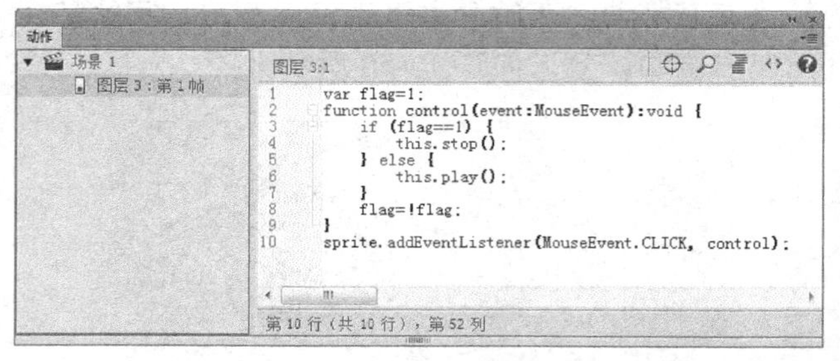

代码说明：

行 1：定义标志变量，用于控制对象的播放或停止。

行 2：自定义函数，对鼠标事件进行响应。

行 3：如果变量 flag 为 1，则停止播放时间轴动画；否则，开始播放。

行 8：对标志变量取反。

行 10：为对象增加侦听器，若发生鼠标单击事件，则调用 control 函数。

图11-53　为对象添加鼠标单击事件

7. 测试作品，可以看到在小精灵上单击鼠标左键，它就只能在原地跳动；再单击鼠标左键，它又开始左右跳动。

11.3.2 遮罩动画——小镇雾景

在这个动画里，一个雾气笼罩的风景小镇，一个缓慢旋转的万花筒，透过这个万花筒，就能够看到小镇美丽的风貌，动画效果如图 11-54 所示。

图11-54　小镇雾景

思路分析如下。

(1) 创建一个旋转的万花筒。

(2) 创建风景小镇的元件。

(3) 使用遮罩技术将万花筒设置为风景小镇的观察窗口。

(4) 在前景中的风景小镇设置为半透明。

【操作提示】

1. 创建一个新文件。
2. 新建一个影片剪辑类型的元件，命名为“前景”，导入附盘文件“素材文件\11\小镇.jpg”，如图 11-55 所示。

图11-55　导入风景图片做背景

3. 再创建一个“影片剪辑”类型的元件，命名为“六角图形”；选择【多角星形工具】，设置【边数】为“6”，色彩选择红色，在舞台上绘制 1 个六角形，如图 11-56 所示。

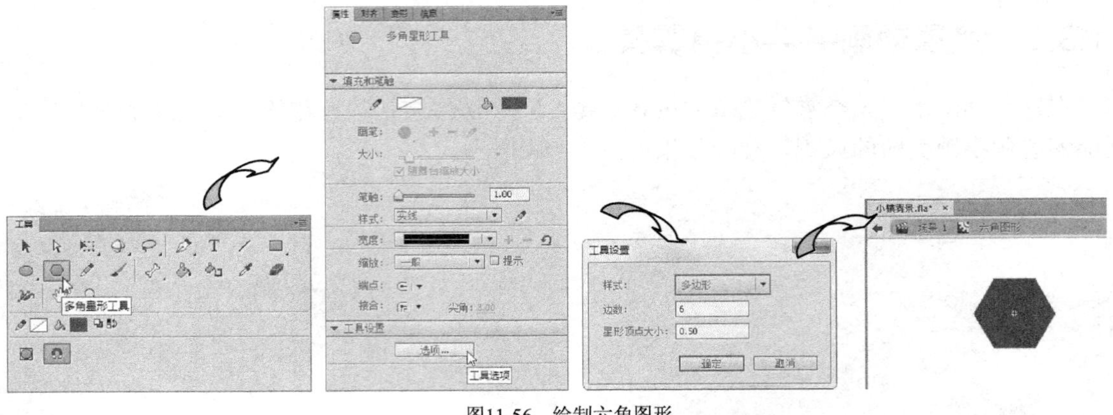

图11-56　绘制六角图形

要点提示 其实这里选择什么色彩来绘制这个图形，对后面动画的效果无任何影响。

4. 再创建一个影片剪辑类型的元件，命名为“观察窗”，将“六角图形”拖入到舞台，然后建立一个补间动画，如图 11-57 所示。
5. 选择第 30 帧，再选择实例对象，将其旋转 360°，如图 11-58 所示。这样，该补间动画就会产生旋转一周的效果。

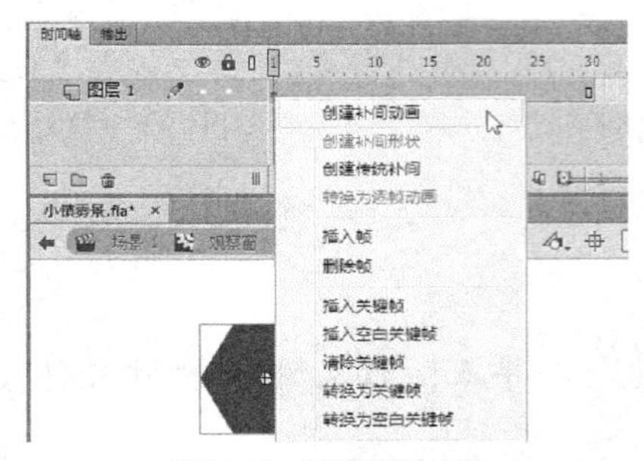

图11-57　创建补间动画

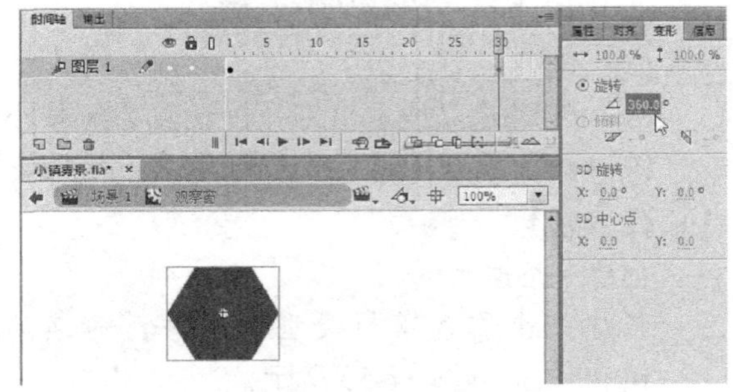

图11-58　将对象旋转 360°

6. 返回“场景 1”中，将元件“前景”拖入舞台，与舞台居中对齐，设置其【Alpha】为“25%”，定义实例名称为“back”，如图 11-59 所示，这就产生了朦胧的雾气效果。

图11-59　设置朦胧前景效果

7. 增加一个“图层 2”，然后再次将“前景”元件拖到舞台，与舞台居中对齐，如图 11-60 所示。不需要设置其 Alpha 值，这是一个清晰的图片。
8. 再添加一个“图层 3”，将元件“观察窗”拖入舞台，设置其实例名称为“view”，如图 11-61 所示。

图11-60　在“图层 2”添加清晰图片

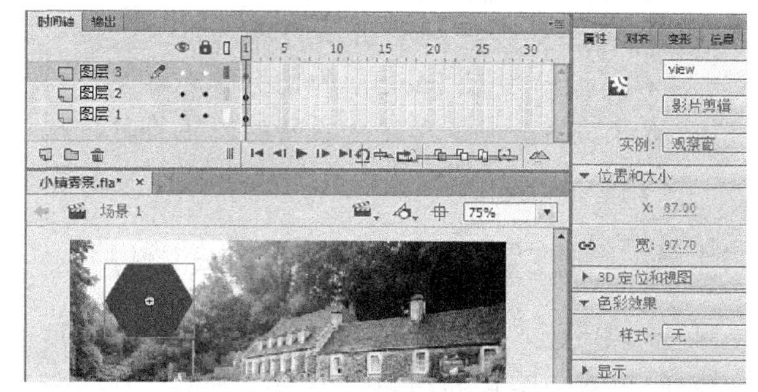

图11-61　设置“观察窗”实例名称

9. 设置“图层 3”为遮罩层，如图 11-62 所示。

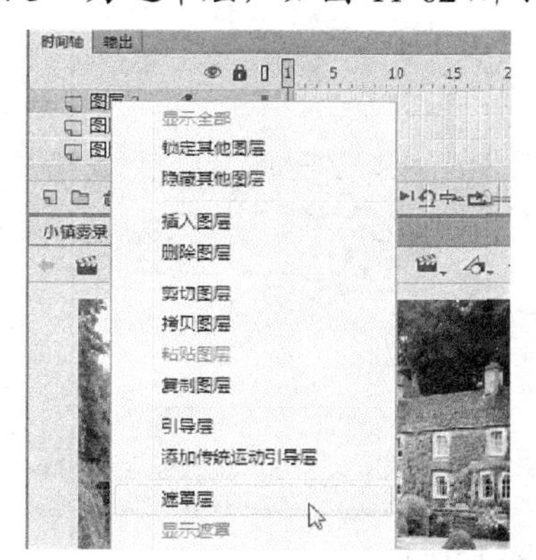

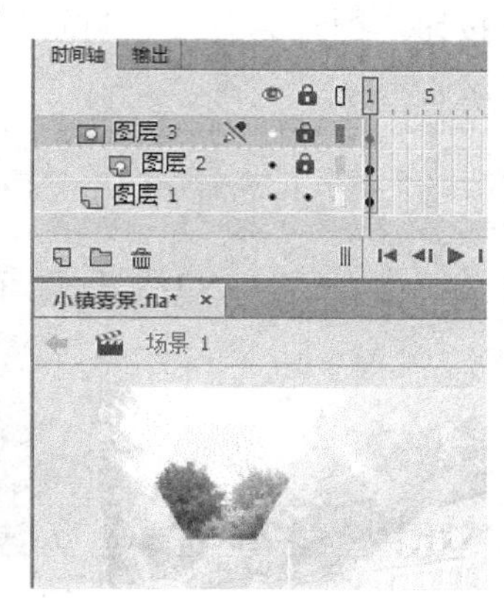

图11-62　设置“图层 3”为遮罩层

10. 再增加一个新的“图层 4”，选择其第 1 帧，创建动作脚本，如图 11-63 所示。

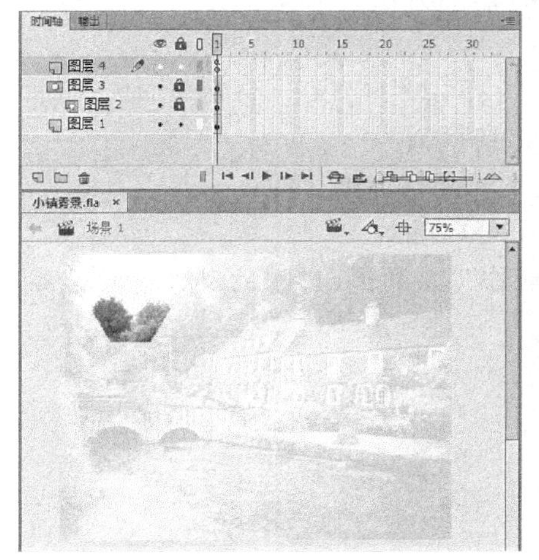

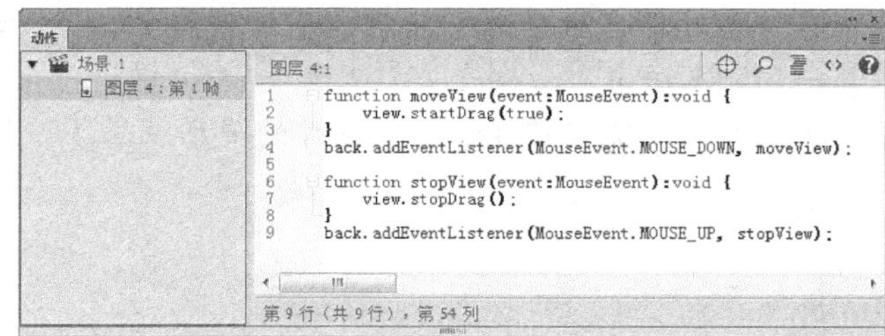

图11-63　创建动作脚本

代码说明：

- 行 1：自定义函数，响应鼠标事件。
- 行 2：设置对象 view 可以拖动。
- 行 4：为对象 back 添加侦听器，检测其上鼠标按下事件。一旦发生，调用函数 moveView。
- 行 7：设置对象 view 不能拖动。
- 行 9：检测 back 上的鼠标弹起事件。

11. 测试动画，当拖动这个旋转的万花筒时，就可以透过前面的迷雾清晰地看到美丽的小镇风景。

11.3.3　位置控制——缓动的图片

在 11.2.3 小节的实例中，图片位置的变化是瞬间完成的，看不到图片的切换移动效果。但有时需要为图片的切换添加一些效果，例如渐变、缓动等。下面就在前面实例的基础上，通过代码来实现图片的缓动效果。

当用户单击按钮，图片会有一个明显的切换变化，也就是有一个缓动的过程，动画效果如图 11-64 所示。

图11-64　缓动的图片

思路分析：

(1) 使图片缓动有不同的方法。这里采用添加定时器的方法，其优点是可以控制图片运动的速度。

(2) 定义一个全局性的定时器。

(3) 在每个按钮的单击事件响应函数中添加定时器侦听器。

(4) 在定时器处理函数中，将 pic 对象当前坐标向下一坐标逐渐靠拢。

1. 将文件“交互图册.fla”另存为“交互图册（缓动效果）.fla”。
2. 不需要对舞台对象进行任何调整，只需要打开“动作”层的第 1 帧的动作窗口，添加一些脚本语句，如图 11-65 所示。
3. 测试作品，现在就能够实现图片的缓动效果了。

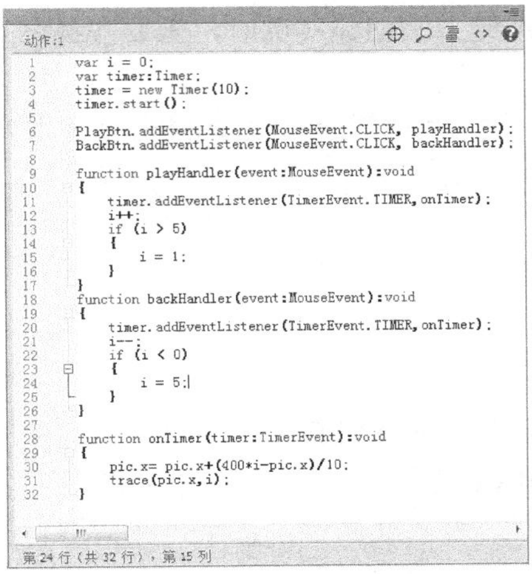

动作:1

```
1   var i = 0;
2   var timer:Timer;
3   timer = new Timer(10);
4   timer.start();
5
6   PlayBtn.addEventListener(MouseEvent.CLICK, playHandler);
7   BackBtn.addEventListener(MouseEvent.CLICK, backHandler);
8
9   function playHandler(event:MouseEvent):void
10  {
11      timer.addEventListener(TimerEvent.TIMER,onTimer);
12      i++;
13      if (i > 5)
14      {
15          i = 1;
16      }
17  }
18  function backHandler(event:MouseEvent):void
19  {
20      timer.addEventListener(TimerEvent.TIMER,onTimer);
21      i--;
22      if (i < 0)
23      {
24          i = 5;
25      }
26  }
27
28  function onTimer(timer:TimerEvent):void
29  {
30      pic.x= pic.x+(400*i-pic.x)/10;
31      trace(pic.x,i);
32  }
```

第24行(共32行)，第15列

图11-65　创建动作脚本

新添加的代码说明：

行 2：定义一个定时器变量。

行 3：设置定时器变量的触发间隔为 10 毫秒。

行 4：启动定时器。

行 11、20：添加侦听器，检测定时器触发事件；一旦触发，就调用函数 onTimer。

行 28：自定义函数，响应定时器触发事件。

行 30：pic 对象的目标坐标是 400*i，要经过 10 次调用才最终达到。

11.4　综合案例——五彩飞花

在 Flash CC 2015 中，可以利用复制的方法，使影片播放时产生许多相同对象，从而实现雨雪、气泡等效果。下面首先了解几个重要的概念和方法。

一、 动态创建元件实例

在 Flash 中向屏幕中添加内容的一个方法是将资源从库中拖放到舞台上，这种方法最简便直观，但对于一些需要在动画播放期间动态添加元件实例的情况，这种方法就不适用了，这就需要考虑用 ActionScript 来创建实例。

默认情况下，Flash 文档库中的影片剪辑元件实例不能以动态方式创建，也就是说不能使用 ActionScript 创建。因此，为了使元件可以在 ActionScript 中使用，必须指定为 ActionScript 导出该元件。后面将结合实例说明导出元件定义的方法。

这种动态创建元件实例的方法具有多个优点：代码易于重用、编译时速度加快，可以在 ActionScript 中进行更复杂的修改。

二、 创建对象实例

在 ActionScript 中使用对象之前，要确定该对象首先必须存在。创建对象的步骤之一是声明变量，然而，声明变量仅仅是在计算机的内存中创建一个空位置。必须首先为变量指定实际值，即创建一个对象并将它存储在该变量中，然后再尝试使用或处理该变量，创建对象的过程称为对象“实例化”。也就是说，创建特定类的实例。

有一种创建对象实例的简单方法完全不必涉及 ActionScript。在 Flash 中，当将一个影片剪辑元件、按钮元件或文本字段放置在舞台上，并在【属性】面板中为其指定实例名时，Flash 会自动声明一个拥有该实例名的变量、创建一个对象实例并将该对象存储在该变量中。但是对于要动态创建的对象，必须使用 new 运算符来声明。

要创建一个对象实例，应将 new 运算符与类名一起使用，如：

```
var raceCar:MovieClip = new MovieClip();    //声明一个影片剪辑类型的变量
var birthday:Date = new Date(2006, 7, 9);   //声明一个日期类型的变量
```

通常，将使用 new 运算符创建对象称为“调用类的构造函数”。“构造函数”是一种

特殊方法，在创建类实例的过程中将调用该方法。当用此方法创建实例时，需要在类名后加上小括号，有时还可以指定参数值。

对于可使用文本表达式创建实例的数据类型，也可以使用 new 运算符来创建对象实例。例如：

```
var someNumber:Number = 6.33;
var someNumber:Number = new Number(6.33);
```

上面的两行代码执行的是相同的操作。

三、 addChild ()方法

在 ActionScript 3.0 中，当以编程方式创建影片剪辑（或任何其它显示对象）实例时，只有通过对显示对象容器调用 addChild()或 addChildAt()方法将该实例添加到显示列表中后，才能在屏幕上看到该实例。允许用户创建影片剪辑、设置其属性，甚至可在向屏幕呈现该影片剪辑之前调用方法。

```
public function addChild(child:DisplayObject):DisplayObject
```

下面通过一个综合案例来说明这些概念和方法。

在美丽的原野中，每次单击鼠标左键，就会有一个花朵从鼠标光标位置飞出，然后随机摇摆着飘落，动画效果如图 11-66 所示。

图11-66　五彩飞花

【处理鲜花】

1. 创建一个新的 Flash 文档，设置舞台背景颜色为灰色。
2. 将附盘文件“素材文件\11\花.jpg”导入到【库】面板中，这是一个图片格式的鲜花图像。
3. 创建一个名称为“分散花”、类型为“图形”的元件。
4. 从库中将“花.jpg”图片拖入到“分散花”的舞台上，如图 11-67 所示。
5. 选择舞台上的图片对象，然后单击鼠标右键，在弹出的快捷菜单中选择【分离】命令，如图 11-68 所示。这样，位图图像就被分离成舞台上连续的像素点。

图11-67　将花朵图片拖入舞台

图11-68　选择【分离】命令

6. 选择 工具，再在选项区选择“魔术棒”工具，然后在舞台上的空白区域（没有花的位置）单击鼠标左键，如图 11-69 所示。此时，所有底色象素点都被选择了。
7. 按 Delete 键，可见底色象素点基本都被删除了，如图 11-70 所示。

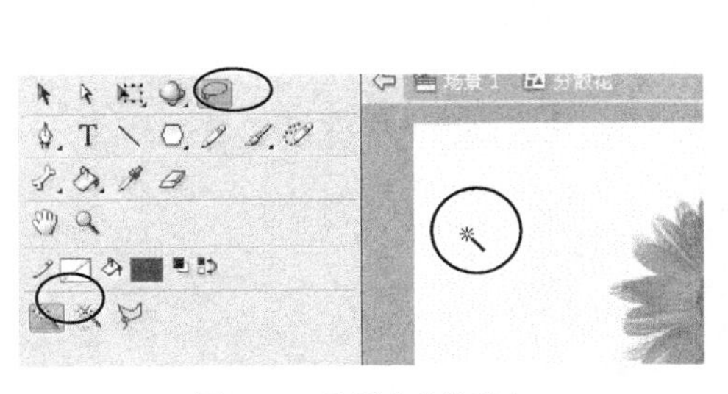

图11-69 选择底色象素点

图11-70 底色象素点基本都被删除

8. 选择【工具】面板中的【选择】工具、【橡皮擦】工具等，将几朵花分离开，如图 11-71 所示。

图11-71 将几朵花分离开

【制作“花朵”元件】

1. 将动画舞台的颜色重新调整为白色。
2. 新建一个命名为“花朵”的影片剪辑元件。
3. 在“花朵”元件的第 1 帧，将“分散花”元件拖入到舞台。
4. 选择第 2 帧，按下 F6 键，添加一个关键帧。同样，在第 3 帧、第 4 帧也都添加一个关键帧，如图 11-72 所示。
5. 选择第 1 帧，选择菜单命令【修改】/【分离】将“分散花”元件分离，仅保留其中一个花朵，删除其余 3 个花朵；同样，在第 2、3、4 帧也都仅保留一个花朵，如图 11-73 所示。注意各帧的花朵都是不同的。

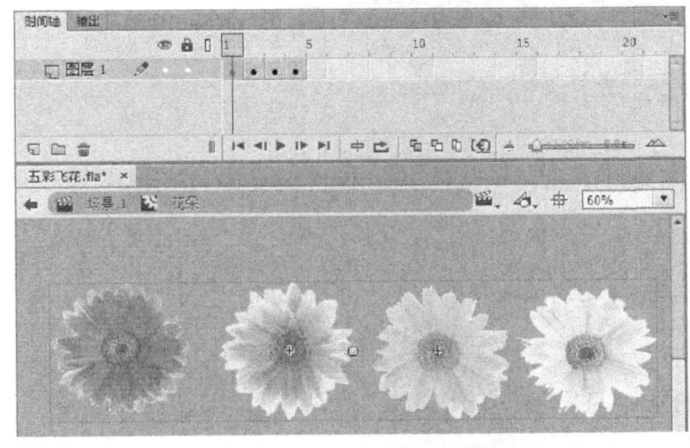

图11-72 将各帧都设置为关键帧

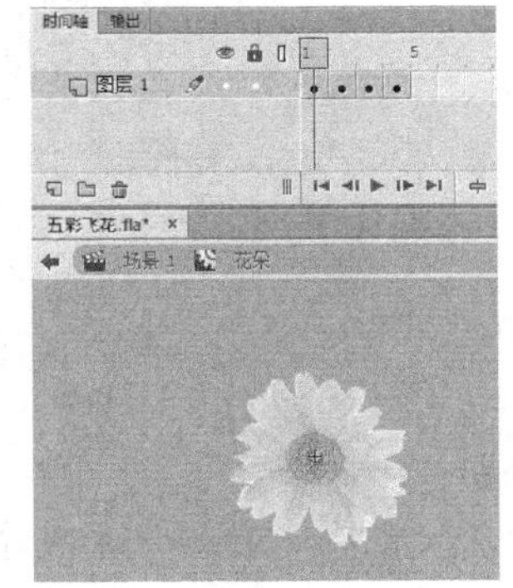

图11-73 各帧仅保留一个花朵

6. 打开【动作】面板，为每一帧都添加一个“stop()”语句，如图 11-74 所示。

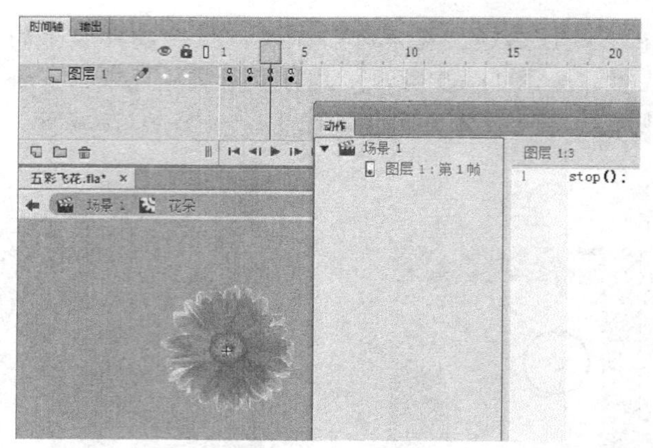

图11-74　为各帧都添加一个“stop()”语句

至此，花朵元件制作完成。接下来，讲解制作“飘动”元件的方法。

【制作“飘动”元件】

1. 新建一个影片剪辑类型元件，命名为“飘动”。
2. 选择第 1 帧，将“花朵”元件拖入到舞台，打开【对齐】面板，使其与舞台中心对齐。
3. 打开【变形】面板，将实例大小调整到 30%，如图 11-75 所示。
4. 在【属性】面板中，将实例名称定义为“leaf”，如图 11-76 所示。

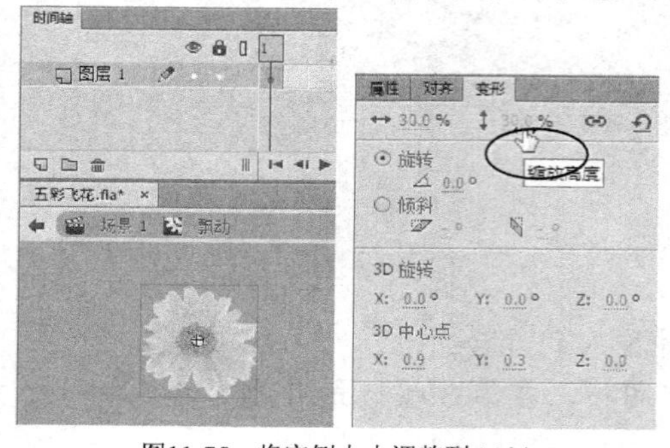

图11-75　将实例大小调整到 30%

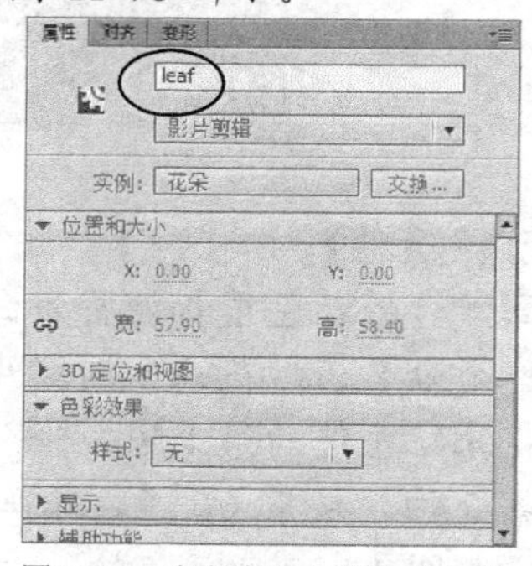

图11-76　定义实例名称为“leaf”

5. 打开【动作】面板，在代码窗口中输入如图 11-77 所示的代码，对“leaf”对象的位置进行设置。

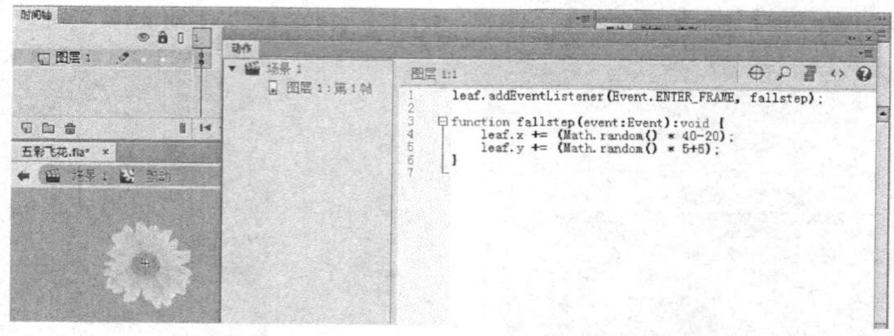

图11-77　对“leaf”对象的位置进行设置

代码分析：

- 行 1：为对象 leaf 添加一个侦听器，判断如果“进入”帧，就调用 fallstep 函数。因此，fallstep 函数被执行的次数就与作品设置的帧频有关。一般默认为 24 帧/秒，这也是函数被执行的次数。

- 行 3：检测是否有事件和调用发生，若有，则执行函数体中的语句。
- 行 4：定义 leaf 对象的 x 坐标每次在原值的基础上增加一个-20 ~ 20 之间的随机值，这样，leaf 对象就会产生一个左右摇摆的随机动作。

> **要点提示** Math.random()产生一个 0 ~ 1 之间的随机值；与 40 相乘后，得到一个 0 ~ 40 之间的随机值；再与 20 相减，就可以得到-20 ~ 20 之间的随机值。

- 行 5：定义 leaf 对象的 y 坐标每次在原值的基础上增加一个 5 ~ 10 之间的随机值，这样，leaf 对象就会不断向下移动。

下面讲解为 ActionScript 导出“飘动”元件的方法。

【导出“飘动”元件】

1. 选择【库】面板中的“飘动”元件，用鼠标右键单击，打开快捷菜单，如图 11-78 所示。
2. 选择【属性】命令，打开【元件属性】对话框，如图 11-79 所示。

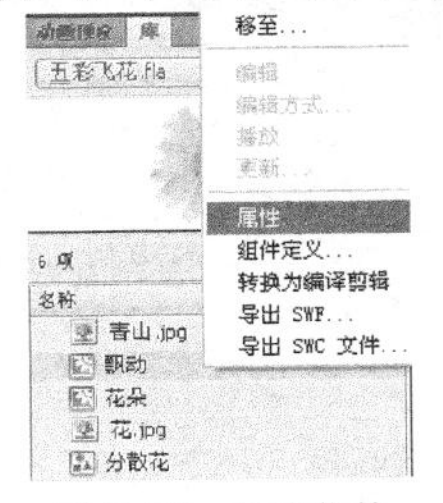

图11-78 快捷菜单

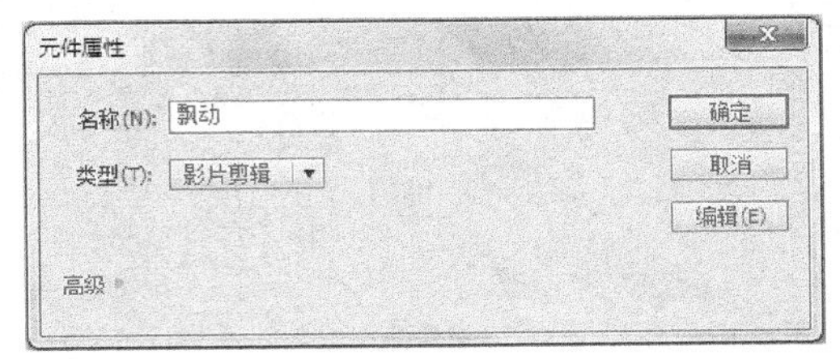

图11-79 【元件属性】对话框

3. 单击【高级】选项，展开其链接属性。选择【为 ActionScript 导出(X)】复选项，则要求定义导出的【类】名称和【基类】名称，设置如图 11-80 所示。这样，就创建了一个新的类“flower”。

> **要点提示** 默认情况下，【类】的名称会用元件的名称命名（本例默认的名称为“飘动”），但是为了在编程中使用方便，一般要修改为英文名称。【基类】字段的值默认为“flash.display.MovieClip”，一般不需要改变。

4. 单击 确定 按钮，出现如图 11-81 所示的类警告对话框。这是由于 Flash 找不到包含指定类定义的外部 ActionScript 文件，一般来说，如果库元件不需要超出 MovieClip 类功能的独特功能，则可以忽略此警告消息。

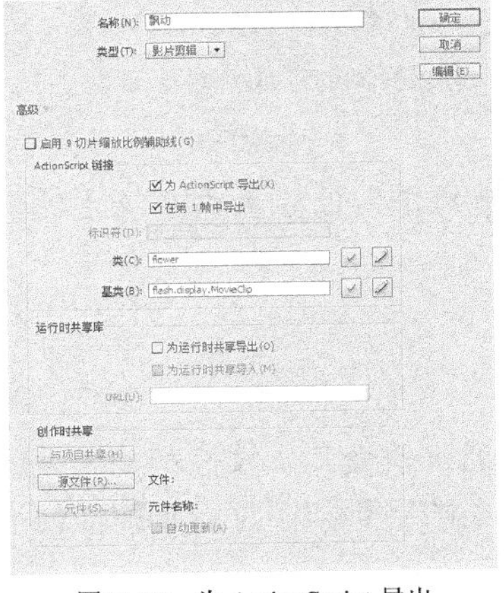

图11-80 为 ActionScript 导出

图11-81 类警告信息

5. 单击[确定]按钮，则创建了一个新的类“flower”。

下面具体讲解在 ActionScript 中使用“flower”类来创建新实例对象的方法。

【使用“flower”类来创建新的实例对象】

1. 新建一个“影片剪辑”类型的元件“背景”。
2. 选择第 1 帧，导入附盘文件“素材文件\11\青山.jpg”到舞台上，与舞台中心对齐。
3. 返回“场景 1”中，选择第 1 帧，将“背景”元件拖入到舞台中，调整大小，使其与舞台基本相符，并与舞台中心对齐，并定义其实例名称为“bg”，如图 11-82 所示。
4. 增加一个新层，命名为“Action”；选择第 1 帧，打开【动作】面板，在脚本窗口中输入图 11-83 所示的代码，用以创建新的 flower 对象并定义其位置。

图11-82　定义“背景”元件的实例名称

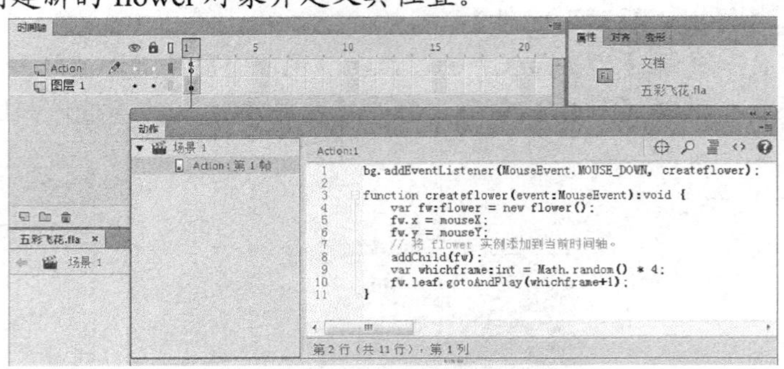

图11-83　创建新的 flower 对象

代码说明：

- 行 1：为 bg 对象（背景）添加一个侦听器，一旦鼠标左键在其中按下，就调用函数 createflower。
- 行 3：函数，用于响应鼠标按下的事件。
- 行 4：创建一个新的 flower 类型的实例，实例名称为 fw。
- 行 5、6：实例 fw 的 x、y 坐标等于鼠标的 x、y 坐标。
- 行 8：将 flower 实例 fw 添加到当前时间轴。
- 行 9：定义一个整型变量，取值为 0 ~ 3 之间的整数。
- 行 10：播放 fw 对象中的 leaf 对象的 whichframe+1 帧，这样就可以随机地显示不同的花朵。

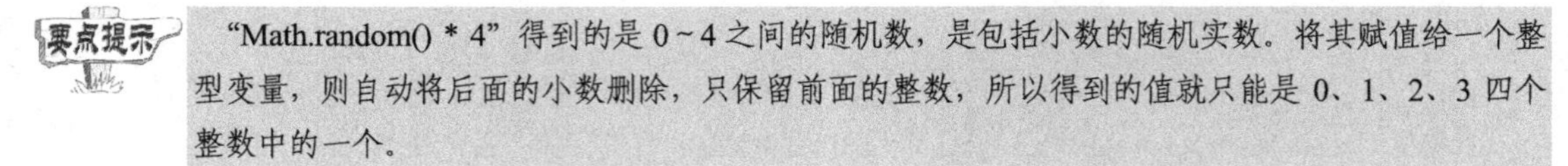

要点提示　“Math.random() * 4”得到的是 0 ~ 4 之间的随机数，是包括小数的随机实数。将其赋值给一个整型变量，则自动将后面的小数删除，只保留前面的整数，所以得到的值就只能是 0、1、2、3 四个整数中的一个。

5. 设计完成，保存文件；然后测试动画，可见在画面的任何位置单击鼠标左键，一朵朵小花就会在鼠标光标的位置出现，然后慢慢飘落下来。

11.5　应用案例——水平全景动画

对象在动画场景中的位置是由其中心坐标决定的，通过改变其 x 属性和 y 属性就能够改变对象的位置。本节要设计 360° 的全景式动画以及滚动的字幕和图片，了解如何通过滚动的方法来控制对象运动。

所谓水平全景动画，就是在水平方向实现图片的无缝循环播放。下面首先来理解其数学模型，然后具体实现该作品。

11.5.1 动画原理和数学模型

设动画尺寸为 $W \times H$，图片长度为 L，动画舞台中心坐标为（cx,cy），鼠标位置坐标为（mx,my），如图 11-84 所示。下面分析一下动画设计中所涉及的基本原理和数学模型。

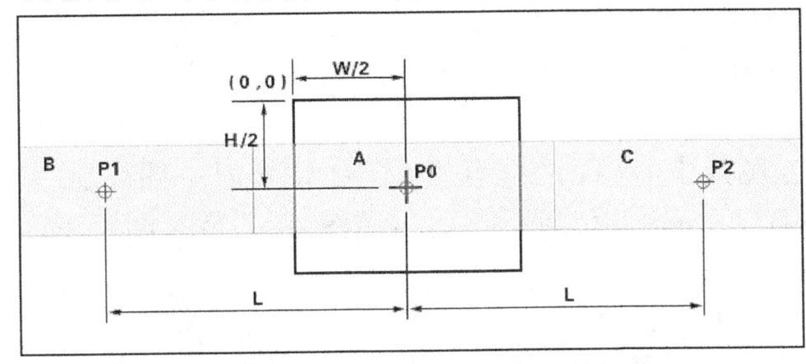

图11-84 基本原理和数学模型分析

一、比例缩放的原理及数学模型

当鼠标光标向上或向下移动时，可以获得鼠标的位置坐标。将鼠标的 y 坐标与动画舞台中心 y 坐标相减（$my-cy$），可以得到一个比例的变化值。当鼠标在中心上面时，$my-cy<0$，动画比例变化值为负。当鼠标在中心下面时，$my-cy>0$，动画比例变化值为正。若动画原始比例值为 *scale*，则新的比例值为 *newscale*，则原始比例值与比例的变化值相加就可以实现动画比例的实时变化了。

$$newscale = scale+(my-cy)/n$$

其中 n 为比例因子，调整比例因子大小可以改变比例变化的速度。

二、图片循环显示的原理

从原理上讲，如果有完全相同的两个图片 A 和 B，它们首尾相连，那么当图片 A 水平移动的距离等于图片的宽度时，图片 B 就会正好处于图片 A 的初始位置。由于图片 B 与图片 A 完全一样，此时将图片 A 重新定义到初始位置，重复图片 A 的移动代替图片 B 的移动，从而实现图片的循环播放。由于计算机运行的速度极快，用户是不会感觉到这种替换的。另外，由于移动存在向左和向右两种可能，所以至少应采用 3 个完全相同的图片。当然，就具体的动画来说，采用几个图片才能实现循环运动，还要看图片的大小、位置以及舞台的大小来定。总之，起码要保证在舞台外面的两侧各有一个完整的图片存在，才能实现图片的循环运动。

当鼠标光标向左或向右移动时，将鼠标的 x 坐标与动画舞台中心 x 坐标相减（$mx-cx$），可以得到一个位置坐标的变化值。当鼠标光标在中心左侧时，$mx-cx<0$，动画位置变化值为负，动画向左移动。当鼠标光标在中心右侧时，$mx-cx>0$，动画位置变化值为正，动画向右移动。若图片原始的 x 坐标为 px，新的 x 坐标为 $newx$，则原始坐标值与坐标的变化值相加就可以实现动画坐标的实时变化了。

$$newx = px+(mx-cx)/m$$

其中 m 为位置变化因子，调整变化因子大小可以改变位置变化的速度，也就是改变图

片移动的速度。

三、图片移动的数学分析

若图片 A 原始位置处于舞台中央，其中心点坐标为 $P0(x0,y0)$。

图片向左移动，当图片中心点由 $P0$ 移动到 $P1$ 位置时，图片 A 完全离开动画舞台，而图片 C 恰好占据了图片 A 初始的位置。这时再用图片 A 替换图片 C，就可以实现图片向左的循环播放了。

```
if (newx < -L) {
    newx = x0;
}
```

图片向右移动，当图片中心点由 $P0$ 移动到 $P2$ 位置时，图片 A 完全离开动画舞台，而图片 B 恰好占据了图片 A 初始的位置。这时再用图片 A 替换图片 B，就可以实现图片向右的循环播放了。

```
if (newx > L) {
    newx = x0;
}
```

四、位置变化与比例变化的干涉问题

如果直接对主动画舞台上的图片（元件的实例）实现移动和比例的控制，图片比例的变化会影响到图片的坐标位置，产生了相互干涉，这就使算法复杂化。可以采用一种巧妙的设计方法：图片比例的变化是直接对场景中的实例进行的，而图片位置的变化是通过元件中的对象来实现的，这样，比例的变化就不会对位置产生影响。

11.5.2　水平全景动画的设计

动画中的风景图片会首尾相连、滚动显示。移动鼠标光标到动画画面右侧，可以控制图片向右滚动。移动鼠标光标到动画画面左侧，可以控制图片向左滚动。移动鼠标光标到画面上部，可以使图片缩小。移动鼠标光标到画面下部，可以使图片放大。而且鼠标距画面中心的位置越远，这种变化的速度越快。同时，用一个红色的十字标识环来代替鼠标光标，以便用户更直观看到光标位置。动画效果如图 11-85 所示。

图11-85　360°全景画

【设计思路】

(1)　将风景图片复制为 A、B、C 三份并拼接在一起。

(2) 按照全景画的原理和数学模型设计动作脚本。
(3) 在舞台中央设计一个表现画面中心位置的十字标志。
(4) 设计红色十字标识环元件。
(5) 使十字标识环可以被拖动，同时隐藏光标。

【设计过程】

1. 创建一个新的 Flash 文档，在【属性】面板中设置舞台大小为 400 × 240。
2. 选择菜单命令【文件】/【导入】/【导入到库】，将附盘文件“素材文件\11\image.jpg”引入到动画的【库】中。在【库】窗口中选择元件“image.jpg”，双击打开【位图属性】对话框，可以看到图片的宽度为 1000，如图 11-86 所示。

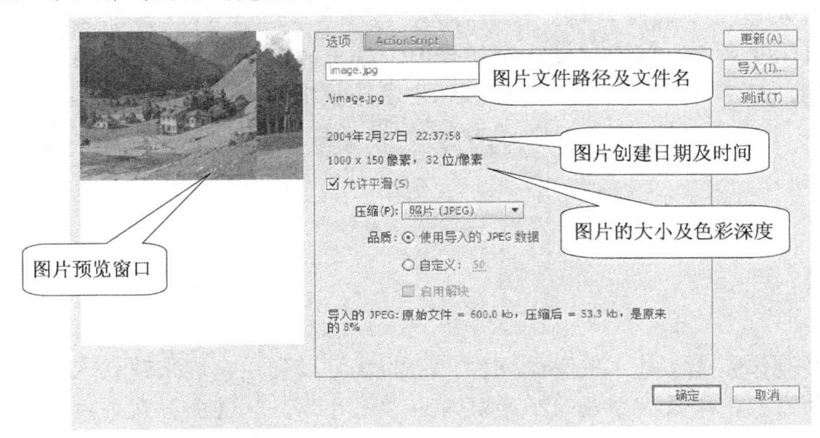

图11-86　位图属性窗口

3. 选择菜单命令【插入】/【新建元件】，建立一个类型为“影片剪辑”、名称为“图片移动”的元件。从【库】窗口选择元件“image.jpg”，将其拖入舞台，建立它的一个实例。利用【对齐】面板调整该实例中心与舞台中心对齐。
4. 再在舞台中建立元件“image.jpg”的两个实例，分别放置到第 1 个实例的左右两侧，并调整 3 个实例的位置使它们恰好在水平方向实现首尾对接，如图 11-87 所示。

图11-87　调整图片 3 个实例的位置实现首尾对接

5. 选择菜单命令【插入】/【新建元件】，建立一个类型为“影片剪辑”、名称为“图片缩放”的元件。在【库】窗口中选择元件“图片移动”，将其拖入舞台，建立它的一个实例，在【属性】面板中定义实例名称为“pic”，如图 11-88 所示。利用【对齐】面板调整实例中心与舞台中心对齐。

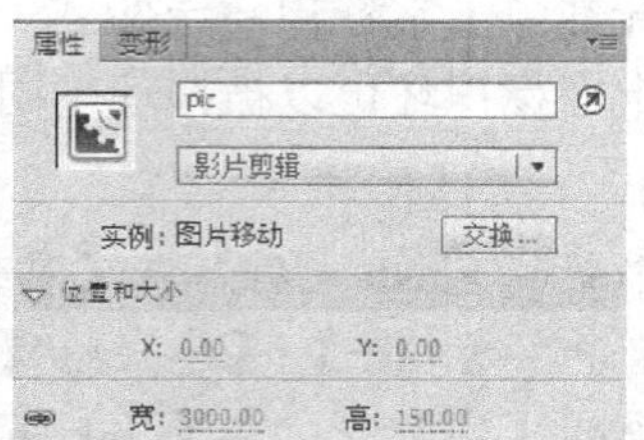

图11-88　使用"图片移动"与元件建立"图片缩放"元件

6. 再创建一个类型为"影片剪辑"、名称为"光标"的元件，在其中设计一个十字环标志，如图 11-89 所示。注意这是一个组合图，其中的中间圆形部分采用了一个元件，设置为半透明。只有这样，这个十字标识环才容易被拖动。

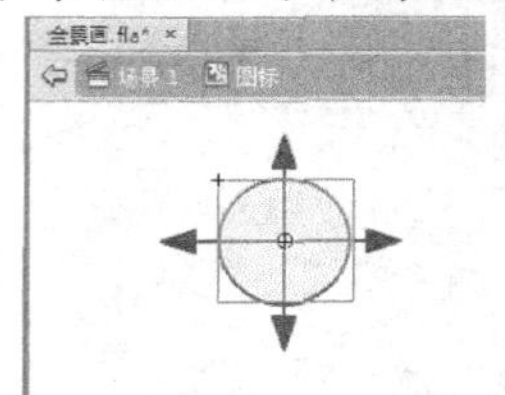

图11-89　设计一个十字环标志

至此，已经制作完成了基本的动画元件，下面就可以利用它们来建立水平全景动画了。

7. 回到【场景 1】，修改"图层 1"的层名为"图片"。从【库】窗口中选择元件"图片缩放"，将其拖入到舞台上，建立它的一个实例，在【属性】面板中定义实例名称为"myClip"，如图 11-90 所示。利用【对齐】面板调整实例中心与舞台中心对齐。

图11-90　引用元件并命名

8. 为了使光标位置有一个参考，需要在舞台中显示一个画面中心的标志：添加一个新层，修改层名为"标志"。在其中绘制一个十字形，调整位置使其与场景中心对齐，如图 11-91 所示。

9. 再添加一个新层，修改层名为"光标"。将元件"光标"拖入到其第 1 帧，并定义实例名称为"ViewPoint"，如图 11-92 所示。

图11-91　绘制画面中心标识

图11-92　在舞台中添加十字标识环

10. 再添加一个新的图层，命名为“脚本”，打开动作窗口，输入图 11-93 所示的代码。

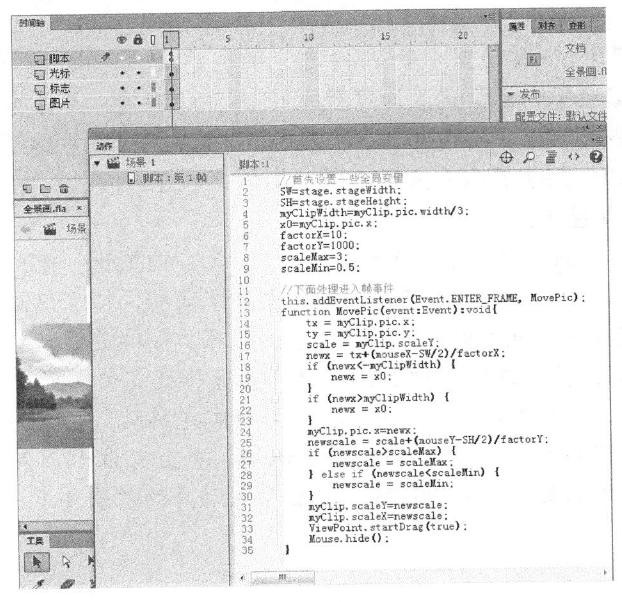

图11-93　输入脚本代码

语句说明：

- 行 1：注释说明。
- 行 2、行 3：用变量 *SW*、*SH* 记录舞台的宽度和高度。
- 行 4：用变量 *myClipWidth* 记录图片的长度。由于 pic 是在 myClip 中，所以要用一个“.”标识符来说明包含关系；又由于 pic 是由图片的 3 个实例水平合并而成，所以这里要将宽度值除以 3。
- 行 5：用变量 *x*0 记录图片当前的 *x* 坐标值。
- 行 6：定义图片在 *x* 方向（水平方向）运动的变化因子，它决定了图片在 *x* 方向运动的快慢。
- 行 7：定义图片在 *y* 方向（垂直方向）缩放的变换因子，它决定了图片在 *y* 方向缩放的快慢。
- 行 8、行 9：定义图片在 *y* 方向缩放的最大值和最小值。从理论上讲，这个比例值可以无限大或无限小，但是太大和太小都没有什么实际意义，而且还会带来其他问题。所以这里将其限定在 0.5~3 的范围内。
- 行 12：为当前场景添加一个事件侦听器，其侦听的事件是“进入帧（ENTER_FRAME）”。如果事件发生，就调用响应函数 MovePic。
- 行 13：定义函数 MovePic。
- 行 14、行 15：用变量 *tx*、*ty* 记录图片 pic 的当前坐标。
- 行 16：用变量 *scale* 记录实例 myClip 在 *y* 方向的比例值。
- 行 17：根据鼠标光标位置，计算新的位置值，并保存在变量 *newx* 中。鼠标光标与舞台中心在 *x* 轴的差值大小，就决定了图片移动的方向和速度。
- 行 18~行 20：判断如果图片移动到最左位置，变量 *newx* 就被重置为图片的初始位置值。
- 行 21~行 23：判断如果图片移动到最右位置，变量 *newx* 就被重置为图片的初始位置值。
- 行 24：将图片 pic 移动到变量 *newx* 指示的位置。
- 行 25：根据鼠标光标位置，计算新的 *y* 方向比例值，并保存在变量 *newscale* 中。鼠标光标与舞台中心在 *Y* 轴的差值大小，就决定了图片的缩放和变化速度。
- 行 26~行 30：判断若比例大于上限，则固定在上限值上；若比例小于下限，则固定在下限值上。
- 行 31、行 32：设置实例 myClip 在 *x* 方向、*y* 方向的比例值为新的比例值。必须设置这两个方向的比例值相同，这样图片才能够保持等比例变化。
- 行 33：设置 ViewPoint 元件实例（十字标识环）能够被拖动。
- 行 34：隐藏光标。这样，动画播放时，普通样式（箭头形状）的光标就不会显示出来，取而代之的是一个十字标识环标志在移动。

11. 测试动画，可以利用鼠标带动十字标识环，并且可以利用其位置来控制图片的移动和比例的变化，完全实现水平全景式动画的效果要求。

11.6 习题

一、 填空题

(1) ________提供了用户控制动画播放的手段。

(2) 交互的目的就是使计算机与用户进行________，其中每一方都能对另一方的指示做出________，使计算机程序在用户可理解、可控制的情况下顺利运行。

(3) 动作语句的调用必须是在______________下进行。

(4) 动画帧只有一种事件，即______________事件。

(5) Flash CC 2015 的按钮一般都有一个_________的时间轴。

(6) 实际设计按钮时，一般不需要在_______状态帧建立什么内容。

(7) 主时间轴动画是指直接在动画的主时间轴上建立的_______或_______。

(8) 利用________函数可以实现对象的拖动，调用_________方法可以停止对象的拖动。

(9) 对于要动态创建的对象，必须使用______运算符来声明。

(10) 对于动态创建的对象，必须调用_________方法将其实例化才能在屏幕上看到。

二、 操作题

(1) 制作一个包含动画效果的按钮，在【正常】状态时显示一个闪烁的“Click me”文字，在【鼠标经过】状态下显示一个渐大渐淡的光晕，如图 11-94 所示。

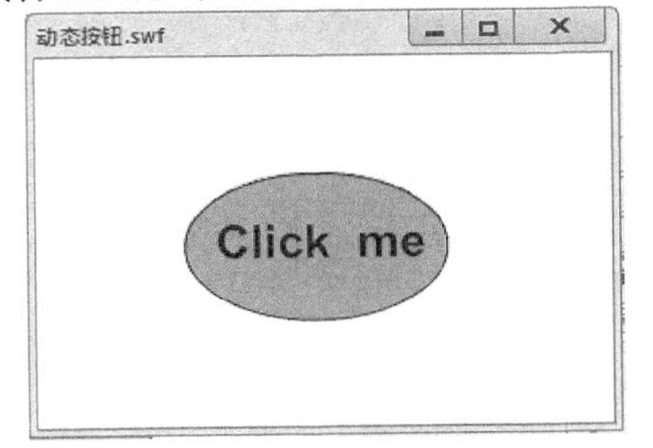

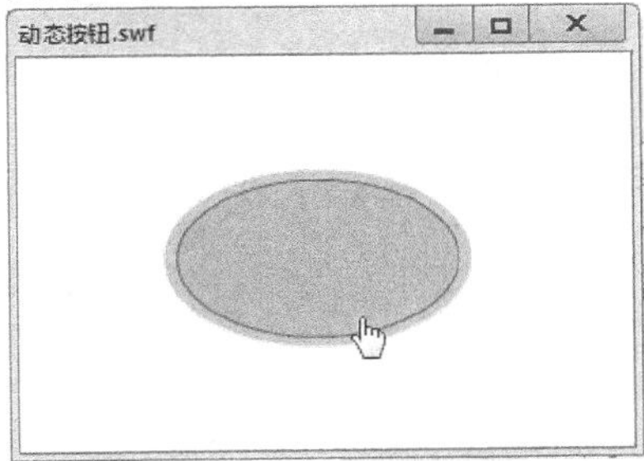

图11-94 动态按钮

(2) 为“失落的圆明园”动画添加一个按钮，单击能够缩小观察窗，效果如图 11-95 所示。

图11-95 缩小观察窗

(3) 修改“飞翔的小鸟”动画，用鼠标在小鸟上单击来控制小鸟翅膀的挥动。

(4) 试修改“五彩飞花”案例，不需要单击鼠标，鲜花就能够跟随鼠标不停地自动产生，如图 11-96 所示。

图11-96　鲜花就能够跟随鼠标自动产生

要点提示 本例可以采用两种方式来实现，一种是使用 ENTER_FRAME 事件，一种是使用 Timer，其代码如图 11-97 所示。

图层 1:1

```
bg.addEventListener(Event.ENTER_FRAME, createflower);

function createflower(event:Event):void {
    var fw:flower = new flower();
    fw.x = mouseX;
    fw.y = mouseY;
    // 将 flower 实例添加到当前时间轴。
    addChild(fw);
    var whichframe:int = Math.random() * 4;
    fw.leaf.gotoAndPlay(whichframe+1);
}
```

图层 1:1

```
var timer:Timer;
timer = new Timer(300);
timer.start();

timer.addEventListener(TimerEvent.TIMER, createflower);
function createflower(timer:TimerEvent):void {
    var fw:flower = new flower();
    fw.x = mouseX;
    fw.y = mouseY;
    // 将 flower 实例添加到当前时间轴。
    addChild(fw);
    var whichframe:int = Math.random() * 4;
    fw.leaf.gotoAndPlay(whichframe+1);
}
```

图11-97　习题 4 的两种实现方式

第12章　组件与代码片断

【学习目标】

- 了解组件参数的功能与应用。
- 了解组件的控制与参数设置。
- 掌握代码片断的应用。
- 掌握动画预设的应用。

为了简化操作步骤和降低制作难度，Flash CC 2015 为用户提供了组件、代码片断和动画预设等工具，使程序设计与软件界面设计分离，提高代码的可复用性。借助这些工具，用户可以方便地实现一些复杂的交互性效果，从而大大拓展了 Flash 的应用领域。

12.1　功能讲解

一、 组件

组件是用来简化交互式动画开发的一门技术，旨在让开发人员重用和共享代码，封装复杂功能，使用户方便而快速地构建功能强大且具有一致外观和行为的应用程序。组件是带参数的影片剪辑，其中所带的预定义参数由用户在创作时进行设置。每个组件还有一组独特的动作脚本方法、属性和事件，也称为 API（应用程序编程接口），使用户在运行 Flash 时能够设置参数和其他选项。

创建一个新的“ActionScript 3.0”文档，选择菜单命令【窗口】/【组件】，打开【组件】面板，如图 12-1 所示。

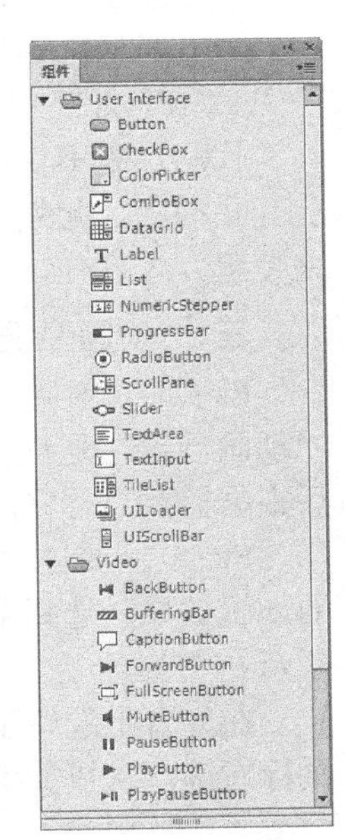

图12-1　组件面板

下面简单介绍“User Interface”文件夹下的几个常用组件。

- Button 组件：按钮。
- CheckBox 组件：复选项，被选中后框中会出现一个复选标记。
- ComboBox 组件：组合框，既可以是静态的，也可以是可编辑的。使用静态组合框，用户可以从下拉列表中做出一项选择。使用可编辑的组合框，用户可以在列表顶部的文本字段中直接输入文本，也可以从下拉列表中选择一项。
- RadioButton 组件：单选项。
- TextArea 组件：带有边框和可选滚动条的多行文本字段，TextInput 组件是单行文本字段。
- ScrollPane 组件：滚动窗格，在一个可滚动的有限区域中显示影片剪辑、JPEG 文件和 SWF 文件。
- Slider 组件：滑块轨道，通过移动端点之间的滑块来选择值。

二、 代码片断

Flash 中包括一个“代码片断”的功能模块。代码片断是指按照 ActionScript 3.0 语法规范编制、能够实现若干常见交互动画功能的程序代码段，例如，实现单击鼠标访问网页、转到并播放帧、播放影片剪辑、使用键盘方向键移动、自定义鼠标光标等交互要求。

每个代码片断都附带简要说明，介绍如何使用这个代码片断以及其中的哪些代码需要修改。使用代码片断迅速为作品添加简单的交互功能，而无需深入了解 ActionScript。同时，代码片断还可以帮助用户了解 ActionScript 3.0 代码的语法标准和构造方式。

要点提示 在很多图书或文章中，“代码片断”也被称为“代码片段”。两者基本可以通用，但前者强调从整体中截取，后者所指的对象相对独立；此外，“片断”还有“断”之意，即表示零碎、不完整。因此，Flash 中将这些截取的零碎代码翻译为“代码片断”，是合理的。

使用“代码片断”需要借助【代码片断】面板来实现。选择菜单命令【窗口】/【代码片断】，打开【代码片断】面板，如图 12-2 所示。其中各个代码片断的含义都通过名称能够清晰地表达出来，在此无需赘述。

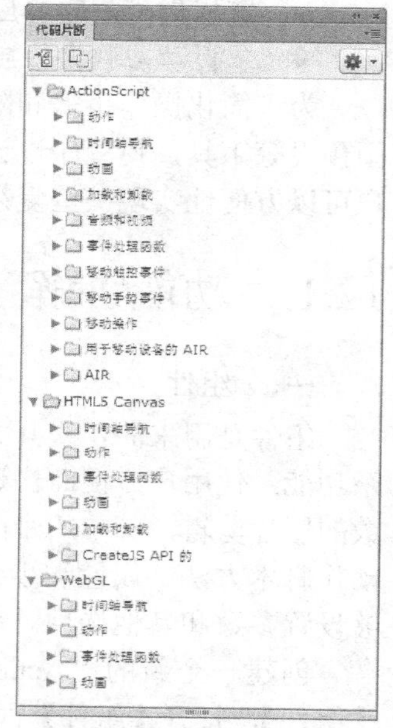

图12-2　【代码片断】面板

具体使用时，需要注意以下几个问题。

- 所有这些附带的代码片断都是 ActionScript 3.0 标准，与 ActionScript 2.0 不兼容。
- 代码片断可应用于任何形状、位图、视频、文本或符号。
- 在应用代码片断时，Flash 会自动将形状转为影片剪辑符号，若未为其指定实例名称，则提供自动生成的实例名称。
- 当应用代码片断时，代码将添加到时间轴中“Actions”图层的当前帧。如果尚未创建该图层，Flash 将在时间轴中自动添加一个“Actions”图层。

代码片断不仅可以单个，也可混合搭配，快速创建复杂的交互式动画。此外，还可以创建和存储自定义片断，以便在未来使用。

三、 动画预设

Flash 中包括一个“动画预设”的功能模块，使用户能够通过最少的步骤来添加动画。“动画预设”是预先配置好的补间动画，可以将它们应用于舞台上的对象，并且可以在应用后根据需要进行修改。

Flash 附带的每个动画预设都包括预览，可以在【动画预设】面板中查看，了解其基本的动画效果。选择菜单命令【窗口】/【动画预设】，可以打开【动画预设】面板，如图 12-3 所示。

在舞台上选中了某个对象后，再从【动画预设】面板中选择需要使用的预设效果，单击鼠标右键，从快捷菜单中选择【在当前位置应用】命令，就可以对选中的对象应用预设。

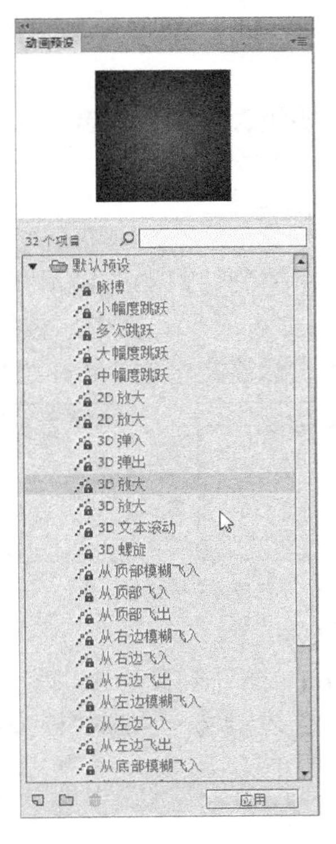

图12-3 【动画预设】面板

具体使用时，需要注意以下几个问题。

- 每个对象只能应用一个预设，如果将第二个预设应用于相同的对象，则第二个预设将替换第一个预设。
- 一旦将预设应用于舞台上的对象后，在时间轴中创建的补间就不再与【动画预设】面板有任何关系。
- 每个动画预设都包含特定数量的帧。在应用预设时，在时间轴中创建的补间范围将包含此数量的帧。如果目标对象已应用了不同长度的补间，补间范围将进行调整，以符合动画预设的长度。但在应用预设后，可以根据需要调整时间轴中补间范围的长度。

此外，还可以创建和存储自定义动画预设，以便在未来使用。

12.2 范例解析

每个 ActionScript 3.0 组件都是基于一个 ActionScript 3.0 类构建的，该类位于一个包文件夹中，其名称格式为“fl.packagename.className”。例如，Button 组件是 Button 类的实例，其包名称为“fl.controls.Button”。将组件导入应用程序中时，必须引用包名称。一般可以用下面的语句导入 Button 类。

```
import fl.controls.Button
```

12.2.1　组件的使用

下面利用一些具体的实例来说明组件和幻灯片演示文稿的应用。

【实例】——按钮与计数：数值增减

在下面的动画示例中，使用按钮控制计数器的显示和有效性；操作计数器的按钮，能够改变下面标签上显示的数值，如图 12-4 所示。其中，按钮使用 Button 组件创建，计数器使用 NumericStepper 组件创建，下面的标签文字由 Label 组件创建。

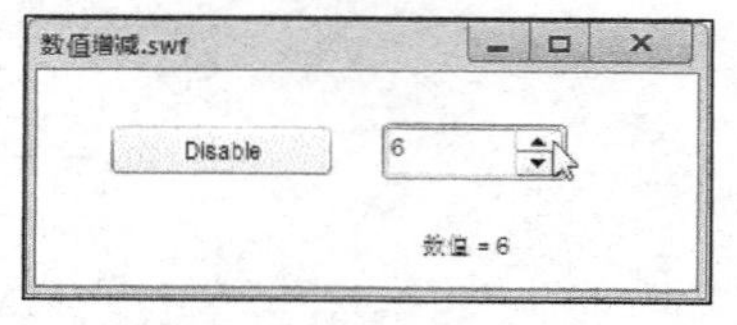

图12-4　按钮与计数器

1. 新建一个“ActionScript 3.0”文档。
2. 从【组件】面板中拖动“Button”组件到舞台上，定义实例名称为“aButton”。
3. 在【组件参数】中设置【Label】参数为“Show”，如图 12-5 所示。

图12-5　设置组件属性

4. 再拖动一个“NumberStepper”组件到舞台上，在【属性】面板中设置其实例名称为“aNs”，如图 12-6 所示，其余属性不变。

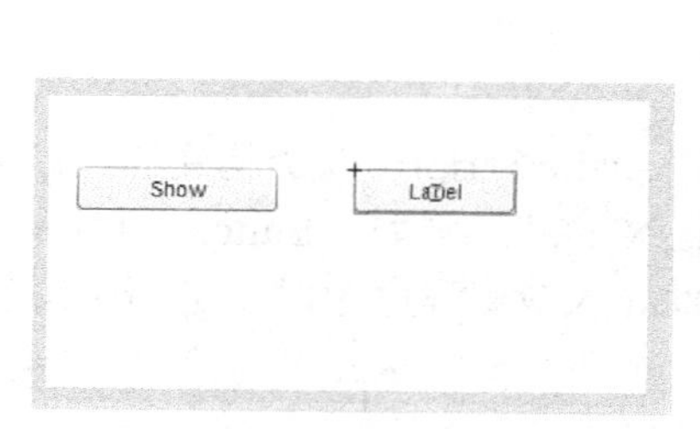

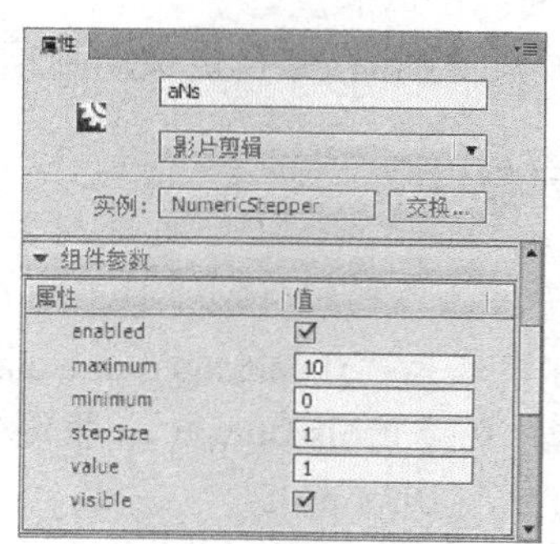

图12-6　设置“NumberStepper”组件属性

5. 再拖动一个“Label”组件到舞台上，设置其实例名称为“aLabel”，如图 12-7 所示。

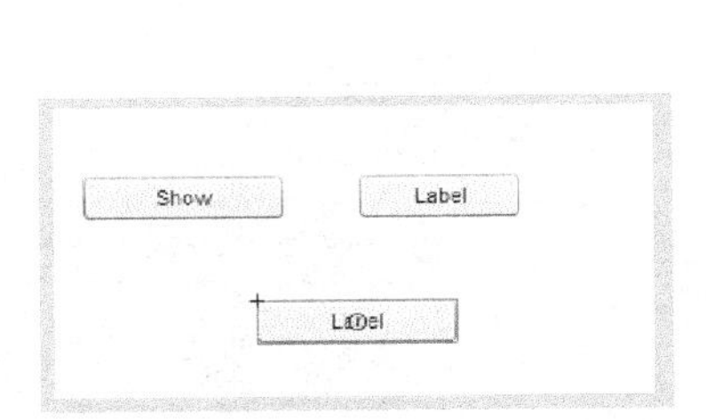

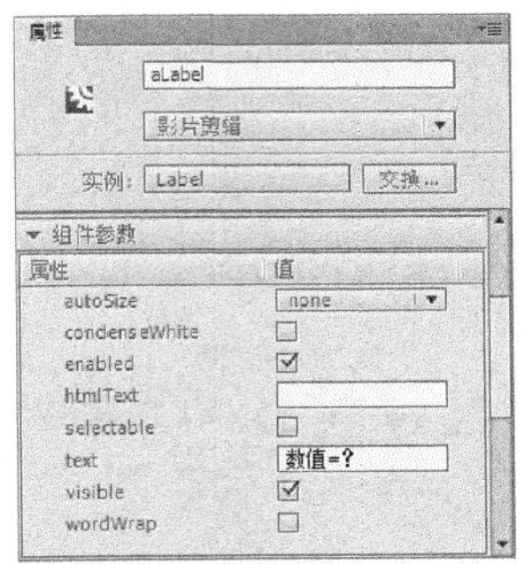

图12-7　设置“Label”组件属性

6. 在【时间轴】面板上选择第 1 帧，打开【动作】面板，输入图 12-8 所示的代码，以关联各个组件之间的动作关系。

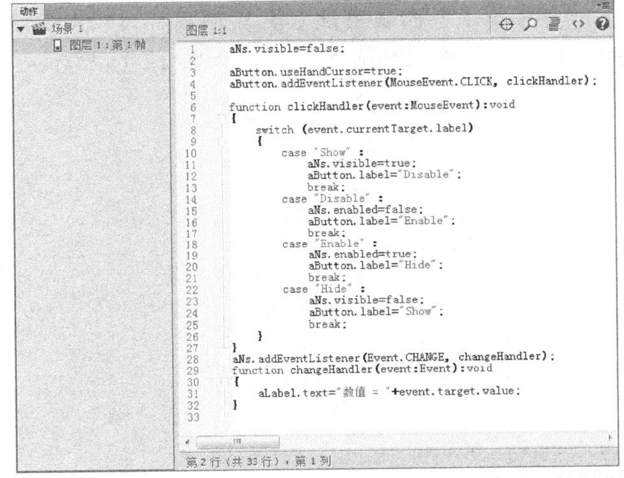

主要代码说明：

行 1：定义“NumberStepper”组件实例不可见。

行 3：在按钮上使用手形光标。

行 4：侦听鼠标单击事件。

行 6：处理鼠标单击事件的函数。

行 8：根据按钮标签来决定执行语句。

行 10：如果标签的值为“Show。

行 11：设置“NumberStepper”组件实例可见。

行 12：设置按钮的标签文字。

行 13：跳出 switch 结构。

……

行 28：侦听 aNs 数值变化事件。

行 31：设置标签的文本内容。

图12-8　输入动作脚本

7. 测试影片，单击按钮，计数器会在可见、无效、有效、隐藏等状态之间变换，按钮的标签也会改变；改变计数器的数值，下面显示标签的内容也会随之改变。

【实例】——复选与单选：选择判断

在下面的动画示例中，选择复选按钮定义的题目，则下面的单选按钮可有效操作；选择不同选项，在动态文本框中会给出不同的反馈信息，如图 12-9 所示。

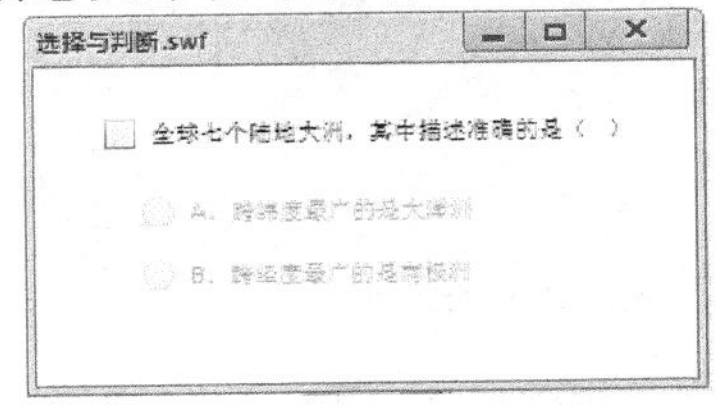

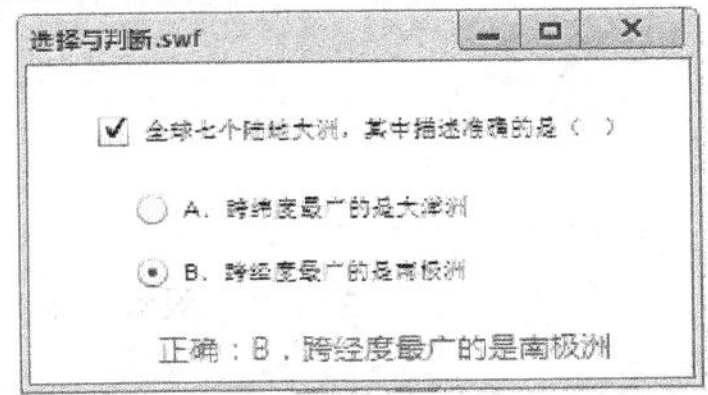

图12-9　复选按钮与单选按钮

1. 新建一个“ActionScript 3.0”文档。
2. 从【组件】面板中拖动“CheckBox”组件到舞台上，定义实例名称为“homeCh”。
3. 在【组件参数】中设置【Label】属性为题目内容，如图 12-10 所示。

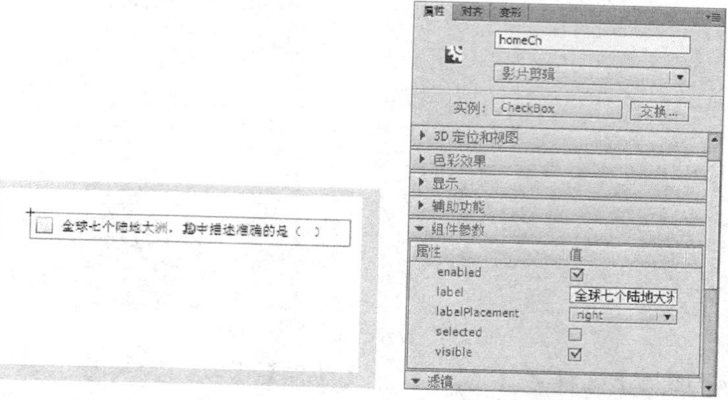

图12-10　设置“CheckBox”组件属性

4. 拖动一个“RadioButton”组件到舞台上，在【属性】面板中设置其实例名称为“Rb1”、【groupName】属性为“rbGroup”、【label】属性为选项的文字内容，如图 12-11 所示。

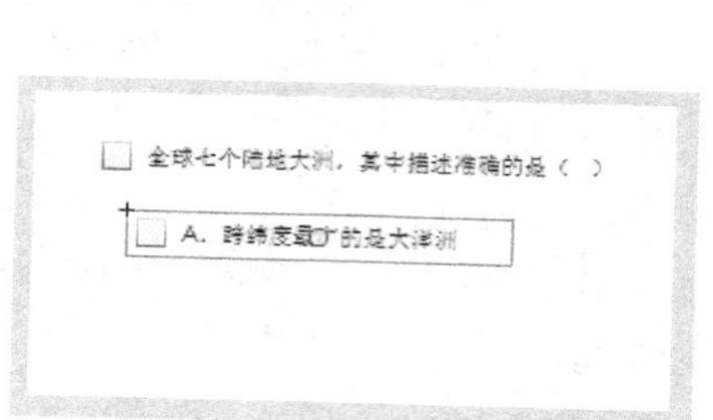

图12-11　设置“RadioButton”组件属性

5. 再拖动一个“RadioButton”组件到舞台上，设置其实例名称为“Rb2”、【groupName】属性为“rbGroup”、【label】属性为选项的文字内容，如图 12-12 所示。

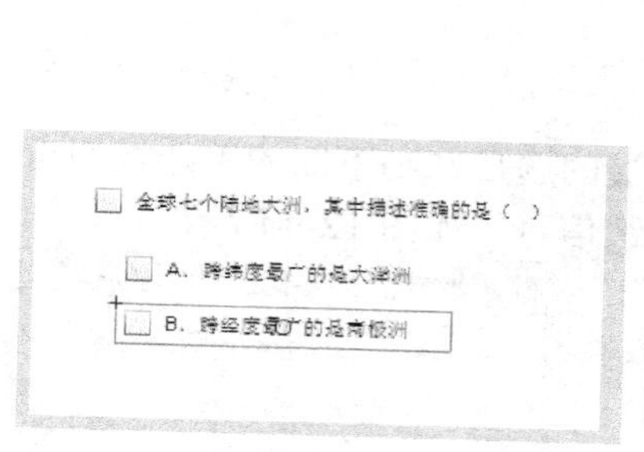

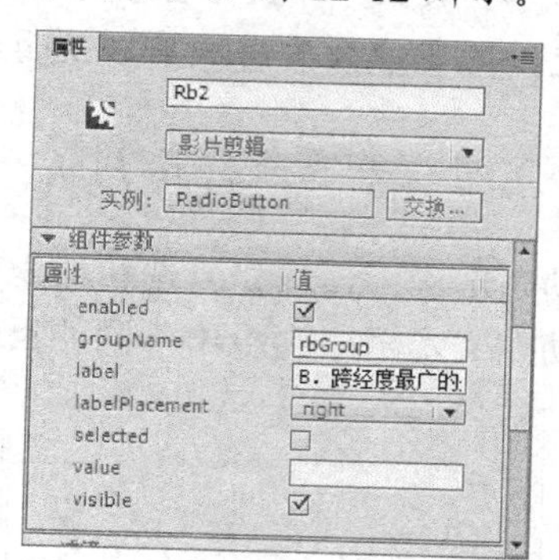

图12-12　设置第 2 个“RadioButton”组件属性

要点提示 两个“RadioButton”实例的【groupName】属性一定要相同，否则系统会认为这是两个不同的选项组，可以同时选择了。

6. 使用文本工具绘制一个动态文本框，如图 12-13 所示，在【属性】面板中设置其实例名称为“info”。

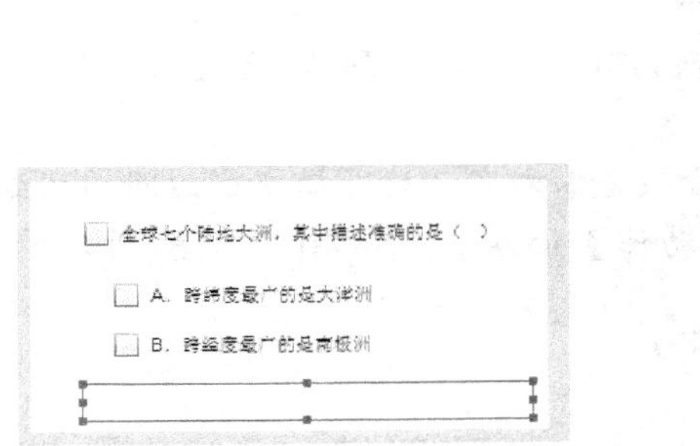

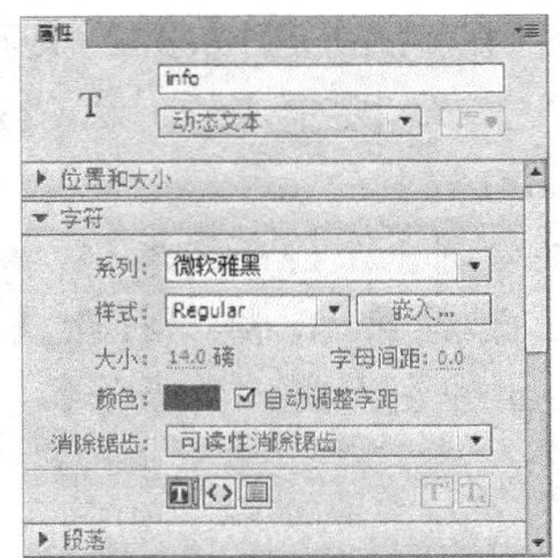

图12-13 绘制一个动态文本框

7. 在时间轴上选择第 1 帧，打开【动作】面板，输入图 12-14 所示的代码，以关联各个组件之间的动作关系。

```
图层 1:1
1   homeCh.addEventListener(MouseEvent.CLICK, clickHandler);
2   Rb1.enabled=false;
3   Rb2.enabled=false;
4
5   function clickHandler(event:MouseEvent):void {
6       Rb1.enabled=event.target.selected;
7       Rb2.enabled=event.target.selected;
8   }
9   Rb1.addEventListener(MouseEvent.CLICK, rbHandler);
10  Rb2.addEventListener(MouseEvent.CLICK, rbHandler);
11  function rbHandler(event:MouseEvent):void {
12      if (Rb1.selected) {
13          info.text="错误："+event.target.label;
14      } else {
15          info.text="正确："+event.target.label;
16      }
17
18  }
第 4 行（共 18 行），第 1 列
```

主要代码说明：

行 1：侦听“CheckBox”组件上的鼠标单击事件。

行 2、3：设置 Rb1、Rb2 无效。

行 5~8：处理“CheckBox”组件上的鼠标单击事件，如果鼠标事件的目标（“CheckBox”组件）被选中，则 Rb1、Rb2 有效；否则无效。

行 8、9：侦听 Rb1、Rb2 上的鼠标单击事件。

行 11~18：处理 Rb1、Rb2 上的鼠标单击事件，如果 Rb1 被选中，则显示错误信息和事件对象的标签内容；否则显示正确信息。

图12-14 创建动作脚本

8. 测试作品，可以看到通过对题目的选择能够控制内容的显示。

【实例】——复合选项：下拉列表

在下面的动画示例中，使用 ComboBox 组件创建一个下拉列表；单击列表框中的某个网站选项，就会打开该网站的页面，如图 12-15 所示。

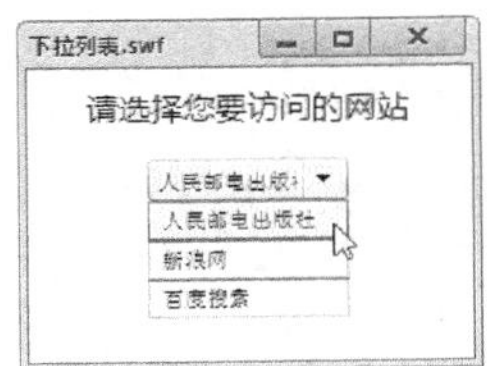

图12-15 下拉列表

1. 创建一个新的“ActionScript 3.0”文档。
2. 从【组件】面板中拖动“ComboBox”组件到舞台上，定义实例名称为“ComboBox1”。
3. 用文本工具绘制一个静态文本框，输入文本内容“请选择您要访问的网站”。
4. 在时间轴上选择第 1 帧，打开【动作】面板，输入图 12-16 所示的代码，以定义 ComboBox 组件发生变化的事件。

图层 1:1

```
1   var web=["人民邮电出版社","新浪网","百度搜索"];
2   var url=["http://www.ptpress.com.cn","http://www.sina.com",
3           "http://www.baidu.com",];
4
5   for (var n=0; n<web.length; n++)
6   {
7       ComboBox1.addItem({label:web[n]});
8   }
9
10  ComboBox1.addEventListener(Event.CHANGE, myComboBox);
11  function myComboBox(evt:Event)
12  {
13      for (var n=0; n<web.length; n++)
14      {
15          if (evt.target.selectedLabel==web[n])
16          {
17              navigateToURL(new URLRequest(url[n]));
18          }
19      }
20  }
```

第 9 行（共 20 行），第 1 列

主要代码说明：
行 1：定义一个字符串数组。
行 2~4：再定义一个字符串数组。
行 6：用循环语句为 ComboBox 添加项目。
行 10：侦听变化事件。
行 11：处理事件。
行 13：用数组长度作为循环控制值。
行 15：若选择项目的标签与数组值相等。
行 17：跳转到相应网址。

图12-16　添加动作脚本

5. 测试动画，单击某个网站名称，就能够打开网页，浏览网站内容。

12.2.2　代码片断的应用

下面用两个实例说明代码片段的应用方法。

【实例】——翻滚的瓢虫

在下面的作品示例中，一只瓢虫在持续翻滚移动，从窗口右边界滚出后，自动从窗口左侧重新进入，如此循环往复，如图 12-17 所示。

图12-17　翻滚的瓢虫

1. 新建一个“ActionScript 3.0”文档。
2. 创建一个“影片剪辑”类型的元件，名称为“元件 1”。
3. 在“元件 1”中，将附盘文件“素材文件\12\昆虫.png”导入舞台。
4. 回到“场景 1”，将“元件 1”拖动到舞台左侧，如图 12-18 所示。
5. 选择该元件实例，设置其实例名称为“insect”，如图 12-19 所示。

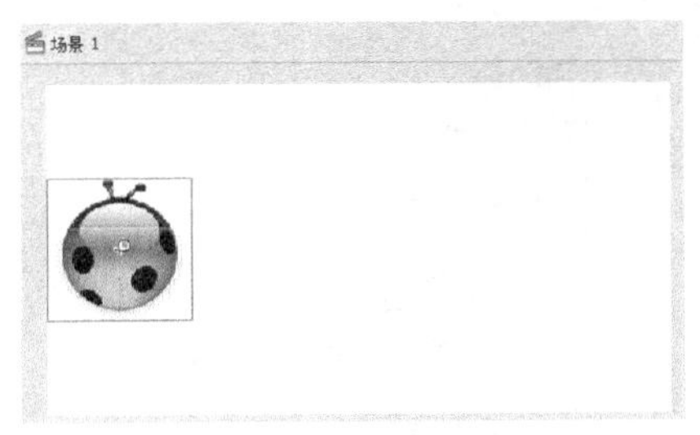

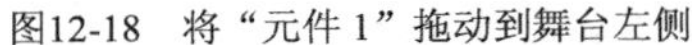
图12-18　将“元件 1”拖动到舞台左侧

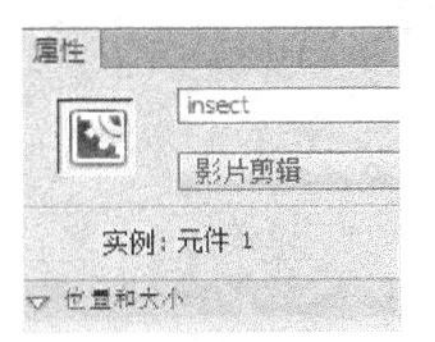

图12-19　设置实例名称

6. 在选中“insect”对象的前提下，在【代码片断】窗口中展开“动画”文件夹，选择其中的“不断旋转”选项；用鼠标右键单击该项，出现一个快捷菜单，如图 12-20 所示。

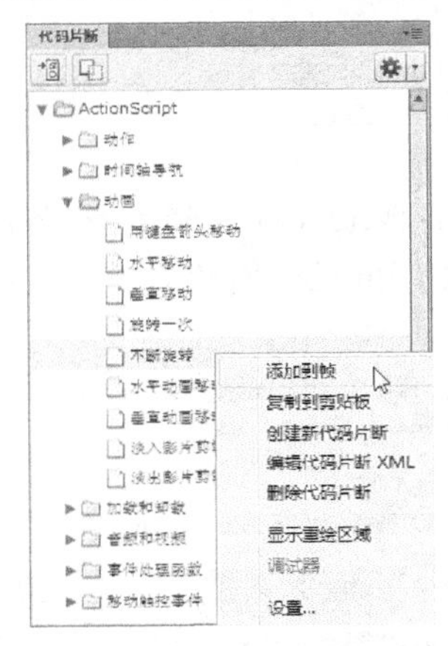

图12-20　代码片断项的快捷菜单

7. 选择【添加到帧】命令，则系统自动在时间轴窗口增加一个新层“Actions”，并自动将该代码片断添加到“Actions”层的第 1 帧中，如图 12-21 所示。

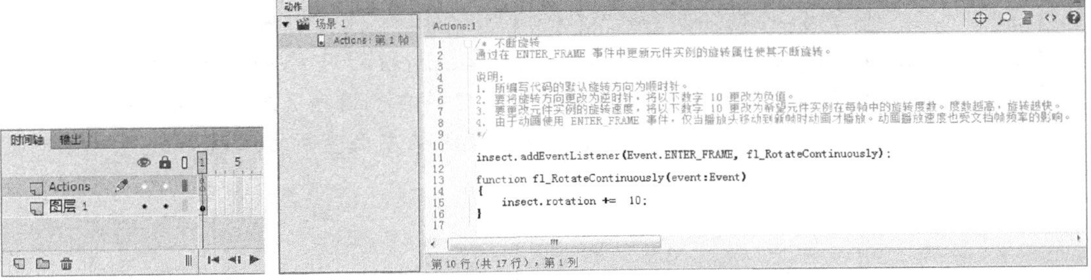

图12-21　系统自动创建一个新层并添加代码片断

要点提示 如果没有选择具体的对象，就会出现一个提醒对话框，如图 12-22 所示。

8. 现在测试一下作品，可以看到瓢虫在原地不断旋转，但这还没有达到作品要求。
9. 重新选中“insect”对象，在【代码片断】窗口中展开“动画”文件夹，选择其中的“水平动画移动”选项，并打开其右键快捷菜单，如图 12-23 所示。
10. 选择【添加到帧】命令，则系统自动将该代码片断添加到“Actions”层的第 1 帧中，如图 12-24 所示。

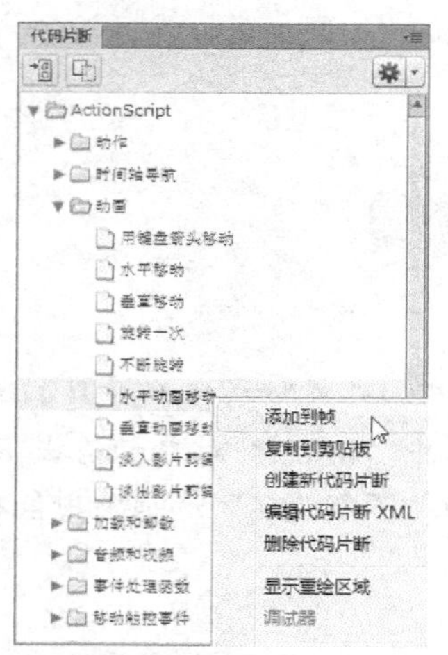

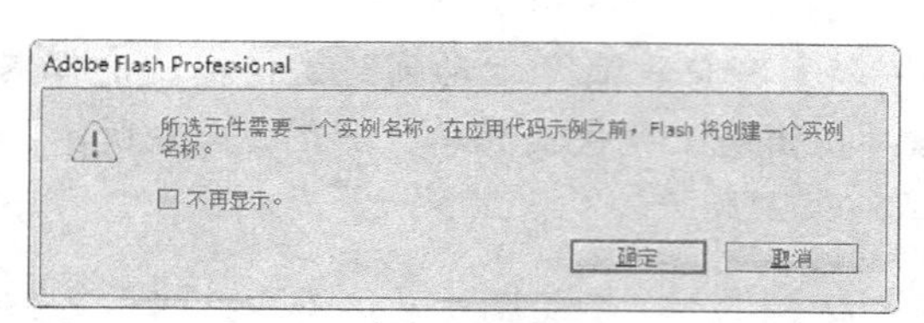

图12-22　提醒对话框

图12-23　选择其中的“水平动画移动”选项

11. 测试作品，可见瓢虫已经能够翻滚着从左到右移动了。但是还有一个不足：瓢虫从窗口右侧出去后，没有从窗口左侧出现，因此无法实现循环滚动。

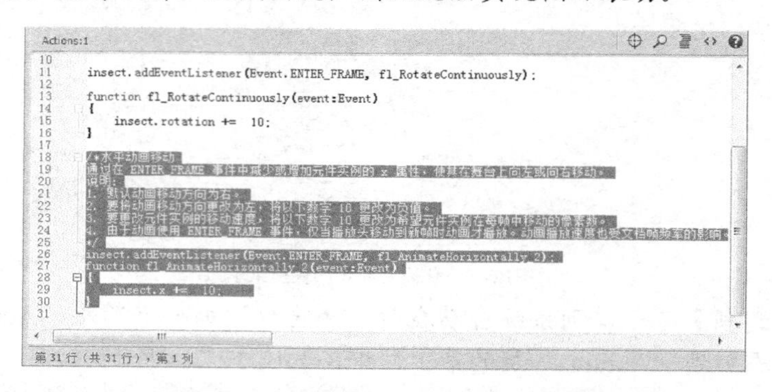

图12-24　将“水平移动”代码片断添加到“Actions”层的第 1 帧中

12. 在函数“function fl_AnimateHorizontally_2(event:Event)”中添加一段代码，如图 12-25 所示，判断：若瓢虫实例的 x 属性超过舞台窗口的右侧边界（本例舞台大小设置为 550 × 300），则定义瓢虫实例的 x 属性为 0，以便使其从左侧重新进入窗口。

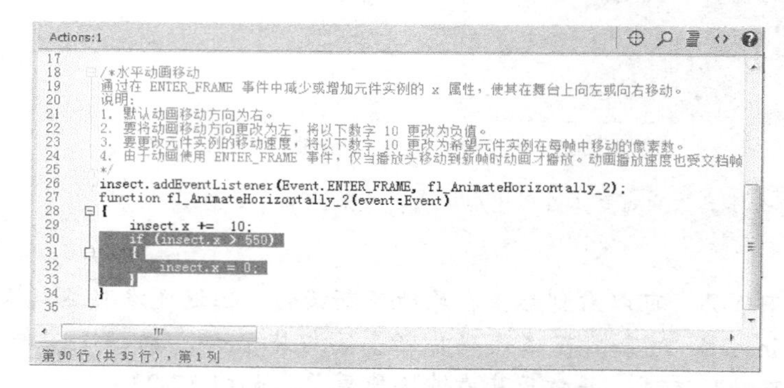

图12-25　用代码控制瓢虫实例的 x 属性

13. 重新测试作品，可见瓢虫在动画窗口中持续翻滚移动，循环往复。

【实例】——自定义代码片断

对于修改后的代码片断，可以将其保存为一个新的自定义代码片断。当然，也可以将自己设计的动作脚本保存为代码片断。

在下面的作品中，首先应用一个代码片断，用键盘方向键控制瓢虫上下左右运动，如图12-26 所示；然后修改其代码，实现对象的自动转向，并且当对象位置超出舞台后会从另一侧重新进入；最后将代码保存为一个新的代码片断。

图12-26　按键控制瓢虫运动

1. 新建一个“ActionScript 3.0”文档。
2. 将附盘文件“素材文件\12\昆虫.png”导入舞台。
3. 选中该瓢虫图片，打开【代码片断】面板，从“动画”文件夹下选中“用键盘箭头移动”选项，如图 12-27 所示。
4. 双击该项，则出现一个提示框，如图 12-28 所示。因为只有影片剪辑元件的实例对象才能够应用代码片断，而上面引入的瓢虫图片并没用被创建为元件，所以这里系统会自动将对象转换为元件并创建实例对象。

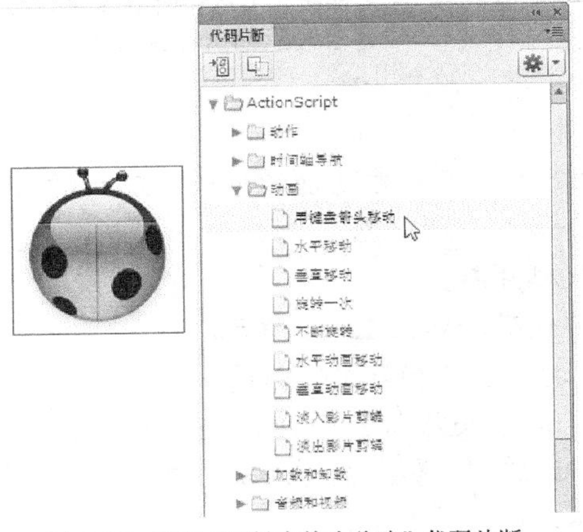

图12-27　选中“用键盘箭头移动”代码片断

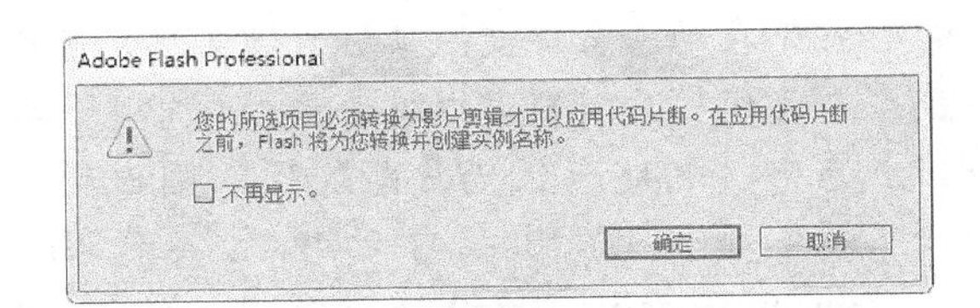

图12-28　提示要将对象转换为元件并创建实例对象

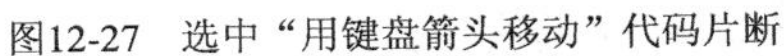

5. 单击 确定 按钮，则系统会自动将对象转换为影片剪辑类型的元件并创建实例对象“movieClip_1”，添加一个“Actions”图层，将代码片断添加到动作窗口，如图 12-29 所示。

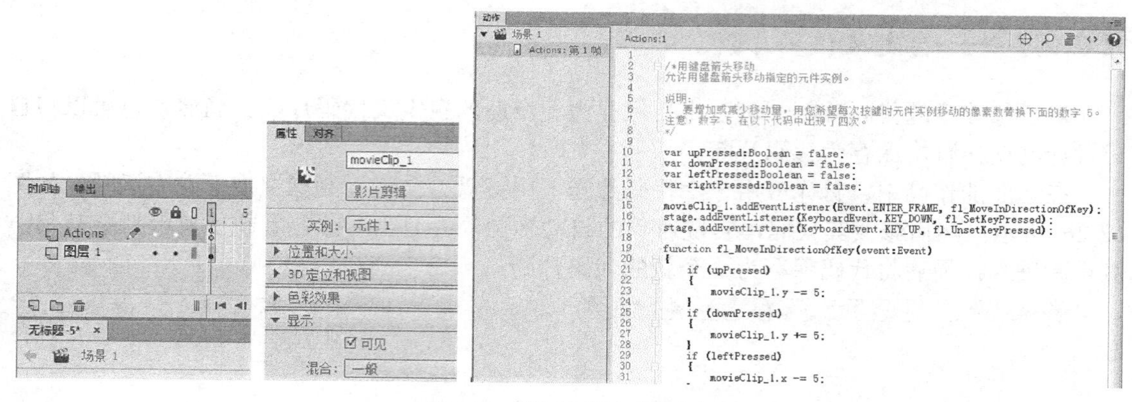

图12-29　代码片断添加到作品中

6. 现在测试作品，可以看到一个交互式动画已经实现，利用键盘上的方向键能够控制瓢虫上下左右移动。但是只能平移，瓢虫的头部不能朝向运动的方向；而且瓢虫移动移出画面，就看不到了。
7. 在代码中，“fl_MoveInDirectionOfKey”函数定义了按键按下后如何变化。修改各按键对应的代码，调整对象旋转角度，判断超出舞台边界该如何处理，如图 12-30 所示。

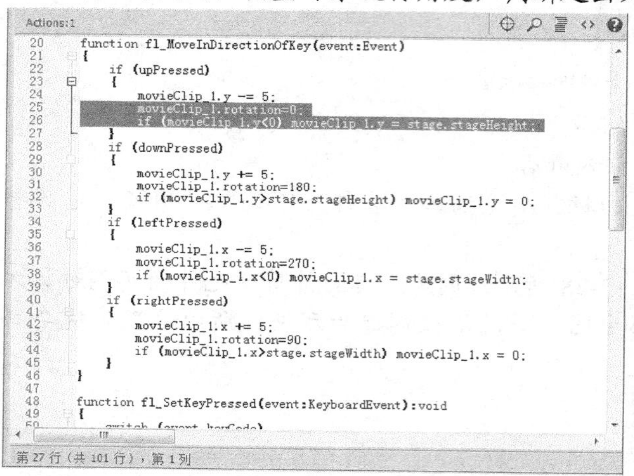

添加代码说明：

行 25：定义对象向上运动时旋转角度为 0。

行 26：判断若对象的 y 坐标小于 0（超出舞台上边界），就让对象的 y 坐标等于舞台高度（舞台的下边界）。

行 31：定义对象向下运动时旋转 180°。

行 32：设置若对象超出舞台下边界，则从舞台上边界出现。

行 37：定义对象向下运动时旋转 270°。

行 38：设置若对象超出舞台左边界，则从舞台右边界出现。

行 43：定义对象向下运动时旋转 90°。

行 44：设置若对象超出舞台右边界，则从舞台左边界出现。

图12-30　添加动作脚本

8. 测试动画，可以看到，在用键盘方向键控制瓢虫上下左右运动的时候，瓢虫的头部会自动转向运动的方向；一旦超出舞台一侧就会从另一侧出现。

   下面来将这个修改好的代码定义为一个新的代码片断。
9. 首先在动作窗口使用鼠标右键菜单，选中全部代码，如图 12-31 所示。
10. 在【代码片断】窗口单击 （选项）按钮，打开其下拉菜单，如图 12-32 所示。
11. 选中“创建新代码片断”项，则出现【创建新代码片断】对话框，输入新代码的标题、简要说明、自动填充其代码，并且选中【应用代码片断时自动替换 instance_name_here】复选项，如图 12-33 所示。

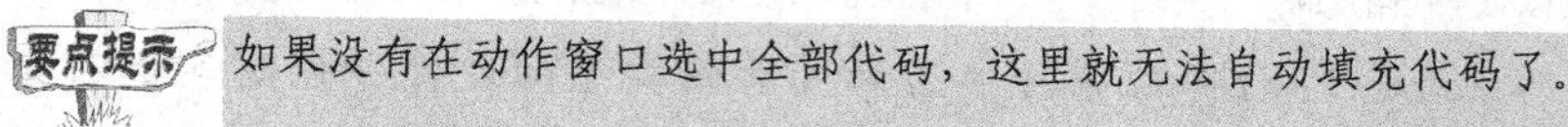

如果没有在动作窗口选中全部代码，这里就无法自动填充代码了。

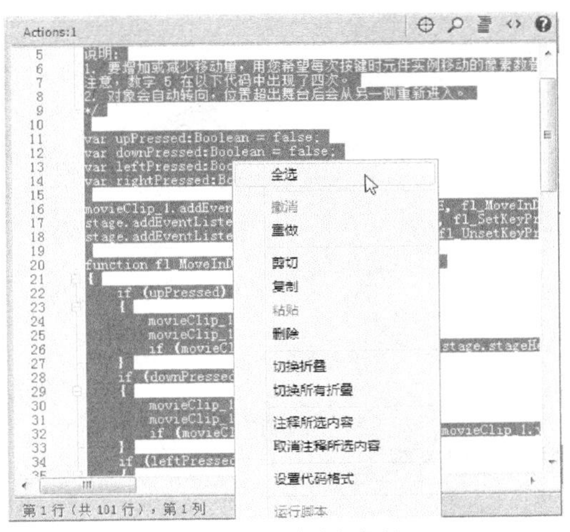

图12-31　选中全部代码

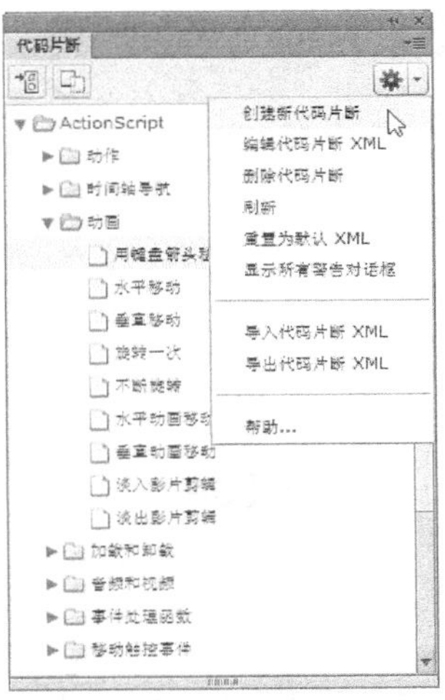

图12-32　打开【选项】下拉菜单

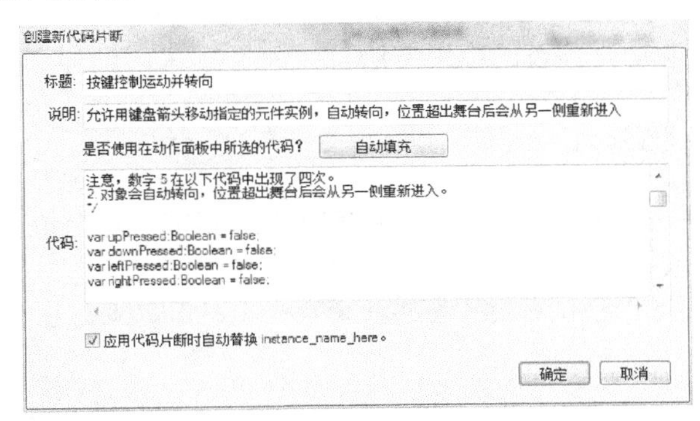

图12-33　为新代码填写标题与说明等

12. 单击 确定 按钮，一个新的代码片断创建完成。在【代码片断】窗口的“自定义”文件夹下能够找到该新建的代码片断，其名称即为上面设置的代码片断标题，如图 12-34 所示。

    下面来测试一下这个自定义的代码片断。

13. 关闭当前动画文件。
14. 新建一个文件，然后在舞台上随意创建一个箭头向上的三角形，如图 12-35 所示。

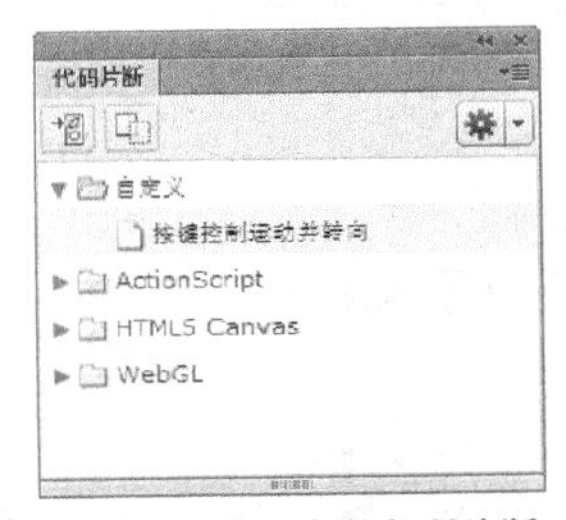

图12-34　自定义的代码片断

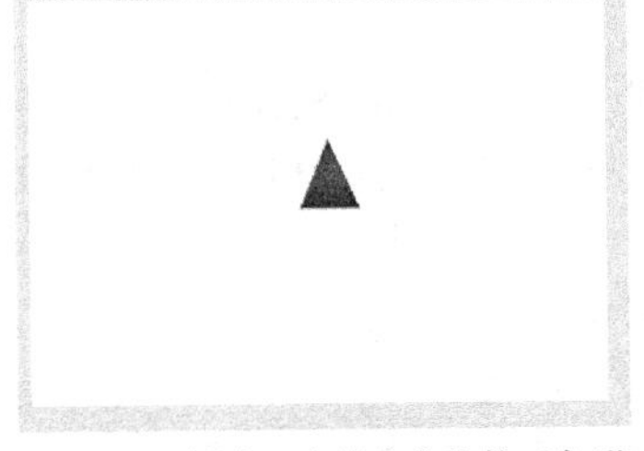

图12-35　创建一个箭头向上的三角形

15. 选择该三角形，对其应用自定义的代码片断。
16. 测试动画，可以看到该三角形对象能够按照自定义的功能，利用方向按键来控制运动、自动转向和越界再入，如图 12-36 所示。

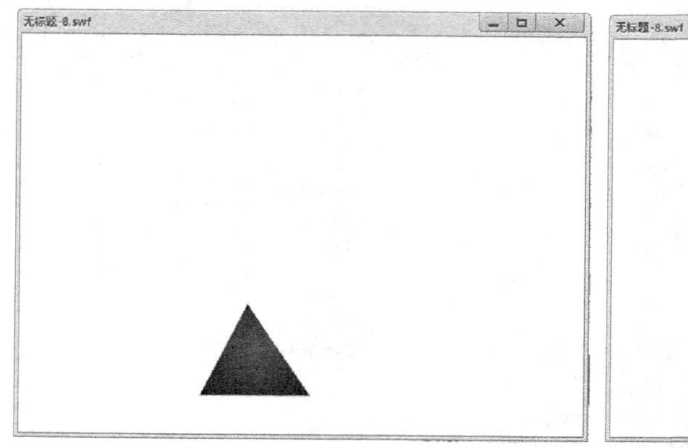

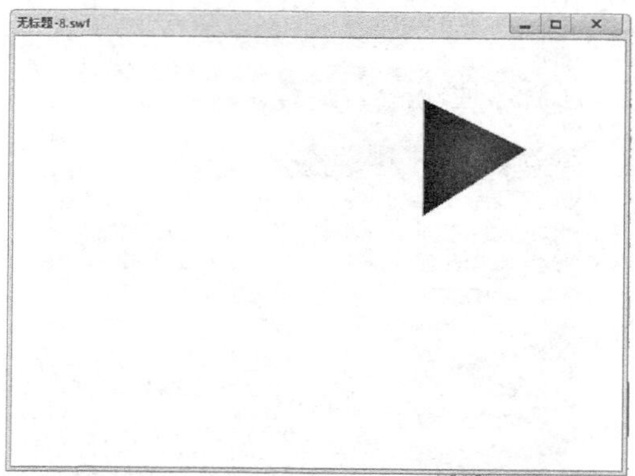

图12-36　三角形对象能够实现自定义的功能

12.2.3　动画预设的应用

下面用两个实例说明动画预设的应用方法。

【实例】——跳跃的机器人

在下面的作品中，一个机器人从窗口右侧模糊飞入到窗口左上角，然后又向右下角跳跃着离开，如图 12-37 所示。

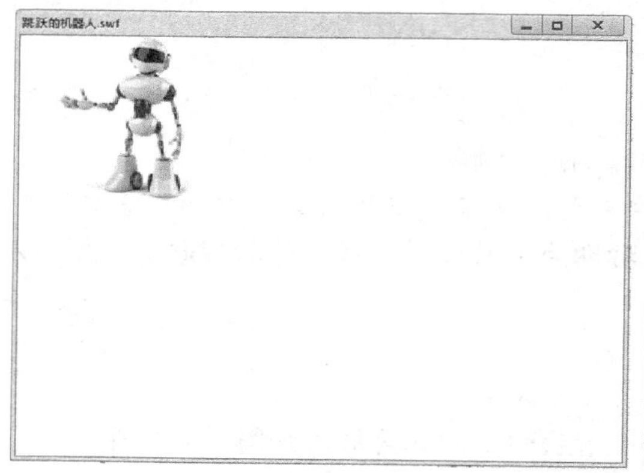

图12-37　跳跃的机器人

1. 新建一个"ActionScript 3.0"文档。
2. 创建一个"影片剪辑"类型的元件，名称为"元件 1"。
3. 在"元件 1"中，将附盘文件"素材文件\12\机器人.jpg"导入舞台，然后关闭元件的编辑窗口。
4. 回到"场景 1"，将"元件 1"拖到舞台右侧，创建一个元件实例。
5. 选择该元件实例，在【动画预设】窗口中展开"默认预设"文件夹，选择其中的"从右边模糊飞入"选项，单击 应用 按钮，则预设的动画效果被应用在选择的对象上，同时作品的时间轴自动被扩展到 15 帧，如图 12-38 所示。
6. 测试作品，可见机器人已经能够用模糊运动的形式从右到左运动了。

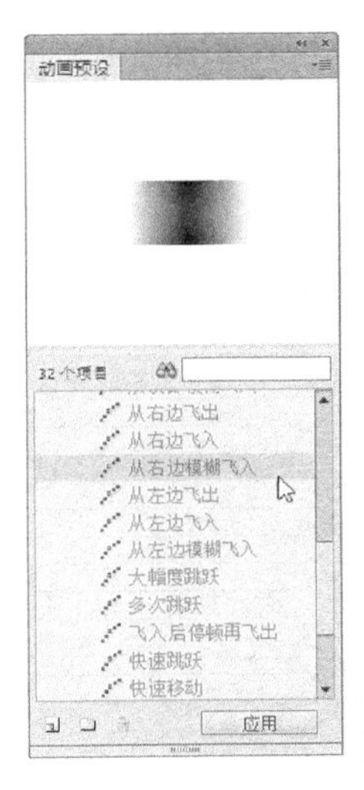

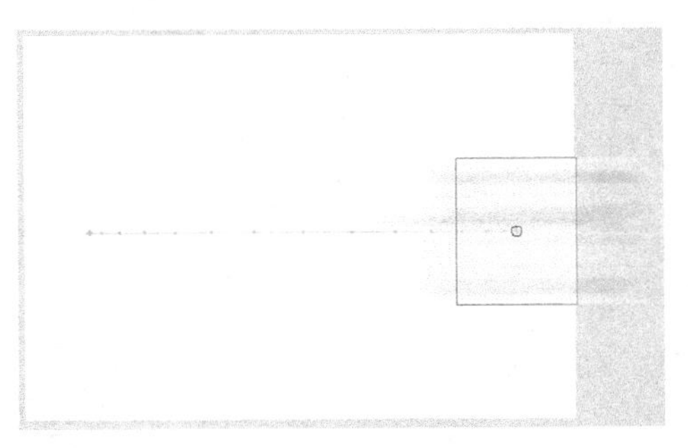

图12-38　预设的动画效果被应用在选择的对象上

7. 选择第 15 帧，移动机器人对象到舞台左上角，如图 12-39 所示。
8. 为了让画面能够稍作停留，将“图层 1”扩展为 40 帧，如图 12-40 所示。

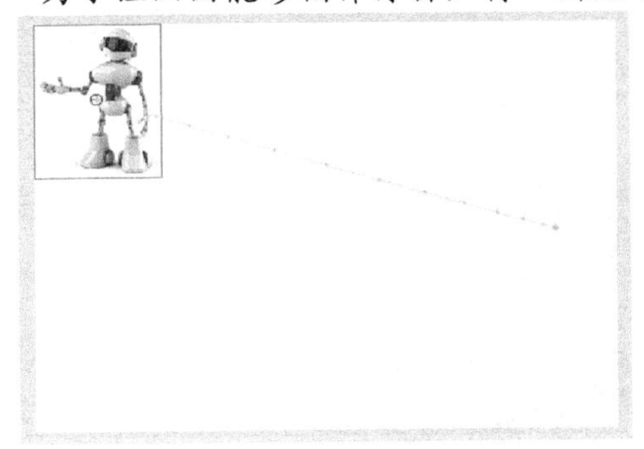

图12-39　在第 15 帧移动机器人对象到舞台左上角

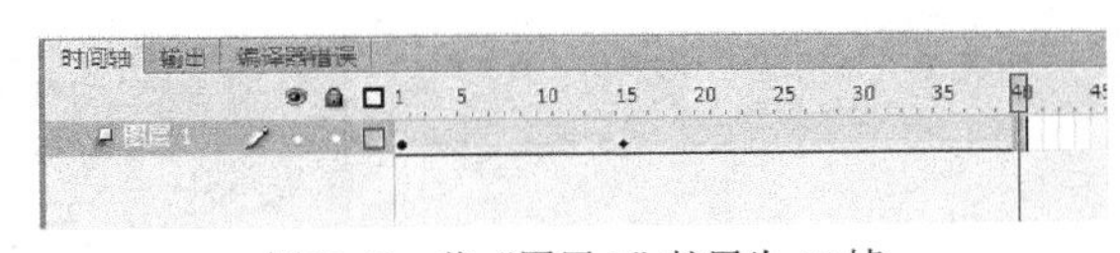

图12-40　将“图层 1”扩展为 40 帧

9. 增加一个图层“图层 2”，在其第 40 帧添加一个关键帧，并将“元件 1”拖入舞台创建一个实例，与舞台左上角对齐，如图 12-41 所示。

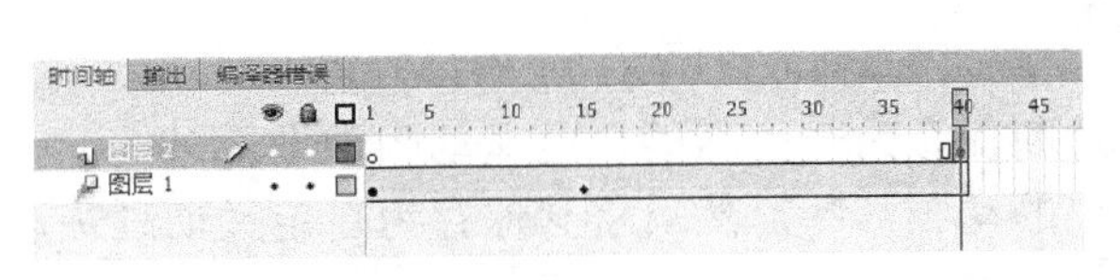

图12-41　增加“图层 2”并添加元件

10. 选中“图层 2”的元件实例，在【动画预设】窗口中展开【默认预设】文件夹，选择其中的“3D 弹出”选项，单击 应用 按钮，则预设的动画效果被应用在选择的对象上，如图 12-42 所示。
11. 可见，这次作品的时间轴再次被自动扩展，如图 12-43 所示。

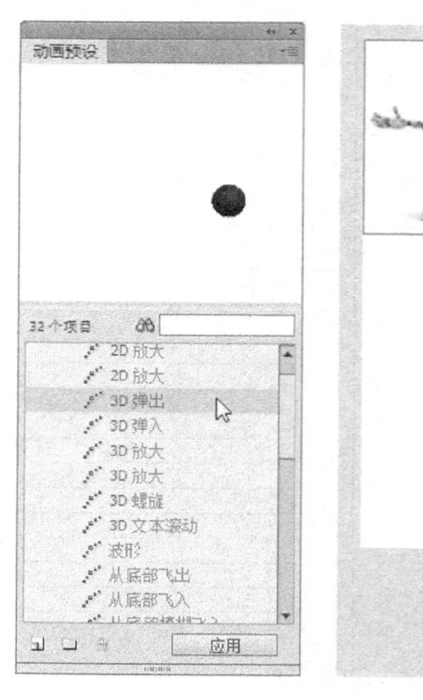

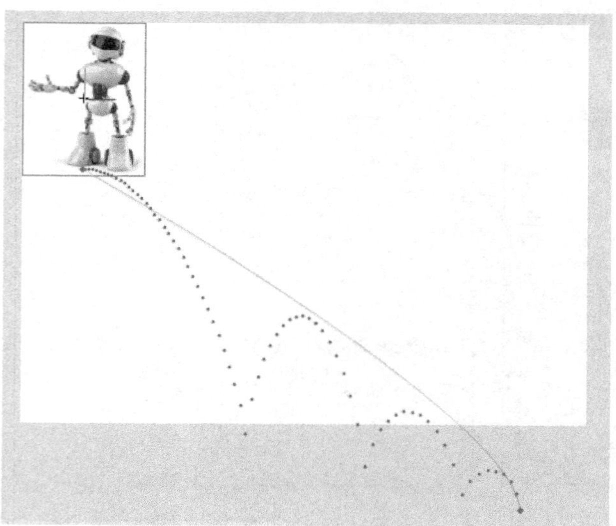

图12-42 应用“3D 弹出”效果

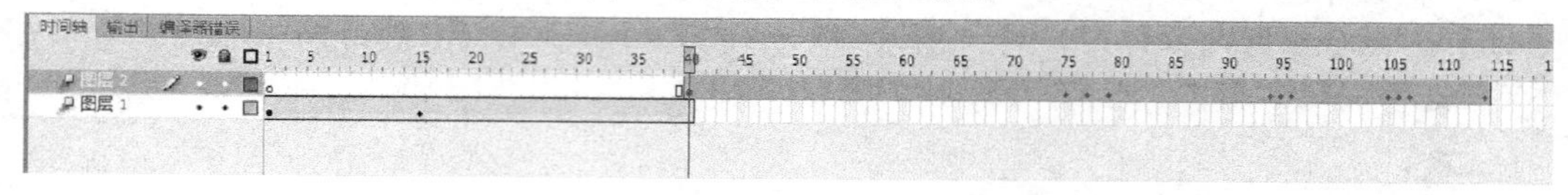

图12-43 时间轴再次被自动扩展

要点提示 如果直接在“图层 1”的对象上应用第二个动画预设，就会出现一个提醒对话框，说明新的应用将替换前面的动画预设，如图 12-44 所示。

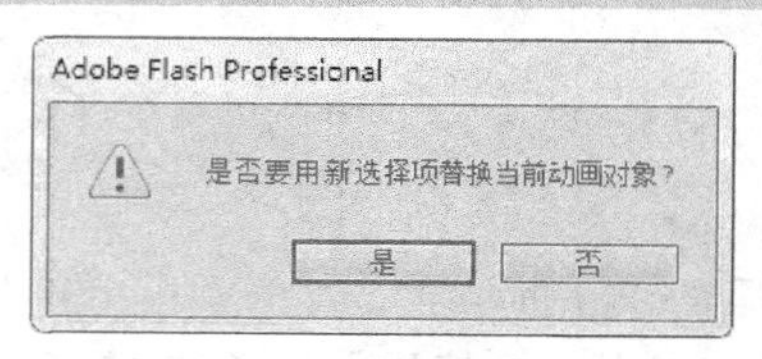

图12-44 提醒对话框

12. 再次测试作品，可见已经完全达到设计要求了。

【实例】——自定义动画预设

用户可以将自己设计的动画片断保存为一个新的自定义动画预设。

下面的作品首先设计一个简单的动画片断，然后将其保存为自定义动画预设，最后在一个新作品中运用该动画预设。

1. 新建一个“ActionScript 3.0”文档。
2. 创建一个“影片剪辑”类型的元件，名称为“元件 1”，在其舞台上绘制一个灰色圆球，如图 12-45 所示。
3. 在“场景 1”中，将新建的元件“元件 1”拖入舞台，创建一个 30 帧的补间动画，让圆球从舞台左上角移动到右下角，如图 12-46 所示。

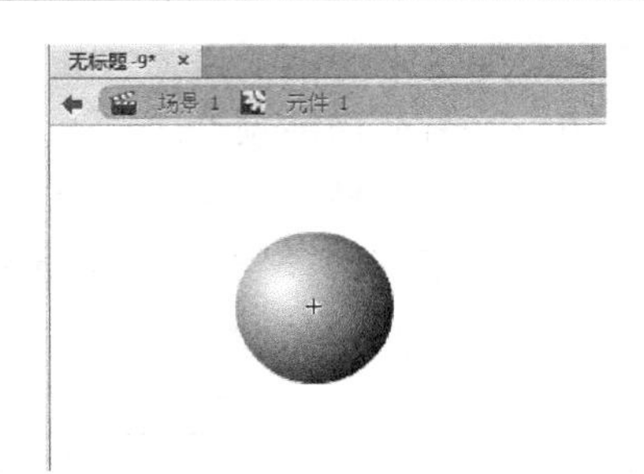

图12-45　绘制一个灰色圆球

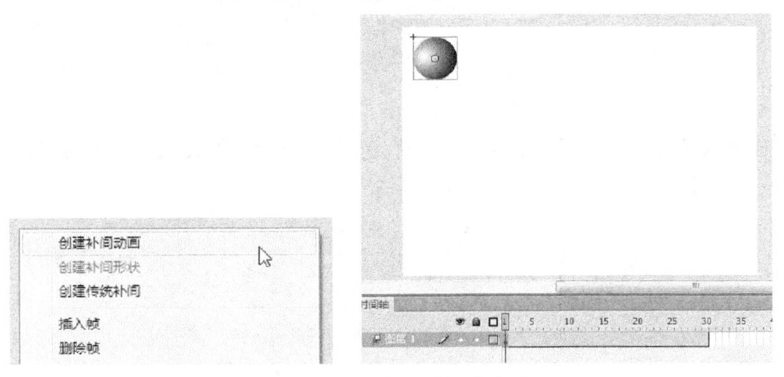

图12-46　创建一个 30 帧的补间动画

要点提示 必须使用“创建补间动画”命令，而不能使用“创建传统补间”命令，否则无法转化为动画预设。

4. 选择第 30 帧，调整圆球的位置，修改其大小、透明度等，如图 12-47 所示。

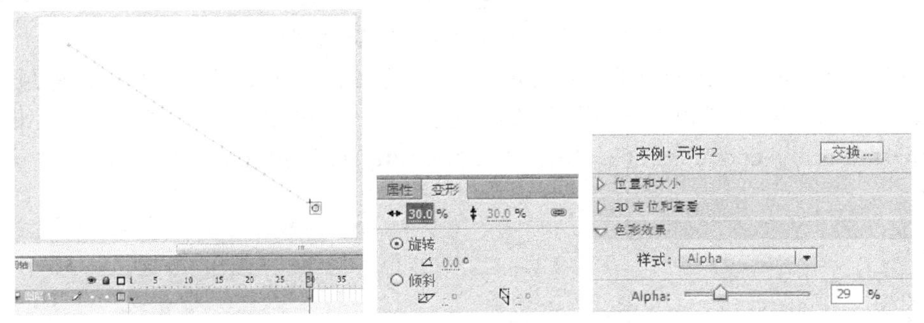

图12-47　调整圆球在第 30 帧的位置、大小、透明度

5. 修改圆球运动路径，如图 12-48 所示。

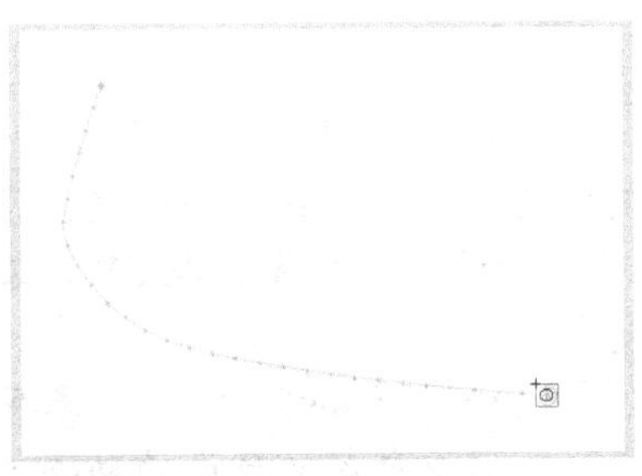

图12-48　修改圆球运动路径

6. 现在测试动画，可见圆球在运动中逐渐变小变浅。

下面来将这个动画片断定义为一个新的动画预设。

7. 在动画片断的时间轴上，选中全部补间动画帧（此处为 1-30 帧）；单击鼠标右键，从弹出的快捷菜单中选择【另存为动画预设】命令，弹出【将预设另存为】对话框，如图 12-49 所示。

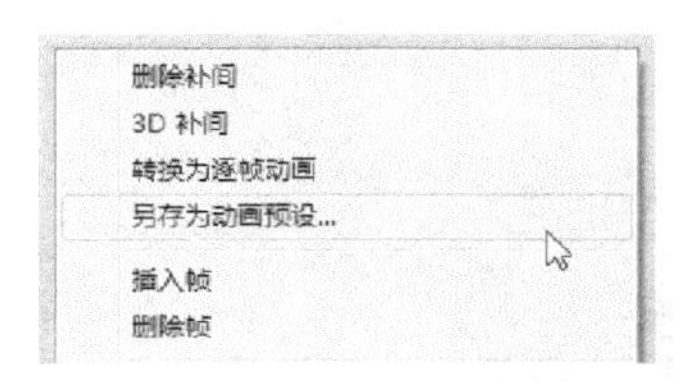

图12-49　【将预设另存为】对话框

8. 在对话框中输入自定义预设的名称，确定后，该预设会出现在【动画预设】面板的“自定义预设”文件夹下，如图 12-50 所示。

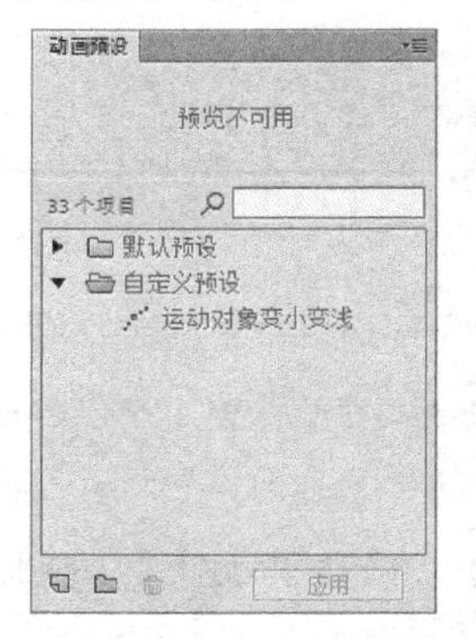

图12-50　预设会出现在“自定义预设”文件夹下

但是这时会发现，无法看到自定义预设的预览效果，这是因为，Flash 将预设保存为 XML 文件。如何解决这个问题呢？这些文件存储在目录“C:\Users\Administrator\AppData\Local\Adobe\Flash CC 2015\zh_CN\Configuration\Motion Presets”中，如图 12-51 所示。

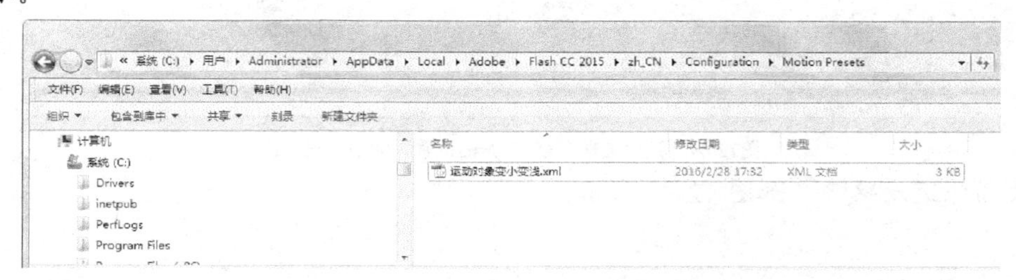

图12-51　自定义动画预设保存的位置

动画预设需要有 SWF 格式的文件，才能够看到预览。可见，该位置没有自定义预设的 SWF 文件。所以，要将自定义预设的动画导出成 SWF 文件，取相同的名字，也放到这个目录中，就可以看到预览了。

9. 将当前动画导出为“运动对象变小变浅.swf”文件，保存到自定义预设的文件夹下，则在【动画预设】面板中就能够看到该自定义预设的动画效果，如图 12-52 所示。

图12-52　预览自定义预设的动画效果

下面来应用这个自定义的动画预设。

10. 新建一个文件。
11. 创建一个元件，导入附盘文件“素材文件\12\snowman.jpg”到舞台中。
12. 将元件拖入动画的舞台上，选中该元件，然后应用【动画预设】/【自定义预设】中的【运动对象变小变浅】选项，则滑雪图片自动具有了自定义的动画效果，如图 12-53 所示。

图12-53　应用自定义的动画预设

12.3　实训

下面再通过一些具体的示例来讲述组件的具体应用。

12.3.1　Slide 组件：滑动条控制

利用 Slide 组件创建一个滑动条，通过拖动滑块，可以实时改变对象的运动位置，效果如图 12-54 所示。

图12-54　滑动条控制

【操作提示】

1. 新建一个"ActionScript 3.0"文档。
2. 创建一个"影片剪辑"类型的元件"滑雪"，然后导入附盘文件"素材文件\12\snowman.jpg"到其舞台上。
3. 将图片对象创建为一个 40 帧的补间动画，如图 12-55 所示。

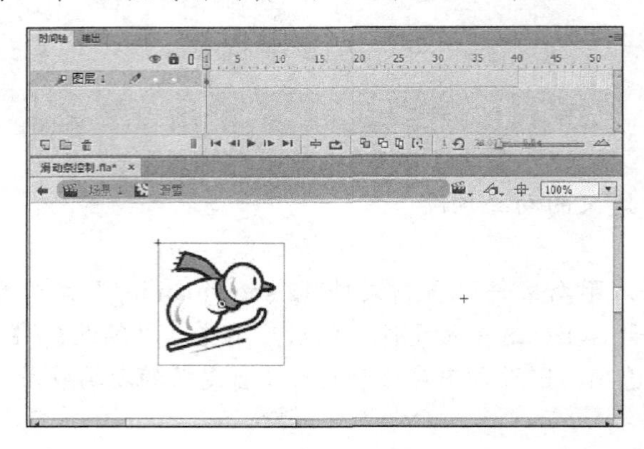

图12-55　创建一个 40 帧的补间动画

4. 为使动画具有较好的表现效果，在第 15、25、40 帧增加关键帧，调整对象的大小、位置，以表现一个有远近大小变化的滑雪动画效果，如图 12-56 所示。

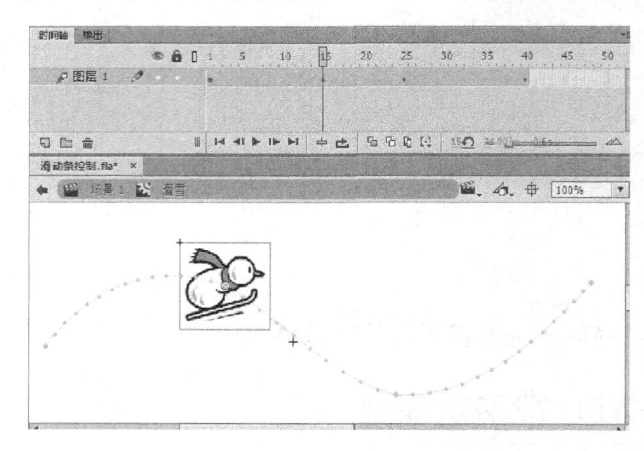

图12-56　有远近大小变化的滑雪动画

5. 返回"场景 1"中，从【库】面板中将元件"滑雪"拖到舞台上，为其实例命名为"snow"。
6. 从【组件】面板中将 Slider 组件拖到舞台上，设置组件实例的名称为"mSlider"，调整其大小和位置，如图 12-57 所示。

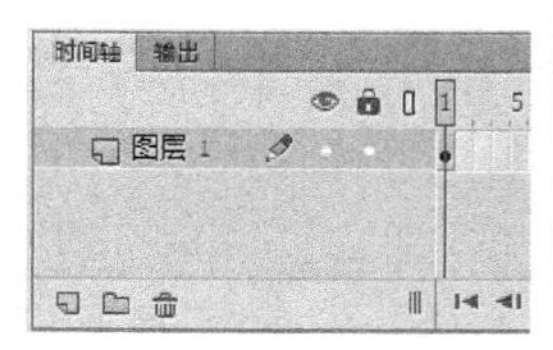

图12-57　设置组件实例的属性

7. 在【组件参数】中设置 Slider 组件实例的【maximum】参数值为“40”,【minimum】参数值为“1”，如图 12-58 所示，这是为了与前面滑雪动画的 40 帧补间动画相对应。

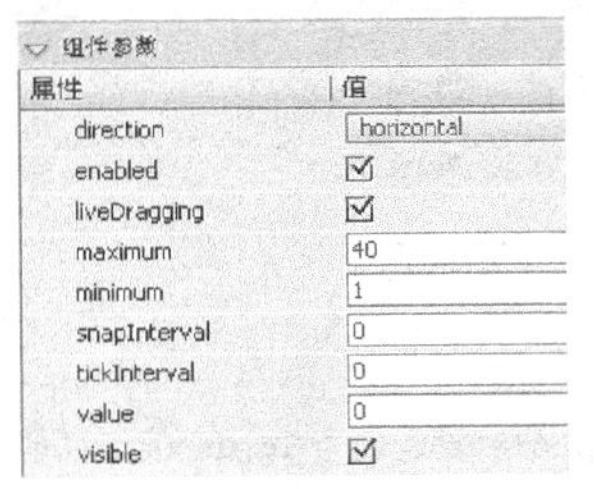

图12-58 设置 Slider 组件实例的最大值

8. 选择“图层 1”的第 1 帧，在【动作】面板中输入脚本，如图 12-59 所示。

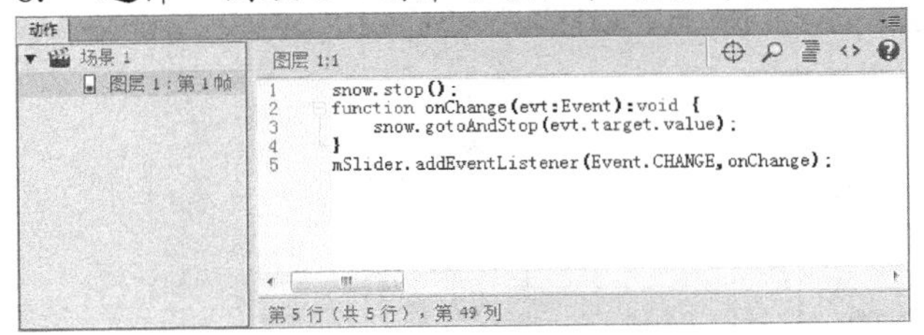

图12-59 输入脚本

行 1 停止补间动画 snow 的自动播放。

行 5 为滑动条增加侦听器函数，函数名为 onChange。

行 2 建立 onChange 函数，处理滑块位置变化的事件。

行 3 获取滑块目标位置值，并让动画 snow 移动到该帧。

9. 测试影片，拖动滑块就可以控制雪人的运动了。

要点提示 添加侦听器函数的语句（本例为第 5 行）放在函数代码的前后位置都可以。例如，本例也可以放在第 2 行，但是一般编程习惯都是放在脚本的最后一行。

12.3.2 TextInput 组件：密码输入

利用 TextInput 可以方便地创建带密显的文本输入框。首先输入密码，然后输入确认密码；单击 确定 按钮后，若两次输入密码完全相同且大于 8 位，则提示密码正确，否则提示错误，效果如图 12-60 所示。

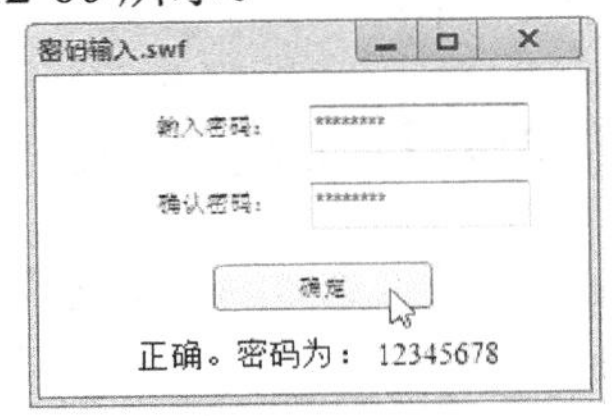

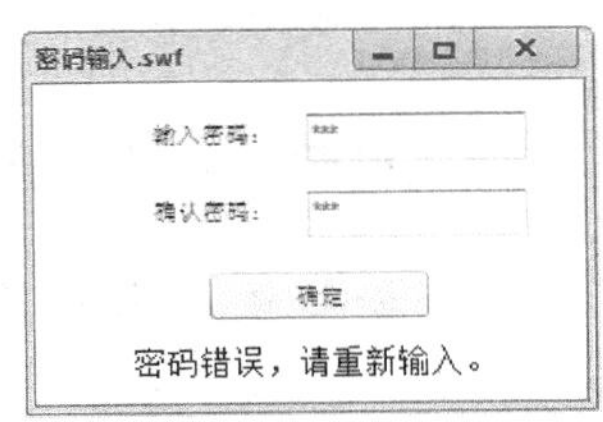

图12-60 密码输入

【操作提示】

1. 新建一个“ActionScript 3.0”文档。
2. 从【组件】面板中拖动两个“Label”组件到舞台上，分别设置其显示内容为“输入密码”和“确认密码”。
3. 在【组件】面板中拖动两个“TextInput”组件到舞台上，分别作为密码文本框和确认文本框，定义实例名称为“pwdTi”和“confirmTi”，设置这两个组件实例的【displayAsPassword】参数为“true”，如图 12-61 所示。

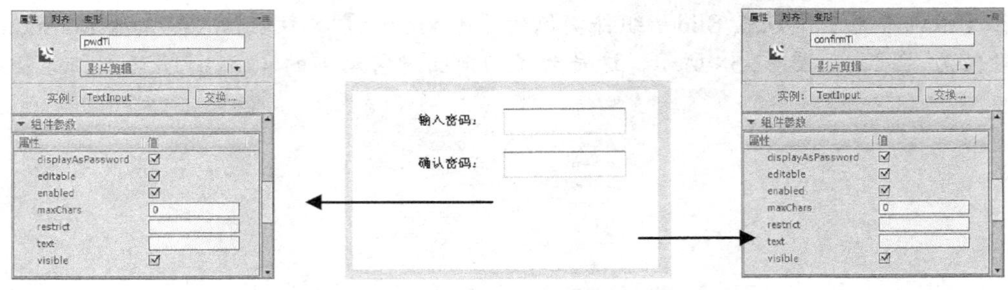

图12-61　设置两个 TextInput 组件的属性

4.　从【组件】面板中拖动“Button”组件到舞台，定义实例名称为“btn”。

5.　用文本工具绘制一个动态文本框，定义其名称为“info”，如图 12-62 所示。

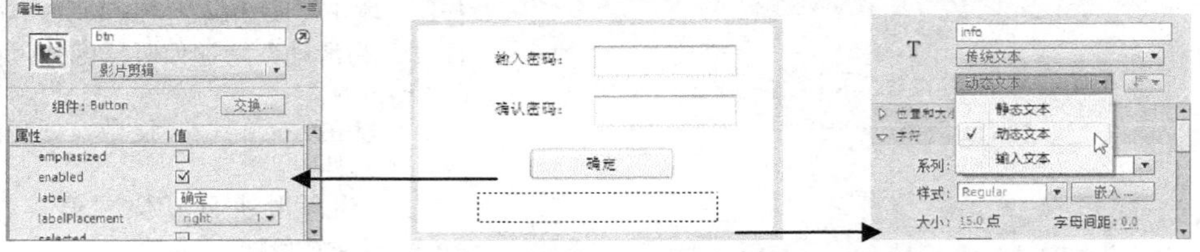

图12-62　创建按钮及动态文本框

6.　选择“图层 1”的第 1 帧，在【动作】面板中输入脚本，如图 12-63 所示。

图层 1:1

```
1 function tiListener(evt_obj:MouseEvent) {
2     if (confirmTi.text!=pwdTi.text||confirmTi.length<8) {
3         info.text="密码错误，请重新输入。";
4     } else {
5         info.text="正确。密码为： " + confirmTi.text;
6     }
7 }
8 btn.addEventListener(MouseEvent.CLICK, tiListener);
```

第 8 行（共 8 行），第 52 列

行 1：建立 tiListener 函数，处理鼠标事件事件。

行 2：条件语句，判断如果确认文本框中的文本内容与密码文本框中的内容不一致，或确认文本框中的文本长度小于 8，则执行第 3 行语句；否则执行第 5 行语句。

行 3、行 5：在动态文本框中显示提示。

行 8：为按钮增加事件侦听器函数，事件为“鼠标点击”，函数名为 tiListener。

图12-63　动作脚本

7.　测试作品，动画就能够正确地检测用户所输入的密码。

12.3.3　代码片断：为翻滚的瓢虫添加淡入淡出效果

在“翻滚的瓢虫”作品基础上，利用代码片断为瓢虫添加淡入淡出、循环往复的效果，如图 12-64 所示。

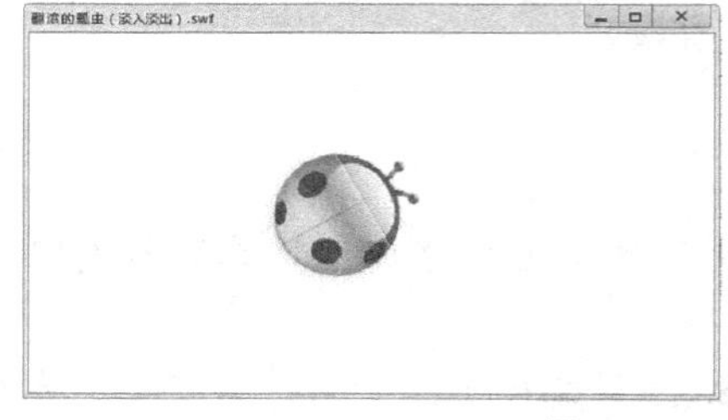

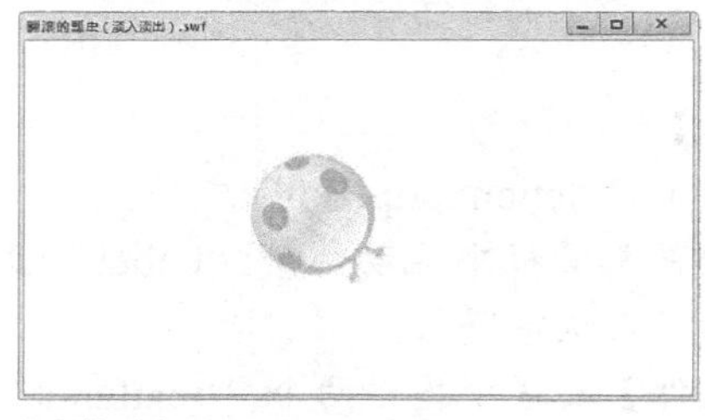

图12-64　淡入淡出的瓢虫

【操作提示】

1.　打开附盘文件“素材文件\12\翻滚的瓢虫.fla”，另存为“翻滚的瓢虫（淡入淡出）.fla”。

2. 在舞台上选中“insect”对象，从【代码片断】窗口的“动画”文件夹中选择“淡入影片剪辑”选项，如图 12-65 所示。

3. 利用右键快捷菜单将其添加到“Actions”层的第 1 帧中，如图 12-66 所示。

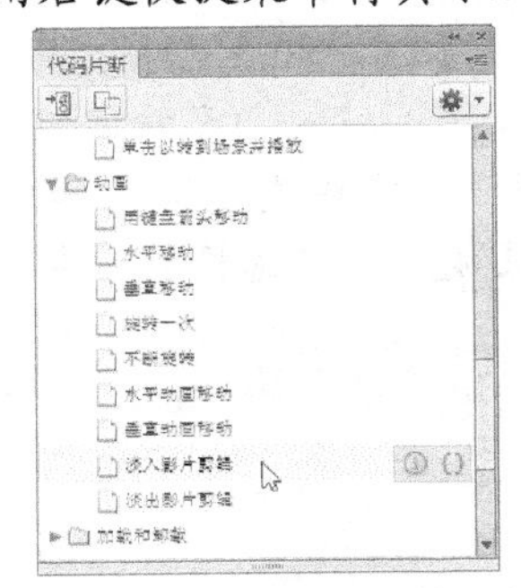

图12-65　选择“淡入影片剪辑”选项

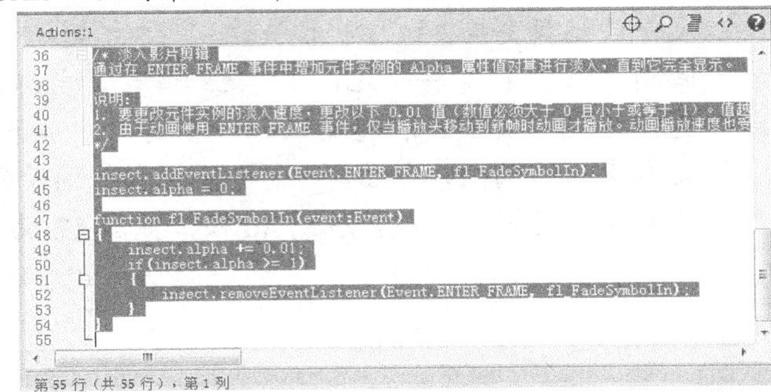

图12-66　将“淡入影片剪辑”代码片断添加到作品中

4. 测试作品，会发现瓢虫只有淡出而没有淡入。这是因为瓢虫对象的透明度设置为 0 后，对象就完全透明，无法观察到了。

5. 为解决上述问题，需要对代码进行修改，如图 12-67 所示。通过添加一个开关变量，设置透明度 alpha 的值在大于等于 1 后开始持续减小，在小于等于 0 后持续增加。

```
36 /* 淡入影片剪辑
37 通过在 ENTER_FRAME 事件中增加元件实例的 Alpha 属性值对其进行淡入，直到它完全显示。
38 说明:
39 1. 要更改元件实例的淡入速度，更改以下 0.01 值（数值必须大于 0 且小于或等于 1）。值越
40 2. 由于动画使用 ENTER_FRAME 事件，仅当播放头移动到新帧时动画才播放。动画播放速度也要
41 */
42 insect.addEventListener(Event.ENTER_FRAME, fl_FadeSymbolOut);
43 insect.alpha = 1;
44 var step:int;
45
46 function fl_FadeSymbolOut(event:Event)
47 {
48     if (insect.alpha >= 1)
49     {
50         step = -1;
51     }
52     if (insect.alpha <= 0)
53     {
54         step = 1;
55     }
56     insect.alpha +=  step / 100;
57 }
58
```

修改代码说明：

行 44：定义一个整型变量 step。

行 48~51：若对象透明度值大于等于 1，设置变量 step 为负值。

行 52~55：若对象透明度值小于等于 0，设置变量 step 为正值。

行 56：对象透明度值与 step 进行和运算。因为透明度值是在 0~1 之间变化，所以应将 step 除以 100 来实现渐变。

图12-67　对淡入代码进行修改

6. 再次测试作品，可以看到已经达到题目的设计要求了。

12.3.4　动画预设：三维文本滚动

在下面的作品中，一段文字从窗口下方以三维角度向上滚动；稍微停留后，慢慢淡出画面，如图 12-68 所示。

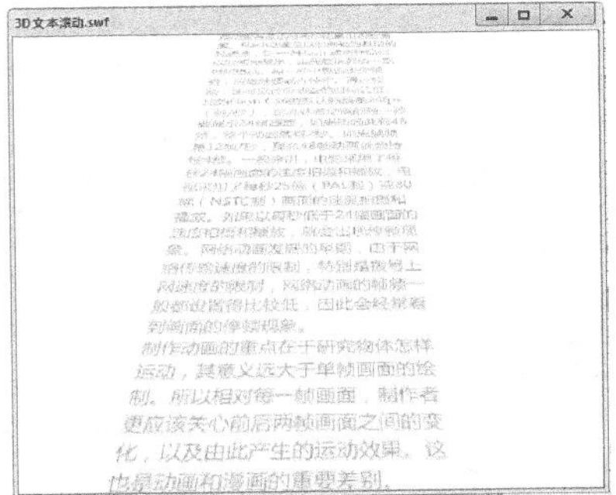

图12-68　三维文本滚动

【操作提示】

1. 新建一个“ActionScript 3.0”文档。
2. 创建一个“影片剪辑”类型的元件，名称为“元件 1”。
3. 在“元件 1”中创建一个长条形的文本（文本内容可以从素材文件中获取），然后关闭元件的编辑窗口。
4. 回到“场景 1”，将“元件 1”拖到舞台，与舞台顶部对齐，创建一个元件实例。
5. 选择该元件实例，在【动画预设】窗口中展开“默认预设”文件夹，选择其中的“3D 文本滚动”选项，单击 应用 按钮，则预设的动画效果被应用在选择的对象上，同时作品的时间轴自动被扩展到 40 帧，如图 12-69 所示。

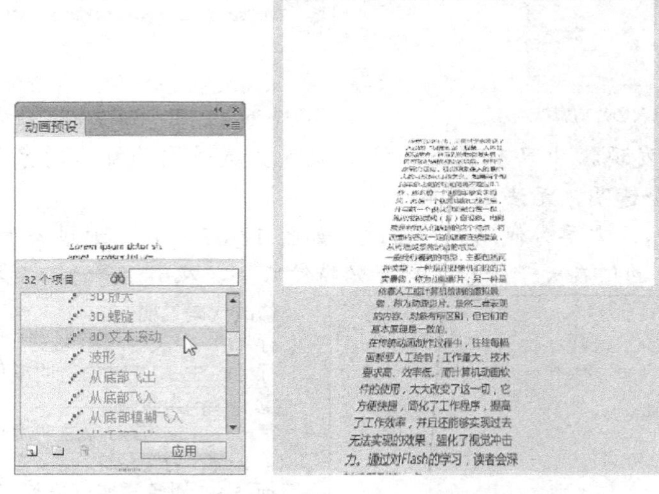

图12-69　预设的动画效果被应用在选择的对象上

6. 测试作品，可见文本已经能够向上做三维运动了，但是在文本的位置、停留时间、淡出等要求上还存在问题。
7. 选择第 40 帧，然后向上拖动文本对象，使其与舞台下边缘对齐，如图 12-70 所示。

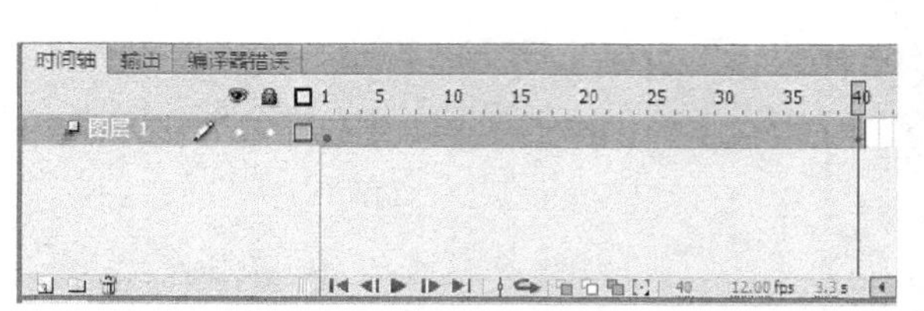

图12-70　在第 40 帧调整对象位置

8. 在第 60 帧、80 帧分别插入关键帧，如图 12-71 所示。

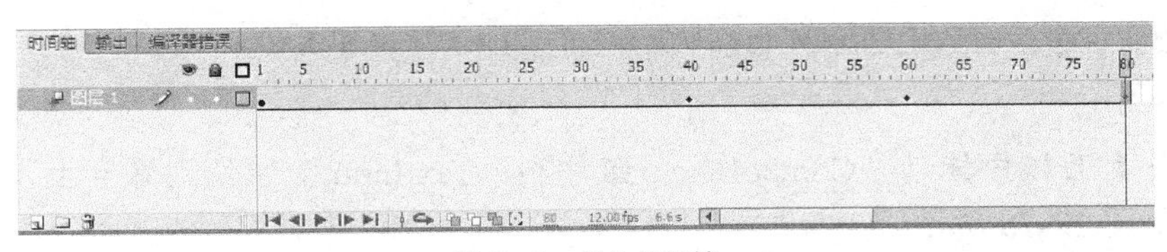

图12-71　插入关键帧

9. 在第 60 帧选择文本对象，在其【属性】面板中设置【色彩效果】的【样式】选项为【Alpha】，值为“100”（不透明），如图 12-72 所示。由于系统默认对象为不透明，这样，从第 40 帧到第 60 帧，文本对象没有任何变化，呈现暂停效果。
10. 在第 80 帧选择文本对象，在其【属性】面板中设置【Alpha】值为“0”，如图 12-73 所示。这样，从第 60 帧到第 80 帧，文本对象逐渐淡出。

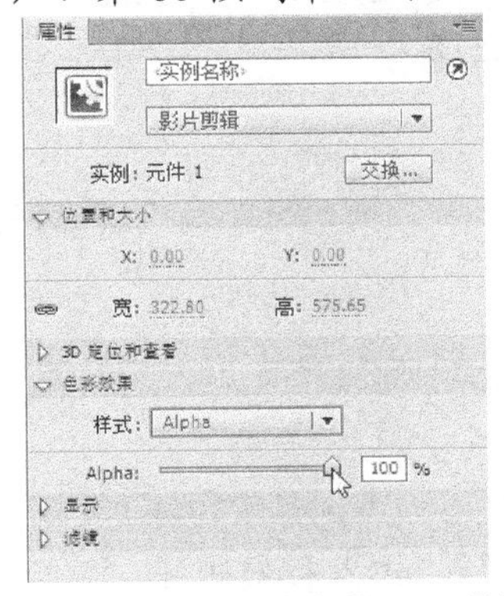

图12-72　第 60 帧文本对象的 Alpha 属性

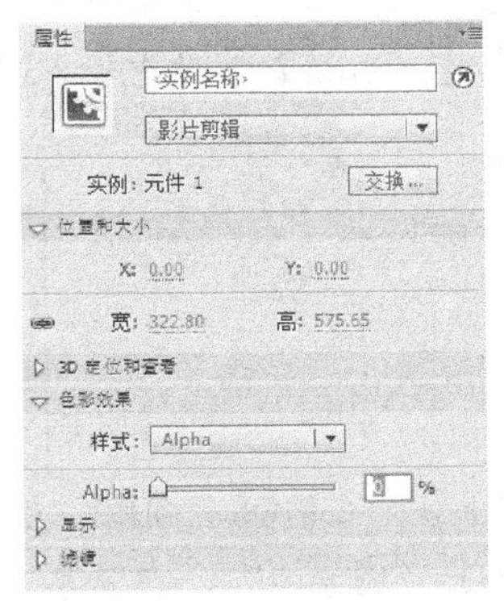

图12-73　第 80 帧文本对象的 Alpha 属性

11. 测试作品，这时的效果就能够达到题目的要求了。

12.4　综合案例——综合素质测试

创建如图 12-74 所示的动画作品，在最左边显示的界面中选择所要进行的测试类型，然后自动跳转到相应的画面，进行各种素质的测试。

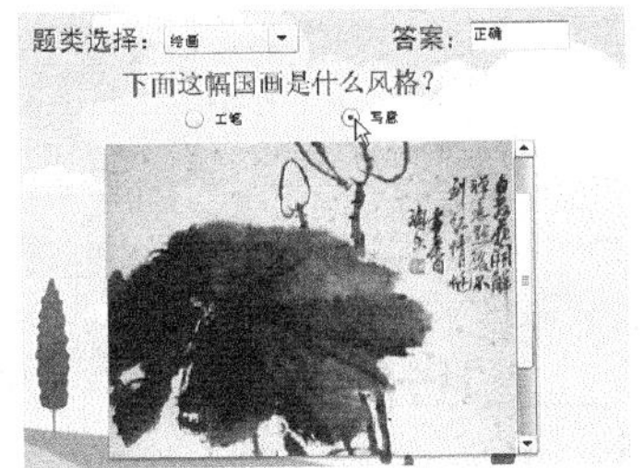

图12-74　综合素质测试

【操作提示】

1. 新建一个 Flash 文档，将附盘文件“素材文件\12\美图.jpg”和“国画.jpg”导入【库】中。
2. 将“美图.jpg”拖入舞台作为背景。
3. 选择第 3 帧按 F5 键，将动画时间轴扩展到 3 帧。
4. 增加“图层 2”，在其第 1 帧的舞台上，使用文本工具创建两个静态文本框，分别输入“题类选择：”和“答案：”，设置字体，并调整其位置。

要点提示 不要把“综合素质测试”这个内容创建在这里。

5. 从【组件】面板中拖动“ComboBox”组件和“TextInput”组件到舞台上，分别为对象命名，如图 12-75 所示。

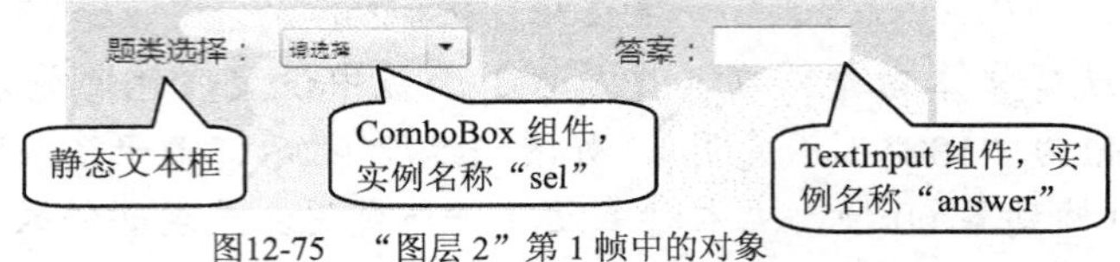

图12-75　“图层 2”第 1 帧中的对象

6. 选择舞台上的 ComboBox 组件实例，打开【组件参数】卷展栏，单击【dataProvider】参数的数值栏，打开对应的【值】对话框，设置名称与值，如图 12-76 所示。
7. 在【prompt】参数中输入“请选择”，如图 12-77 所示。

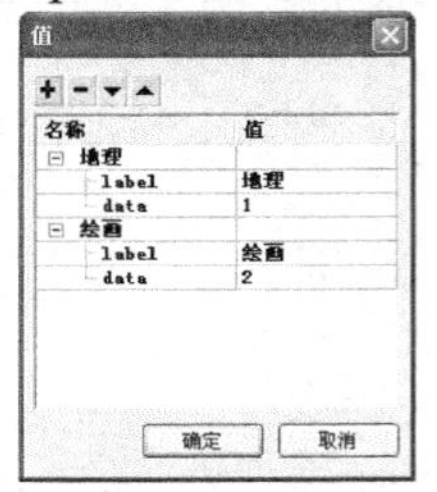

图12-76　“ComboBox”组件的【值】对话框

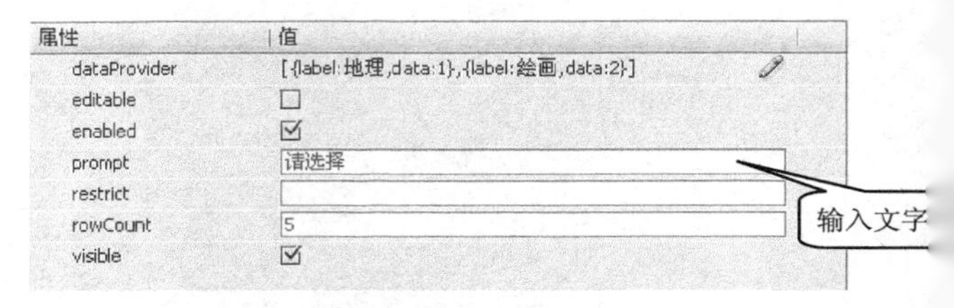

图12-77　设置参数

8. 增加“图层 3”，在其第 1 帧创建 1 个静态文本框，输入标题文字“综合素质测试”，设置字体，并调整其位置。
9. 在其第 2 帧按 F6 键，增加一个关键帧。
10. 绘制一个静态文本框，输入问题内容，然后拖动两个“RadioButton”组件到舞台上，并修改组件参数，如图 12-78 所示。
11. 新建一个“影片剪辑”元件“image”，在【创建新元件】对话框中选择【为 ActionScript 导出(X)】复选项，如图 12-79 所示。

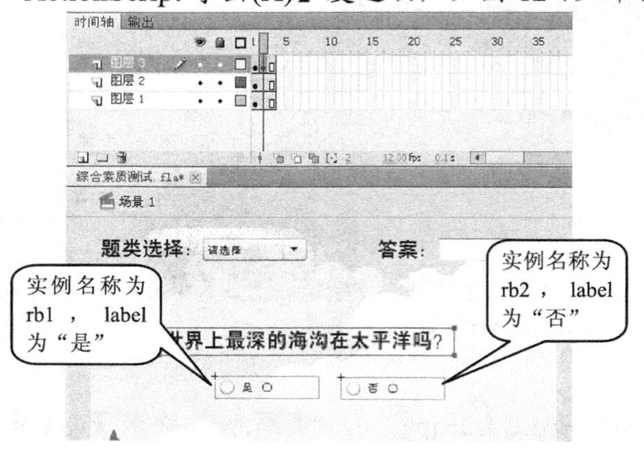

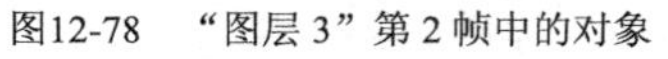

图12-78　“图层 3”第 2 帧中的对象

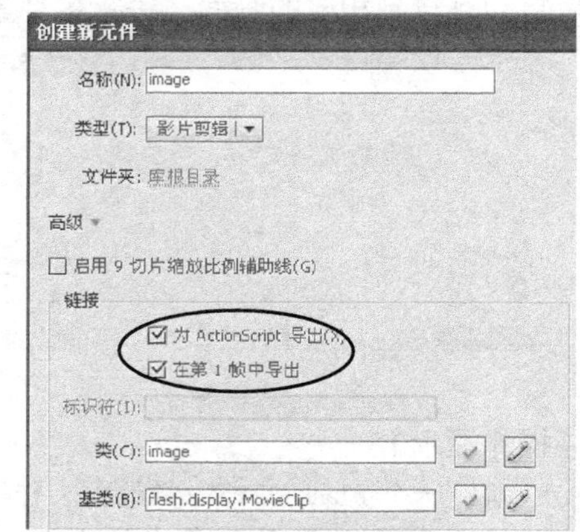

图12-79　设置链接

12. 单击 确定 按钮后会出现一个警告窗口，继续单击 确定 按钮即可进入元件 image 的制作窗口。
13. 从【库】中将“国画.jpg”拖放到舞台，其左上角与舞台中心对齐，如图 12-80 所示。

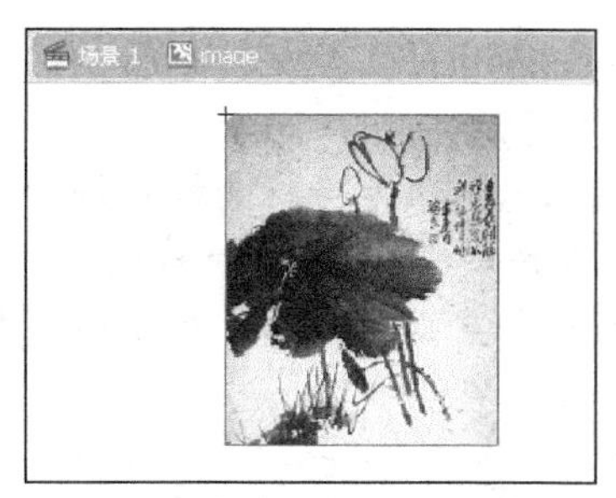

图12-80　创建 image 元件

14. 返回“场景 1”中，在“图层 3”第 3 帧按F6键，增加一个关键帧。
15. 用文本工具创建静态文本框，输入说明文字。
16. 拖动“ScrollPane”组件和两个“RadioButton”组件到舞台上，设置组件对象的相关参数，如图 12-81 所示。
17. 选择 ScrollPane 组件实例，打开【组件参数】卷展栏，设置其【source】参数为“image”，如图 12-82 所示，以此建立与元件 image 的链接。

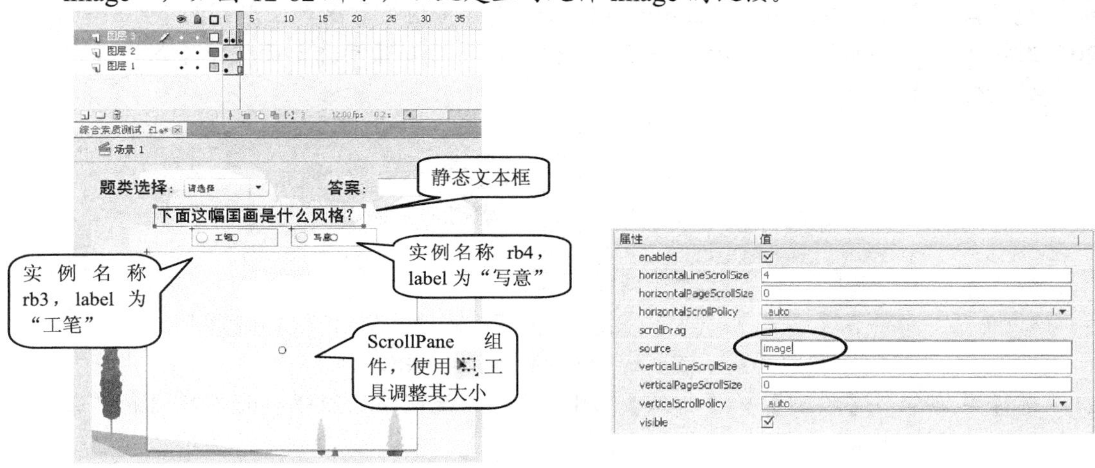

图12-81　“图层 3”第 3 帧中的对象　　　　图12-82　设置参数

18. 增加“图层 4”，并选择其第 1 帧，在【动作】面板中输入图 12-83 所示的脚本。

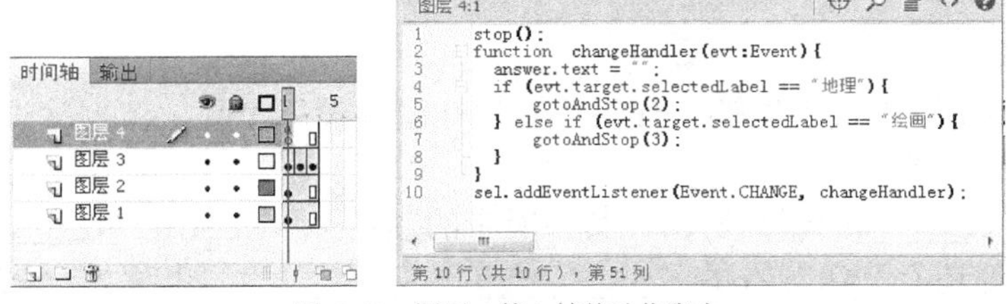

```
1  stop();
2  function changeHandler(evt:Event){
3      answer.text = "";
4      if (evt.target.selectedLabel == "地理"){
5          gotoAndStop(2);
6      } else if (evt.target.selectedLabel == "绘画"){
7          gotoAndStop(3);
8      }
9  }
10 sel.addEventListener(Event.CHANGE, changeHandler);
```


图12-83　图层 4 第 1 帧的动作脚本

代码解释：

- 行 1：停在开始界面，以便进行选择。
- 行 10：为 ComboBox 组件实例对象 sel 定义一个侦听器函数“changeHandler”，一旦实例对象发生变化（用户选择了不同的选项），就调用函数。

- 行 2：创建函数 “changeHandler”。
- 行 3：把答案对应的文本框清空。
- 行 4~行 8：判断如果对象 sel 事件目标的标签是 “地理”，就跳转到第 2 帧；否则如果事件目标的标签是 “绘画”，就跳转到第 3 帧。

19. 选择第 2 帧按 F7 键，增加一个空白关键帧，在【动作】面板中输入图 12-84 所示的动作脚本。

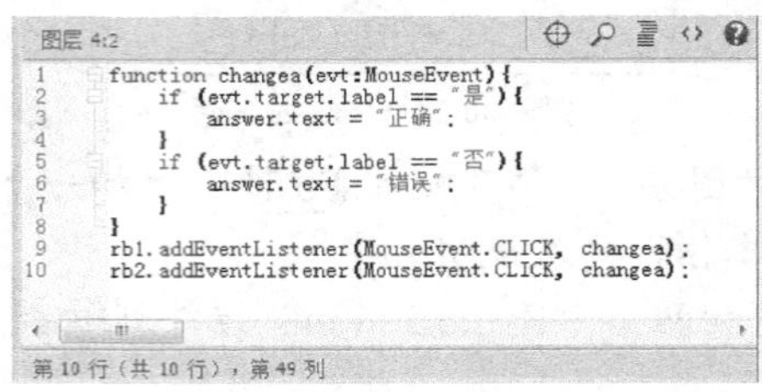

图12-84　图层 4 第 2 帧的动作脚本

这段动作脚本和前面的类似，其中为事件对象指定了相应的类名称 “MouseEvent”，也就是鼠标事件，最后调用 “addEventListener()” 将侦听器函数注册到两个组件实例。

20. 选择第 3 帧按 F7 键，增加一个空白关键帧，然后在【动作】面板中输入图 12-85 所示的动作脚本。

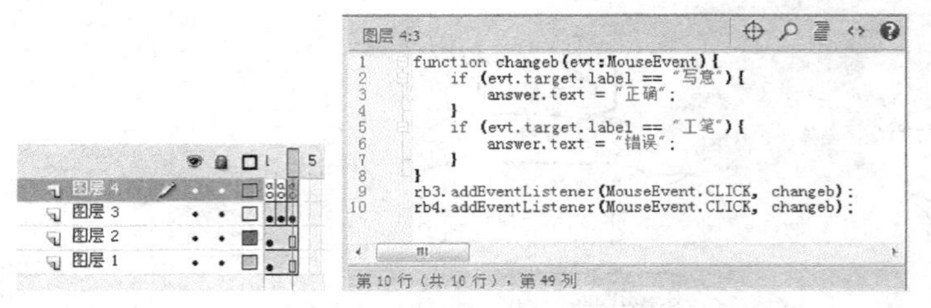

图12-85　图层 4 第 3 帧的动作脚本

21. 选择菜单命令【控制】/【测试】，测试作品，就可以从组合框的下拉列表中选择相应的题目进行测试。

12.5　习题

一、 填空题

(1) Flash 为用户提供了组件、代码片断和动画预设等工具，使程序设计与软件界面设计______，提高代码的___________。

(2) 组件是带______的影片剪辑，其中所带的预定义参数由用户在_____时进行设置。

(3) 每个组件还有一组独特的________________________，也称为 API（应用程序编程接口）。

(4) 代码片断是指按照 ActionScript 3.0 语法规范编制、能够实现______________功能的程序代码段。

(5) 每个代码片断都附带__________。

(6) 代码片断都是______________标准，与 ActionScript 2.0 不兼容。

(7) 在应用代码片断时，Flash 会自动将形状转为___________元件，并指定实例名称。

(8) 当应用代码片断时，代码将添加到时间轴中的“__________”图层。

(9) “动画预设”是预先配置好的__________，可以将它们应用于舞台上的对象。

(10) 每个对象可以应用_______代码片断，但是只能应用_______动画预设。

二、 操作题

(1) 利用组件制作图 12-86 所示的选择判断题，选择答案后单击 确定 按钮，能够给出正误判断。

(2) 使用 List 组件创建一个色彩选择列表，选择某个色彩后，动画就能够用该色彩绘制一个矩形框，并在下面提示选择的内容，如图 12-87 所示。

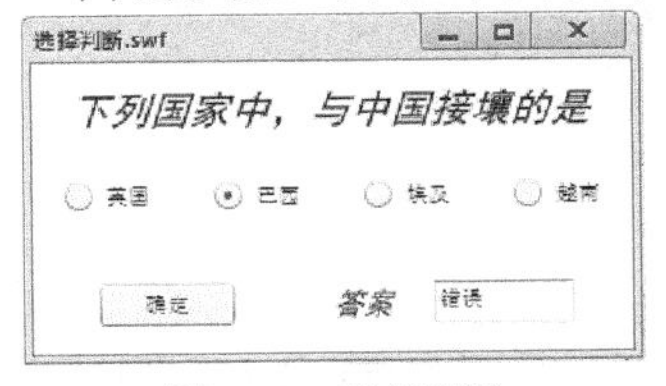

图12-86 选择判断

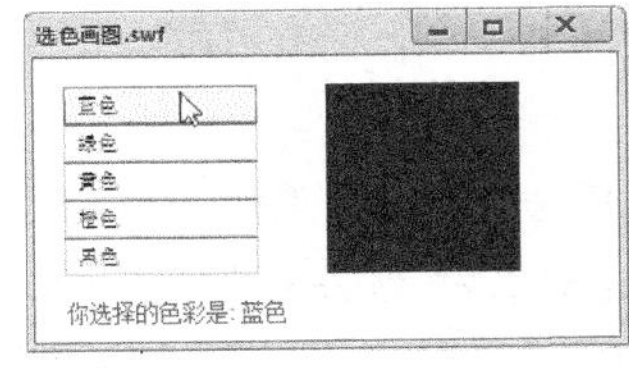

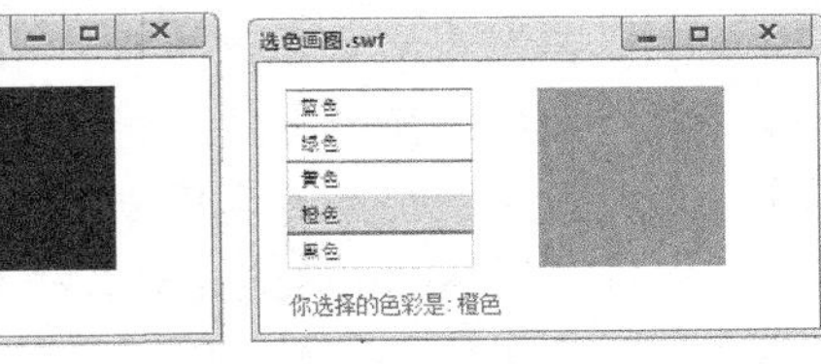

图12-87 选色画图

(3) 使用 TextArea 组件创建两个输入文本框，其中 A 框中的内容只能输入字母，不能输入数字，而且 A 框的变化会实时复制到 B 框；B 框的内容变化不会对 A 框产生影响，动画效果如图 12-88 所示。

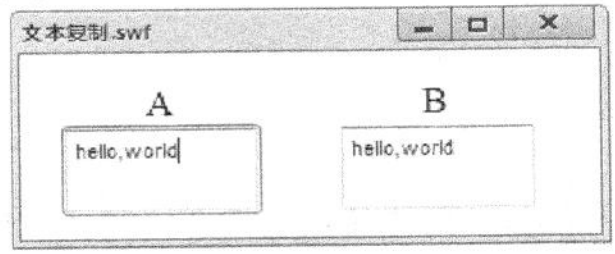

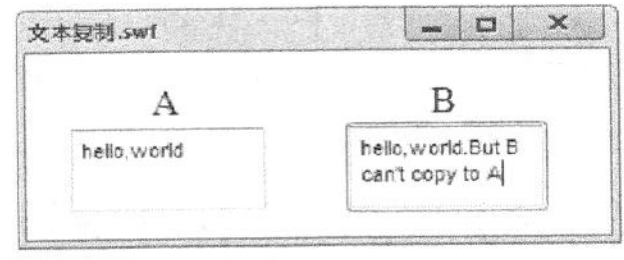

图12-88 文本复制

(4) 单击下拉列表，从其中选择一个栏目，则内容出现在下面的 TextArea 组件中；可以改变文字的颜色、大小等，动画效果如图 12-89 所示。

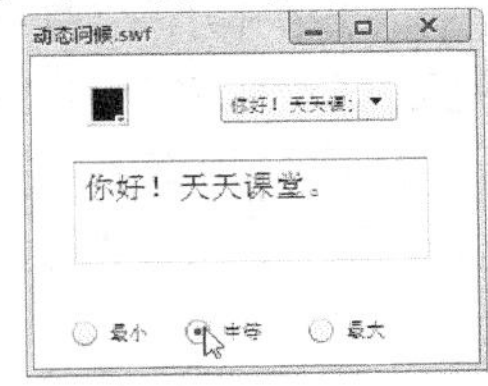

图12-89 动态问候

(5) 利用代码片断设计一个可以用按键控制运动的瓢虫。按下上下左右按键，瓢虫能够沿着按键方向运动，同时其头部也会转到运动方向上来，作品效果如图 12-90 所示。

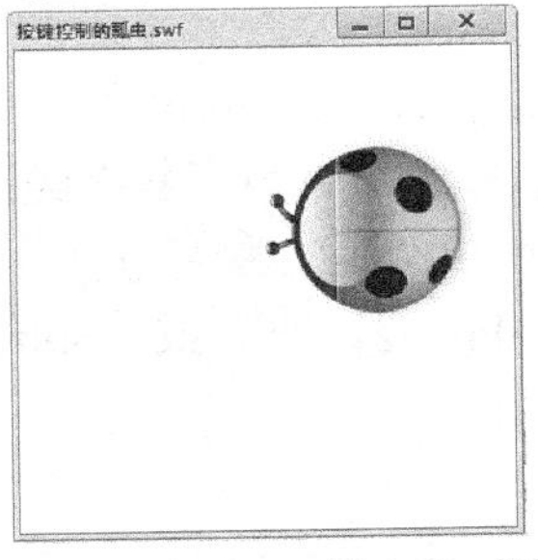

图12-90 按键控制运动的瓢虫

第13章　音视频的应用

【学习目标】

- 了解音视频基础知识。
- 掌握视频转换的方法。
- 掌握声音、视频的调用方法。
- 掌握使用 ActionScript 对音视频进行控制的方法。

声音可以使作品变得不再单调，选择优美的声音可以深化作品内涵。在许多人心目中，动画是与精巧的画面、优美的音乐联系在一起的，当然，如果能够将动态的视频引入动画，那就更令人兴奋了。Flash CC 具有良好的音频功能，能够非常方便地直接引用声音；对于视频，一般则需要经过编码转换，将其生成为 Flash 专用的 FLV 格式，然后通过组件等进行调用。

13.1　功能讲解

在开始使用音视频素材资源之前，了解一些相关的专业知识，是非常有意义的。

13.1.1　音频基础知识

声音是一种连续的模拟信号——声波，它有两个基本参数：频率和幅度。根据声波的频率不同，将其划分成声波（20Hz～20kHz）、次声波（低于 20Hz）、超声波（高于 20kHz）。通常人们说话的声波频率范围是 300Hz～3000Hz，音乐的频率范围可达到 10Hz～20kHz。

声音的质量与音频的频率范围有关，可以分为以下几个质量等级。

- 电话语音：频率范围为 200Hz ~ 3.4kHz。
- 调幅广播，简称 AM（Amplitude Modulation）广播：频率范围为 50Hz ~ 7kHz。
- 调频广播，简称 FM（Frequency Modulation）广播：频率范围为 20Hz ~ 15kHz。
- 数字激光唱盘，简称 CD-DA（Compact Disk-Digital Audio）：频率范围为 10Hz ~ 20kHz。

从频率范围可见，数字激光唱盘的声音质量最高，电话的语音质量最低。

一般来说，音频的音质越高，文件数据量越大，MP3 声音数据经过了压缩，比 WAV 或 AIFF 声音数据量小。通常，当使用 WAV 或 AIFF 文件时，最好使用 16bit、22kHz 单声，但是 Flash 只能导入采样率为 11kHz、22kHz 或 44kHz，8bit 或 16bit 的声音。在导出时，Flash 会把声音转换成采样比率较低的声音。

13.1.2　视频基础知识

视频是连续快速地显示在屏幕上的一系列图像，可提供连续的运动效果。每秒出现的帧数称为帧速率，是以每秒帧数（fps）为单位度量的。帧速率越高，每秒用来显示系列图像的帧数就越多，从而使得运动更加流畅。但是帧速率越高，文件将越大。要减小文件大小，请降低帧速率或比特率。如果降低比特率，而将帧速率保持不变，图像品质将会降低。如果降低帧速率，而将比特率保持不变，视频运动的连贯性可能会达不到要求。

以数字格式录制视频和音频涉及文件大小与比特率之间的平衡问题。大多数格式在使用压缩功能时，通过选择性地降低品质来减少文件大小和比特率。压缩的本质是减小影片的大小，从而便于人们高效存储、传输和回放它们。如果不压缩，一帧的标清视频将占用接近1MB（兆字节）的存储容量。当 NTSC 帧速率约为 30 帧/秒时，未压缩的视频将以约30MB/s 的速度播放，35 秒的视频将占用约 1GB 的存储容量。与之相比，以 DV 格式压缩的 NTSC 文件可将 5 分钟的视频压缩至 1GB 容量，并以约 3.6MB/s 的比特率播放。

有两种压缩类型可应用于数字媒体：空间压缩和时间压缩。空间压缩将应用于单帧数据，与周围帧无关。空间压缩可以是没有损失（不会丢弃图像的任何数据），也可以是有损失（选择性地丢弃数据），空间压缩帧通常称为帧内压缩。

时间压缩会识别帧与帧之间的差异，并且仅存储差异，因此所有帧将根据其与前一帧相比的差异来进行描述。不变的区域将重复前一帧。时间压缩帧通常称为帧间压缩。

13.1.3 视频的转换

虽然有很多种视频格式，但是一般情况下，Flash 并不能直接使用，而是需要将视频文件进行转换，这个转换工具就是 Flash 配套提供的 Adobe Media Encoder，如图 13-1 所示。

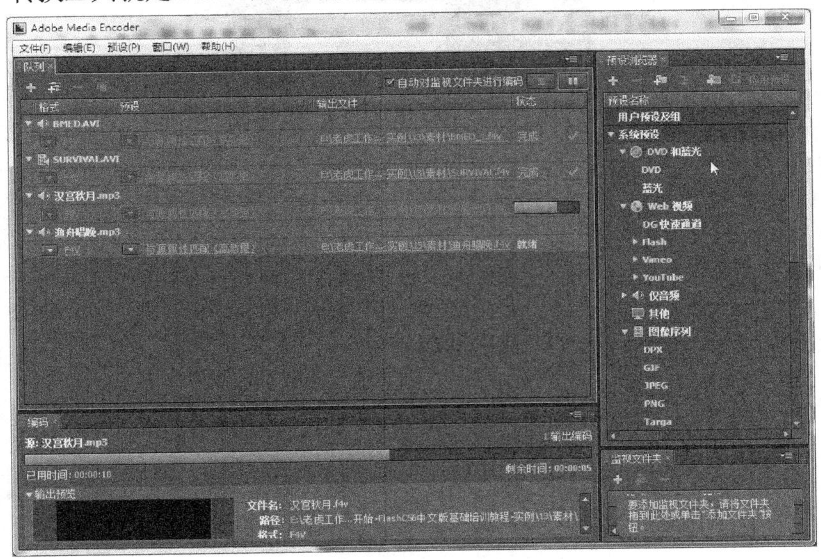

图13-1　Media Encoder 工具

单击与源属性匹配（高质量）选项，会出现【导出设置】对话框，如果 13-2 所示，对输出文件的各项参数有详细的设置。实际使用时一般不需要修改。

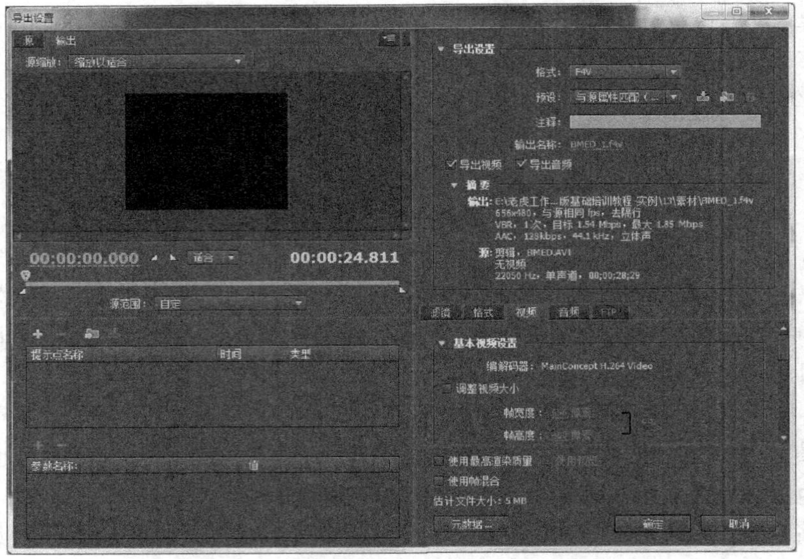

图13-2　输出文件的各项参数

默认情况下，Adobe Media Encoder 会将视频编码为 F4V 格式，这种格式适合于 Flash Player 9.0 以上版本；也可以选择将视频编码为 FLV 格式，以便适用于 Flash Player 8 以下的播放器版本，如图 13-3 所示。

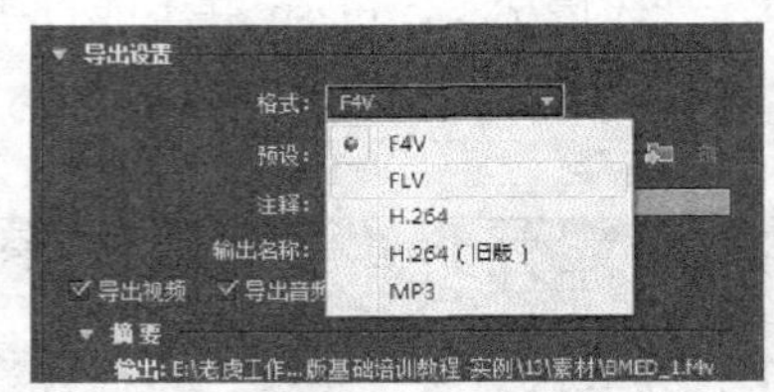

图13-3　选择输出文件格式

Adobe Media Encoder 工具的使用比较简单，这里不再赘述。

13.2　范例解析

下面通过几个范例来说明音视频素材的具体应用。

13.2.1　为作品配乐

为 11.2.1 小节设计的作品“飞翔的小鸟”添加音乐，以增强作品的艺术感染力。

1. 打开附盘文件“素材文件\13\飞翔的小鸟.fla”，将其另存为“飞翔的小鸟（音乐）.fla”。
2. 选择菜单命令【文件】/【导入】/【导入到库】，导入附盘文件“素材文件\13\钢琴曲.mp3”到当前库中。
3. 在【时间轴】面板中选择【背景】层第 1 帧，在其【属性】面板中单击【声音】区中的【名称】下拉列表，选择【钢琴曲.mp3】音频对象，如图 13-4 所示。
4. 这时，在【时间轴】面板中可以看到一个声波曲线充满了全部动画帧，如图 13-5 所示，也就是说在这个动画过程中声音会始终播放的。

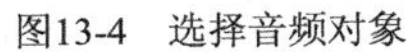
图13-4 选择音频对象

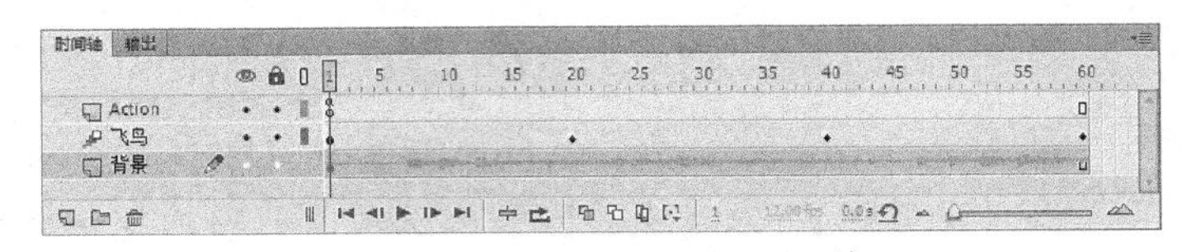
图13-5 声波曲线充满了全部动画帧

5. 测试影片，就可以在动画播放时听到柔美的音乐了。

这时会发现一个问题：在动画循环播放的时候，音乐会被反复载入，导致动画每次播放时都增加一个新的音乐，最终会造成叠加混乱。怎么解决这个问题呢？

6. 在【背景】层第 1 帧的【属性】面板中，设置【声音】属性的【同步】属性为【开始】，如图 13-6 所示。
7. 重新测试动画效果，发现动画循环播放时，音乐播放正常，不会被重复载入了，效果如图 13-7 所示。

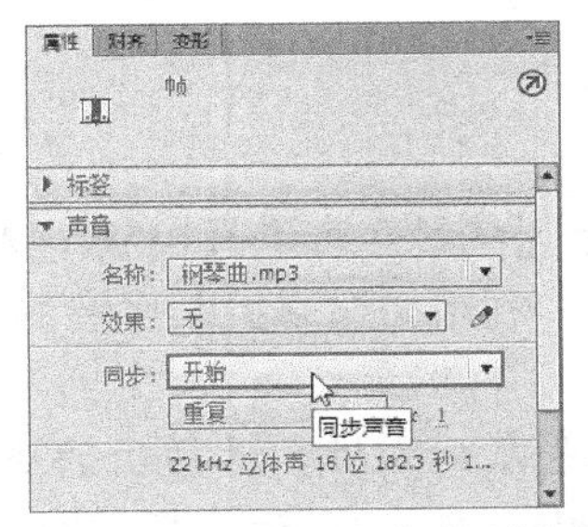
图13-6 设置【声音】属性的【同步】属性

图13-7 为动画配乐

在声音属性部分还有其他一些参数，这些参数用于设置不同的音频变化效果，如图 13-8 所示。

单击【效果】下拉列表后面的 按钮，打开【编辑封套】对话框，如图 13-9 所示，利用该对话框可以对音频的表现效果进行编辑调整。

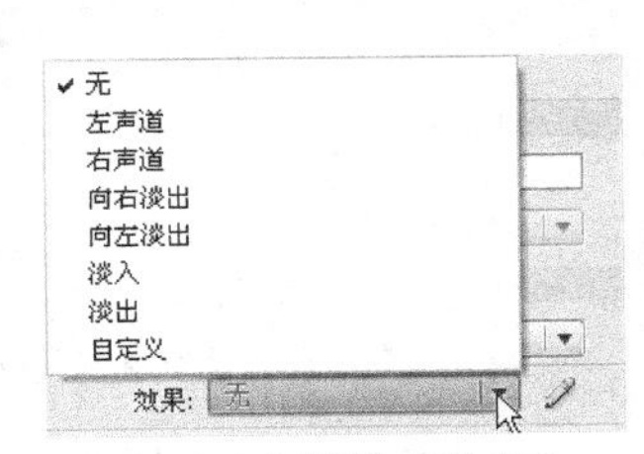

图13-8 【效果】下拉列表

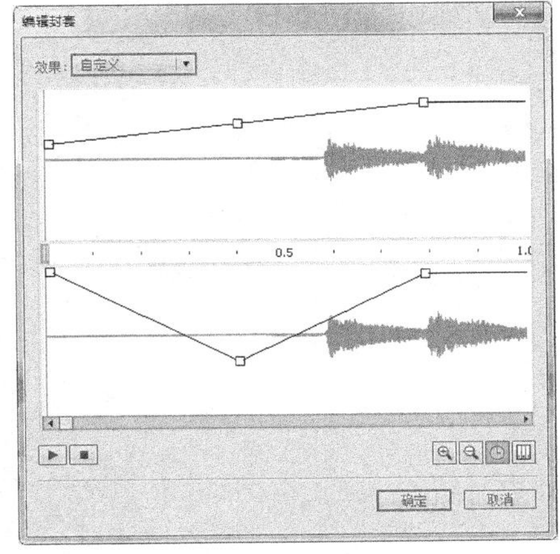
图13-9 对音频的表现效果进行编辑调整

【同步】下拉列表中的各选项用于设置不同声音的播放形式，如图 13-10 所示。

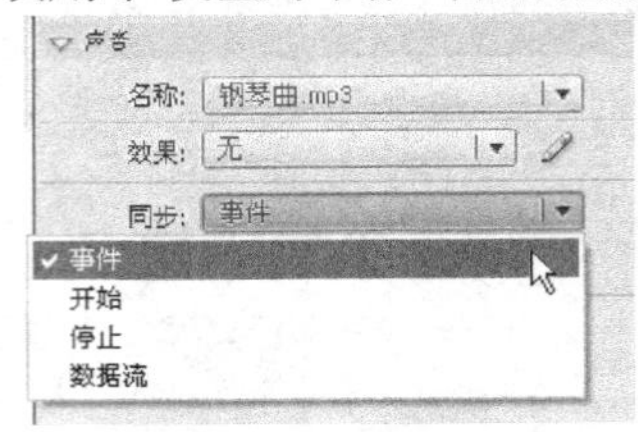

图13-10　【同步】下拉列表

- 【事件】：这是系统默认的选项，此项的控制播放方式是当动画运行到导入声音的帧时，声音将被打开，并且不受时间轴的限制继续播放，直到单个声音播放完毕，或是按照用户在【循环】中设定的循环播放次数反复播放。
- 【开始】：是用于声音开始位置的开关。当动画运动到该声音导入帧时，声音开始播放，但在播放过程中如果再次遇到导入同一声音的帧时，将继续播放该声音，而不播放再次导入的声音。【事件】项却可以两个声音同时播放。
- 【停止】：用于结束声音的播放。
- 【数据流】：可以根据动画播放的周期控制声音的播放，即当动画开始时导入并播放声音，当动画结束时声音也随之终止。

13.2.2　声音的播放控制

13.2.1 小节的范例直接将视频引入作品中播放，但是无法对声音进行控制，这个问题利用 ActionScript 能够方便地解决。下面继续在上面的范例中利用按钮来控制声音的播放。

1. 将上例文件另存为“飞鸟翩翩（音乐控制）.fla”。
2. 在【库】面板中选择音乐文件“钢琴曲.mp3”，单击鼠标右键，从弹出的快捷菜单中选择【属性】命令，会弹出【声音属性】对话框，如图 13-11 所示，其中给出了当前音乐文件的基本信息。
3. 打开【ActionScript】选项卡，选中【为 ActionScript 导出(X)】复选项，并在【类】字段中输入一个名称，以便在 ActionScript 中引用此嵌入的声音时使用。默认情况下，它将使用此字段中声音文件的名称，但是不能使用中文和句号。这里定义类的名称为“mymusic”，如图 13-12 所示。

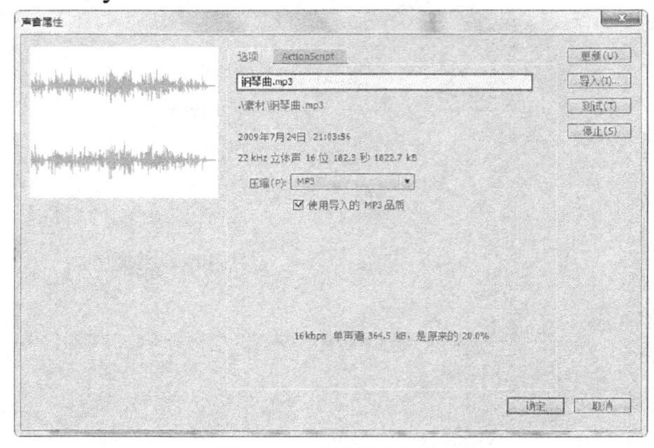

图13-11　输入类的名称

图13-12　定义类的名称

4. 单击[确定]按钮，会出现一个类警告对话框，说明无法在类路径中找到该类的定义，如图 13-13 所示。

图13-13　警告对话框

5. 单击[确定]按钮，则系统自动生成一个新类，该类是从 flash.media.Sound 继承而来的，具有其各种属性。
6. 选择“背景”层的第 1 帧，在【属性】面板中设置【声音】为【无】，则时间轴上声音的波形没有了。
7. 打开【动作】面板，在原有代码的基础上输入新的脚本代码，以控制声音的播放，如图 13-14 所示。

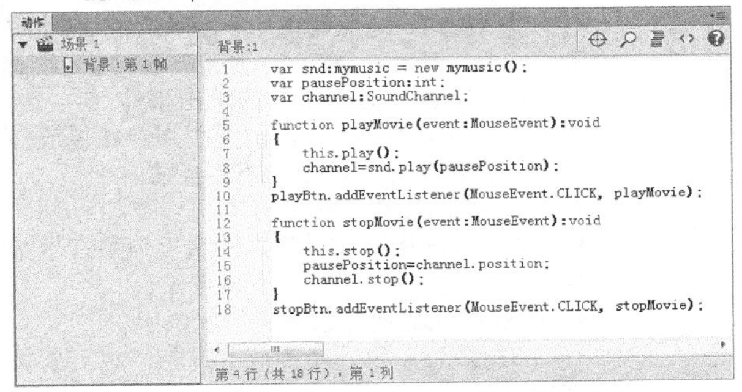

主要代码说明：
行 1：定义 mymusic 类的一个实例 snd
行 2：定义一个整型变量，用于记录音乐的播放位置
行 3：创建一个声道对象，用于声音对象的控制
行 8：让 snd 从当前停止位置开始播放
行 15：记录声音对象当前的播放位置
行 16：让 snd 停止播放

图13-14　输入新的代码

8. 测试作品，在播放中，可以使用功能按钮来控制动画和声音。

13.2.3　变换音乐

很多时候，用户需要对作品中的音乐文件进行改变。利用 ActionScript 可以方便地实现这种要求，单击不同的选择按钮，就会播放不同的乐曲，如图 13-15 所示。

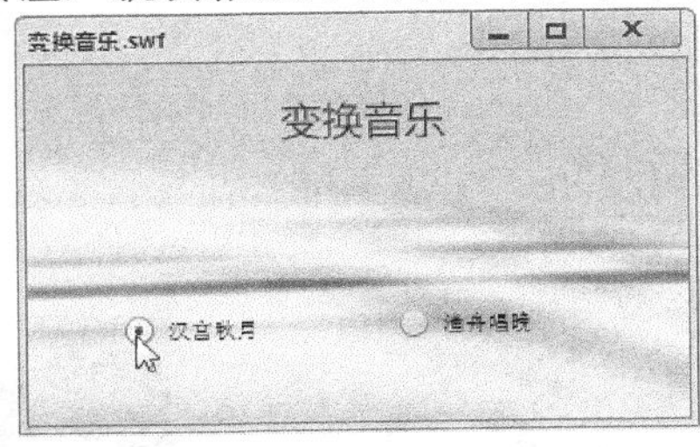

图13-15　变换音乐

1. 新建一个 Flash 文档，保存为“变换音乐.fla”文件。
2. 在第 1 帧的舞台中导入附盘文件“素材文件\13\变换音乐_背景.jpg”作为背景，再用【文本】工具创建静态文本“变换音乐”。
3. 从【组件】面板中拖动“RadioButton”组件到舞台，创建两个实例对象，并分别设置其名称和标签内容，如图 13-16 所示。注意要设置对象名称分别为“btn1”和

"btn2"。

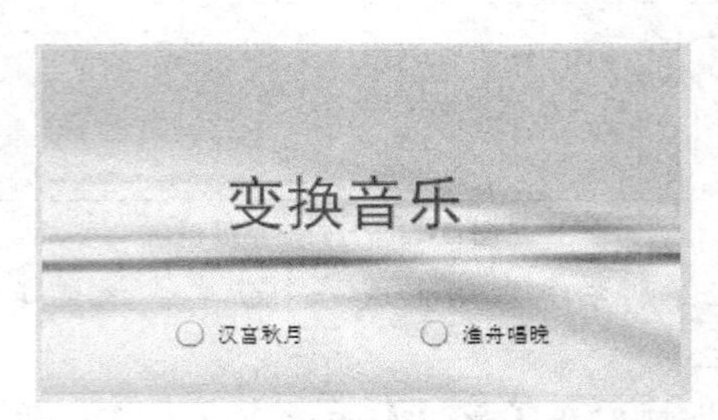

图13-16　创建两个"RadioButton"组件实例对象

4.　选择第 1 帧，打开动作面板，输入图 13-17 所示的代码。

```
1   var isPlay:int =0;
2   var channel:SoundChannel;
3   var snd:Sound
4   var req:URLRequest
5
6   btn1.addEventListener(MouseEvent.CLICK, b1Click);
7   function b1Click(event:MouseEvent):void
8   {
9       if(isPlay==1) {channel.stop();}
10      snd = new Sound();
11      req=new URLRequest("素材/汉宫秋月.mp3");
12      snd.load(req);
13      channel = snd.play();
14      isPlay=1;
15  }
16
17  btn2.addEventListener(MouseEvent.CLICK, b2Click);
18  function b2Click(event:MouseEvent):void
19  {
20      if(isPlay==1) {channel.stop();}
21      snd = new Sound();
22      req=new URLRequest("素材/渔舟唱晚.mp3");
23      snd.load(req);
24      channel = snd.play();
25      isPlay=1;
26  }
```

第 5 行（共 26 行），第 1 列

主要代码说明：

行 1：标志变量，记录声音是否在播放

行 2～4：定义声道对象、声音对象和地址对象

行 6：侦听鼠标对按钮 1 的单击事件

行 9：如果变量等于 1，则说明声音在播放，那么就停止声道对象上的声音播放

行 10：实例化声音对象

行 11：实例化地址对象，并赋值为某音乐文件

行 12：载入地址对象到声音对象中

行 13：声音对象开始播放，并与声道对象关联

行 14：设置标志变量的值

图13-17　添加脚本代码

要点提示　要确保在当前文件所在文件夹的子文件夹"素材"中有这两个声音文件，否则系统会报错。

5.　测试作品。可以用按钮来选择播放"汉宫秋月"或"渔舟唱晚"两首不同的音乐。

13.2.4　视频的应用

下面的范例将视频文件导入作品中，并使其能够在舞台上运动和缩放，如图 13-18 所示。

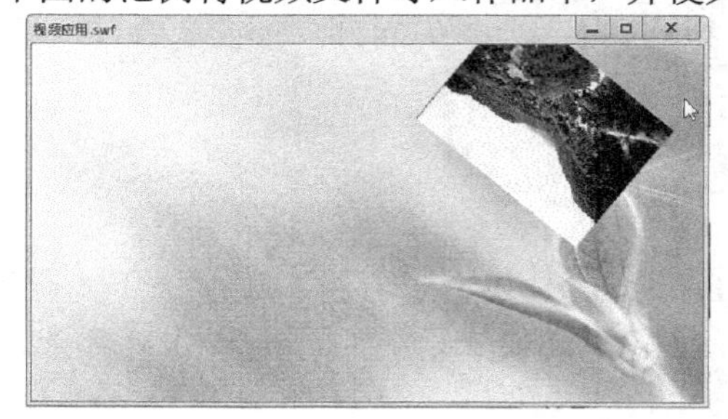

图13-18　视频应用

1.　新建一个 Flash 文档。

2. 在“图层 1”的第 1 帧舞台中导入附盘文件“素材文件\13\视频应用_背景.jpg”作为动画背景。
3. 在第 60 帧处按F5键，将作品长度扩展为 60 帧。
4. 选择菜单命令【文件】/【导入】/【导入视频】，弹出【导入视频】对话框，如图 13-19 所示。
5. 选择【在 SWF 中嵌入 FLV 并在时间轴中播放】单选项，然后单击浏览...按钮，选择附盘文件“素材文件\13\BMED.flv”；单击下一步>按钮，进入【嵌入】页面，如图 13-20 所示。

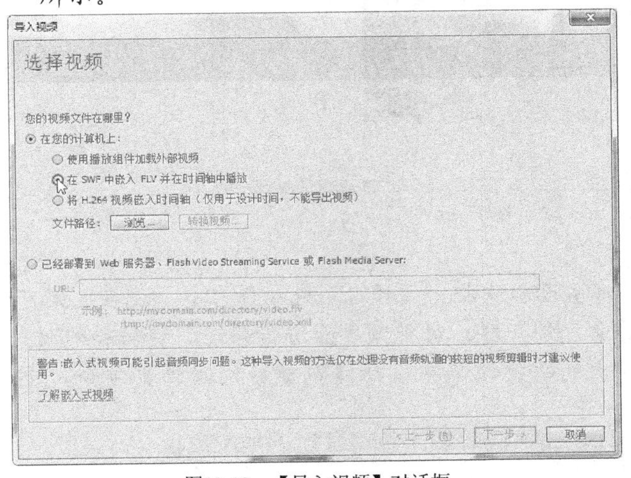

图13-19 【导入视频】对话框

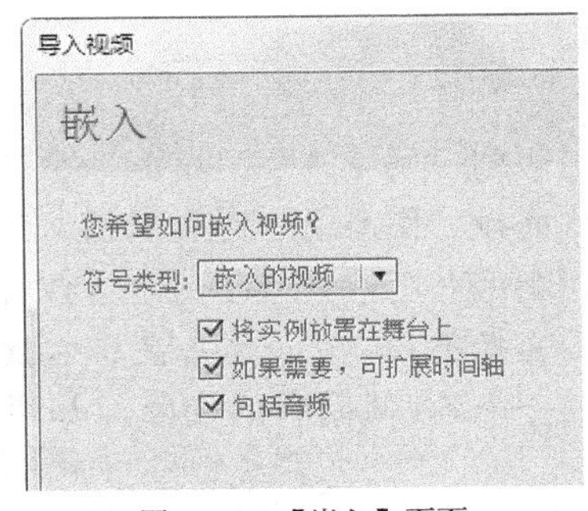

图13-20 【嵌入】页面

6. 这里基本不需要进行任何设置，直接单击下一步>按钮，出现【完成视频导入】页面，这里显示了前面设置的简单信息。
7. 单击完成按钮，出现一个视频导入进度条。很快，该视频就被导入到【库】面板中，如图 13-21 所示。
8. 创建一个“视频剪辑”类型的视频元件“元件 1”，然后将【库】中的视频文件拖入“元件 1”的舞台上，这时，会出现一个信息提示框，如图 13-22 所示，说明时间轴需要扩展。

图13-21 视频被导入【库】中

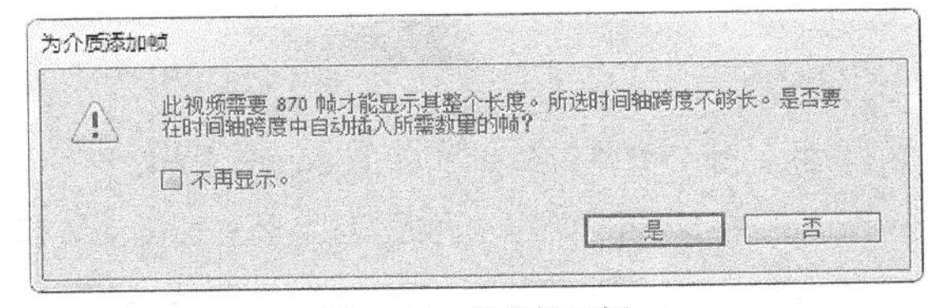

图13-22 信息提示框

9. 单击是按钮，则该视频文件被导入“元件 1”的舞台上，同时，时间轴也扩展到足够容纳视频内容的帧数，如图 13-23 所示。

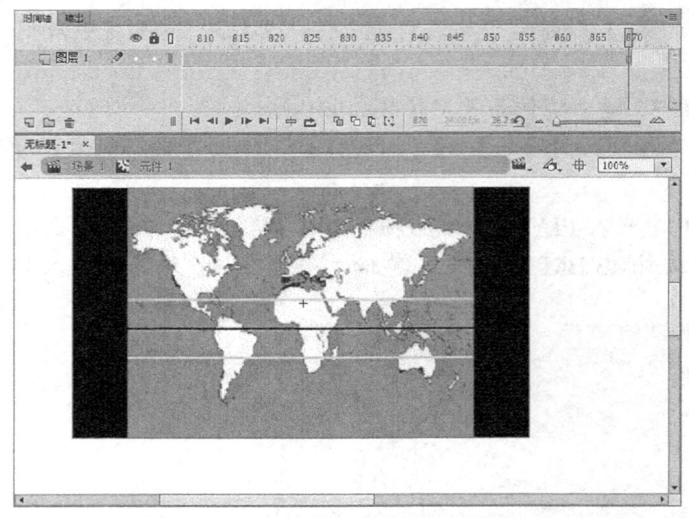

图13-23　视频文件被导入元件

10. 回到"场景 1"，增加一个新的"图层 2"。
11. 选择"图层 2"的第 1 帧，然后从【库】面板中把"元件 1"拖入舞台中。现在已经可以测试并观看视频了，也可以像对待普通元件一样，对视频画面进行移动、旋转和缩放。
12. 选择第 1 帧，单击鼠标右键，从弹出的快捷菜单中选择【创建补间动画】命令，创建一个 60 帧的补间动画，如图 13-24 所示。

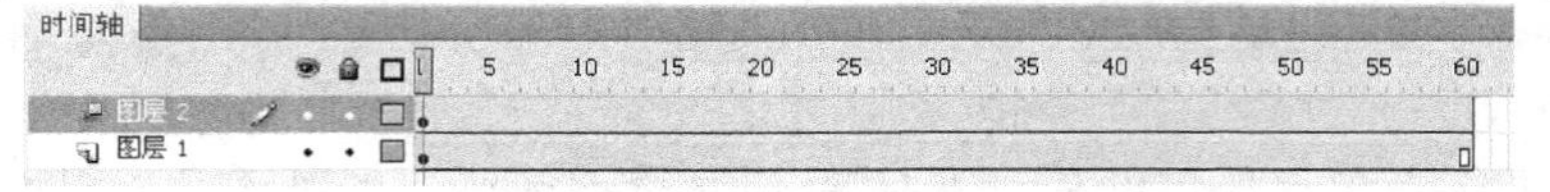

图13-24　创建补间动画

13. 在第 20、40、60 帧分别插入关键帧，然后将视频对象拖到舞台的不同位置，使对象从左到右再到舞台中央运动，并适当设置对象的大小、旋转等属性，如图 13-25 所示。

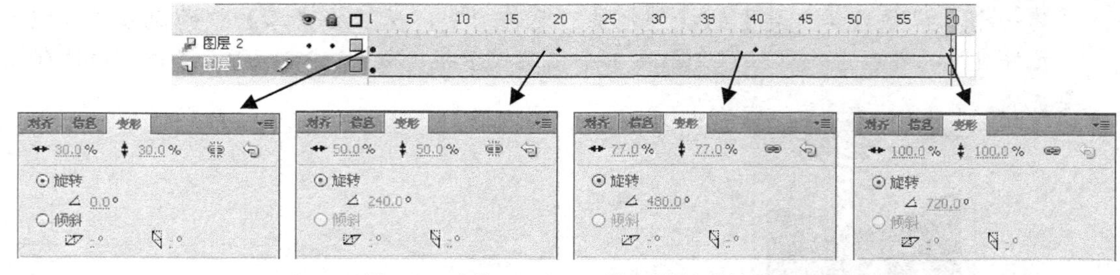

图13-25　在第 20、40、60 帧分别插入关键帧

要点提示 由于视频的长度远大于 60 帧，为防止动画到达第 60 帧后返回第 1 帧重新播放，必须使动画在第 60 帧停止，但是补间动画层无法添加动作脚本。

14. 增加一个新图层"图层 3"，在其第 60 帧插入一个关键帧，在【动作】面板中输入代码，如图 13-26 所示。其目的是使当前主时间轴动画停止，但是不影响视频元件对象的播放。

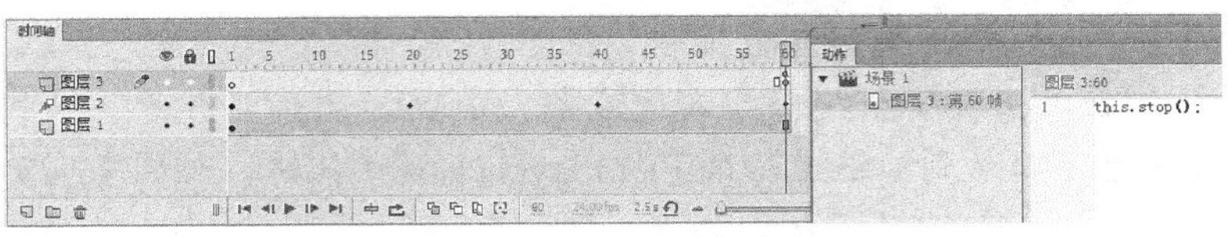

图13-26 使当前主时间轴动画停止

15. 测试作品，可以看到视频在旋转、运动中播放，最后定格在舞台中央，非常富有动感。

13.2.5 使用组件播放视频

除了将视频直接导入到时间轴外，还可以利用组件来播放视频，如图 13-27 所示。

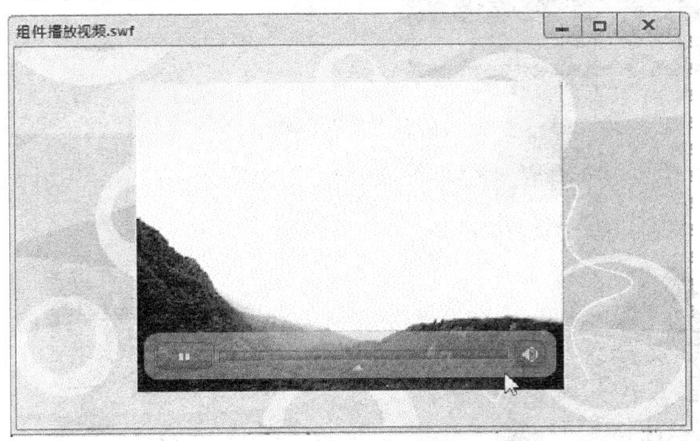

图13-27 使用组件播放视频

1. 新建一个 Flash 文档，导入附盘文件“素材文件\13\组件播放视频_背景.jpg”作为动画背景。
2. 选择菜单命令【文件】/【导入】/【导入视频】，弹出【导入视频】对话框。
3. 选择【使用播放组件加载外部视频】单选项，然后选择附盘文件“素材文件\13\BMED.flv”。
4. 单击 下一步> 按钮，进入【设定外观】页面，如图 13-28 所示，要求用户选择播放器的外观，其实主要是播放器控制条的样式。在【外观】下拉列表中给出了很多种播放控件的外观形式，颜色也可以设置。

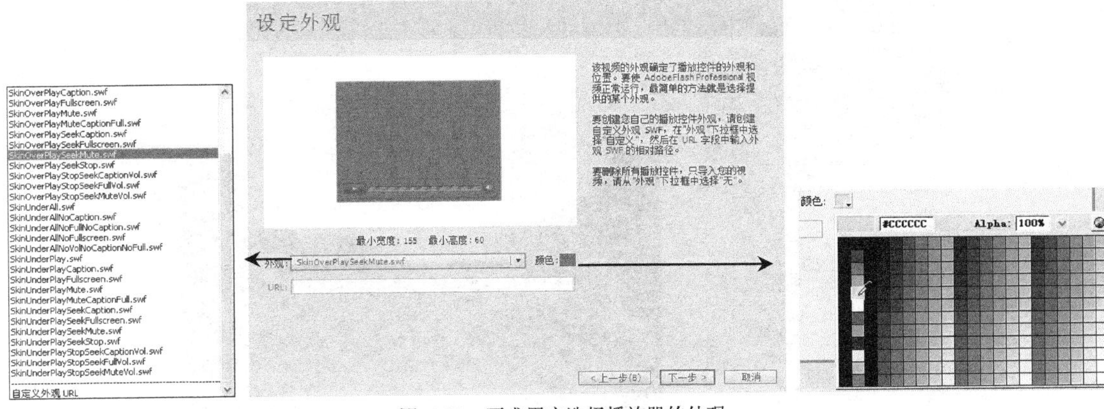

图13-28 要求用户选择播放器的外观

5. 选择一种外观样式，如“SkinOverPlaySeekMute.sef”，颜色选择灰色；然后单击 下一步>

按钮，出现【完成视频导入】页面。

6. 单击【完成】按钮，出现一个视频导入进度条。很快，舞台上出现了一个视频窗口。在【库】面板中也可以看到，这是一个 FLVPlayback 视频组件，如图 13-29 所示。

图13-29　视频组件

7. 测试作品。可以方便地用播放控制条来控制视频的播放、暂停、静音，拖动游标还能够改变播放进度，如图 13-30 所示。

图13-30　控制视频的播放

8. 在【组件检查器】面板中还可以对视频组件进行一些参数设置，例如，定义控制条自动隐藏等，改变其透明度、颜色等，如图 13-31 所示。

图13-31　对视频组件进行参数设置

13.3 实训

下面通过几个实训，使大家对音频、视频的应用有更加深刻的了解。

13.3.1 为按钮添加音效

为按钮元件添加音效，也是作品设计中的常见应用。当鼠标指针经过按钮时，会出现一个音效；按钮被按下，会发出另外一个音效。

【步骤提示】

1. 新建一个 Flash 文档，设置舞台颜色为浅黄色。
2. 将附盘文件“素材文件\13\button-over.wav”和“button-click.wav”导入【库】中。
3. 在舞台上创建一个按钮。这里可以使用在 11.2.1 小节设计的作品“飞翔的小鸟”中的按钮，如图 13-32 所示。

要点提示 在一个作品的库中，复制其中的元件或素材，然后到另一个作品的库中执行粘贴操作，就可以把需要的元件或素材完整借用过来。

4. 双击舞台上的按钮元件，进入元件的编辑状态。
5. 添加一个新层，命名为“音效”，并在按钮各个状态帧都添加空白关键帧，如图 13-33 所示。

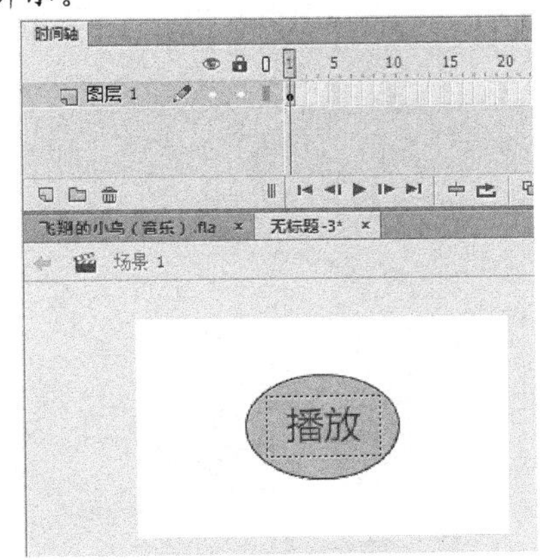

图13-32 在舞台上创建一个按钮

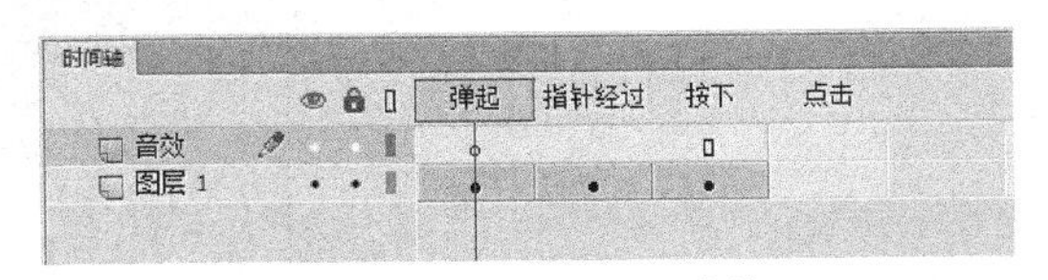

图13-33 添加一个新层“音效”

6. 选择【指针经过】帧，按 F6 键增加一个关键帧，在【属性】面板中选择声音文件“button-over.wav”，如图 13-34 所示。

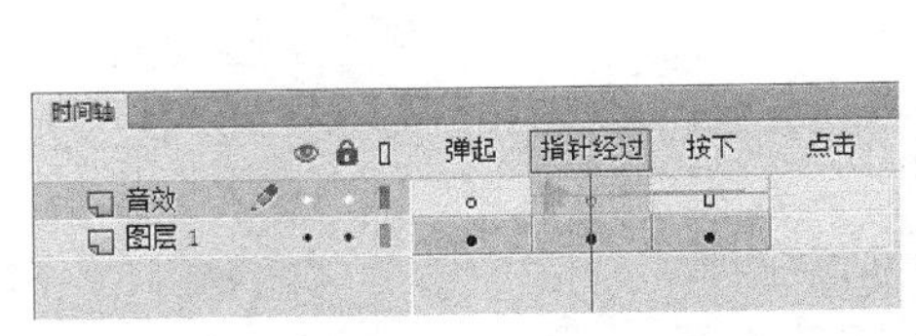

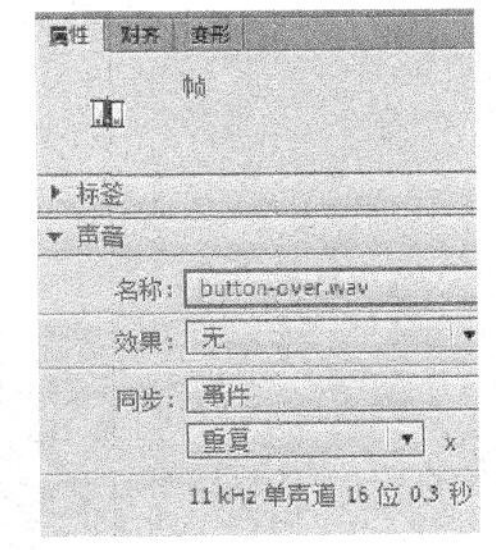

图13-34 为【指针经过】帧添加声音

7. 再为【按下】帧增加一个关键帧，选择一个声音文件“button-click.wav”，如图 13-35 所示。

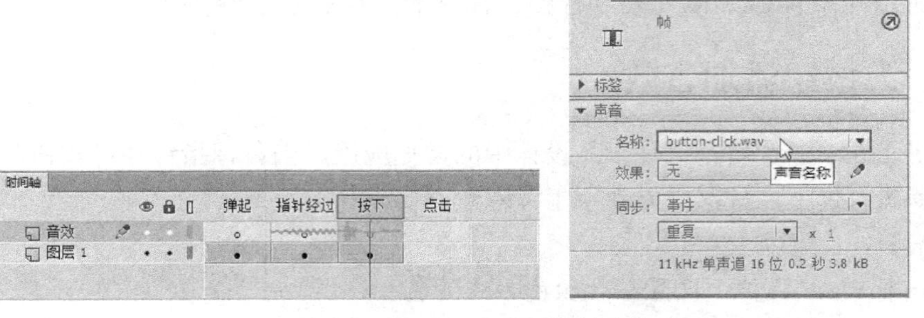

图13-35　为【按下】帧添加声音

8. 测试影片，在舞台中单击按钮，就可以听到在指针经过按钮和按下按钮时会发出不同的声音效果。

但是别急，仔细听听，你会发现一个问题：在按下按钮时，会同时出现两个声音重叠。也就是说，本来希望鼠标指针经过按钮时，会发出声音 A；按下按钮时，会发出声音 B，但是现在按下按钮时，会发出声音 A+B。

即使取消【按下】帧的声音，而把声音 B 放在【点击】帧，问题依旧。

怎么解决呢？其实也很简单，就是利用【按下】帧来停止【指针经过】帧的声音。

9. 选择【按下】帧，在【属性】面板中选择声音文件“button-over.wav”，然后在【同步】下拉列表中选择【停止】，如图 13-36 所示。

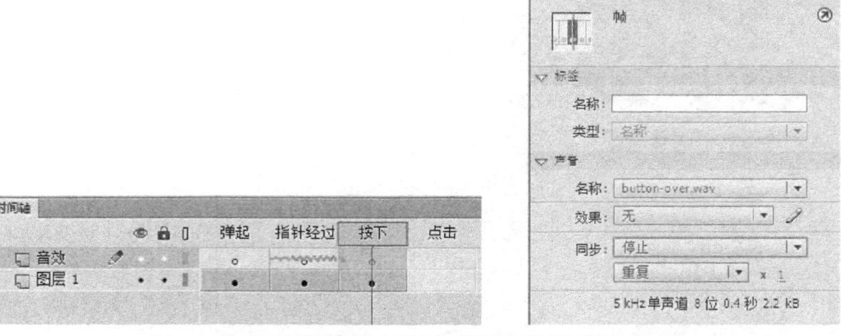

图13-36　利用【按下】帧停止【指针经过】帧的声音

10. 再为【点击】帧添加关键帧（在两个图层上都要添加），选择声音文件“button-click.wav”，如图 13-37 所示。这样设置后，重新测试作品，就会发现按下按钮时，声音不会重叠了。

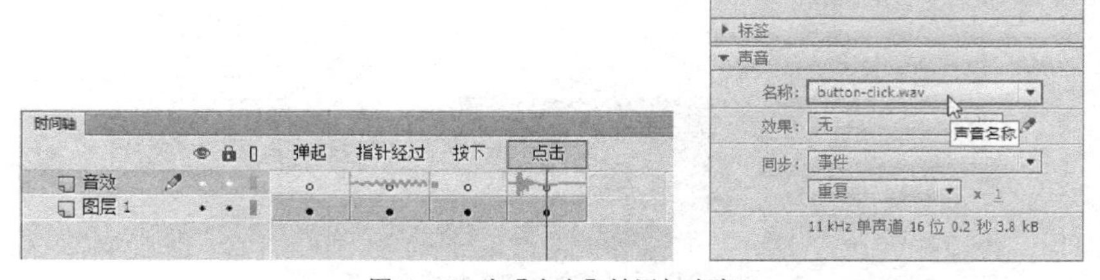

图13-37　为【点击】帧添加声音

13.3.2 为视频添加水印

在很多视频节目中都可以看到有一些透明的水印，如台标、标题、字幕等。利用 Flash 的视频组件就能够方便地为视频添加上自己的水印，如图 13-38 所示。

图13-38 视频水印

【步骤提示】

1. 新建一个 Flash 文件。
2. 在舞台上导入附盘文件“素材文件\13\视频水印_背景.jpg”作为动画背景。
3. 从【组件】面板中将“Video”文件夹下的“FLVPlayback 2.5”组件拖到舞台上。
4. 选择舞台上的该组件，打开【属性】面板，其中【source】参数定义了组件要播放的视频文件；修改该参数，指定播放的视频文件，如图 13-39 所示。

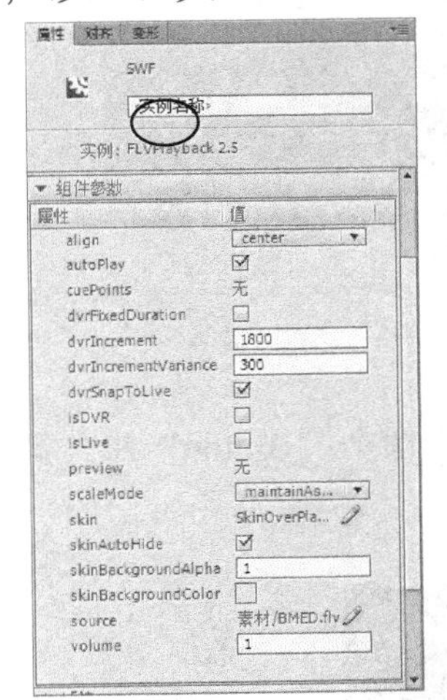

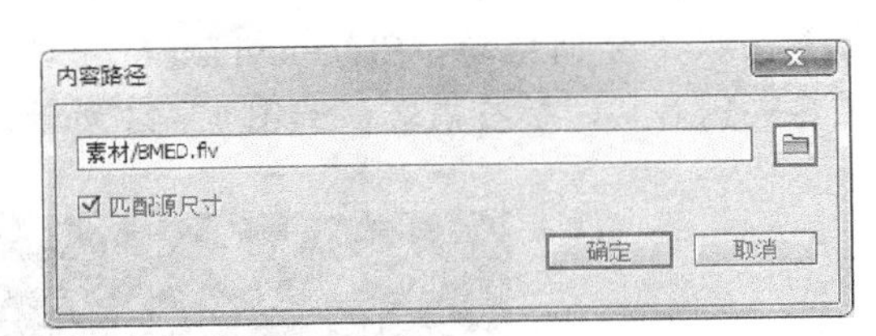

图13-39 指定组件要播放的视频文件

5. 创建一个“影片剪辑”类型的“元件 1”，在其舞台上输入文本“天天课堂”，适当设置字体、大小、色彩等，然后将文字完全分离，如图 13-40 所示。

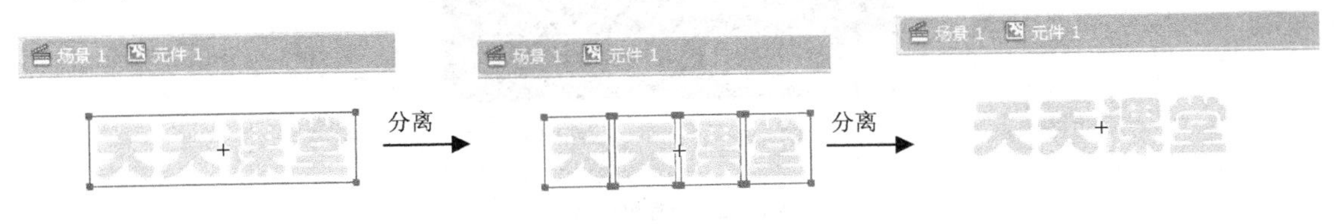

图13-40 创建水印标志

6. 回到【场景 1】，将水印元件拖入舞台，放置在视频组件的右下角；在元件的【属性】面板中设置其【色彩效果】/【样式】为【Alpha】，数值为“50%”，如图 13-41 所示。

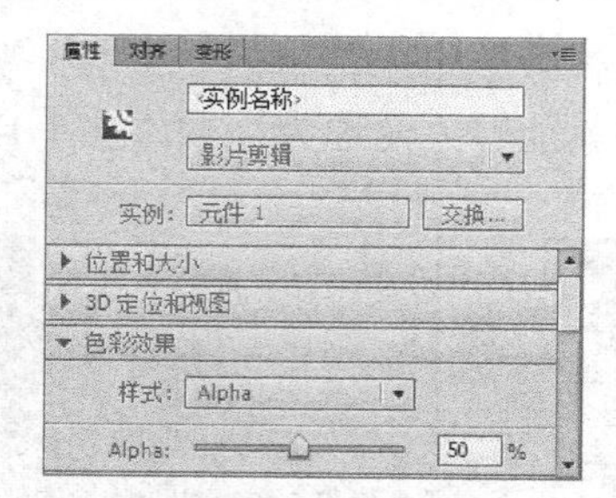

图13-41　将水印元件拖入舞台并设置其透明度

7. 测试作品，就可以在视频画面上看到用户定义的水印了。

13.3.3　更换视频文件

通过对视频组件的属性修改，可以方便地更换视频文件，如图 13-42 所示。单击不同的按钮，组件就播放不同的视频。

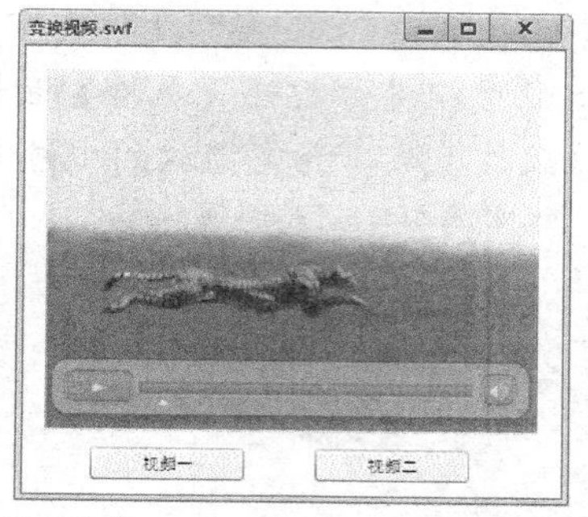

图13-42　更换视频文件

1. 新建一个 Flash 文档。
2. 从【组件】面板中分别拖动“FLVPlayback”组件和两个“Button”组件到舞台上，并分别设置其实例名称、标签内容，如图 13-43 所示。

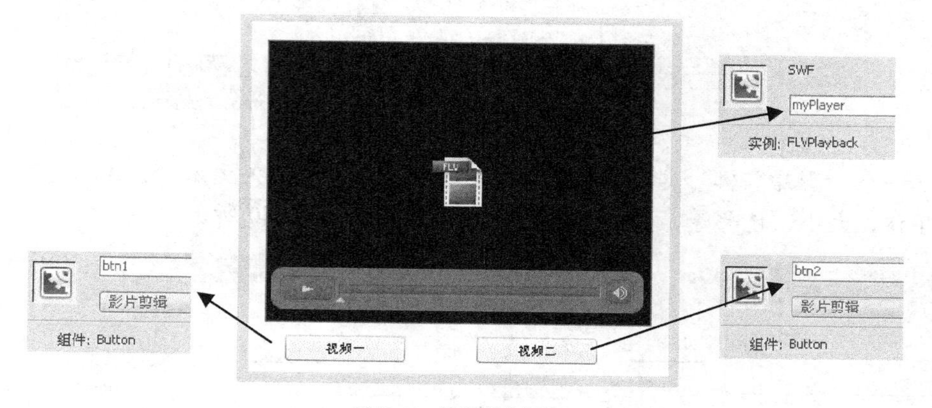

图13-43　设置组件属性

3. 选择第 1 帧，打开动作面板，输入图 13-44 所示的代码。通过对组件的“source”参数的设置，来修改组件播放的视频。

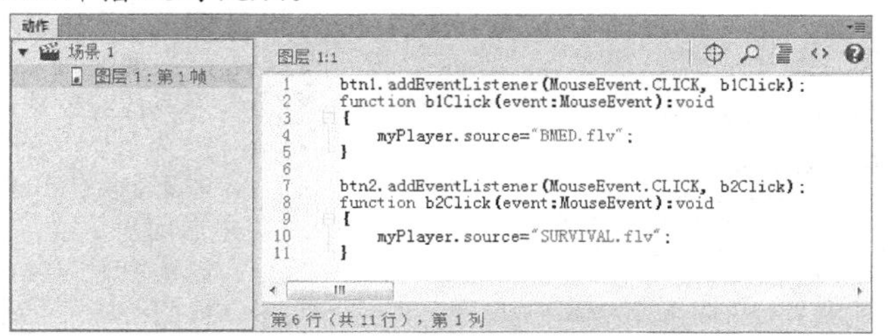

图13-44　修改组件的“source”参数

4. 测试作品，单击不同的按钮，就能够播放不同的视频。

13.4　综合案例——音量控制

使用“Slider”组件调节当前播放声音的音量，效果如图 13-45 所示。

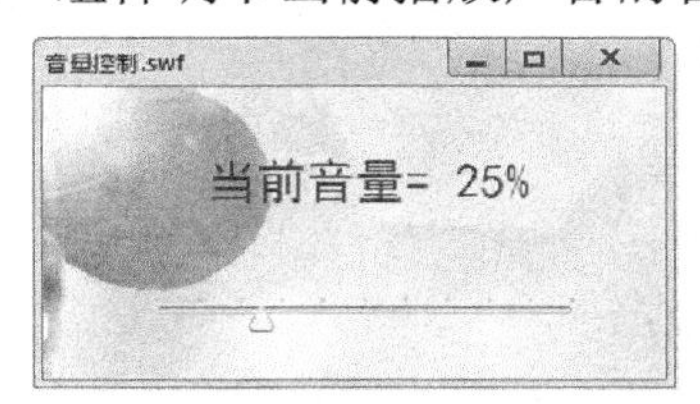

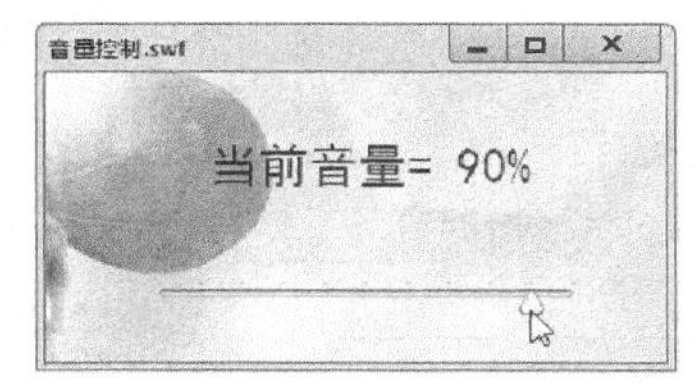

图13-45　音量控制

1. 新建一个 Flash 文件。
2. 导入附盘文件“素材文件\13\音量控制_背景.jpg”作为动画背景。
3. 用文本工具绘制一个动态文本框，设置文本框名称为“info”，如图 13-46 所示。

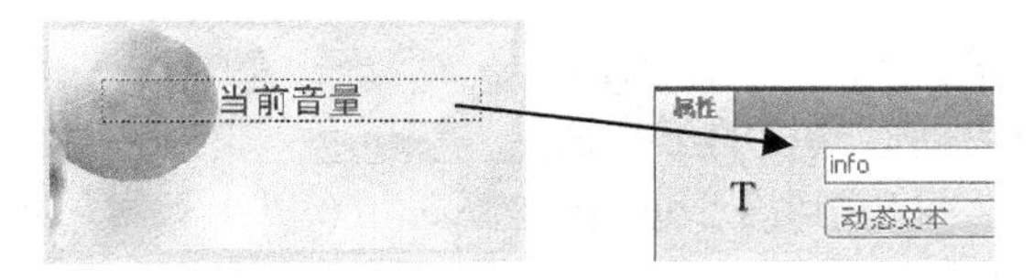

图13-46　动态文本框

4. 从【组件】面板中拖动“Slider”组件到舞台，设置其属性、参数，如图 13-47 所示。

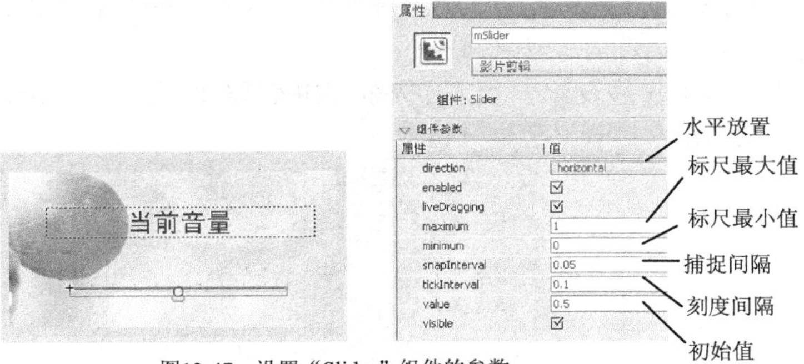

图13-47　设置“Slider”组件的参数

5. 选择第 1 帧，打开动作面板，输入图 13-48 所示的动作脚本。
6. 测试作品，可见随着游标位置的变化，乐曲的音量也不断发生变化。

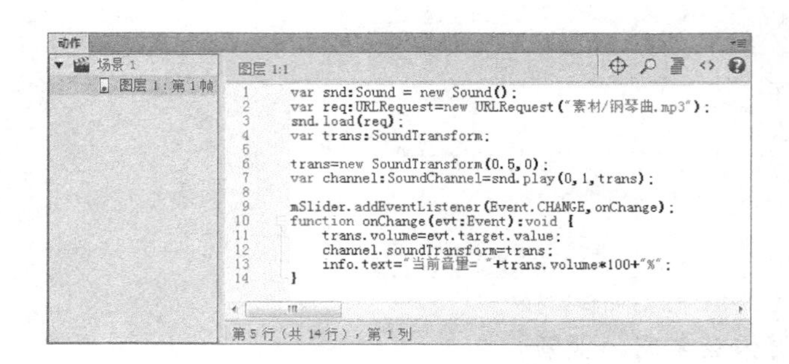

主要代码说明：

行 1：定义一个声音对象

行 2：定义地址对象，并获得乐曲名称

行 3：为声音对象载入乐曲

行 4：定义一个声音变形类对象

行 6：对象实例化，设置其音量属性为 50%，左右声道均衡

行 7：创建声道对象，并播放声音

行 9：检测游标变化事件

行 11：trans 对象的值等于标尺的值

行 12：按照 trans 对象的设置对声道对象进行变化

行 13：在文本框中输出音量值

图13-48　输入动作脚本

13.5　习题

一、 填空题

(1) 声音是一种连续的________信号。

(2) 声波有_______和_______两个基本的参数。

(3) 根据声波的频率不同，将其划分成_______、________、_______。

(4) 通常人们说话的声波频率范围是__________。

(5) 从频率范围可见，数字激光唱盘的声音质量______，电话的语音质量______。

(6) 有两种压缩类型可应用于数字媒体：________和_______。

(7) 空间压缩帧通常称为_______压缩。

(8) 时间压缩帧通常称为_______压缩。

(9) Flash 对视频文件进行转换的工具是_____________。

(10) 视频编码________格式适合于 Flash Player 9.0 以上版本，视频编码______格式适用于 Flash Player 8 以下的播放器。

二、 操作题

(1) 在 13.2.2 小节的范例中，动画每次重复播放，音乐都是从头开始播放，是否能够让音乐连续播放呢？请读者设法实现。

(2) 请为习题 1 作品设计一个静音按钮，如图 13-49 所示。单击该按钮，作品中的声音就会暂停；再次单击，声音又会继续播放。

图13-49　设计静音按钮